"十四五"职业教育河南省规划教材
高等职业教育 BIM 系列"十四五"规划教材

建筑建模基础与应用

基于 BIM 技术—Revit 2018

卢德友◎主　编
陈红中　马丽丽◎副主编

中国铁道出版社有限公司
2024年·北　京

内 容 简 介

本书基于 Revit 2018 软件中的建筑、结构模块，采用项目教学法的形式进行编写，共分 6 个项目 28 个任务，从 BIM 技术—Revit 2018 基础知识、创建结构模型、创建建筑模型、建筑模型表现、建筑模型应用和创建族与体量 6 个方面，结合一个模型实例，将理论知识融入在案例中，内容翔实，案例实用。为了便于学习，随书附有技能训练的 CAD 图纸和项目模型的分步模型。

本书是 BIM 技术应用的入门级教材，可作为高职高专院校建筑类相关专业的教学用书，也可作为建筑、施工、设计、监理、咨询等单位 BIM 人才的培训教材。

图书在版编目(CIP)数据

建筑建模基础与应用：基于 BIM 技术—Revit 2018 / 卢德友主编. —北京：中国铁道出版社有限公司，2021.3（2024.6重印）
高等职业教育 BIM 系列“十四五”规划教材
ISBN 978-7-113-27558-7

Ⅰ.①建… Ⅱ.①卢… Ⅲ.①建筑设计-计算机辅助设计-应用软件-高等职业教育-教材 Ⅳ.①TU201.4

中国版本图书馆 CIP 数据核字（2020）第 272758 号

书　　名： 建筑建模基础与应用（基于 BIM 技术—Revit 2018）
作　　者： 卢德友

责任编辑： 李露露　　**编辑部电话：**（010）51873240　　**电子邮箱：** 790970739@qq.com
封面设计： 曾　程
责任校对： 王　杰
责任印制： 高春晓

出版发行： 中国铁道出版社有限公司（100054，北京市西城区右安门西街 8 号）
网　　址： http://www.tdpress.com
印　　刷： 河北宝昌佳彩印刷有限公司
版　　次： 2021 年 3 月第 1 版　2024 年 6 月第 4 次印刷
开　　本： 787 mm×1 092 mm 1/16　**印张：** 18.5　**字数：** 473 千
书　　号： ISBN 978-7-113-27558-7
定　　价： 49.80 元

QIAN YAN

前言

随着社会的发展和技术的进步，过去的手工绘图被计算机绘图所取代，“甩图板”的时代已经到来。CAD技术被认为是建筑工程界的第一次信息化革命，在这次革命中除了出现“甩图板”外，三维模型也逐渐取代了二维绘图。目前，人们已经不满足于形体的三维表达了，因此BIM技术应运而生，BIM技术被认为是建筑工程界的第二次信息化革命。

BIM是英文Building Information Modeling的缩写，中文为“建筑信息模型”。它以建筑工程项目的相关信息作为模型基础，将这些信息数据存储在建筑模型中，为建筑模型从概念、设计、施工、运营到拆除的全生命周期服务，为建设项目中的所有决策提供可靠依据。Revit系列软件为BIM技术的有效落地应用提供了支持。

Revit系列软件包括Revit Architecture（建筑）、Revit Structure（结构）和Revit MEP（机械、电气、管道）三种专业设计工具，Revit 2018兼具这三种功能。

Revit 2018是Revit系列软件中的较新版本，软件交互性、建筑建模功能、机电设备功能等都有增强。本书基于Revit 2018软件中的建筑、结构功能，重点讲解创建建筑模型和结构模型的基本方法和理论，不涉及机械、电气、管道方面的内容。

《国家职业教育改革实施方案》提出，要“在职业院校、应用型本科高校启动‘学历证书＋若干职业技能等级证书’制度试点工作”，即1＋X证书制度试点工作。建筑信息模型（BIM）职业技能等级证书为首批入选的1＋X证书制度试点。本书符合1＋X的课程融通评价体系，可作为X证书（BIM职业技能等级证书）的配套教材。

本书采用项目教学法的形式进行编写，以项目引领、任务驱动、活动支持的形式，先介绍理论知识，再实施技能训练，达到教与学的目的。本书技能训练始终围绕三层别墅项目模型，从建模准备、创建标高与轴网、结构建模、建筑建模、模型表现到模型应用，均体现着对相关知识的运用，因此本书也可以说是工作过程导向的实践性教材。本书配套有图纸，可联系出版社寻求。

本书由卢德友任主编，陈红中、马丽丽任副主编，具体编写分工如下：张剑编写项目1；马丽丽编写项目2中的任务2.1、任务2.3、任务2.4和项目5中的任务5.4；王彩瑞编写项目2中的任务2.2、任务2.5和项目5中的任务5.1、任务5.2、任务 5.3;卢德友编写项目 3 中的任务 3.1、任务 3.2 和项目 4;包纯编写项目 3 中的任务 3.3、任务 3.4、任务 3.5、任务 3.6、任务 3.7;陈红中编写项目 3 中的任务 3.8,项目 5 中的任务 5.5 和项目 6。在本书编写过程中参考借鉴了大量文献,在此对相关编者表示衷心的感谢!

由于编者水平有限,书中难免有疏漏和不足之处,欢迎广大读者批评指正!

编　者

2020 年 9 月

MU LU

目录

项目 1　BIM 技术—Revit 2018 基础知识

任务 1.1　BIM 概述

任务导入

随着社会的发展和技术的进步，传统的手工绘制工程图样被计算机绘图所取代，“甩图板”的时代已经到来。并且二维图形表达也逐渐被三维模型淘汰，三维模型的可视化与信息化正在蓬勃发展。BIM 技术正是这一时代潮流的先驱者，Revit 作为创建三维模型最好的软件之一使 BIM 技术如虎添翼。本教材就是在 BIM 技术这一大环境下，介绍使用 Revit 2018 创建建筑模型和结构模型的基本方法和理论。本任务主要讲解 BIM 相关简介，了解 BIM 技术的特点与优势。

学习目标

1. 掌握 BIM 的定义。
2. 了解 BIM 技术的特点与优势。

任务情境

随着信息技术的发展，建筑信息化也快速推进。无论是建筑设计、建造、运营，还是协同工作，信息化都可以极大地提高效率。BIM 技术正是利用数字模型对建筑项目的精细化管理，来提升建筑行业的管理水平。学习建筑信息化技术是时代的需要，也是我们开设这门课程的目的所在。我们将通过对 BIM 技术的学习，实现建筑信息化在建筑项目中的运用。

相关知识

1.1.1　BIM 简介

BIM 是英文 Building Information Modeling 的缩写，中文为“建筑信息模型”。

最早的 BIM 概念是“建筑描述系统”(Building Description System)，由 Chuck Eastman 于 1975 年提出，1999 年 Chuck Eastman 将“建筑描述系统”发展为“建筑产品模型”(Building

Product Model),2003 年 Autodesk 公司首先将 Building Information Modeling 的首字母连起来使用,提出"BIM"这个概念。

"BIM"的意义是利用数字模型对建筑项目进行从概念、设计、施工、运营到拆除的全生命周期的信息集成,为建设项目中的所有决策提供可靠依据。目前,该技术已经在全球范围内得到业界的广泛认可,它可以帮助实现将建筑的各种信息始终整合于一个三维模型信息数据库中,设计团队、施工单位、设施运营部门和业主等各方人员可以基于 BIM 进行协同工作,有效提高工作效率、节省资源、降低成本,以实现可持续发展。

BIM 的核心是通过建立虚拟的建筑工程三维模型,利用数字化技术,为这个模型提供完整的、与实际情况一致的建筑工程信息库。该信息库不仅包含描述建筑物构件的几何信息、专业属性及状态信息,还包含了非构件对象(如空间、运动行为)的状态信息。借助这个包含建筑工程信息的三维模型,大大提高了建筑工程的信息集成化程度,从而为建筑工程项目的相关利益方提供了一个工程信息交换和共享的平台。

1.1.2 BIM 技术特点与优势

1)可视化

可视化即"所见所得"的形式,对于建筑行业来说,可视化的运用在建筑业的作用是非常大的,例如常见的施工图纸,只是各个构件的信息在图纸上采用线条绘制表达,但是其真正的构造形式就需要建筑业从业人员根据图纸信息想象。BIM 提供了可视化的思路,让人们将以往的线条式的构件形成一种三维的立体实物图形展示在人们的面前。建筑业也有设计方面的效果图,但是这种效果图不含有除构件的大小、位置和颜色以外的其他信息,缺少不同构件之间的互动性和反馈性。而 BIM 提到的可视化是一种能够同构件之间形成互动性和反馈性的可视化,由于整个过程都是可视化的,因此,不仅可视化的结果可以用于效果图展示及报表生成,而且项目设计、建造、运营过程中的沟通、讨论和决策都在可视化的状态下进行。

2)协调性

协调是建筑业中的重点内容,不管是施工单位,还是业主及设计单位,都在做着协调及相配合的工作。一旦项目的实施过程中遇到了问题,就要将各有关人士组织起来开协调会,找问题发生的原因及解决办法。在设计时,往往由于各专业设计师之间的沟通不到位,出现各种专业之间的碰撞问题。例如,在暖通、消防等专业中对管道进行布置时,由于施工图纸是各自绘制在各自的施工图纸上的,在真正施工过程中,可能在布置管线时正好在此处有结构设计的梁等构件阻碍管线的布置,像这样的碰撞问题的协调解决就只能在问题出现之后再进行解决。BIM 的协调性服务就可以帮助处理这种问题,也就是说 BIM 建筑信息模型可在建筑物建造前期对各专业的碰撞问题进行协调,生成协调数据,并提供出来。当然,BIM 的协调作用也并不是只能解决各专业间的碰撞问题,它还可以解决如电梯井布置与其他设计布置及净空要求的协调、防火分区与其他设计布置的协调、地下排水布置与其他设计布置的协调等。

3)模拟性

模拟性并不是只能模拟设计出的建筑物模型,还可以模拟不能在真实世界中进行操作的事物。在设计阶段,BIM 可以对设计上需要进行模拟的一些东西进行模拟实验,如节能模拟、紧急疏散模拟、日照模拟、热能传导模拟等;在招投标和施工阶段,可以进行 4D 模拟(三维模型加项目的发展时间),也就是根据施工的组织设计模拟实际施工,从而确定合理的施工方案来指导施工,同时还可以进行 5D 模拟(基于 4D 模型加造价控制),从而实现成本控制;在后期运营阶段，可以模拟日常紧急情况的处理方式，如地震人员逃生模拟及消防人员疏散模拟等。

4)优化性

事实上整个设计、施工、运营的过程就是一个不断优化的过程。当然优化和BIM也不存在实质性的必然联系，但在BIM的基础上可以做更好的优化。优化受三种因素的制约：信息、复杂程度和时间。没有准确的信息，做不出合理的优化结果，BIM模型提供了建筑物的实际存在的信息，包括几何信息、物理信息、规则信息，还提供了建筑物变化以后的实际存在信息。复杂程度较高时，参与人员本身的能力无法掌握所有的信息，必须借助一定的科学技术和设备的帮助。现代建筑物的复杂程度大多超过参与人员本身的能力极限，BIM及与其配套的各种优化工具提供了对复杂项目进行优化的可能。

5)可出图性

BIM模型不仅能绘制常规的建筑设计图纸及构件加工的图纸，还能通过对建筑物进行可视化展示、协调、模拟、优化，并出具各专业图纸及深化图纸，使工程表达更加详细。

1.1.3 BIM与Revit

BIM技术的有效落地应用最关键的要素之一是软件，只有通过软件才能充分利用BIM技术的特性。

BIM技术应用软件整体多达60多种，Revit是其中一款运用最多，国内运用最广的建筑建模软件。

2002年，Autodesk公司收购三维建模软件公司Revit Technology，并首次提出“BIM”概念，BIM在建筑行业广泛应用。同期，类似BIM的理念在制造业也被提了出来，并在20世纪90年代实现，推动了制造业科技进步和生产力的提高。

Revit系列软件包括Revit Architecture(建筑)、Revit Structure(结构)和Revit MEP(Mechanical, Electrical & Plumbing的缩写，即机械、电气、管道的英文缩写，后简称系统)三种专业设计工具，从Revit 2013开始，Revit不再分开，即融合了建筑、结构和MEP(系统)，Revit 2018就是如此。

知识拓展

BIM常用软件

涉及BIM类的软件当前市面上有几十种，每种软件各有特色，其功能不可能完全涵盖BIM的所有领域，因此，在这里列举几个认可度较高的、常用的BIM类软件。

1)建模类软件

常见的建模类软件除了Revit以外，还有AutoCAD、3ds MAX、SketchUP、Bentley、CATIA等。

AutoCAD是Autodesk公司开发的自动计算机辅助设计软件，用于二维绘图、详细绘制、设计文档和基本三维设计，现已经成为国际上使用最广泛的绘图工具。其优势在于平面绘图。

3ds MAX是Discreet公司开发的(后被Autodesk公司合并)基于PC系统的三维动画渲染和制作软件，广泛应用于广告、影视、工业设计、建筑设计、三维动画、多媒体制作、游戏以及工程可视化等领域。其特点是可堆叠的建模步骤，使制作模型有非常大的弹性。

SketchUP 是一套以简单易用著称的 3D 绘图软件,可以快速和方便地创建、观察和修改三维创意,适用范围广阔,可以应用在建筑、规划、园林、景观、室内以及工业设计等领域。其特点是建模时可从模糊的尺度、形状开始,随着建模过程不断添加各种细节,直到完成最后的精准设计。

Bentley 软件是目前专业化程度高、数据和平台统一性最强的 BIM 软件,提供了建筑全生命周期工具,支持协同管理并与专业软件集成。其特点是内存小、更便捷、互操作性强,但软件使用成本较高。

CATIA 是法国达索飞机公司开发的高档 CAD/CAM 软件,在航天、飞机、汽车、轮船、电子、电器等设计领域享有很高的声誉。其特点是强大的曲面设计功能。

2)分析类软件

常见的分析类软件主要有 PKPM、YJK、Tekla 等。

PKPM 是由中国建筑科学研究院所研发的 BIM 软件。该软件除了将建筑、结构、设备设计集于一体,还包含了建筑概预算、施工软件、施工企业信息化等系列,特别是结构计算与分析方面在建筑行业中占有绝对优势。

YJK 是北京盈建科软件股份有限公司研发的 BIM 软件。该软件是一套全新的集成化建筑结构辅助设计系统,功能包括结构建模、上部结构计算、基础设计、砌体结构设计、施工图设计和接口软件六大方面。

Tekla 是芬兰 Tekla 公司开发的钢结构详图设计软件,它是通过先创建三维模型以后自动生成钢结构详图和各种报表来达到方便视图的功能。其特点是可以进行零件、安装、总体布置图及各构件参数、零件数据、施工详图自动生成,且具有校正功能。

3)管理类软件

目前 BIM 的管理类软件涵盖造价、进度计划编制、施工管理、场地布置、脚手架管理、模板管理等多个方面,常见的软件主要有广联达系列软件、品茗系列软件以及鲁班系列软件等。

广联达系列软件是广联达科技股份有限公司开发的一系列 BIM 软件,包括造价管理、BIM 建造、智慧工地、数字企业、信息服务、国际业务和企业协调等,其中造价管理软件系统是最重要和最具有优势的产品。其特点是操作简单、形象直观、变更方便。

品茗系列软件是杭州品茗安控信息技术股份有限公司面向工程建设行业开发的 BIM 软件,主要包括 BIM 造价、BIM 项目施工、BIM 智慧工地等,其中 BIM 项目施工管理软件在国内应用较为广泛,可以完成脚手架安全计算、施工策划、安全设施计算、施工资料管理、网络计划编制与管理和三维场布。其特点是几乎涵盖了施工过程所有的 BIM 软件,并且可以快速导出相应的文档。

鲁班系列软件是上海鲁班软件股份有限公司研发的 BIM 软件,包括 BIM 系统、算量、工程数据和鲁班万通等。其特点是数据共享方便。

任务 1.2 Revit 2018 基础知识

任务导入

在创建 Revit 模型之前,我们需要先安装 Revit 2018 软件并掌握相关的基本术语和操作。

本次任务是学习安装 Revit 2018 软件和掌握 Revit 2018 软件的基本操作和术语。

学习目标

1. 掌握 Revit 2018 软件的基本术语。
2. 掌握 Revit 2018 软件的基本操作。
3. 会安装与启动 Revit 2018 软件。

任务情境

学习 Revit 2018 软件，首先要学会安装软件，安装软件要确保计算机满足一定的配置要求，并按照一定步骤安装软件；运用 Revit 2018 软件，首先要掌握与之相关的基本术语和操作。本次任务就是学习 Revit 2018 的安装、启动以及基本术语和基本操作问题。

相关知识

1.2.1　Revit 2018 的安装与启动

1)Revit 2018 的安装

(1)安装 Revit 2018 要确保计算机满足一定的配置要求。如果达不到相应的配置要求，在实际操作过程会出现问题。运行 Revit 2018 需要的相关配置见表 1. 2-1。

表 1. 2-1　运行 Revit 2018 需要的相关配置

配置标准	最低要求：入门级配置	性价比优先：平衡价格和性能	性能优先：大型、复杂的模型
操作系统	Microsoft Windows 7 SP1 64 位： Enterprise、Ultimate、Professional 或 Home Premium Microsoft Windows 8. 1 64 位： Enterprise、Pro 或 Windows 8. 1 Microsoft Windows 10 64 位： Enterprise 或 Pro	Microsoft Windows 7 SP1 64 位： Enterprise、Ultimate、Professional 或 Home Premium Microsoft Windows 8. 1 64 位： Enterprise、Pro 或 Windows 8. 1 Microsoft Windows 10 64 位： Enterprise 或 Pro	Microsoft Windows 7 SP1 64 位： Enterprise、Ultimate、Professional 或 Home Premium Microsoft Windows 8. 1 64 位： Enterprise、Pro 或 Windows 8. 1 Microsoft Windows 10 64 位： Enterprise 或 Pro
CPU 类型	单核或多核 Intel Pentium、Xeon 或 i 系列处理器或支持 SSE2 技术的 AMD 同等级别处理器。建议尽可能使用高主频 CPU。 Revit 软件产品的许多任务要使用多核，执行近乎真实照片级渲染操作需要多达 16 核	支持 SSE2 技术的多核 Intel Xeon 或 i 系列处理器或 AMD 同等级别处理器。建议尽可能使用高主频 CPU。 Revit 软件产品的许多任务要使用多核，执行近乎真实照片级渲染操作需要多达 16 核	支持 SSE2 技术的多核 Intel Xeon 或 i 系列处理器或 AMD 同等级别处理器。建议尽可能使用高主频 CPU。 Revit 软件产品的许多任务要使用多核，执行近乎真实照片级渲染操作需要多达 16 核

续上表

配置标准	最低要求:入门级配置	性价比优先:平衡价格和性能	性能优先:大型、复杂的模型
内存	4 GB RAM 此大小通常足够一个约占 100 MB 磁盘空间的单个模型进行常见的编辑会话。该评估基于内部测试和客户报告。不同模型对计算机资源的使用情况和性能特性会各不相同。 在一次性升级过程中,旧版 Revit 软件创建的模型可能需要更多的可用内存	8 GB RAM 此大小通常足够一个约占 300 MB 磁盘空间的单个模型进行常见的编辑会话。该评估基于内部测试和客户报告。不同模型对计算机资源的使用情况和性能特性会各不相同。 在一次性升级过程中,旧版 Revit 软件创建的模型可能需要更多的可用内存	16 GB RAM 此大小通常足够一个约占 700 MB 磁盘空间的单个模型进行常见的编辑会话。该评估基于内部测试和客户报告。不同模型对计算机资源的使用情况和性能特性会各不相同。 在一次性升级过程中,旧版 Revit 软件创建的模型可能需要更多的可用内存
视频显示	1 280×1 024 真彩色显示器	1 680×1 050 真彩色显示器	超高清显示器
视频适配器	基本显卡: 支持 24 位色的显示适配器 高级显卡: 支持 DirectX 11 和 Shader Model 3 的显卡。 有关已认证显卡的列表,请查看 Autodesk 认证硬件页面	支持 DirectX 11 和 Shader Model 5 的显卡。 有关已认证显卡的列表,请查看 Autodesk 认证硬件页面	支持 DirectX 11 和 Shader Model 5 的显卡。 有关已认证显卡的列表,请查看 Autodesk 认证硬件页面
磁盘空间	35 GB 可用磁盘空间	35 GB 可用磁盘空间	35 GB 可用磁盘空间,10,000+ RPM(用于点云交互)或固态驱动器
介质	通过下载安装或者通过 DVD9 或 USB 密钥安装	通过下载安装或者通过 DVD9 或 USB 密钥安装	通过下载安装或者通过 DVD9 或 USB 密钥安装
指针设备	Microsoft 鼠标兼容的指针设备或 3Dconnexion 兼容设备	Microsoft 鼠标兼容的指针设备或 3Dconnexion 兼容设备	Microsoft 鼠标兼容的指针设备或 3Dconnexion 兼容设备
浏览器	Microsoft Internet Explorer 7. 0 (或更高版本)	Microsoft Internet Explorer 7. 0 (或更高版本)	Microsoft Internet Explorer 7. 0 (或更高版本)
连接	Internet 连接,用于许可注册和必备组件下载	Internet 连接,用于许可注册和必备组件下载	Internet 连接,用于许可注册和必备组件下载

(2)打开 Revit 2018 安装文件夹,双击 setup. exe 文件,进入如图 1. 2-1 所示的安装界面。

图 1. 2-1　安装界面

(3)在 Revit 2018 安装界面上，单击右下角“安装”按钮，进入如图 1.2-2 所示的“许可协议”界面。选择“我接受”单选按钮，单击“下一步”按钮。

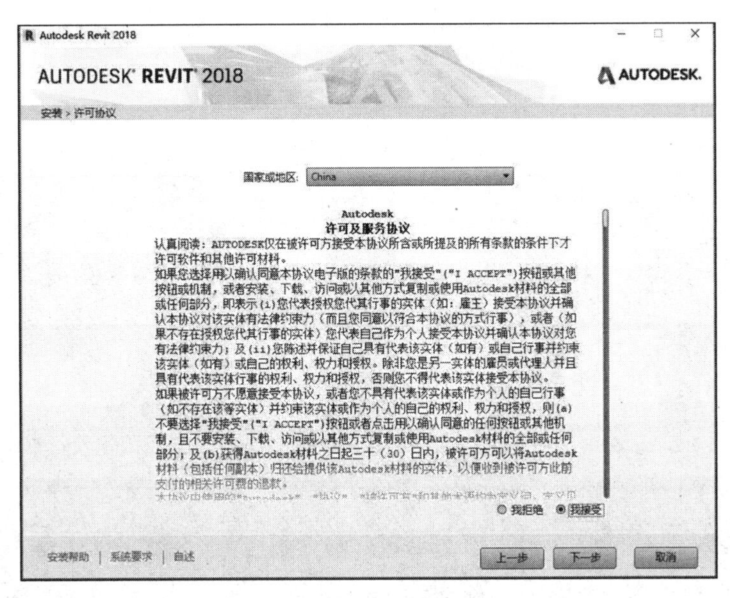

图 1.2-2　“许可协议”界面

(4)进入如图 1.2-3 所示的“配置安装”界面。如果不希望进行任何改动，请直接单击“安装”按钮。如果要修改安装路径，单击“浏览”按钮，选择合适的安装位置后，再单击“安装”按钮。

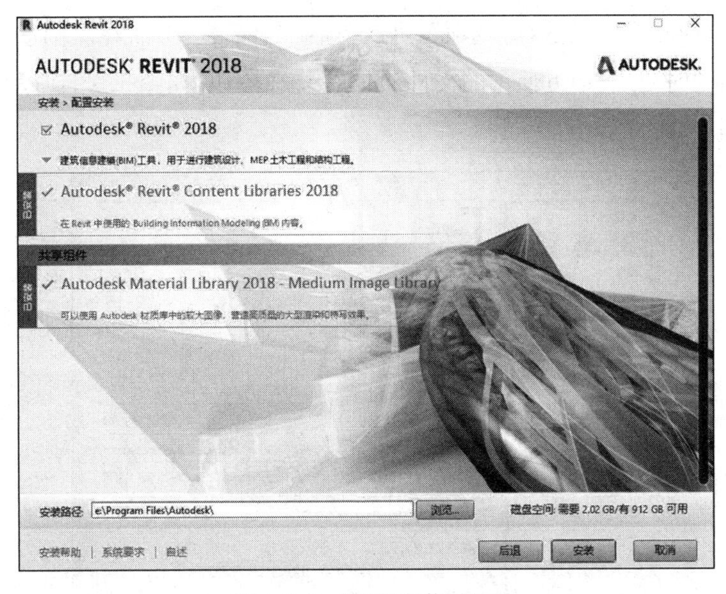

图 1.2-3　“配置安装”界面

2)Revit 2018 的启动

要启动 Revit 2018，必须注册和激活该产品。

(1)双击桌面“”图标或打开“开始”菜单，在“开始”菜单上依次单击“程序”→Autodesk → Revit 2018 选项即可启动。

(2)启动 Revit 2018,选择“输入序列号”。

(3)在“激活选项”对话框中,输入序列号和产品密钥,然后单击“下一步”按钮。

(4)在“注册-激活确认”界面中,单击“ 完成”按钮。进入如图 1.2-4 所示“最近使用的文件”界面。

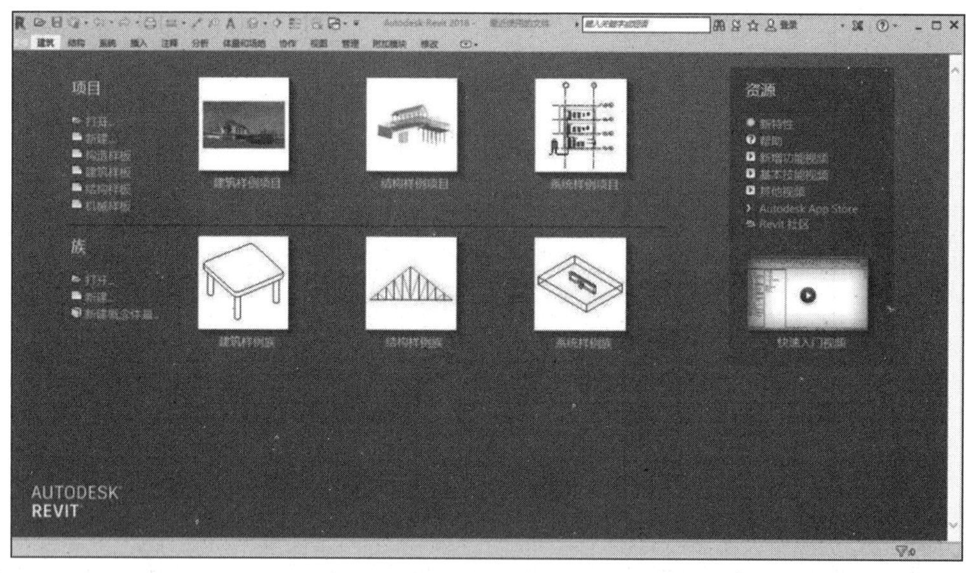

图 1.2-4　“最近使用的文件”界面

(5)如果不希望显示“最近使用的文件”界面,启动 Revit 2018 后,可单击左上角“应用程序菜单”按钮 R ,在菜单右下角选择“选项”,进入“选项”对话框,然后在左侧选择“用户界面”选项,取消勾选“启动时启用‘最近使用的文件’页面”复选按钮,如图 1.2-5 所示,再单击“确定”按钮。然后关闭 Revit 2018。

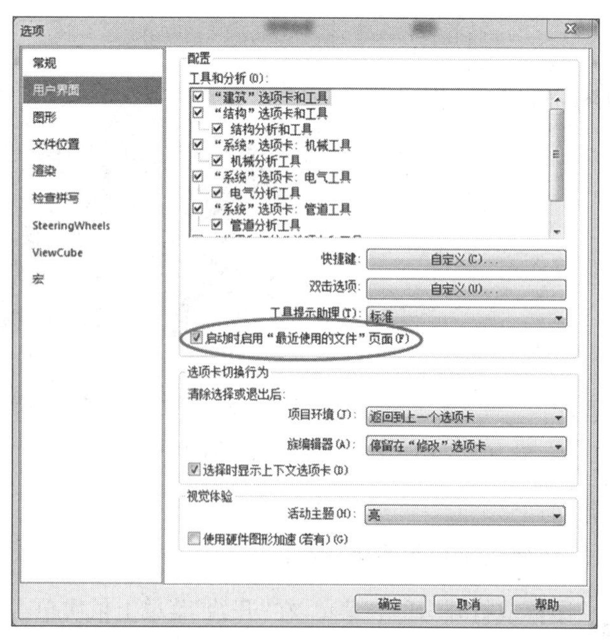

图 1.2-5　“选项”对话框

再次打开 Revit 2018，只显示空白界面，如图 1.2-6 所示。

图 1.2-6 空白界面

1.2.2 Revit 2018 的基本术语

Revit 2018 是三维参数化建筑设计工具，是针对工程建设行业推出的 BIM 工具。Revit 2018 中大多数术语都是结合工程项目的，如结构、墙、门、窗、楼板、楼梯等，除此以外，软件中还包含着项目、项目样板、类别、族、族类型、族实例等专用术语。在此，我们重点介绍后者。

1)项目与项目样板

在 Revit 2018 中，项目是指以“. rvt”数据格式保存的文件，可包含所有的工程模型信息和其他信息，如材质、造价、数量、重量等，同时还包括模型绘制中形成的各种图纸和视图。

项目样板是创建项目的基础，通常以“. rte”数据格式保存的文件，其中预设了新建项目的所有默认设置，如长度单位、轴网标高样式、墙体类型等。系统自带的项目样板仅提供默认预设工作环境，用户在 Revit 2018 中可通过项目中自定义的方式进行修改。

注意：无论是项目文件还是项目样板文件，只能在高版本中打开，不能在低版本中打开。如某项目文件在 Revit 2018 中打开并保存，则该文件在 Revit 2017 中将不能再打开。

2)类别

Revit 2018 中的轴网、墙、尺寸标注、文字注释等对象以类别的方式进行自动归类和管理。类别又可分为模型类别、注释类别、分析模型类别和导入类别。

在项目任意视图中输入快捷键命令“VV”，打开“可见性/图形替换”对话框，如图 1.2-7 所示。在该对话框中可查看类别的分类详细，如模型类别中的场地、墙、家具等。

3)族

族是某一类别中图元的分类，是一个包含通用属性(称作参数)集和相关图形表示的图元组。族中的每一类型都具有相关的图形表示和一组相同的参数,称作族类型参数。常用到的族大致可以分为三类:系统族、内建族和可载入族。

图 1.2-7 “可见性/图形替换”对话框

(1)系统族。

系统族是已经在项目中预定义并只能在项目中进行创建和修改的族类型,如墙、楼板、天花板、轴网、标高等。它们不能作为外部文件载入或创建,但可以在项目和样板间复制、粘贴或者传递系统族类型。

(2)内建族。

内建族只能存储在当前的项目文件里,不能单独存成“.rfa”文件,也不能用在别的项目文件中。通过内建族的应用,我们可以在项目中实现各种异形造型的创建以及导入其他三维软件创建的三维实体模型。同时通过设置内建族的族类别,还可以使内建族具备相应族类别的特殊属性以及明细表的分类统计。

(3)可载入族。

可载入族是使用族样板在项目外创建的“.rfa”文件,可以载入项目中,具有高度可自定义的特征,因此可载入族是用户最常创建和修改的族。可载入族包括在建筑内和建筑周围安装的建筑构件,如门、窗、橱柜、装置、家具和植物等。此外,它们还包含一些常规自定义的注释图元,如符号和标题栏等。创建可载入族时,需要使用软件提供的族样板,样板中包含有关要创建的族的信息。

4)族类型

族类型是某一种族中的细分。属于一个族的不同图元的部分或全部参数可能有不同的值,但是参数(其名称与含义)的集合是相同的。

5)族实例

族实例是族类型中的某一个实例,是模型结构中最小的单元。

图 1.2-8 列举了 Revit 2018 中各种术语之间的关系。

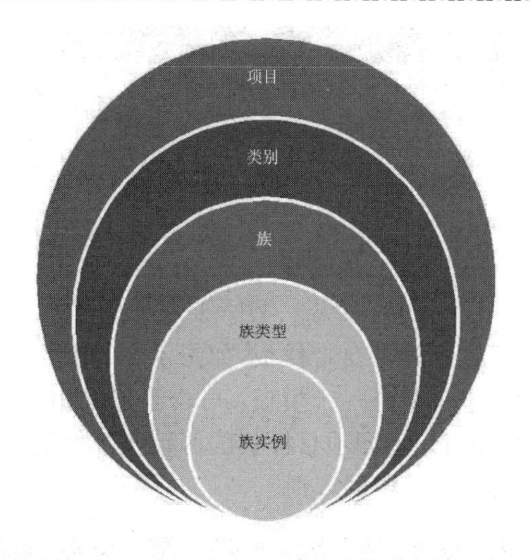

图 1.2-8　Revit 2018 中各种术语之间的关系

1.2.3　Revit 2018 的基本操作

1)应用程序菜单

(1)单击“应用程序菜单”按钮 R 可以打开“应用程序”菜单,其主要包括“新建”“保存”“打印”“发布”“关闭”等功能。依次单击“新建”→“项目”选项,开始新建项目,如图 1.2-9 所示。

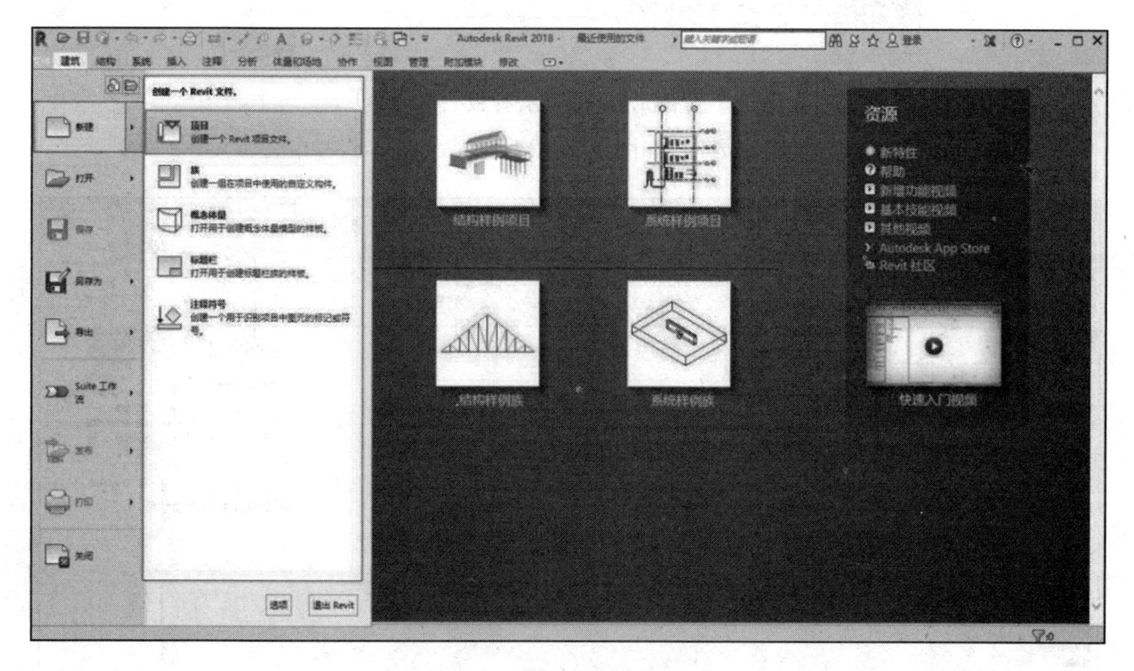

图 1.2-9　新建项目

(2)选择项目类型,类型有构造样板、建筑样板、结构样板、机械样板等。这里以结构样板为例,在“样板文件”下拉列表框中选择“结构样板”选项,单击“确定”按钮,如图 1.2-10 所示。

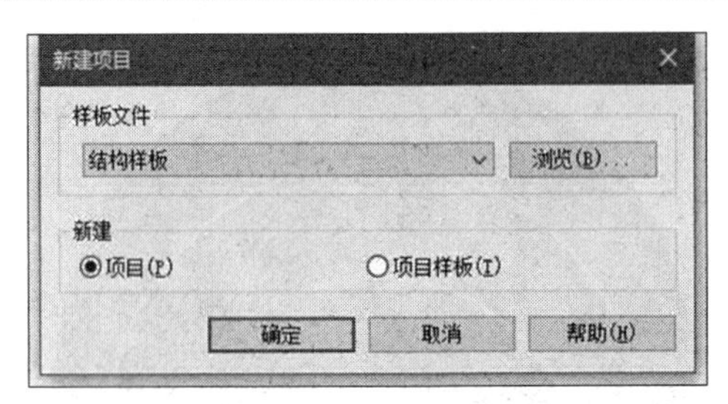

图 1.2-10 选择项目类型

注意:单击“浏览”按钮可选择软件自带样板,如图 1.2-11 所示。新建项目是系统配套的项目文件,新建项目样板简单来说就是一个模板,可自己建立相关族和更改系统设置,初学者单击系统自带的项目样板即可。不同项目样板的区别在于根据不同专业的要求,对单位、线型、不同构件的显示等方面存在一定的区别。

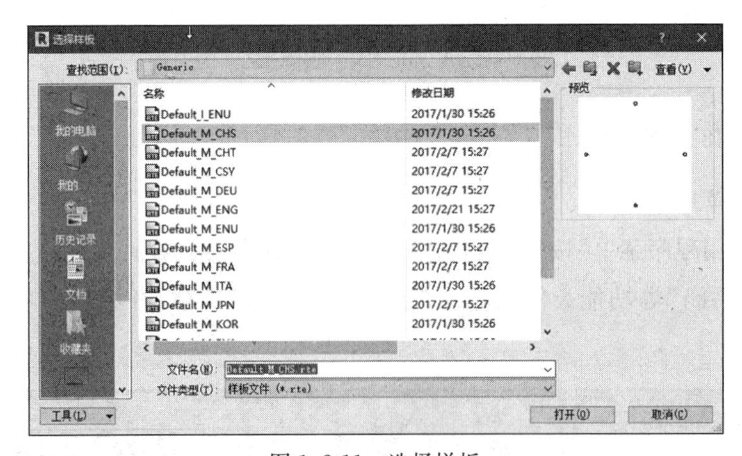

图 1.2-11 选择样板

(3)新建成功以后,进入用户界面,如图 1.2-12 所示。

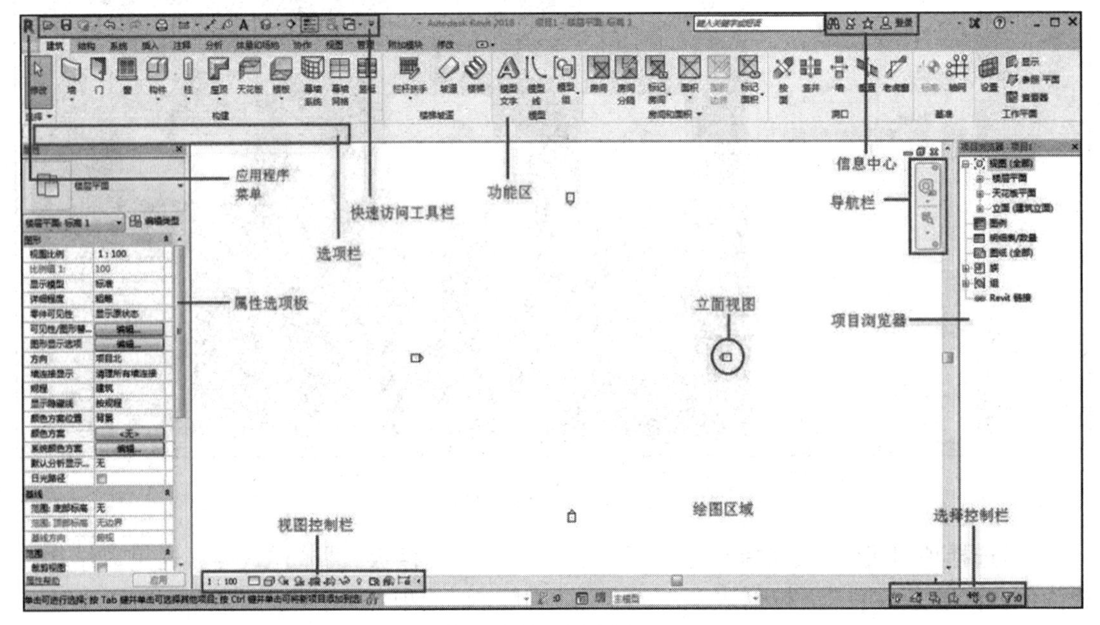

图 1.2-12 用户界面

2)快速访问工具栏

快速访问工具栏包含一组常用的工具,如图 1.2-13 所示。

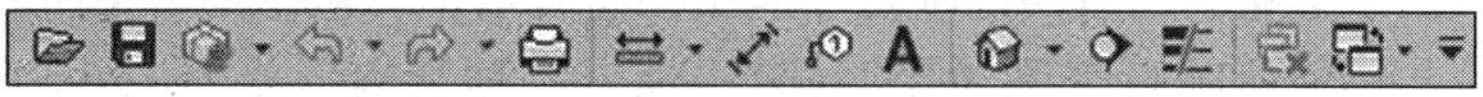

图 1.2-13　快速访问工具栏

打开:打开项目、族、建筑构件等系统文件。

保存:用于保存当前项目、族、注释等文件。

同步并修改设置:用于将本地文件与中心服务器上的文件进行同步。

撤销:默认撤销上一步操作。

恢复:默认恢复上一步操作。还可显示在任务期间的所执行的已恢复的操作。

对齐尺寸标注:用于在平行之间或多点之间放置尺寸标注。

文字:用于将文字或注释添加到当前视图中。

默认三维视图:用于打开默认的三维视图。

剖面:创建剖面视图。

关闭隐藏窗口:用于关闭被当前窗口隐藏的窗口。

切换窗口:制定要显示或给出焦点的视图。

自定义快速访问工具栏:可单击进行工具栏的添加与删减,如图 1.2-14 所示。

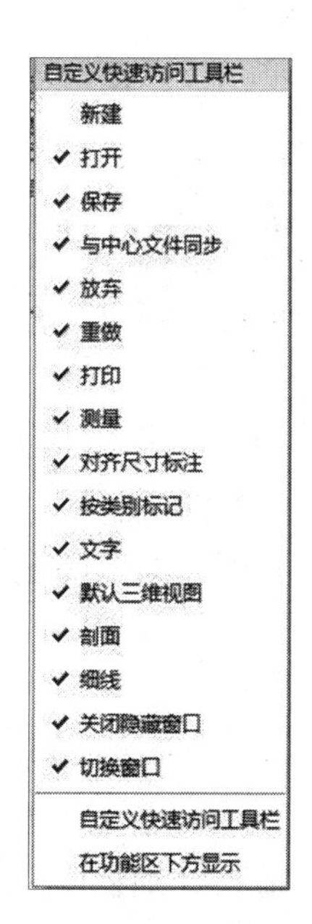

图 1.2-14　自定义快速访问工具栏

3)功能区

软件在功能区提供了创建项目或族所需的全部工具,其中功能区包括了选项卡、功能面板和工具,如图 1.2-15 所示。

图 1.2-15　功能区

注意:如果想查看 Revit 2018 各种命令的快捷键,可直接按〈Alt〉键,如图 1.2-16 所示。

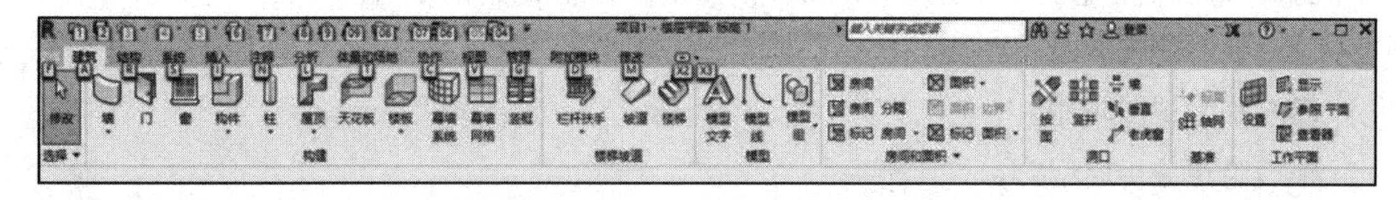

图 1.2-16　各种命令的快捷键

4)属性选项板

属性选项板可以查看和修改 Revit 2018 中各种族实例的相关参数。属性选项板各部分的功能如图 1.2-17 所示。

5)项目浏览器

项目浏览器用于组织和管理当前项目中包括的所有信息。包括项目中所有视图、明细表、图纸、族、组、Revit 链接等项目资源,如图 1.2-18 所示。项目浏览器中,项目类别前有“+”符号的表示该类别中还包括其他子类别项目。

单击项目浏览器中任意栏目名称,然后右击选择“搜索”选项,打开“在项目浏览器中搜索”对话框,如图 1.2-19 所示。可以使用该功能在项目浏览器中查找视图、族以及族类型名称等。

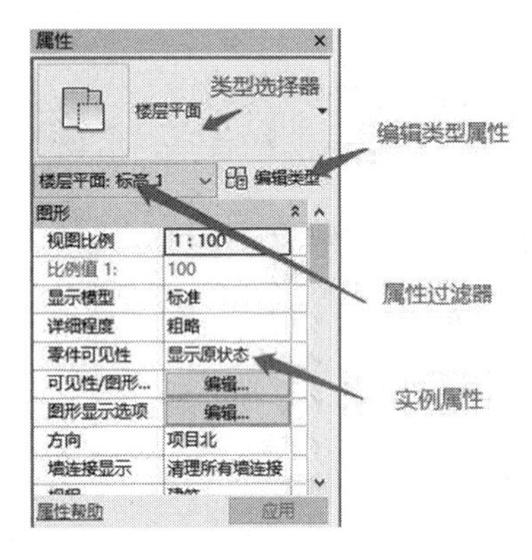

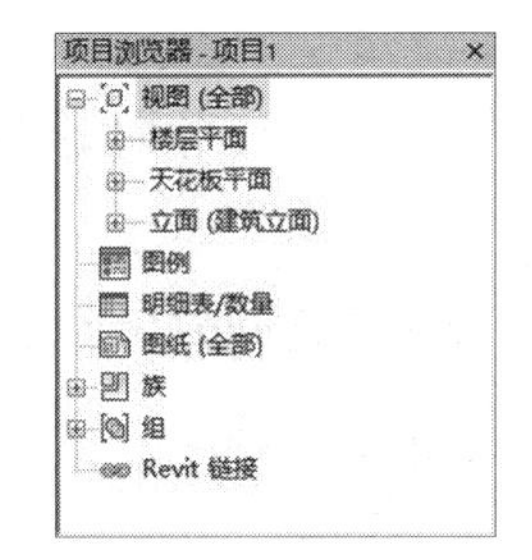

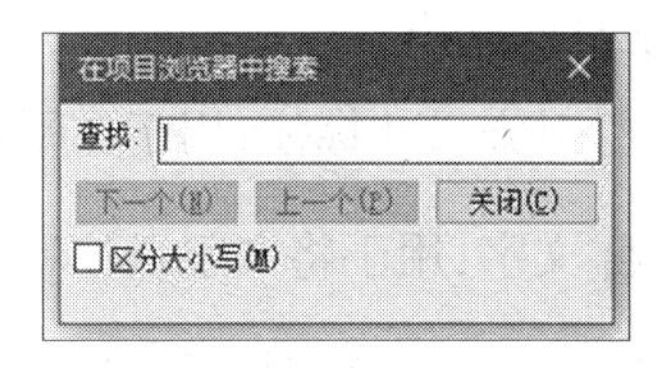

图 1.2-17　属性选项板　　图1.2-18　项目浏览器　　图 1.2-19　“在项目浏览器中搜索”对话框

6)视图控制栏

视图控制栏位于绘图区域底部左下侧,如图 1.2-20 所示。

图 1.2-20　视图控制栏

1 : 100 :比例。可对所绘模型的比例进行调节。

:详细程度,分为粗略、中等、精细。不同的模型详细程度也不同。

:视觉样式,分为线框、隐藏线、着色、一致的颜色、真实、光线追踪。

:打开/关闭日光路径。

:打开/关闭阴影。

:裁剪视图。

:显示/隐藏裁剪区域。

:临时隐藏/隔离,分为隔离类别、隔离图元、隐藏类别、隐藏图元。绘图时可将部分模型隐藏,重设临时隐藏/隔离,即可恢复。模型复杂时经常使用该功能。

:显示隐藏的图元。

:临时视图属性。

:隐藏分析模型。

:显示约束。

7)选择控制栏

选择控制栏位于绘图区域底部右下侧,如图 1.2-21 所示。

图 1.2-21　选择控制栏

:选择连接。可以选择连接及其图元。

:选择基线图元。可在视图的基线中选择图元。

:选择锁定图元。可以选择视图中可以固定的图元。

:按面选择图元。可通过单击某个面,而不是单击边,来选中某个图元。

:选择时拖动图元。可无须先选择图元即可拖动。

:后台进程。

:0 :优化视图中选定的图元类型。

Revit 2018 常用快捷键

在 Revit 2018 中各种命令快捷键的使用方法和其他软件不太一样,有一些命令快捷键按下后可直接执行命令,有些命令快捷键则需要在选定图元的基础上按下后才能执行命令。在这里给大家提供一些常用的快捷键使用方法,希望能够提高建模效率。

1)水平翻转图元

水平翻转图元快捷键为〈空格〉键,如选中一扇门,然后按〈空格〉键可以让门扇位置翻转,如图 1.2-22 所示。

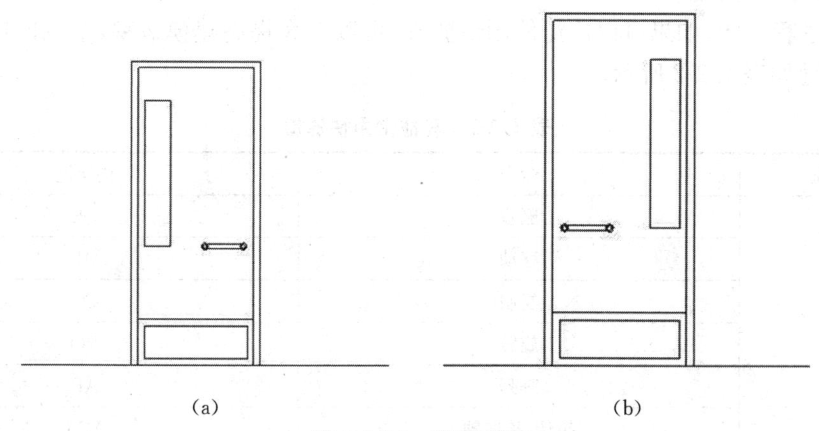

图 1.2-22　图形翻转

(a)翻转前;(b)翻转后

2)切换目标

当多个图元集中在一起时,不易选择其中的某一种时,可切换选择目标, 如图 1.2-23 所示,其快捷键是〈Tab〉键。

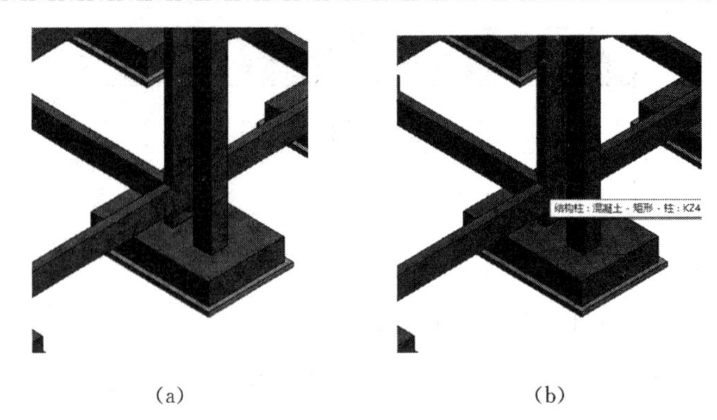

(a)　　　　(b)

图 1.2-23　切换选择目标

(a)切换前；(b)切换后

3)同类型实例全选

修改模型时，如果同一类型实例都需要修改，用拾取线命令一个一个拾取，工作效率会很低。这时可使用同类型实例全选快捷键。先单击其中一个实例，然后输入 SA，所有同类型实例就被选中了，如图 1.2-24 所示。

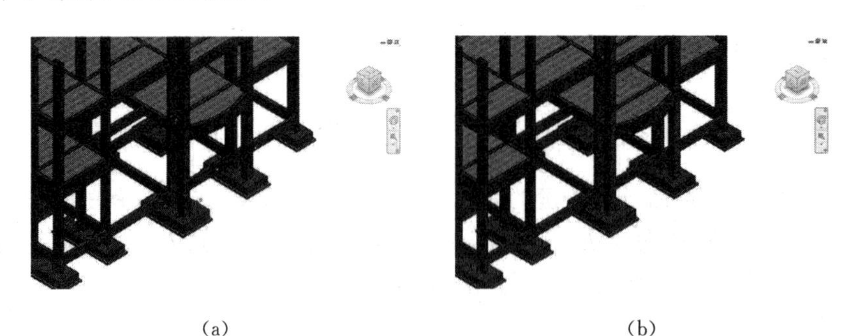

(a)　　　　(b)

图 1.2-24　同类型实例全选

(a)全选前；(b)全选后

4)其他常用快捷键

在建模过程当中，如果可以广泛使用快捷键，可以大大提高建模效率，节约时间成本。其他常用快捷键如表 1.2-2 所示。

表 1.2-2　其他常用快捷键

命令类型	命令	快捷键
编辑类	删除	DE
	移动	MV
	复制	CO
	旋转	RO
	阵列	AR
	镜像、拾取轴	MM
	创建组	GP
	对齐	AL
	修建/延伸	TR
	偏移	OF

续上表

命令类型	命令	快捷键
视图类	区域放大	ZR
	缩放配置	ZF
	上一次缩放	ZP
	临时隐藏类别	RC
	临时隔离类别	HC
	重设临时隐藏	HR

技能训练

安装 Revit 2018

根据 1.2.1 中相关知识，学生课后自行安装 Revit 2018 软件，启动软件并熟悉软件的基本操作和术语。

任务 1.3　项目准备

任务导入

随教材含一套三层别墅图纸（包括建筑施工图和结构施工图），作为本教材技能训练用图。在创建模型之前，我们应对 CAD 图纸进行识读以及整理，为创建模型做好基础准备。

学习目标

1. 掌握清理图纸的方法。
2. 掌握图纸整理的办法。
3. 会识读建筑施工图和结构施工图。
4. 能从随书图纸中整理出创建模型的 CAD 图。

任务情境

与建筑 CAD 操作类似，Revit 在创建模型时也可以在绘图区直接绘制，但这样需要我们必须具有很强的空间模型思维能力。但目前我们大多数建模仍基于二维 CAD 图纸，由于 CAD 图纸里可能会包含很多冗余的信息，为了方便将其导入 Revit 2018 软件中，我们必须对其清理和整理。本次任务就是识读随书图纸和整理图纸。

相关知识

1.3.1 识读图纸

1)结构识图

三层别墅结构施工图从 01 到 15,共计 15 张,其具体内容如表 1.3-1 所示。

表 1.3-1　结构施工图纸内容

图号	图名	图纸需关注内容
01～04	结构设计说明 一、二、三、四	混凝土强度等级表格、砌体钢筋混凝土过梁表、构造柱截面图;梁截面、高度、标高等取值规定信息
05～06	基础平面图、基础大样图	基础的类型、平面定位、尺寸信息、标高以及垫层相关信息
07	二层梁平面图	二层结构梁的平面定位、尺寸信息、标高信息;结构楼层信息表
08	二层板平面图	二层结构板的平面定位、板厚、标高信息;结构楼层信息表
09	三层梁平面图	三层结构梁的平面定位、尺寸信息、标高信息;结构楼层信息表
10	三层板平面图	三层结构板的平面定位、板厚、标高信息;结构楼层信息表
11	闷顶梁平面图	闷顶结构梁的平面定位、尺寸信息、标高信息;结构楼层信息表
12	闷顶板平面图	闷顶结构板的平面定位、板厚、标高信息;结构楼层信息表
13	坡屋顶梁板平面图	结构梁的平面定位、尺寸信息、标高信息;结构板的平面定位、板厚、标高信息;结构楼层信息表
14	楼梯结构图	楼梯梯梁和梯板尺寸信息和标高信息
15	节点大样	窗套、地脚线、腰线、檐口、门楼、栏杆反坎等细部尺寸、标高

2)建筑识图

三层别墅建筑施工图从 01 到 16,共计 16 张,其具体内容如表 1.3-2 所示。

表 1.3-2　建筑施工图纸内容

图号	图名	图纸需关注内容
01	建筑施工图设计说明	工程做法及材质
02	首层平面图	一层内外墙、柱的平面定位、墙厚、室内外标高信息;门窗、台阶、坡道、散水、楼梯等定位信息
03	二层平面图	二层内外墙、柱的平面定位、墙厚、室内标高;门窗、楼梯等定位信息
04	三层平面图	三层内外墙、柱的平面定位、墙厚、室内标高;门窗、楼梯等定位信息
05	屋顶平面图	老虎窗定位信息及屋顶的标高信息
06～09	前、背、左、右立面图	三层别墅的标高体系,各立面的构件数量及定位关系
10	1—1 剖面图	楼梯中间平台的标高信息
11	楼梯详图	各层楼梯平面定位和尺寸信息
12	门楼大样图	门楼标高信息以及各构件细部尺寸
13～14	门窗表一、门窗表二、花架大样	门窗表及门窗详图信息;花架及老虎窗细部尺寸信息
15～16	节点大样一、节点大样二	散水、窗套、室外台阶、正脊、地脚线、腰线、屋顶破屋、栏杆、柱墩等细部尺寸信息、做法及材料

1.3.2　整理图纸

如果直接把一张包含多个图幅的 CAD 图纸导入 Revit 2018 中,会让绘制区域变的很乱,也不便于绘图,所以我们需要在导入 CAD 图纸之前对其进行整理。

1)清理图纸

(1)在 AutoCAD 中打开三层别墅结构图纸文件,按下快捷键 PU,打开“清理”对话框,勾选“要清理的每个项目”和“清理嵌套项目”复选按钮,单击“全部清理”按钮,清理掉图中不用的标注样式、表格样式、材质、图层等,如图 1.3-1 所示。

(2)扫描完成,“全部清理”按钮变为灰色,清理完毕,如图 1.3-2 所示。

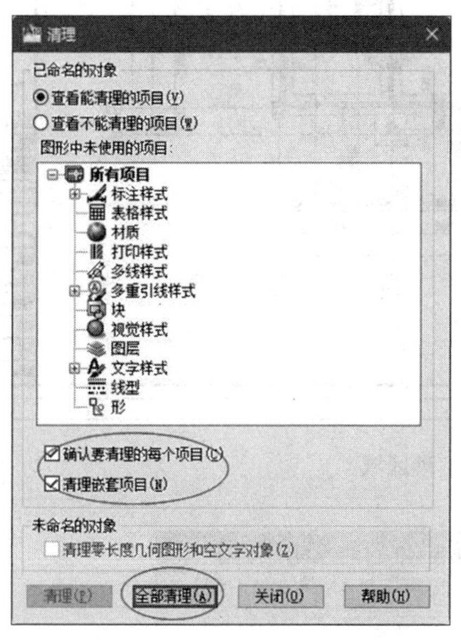

图 1.3-1　清理　　图 1.3-2　清理完毕

2)整理图纸

(1)依次单击“编辑”→“带基点复制”,选取 1 轴线与 A 轴线交点为基点。

(2)用窗口选择需要整理的图纸区域,右击或按〈Enter〉键确认,如图 1.3-3 所示。

注意:此处不建议使用窗交方式选择图形,因图纸之间距离较近,易选择多余内容。

(3)依次单击“文件”→“新建”,打开“选择样板”对话框,如图 1.3-4 所示。

(4)在“选择样板”对话框中选择 acadiso.dwt 样板文件,单击“打开”按钮,打开一个新的 CAD 图形文件。

(5)在新的 CAD 图形文件中,依次单击“编辑”→“粘贴”,在命令行中输入坐标“0,0,0”,作为“指定插入点”,将复制的图形粘贴在此。

(6)最后保存新建的图形文件。

注意:

①建议“带基点复制”时选取的基点是 1 轴线与 A 轴线交点,其他图纸的基点也选择此交点,以免在新建图纸时插入点不一致。

②在粘贴图形时,“指定插入点”坐标一定要是“0,0,0”,否则在创建模型时,导入 CAD 图定位“自动—原点到原点”无法实现。

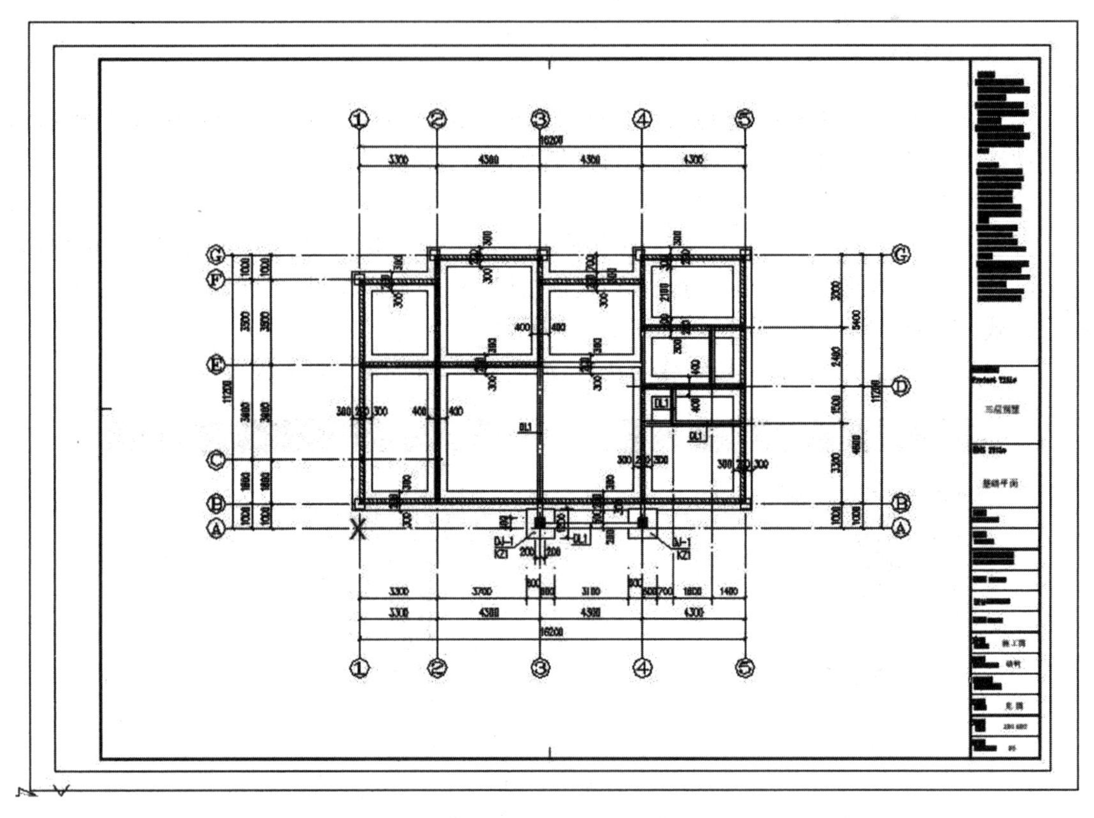

图 1.3-3　选择整理区域

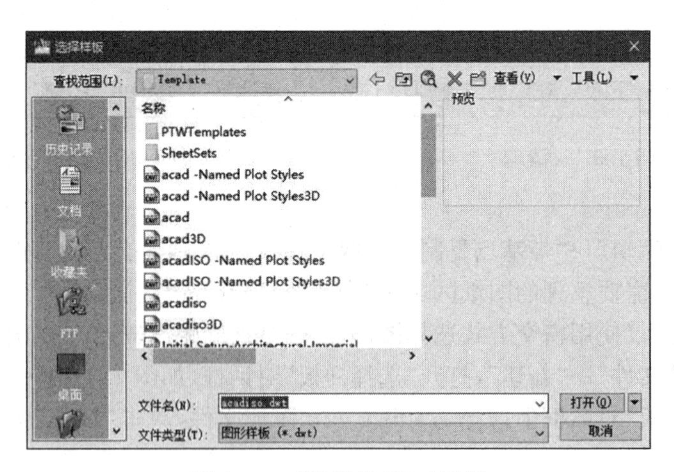

图 1.3-4　“选择样板”对话框

建筑施工图与结构施工图的读图内容

1)建筑施工图的读图内容

建筑施工图(简称建施)主要表示建筑物的总体布局、外部构造、内部布置、细部构造、装修和施工要求等。具体内容如下。

(1)建筑总说明。建筑总说明反映了工程的性质、建筑面积、设计依据、本工程需要说明的各个部位的构造做法和装修做法、所引用的标准图集、对施工提出的要求等。

(2)各层平面图。建筑平面图是假想用水平剖切平面沿房屋门窗洞口位置将房屋剖开,画出一个按照国家标准规定图例表示的房屋水平投影全剖图。读图内容:

①图名、比例、指北针、楼层情况、房屋的朝向;

②房屋平面外形和内部墙体的布局情况,包括房屋总长度、总宽度、房间的开间、近深尺寸、房间分布、用途、数量以及入口、楼梯的位置,室外台阶、花池、散水的位置;

③注意图中定位轴线编号及间距尺寸,墙、柱与轴线的关系,内外墙上开洞位置及尺寸,门的开启方向、各房间开间进深尺寸,楼地面标高;

④查看平面图上剖面图的剖切符号、部位及编号,以便于剖面图对照识读,查看平面图中的索引符号、详图的位置以及选用的图集;

⑤图纸说明。

(3)立面图。建筑立面图是平行于建筑物各方向的外部正投影图,主要体现建筑物造型、装修情况以及门窗、雨棚、屋顶、地面的标高情况等。读图内容:

①图名、比例、立面外形、外墙表面装修做法与整理形式、粉刷材料的类型和颜色;

②立面图中各标高,通常著有室外、出入口地面、勒脚、门窗、大门、檐口、女儿墙顶等标高;

③查看图中索引符号。

(4)剖面图。建筑剖面图是用一个假想的竖直剖切平面,垂直于外强将房屋剖开,作出的正投影图,主要表现房屋内部结构和构造比较复杂、有变化、有代表性的主要入口和楼梯间等。读图内容:

①图名、轴线编号、比例,房屋各部位标高应与平面、立面图相对应;

②楼屋面构造做法,注意各楼层做法的上下顺序、厚度和所用材料;

③注意索引剖面图中不能清楚标示的地方,如檐口、泛水、栏杆等。

(5)建筑详图。建筑详图是使用较大比例绘制的建筑细部施工图,又称为大样图,它主要表现某些建筑剖面节点(如檐口、楼梯踏步、阳台、雨棚)、卫生间、楼梯平面的放大图,以达到详细说明的目的。读图内容:

①注意详图所表示的建筑部位,与平面图、剖面图及立面图对照看;

②大样名称、比例、各部位尺寸;

③构造做法、所用材料、规格。

2)结构施工图的读图内容

结构施工图主要表现结构的类型,各承重结构构件的布置、形状、大小材料、构造及相互关系,其他专业对结构的要求。其主要用来作为施工放线、挖基槽、支模板、绑扎钢筋、设置预埋件、浇筑混凝土、编制预算和施工组织设计的依据。

(1)结构设计总说明。结构设计总说明反映结构设计的依据,水文地质气象、地震烈度等基本数据。地基基础施工中应该注意的问题,各结构构件的材料要求,保护层厚度、钢筋长度。砌体结构工程中圈梁、构造柱、楼梯、拉结筋及过梁所选用的标准图集出处。

(2)基础平面图。基础平面图的读图内容:

①图名、比例和纵横定位轴线编号,基础类型、基础材料及其强度;

②基础墙、柱子及基础底面的形状、尺寸大小及其与轴线的关系;

③剖切线及其编号,基础断面图的种类、数量及其分布位置。

(3)基础详图。基础详图的读图内容:

①根据基础详图的编号确定基础平面的对应位置;

②根据基础类型识读基础各部分细部尺寸;

③注意防潮层位置、大放脚做法、垫层厚度、基础圈梁的位置、基础埋深和标高等。

(4)结构平面图。结构平面图中主要识读内容包括:图名、比例、轴线和各构件的名称编号、布置及定位尺寸。

(5)构件详图。构件详图中主要识读内容包括:图名、比例、构件的定形尺寸、钢筋的尺寸、钢筋编号以及钢筋的排布情况等。

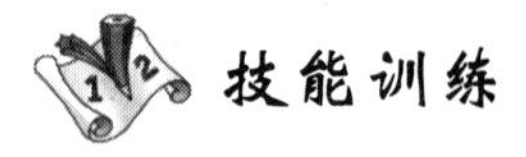

技能训练

整理三层别墅 CAD 图

1)整理结构施工图

整理方法见 1.3.2。

根据随书 CAD 图,整理完成后的结构施工图如图 1.3-5 所示。

2)整理建筑施工图

建筑施工图整理方法同结构施工图,整理完成后的建筑施工图如图 1.3-6 所示。

地梁平面图
二层板平面图
二层梁平面图
二层柱平面图
基础平面图
阁顶板平面图
阁顶梁平面图
坡屋顶梁板平面
三层板平面图
三层梁平面图
三层柱平面图
首层柱平面图

图 1.3-5　整理后的结构施工图

二层平面图
三层平面图
首层平面图
屋顶平面图

图 1.3-6　整理后的建筑施工图

项目 2　创建结构模型

任务 2.1　创建标高与轴网

任务导入

在创建项目模型之前，需要为模型创建基准，也就是标高和轴网，这是创建模型的基础。本项目的任务是创建结构模型，本次的任务是在结构样板下为结构模型创建标高和轴网，并对标高和轴网进行编辑。

学习目标

1. 了解基准在创建模型中的作用。
2. 能够创建和编辑标高。
3. 能够创建和编辑轴网。
4. 能够对轴网标注和修改尺寸。
5. 会运用导入 CAD 图的方法创建轴网。

任务情境

在 Revit 中，标高和轴网是建筑设计中重要的定位信息。标高用于确定建筑构件沿高度方向上的尺寸，轴网则用于确定建筑构件在平面视图中的位置。在开始建立模型前，需要对项目模型的标高和轴网信息做出整体规划。为了在各层平面图中正确显示轴网，建议先创建标高，再创建轴网。

相关知识

2.1.1　创建与编辑标高

1)创建标高

(1)启动 Revit 2018，在启动界面，选择“项目”→“结构样板”，进入“新建项目”界面；或选择“项目”→“新建”，弹出“新建项目”对话框，在“样本文件”下拉列表框中选择“结构样板”选项,如图 2.1-1 所示,单击“确定”按钮,进入“新建项目”界面。

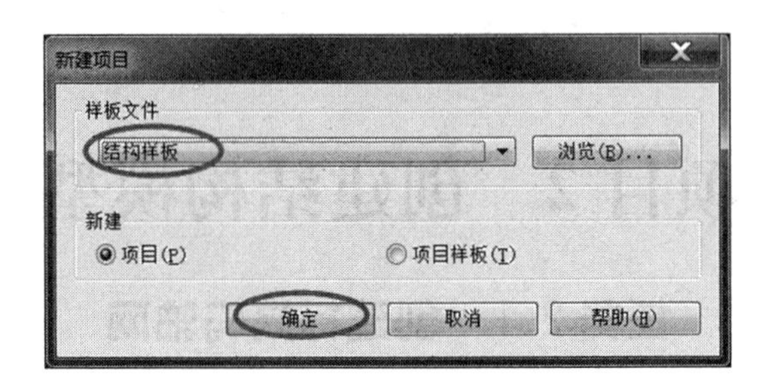

图 2.1-1　“新建项目”对话框

(2)在“新建项目”界面,选择“项目浏览器”→“立面”,双击打开任意一个立面,以“东立面”为例,将绘图区域切换至东立面视图,显示项目样板文件中设置的默认标高:标高 1 与标高 2。标高 1 的标高值为 0,标高 2 的标高值为 4.000。

(3)手动绘制标高。

①选择“结构”→“基准”→“标高”,激活“修改|放置标高”选项卡。

②在“修改|放置标高”状态下,选择“绘制”面板中的“线”工具,移动光标至“标高 2”左上方,当出现对齐虚线时单击确定标高起点,如图 2.1-2 所示。

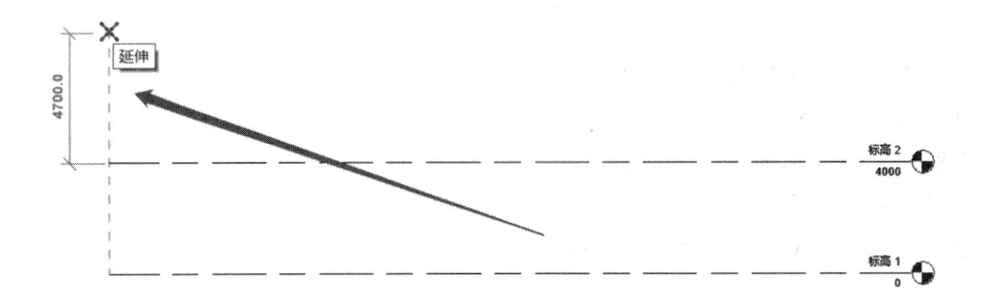

图 2.1-2　绘制标高 3 起点

③从左向右移动光标至“标高 2”右上方,如图 2.1-3 所示,当出现对齐虚线时,再次单击确定标高终点,“标高 3”创建完成,按两次〈Esc〉键退出绘制。

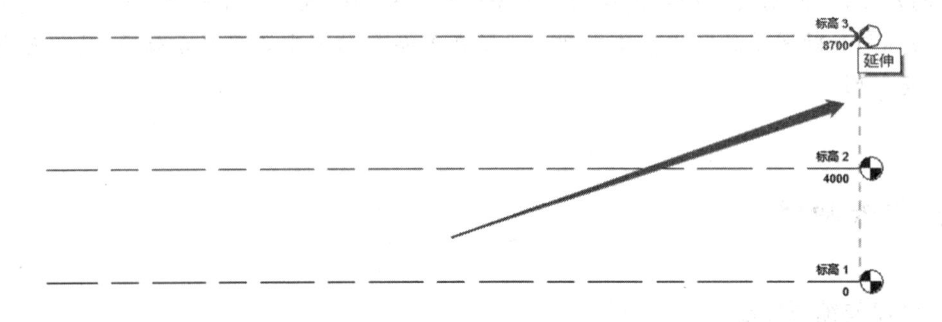

图 2.1-3　绘制标高 3 终点

绘制标高时,可以直接选择项目需要的标高尺寸后再确认输入标高起点,也可以不考虑标高尺寸,绘制完成后再进行修改。

例如单击选择“标高 3”，这时“标高 3”与“标高 2”之间会显示一条蓝色临时尺寸标注，在蓝色临时尺寸标注值上单击，激活文本框，如图 2.1-4 所示；输入新的层高值(如 3 600 mm)，按〈Enter〉键确认，“标高 3”与“标高 2”之间的标高值修改为 3 600 mm。

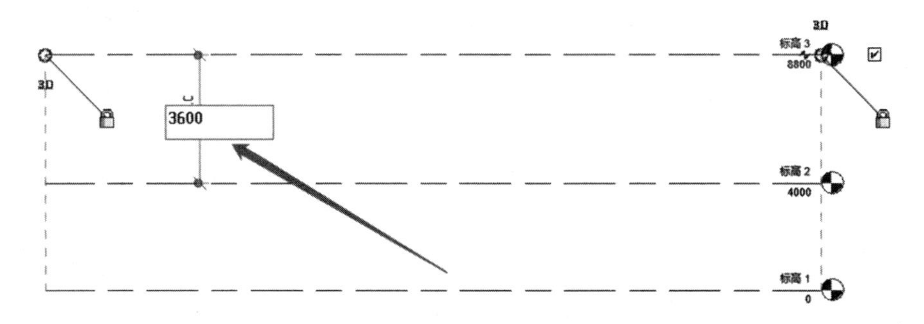

图 2.1-4　修改标高尺寸

(4)复制创建标高。

①选择任意一个标高，如“标高 2”，激活“修改|标高”选项卡。

②选择“修改”面板中的“复制”工具，如图 2.1-5 所示。

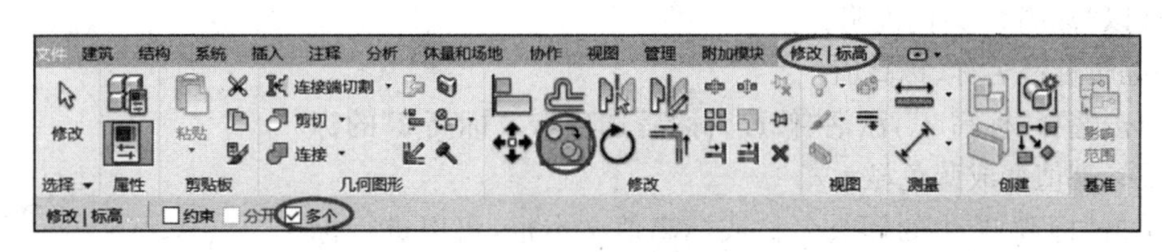

图 2.1-5　复制标高

③移动光标在“标高 2”上单击捕捉一点作为复制参考点，然后垂直向上或向下移动光标，单击完成标高复制；也可输入间距值(如 3 600 mm)，再按〈Enter〉键确认完成复制。

注意：如需多次重复复制标高，可勾选选项栏中“多个”复选按钮，如图 2.1-5 所示。

(5)阵列创建标高。

当需要创建的标高数量较多时，除上述方法外，还可以使用“修改”面板中的“阵列”工具更加快速地创建标高。

①选择任意一个标高，如“标高 2”，激活“修改|标高”选项卡，选择“修改”面板中的“阵列”工具。

②移动光标在“标高 2”上单击捕捉一点作为移动起点，然后垂直向上或向下移动光标，单击作为移动终点，在文本框中输入阵列总数(如 5)，如图 2.1-6 所示。

③按〈Enter〉键确认，创建四个标高，如图 2.1-7 所示。

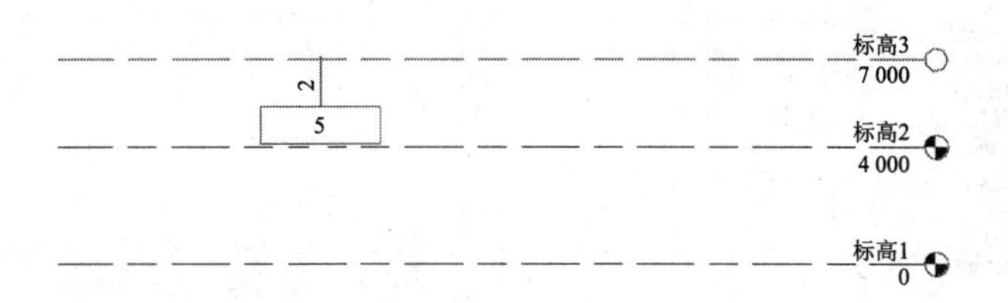

图 2.1-6　输入阵列总数

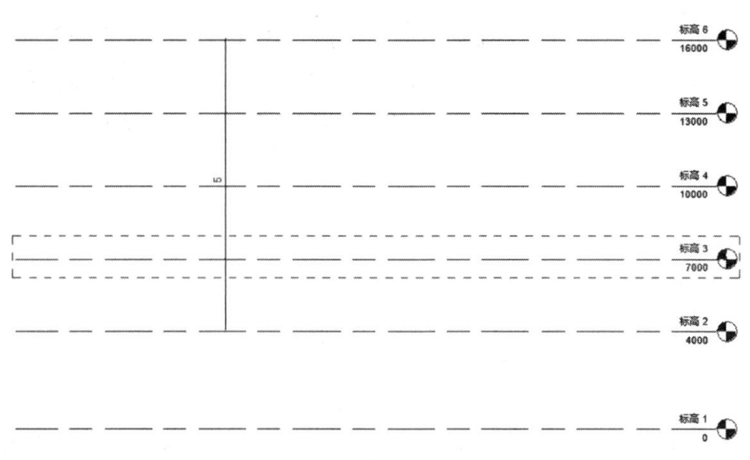

图 2.1-7　阵列创建标高

2)编辑标高

在 Revit 中,标高由标头符号和标高线两部分组成,包括标高名称、标高值、标高符号显示/隐藏、标高线、对齐指示线、对齐锁定开关、添加弯头、拖动点、2D/3D 转换按钮等标高图元,如图 2.1-8 所示。

下面以“标高 2”为例说明。

(1)编辑标高名称、标高值。

①单击选择“标高 2”,激活“修改|标高”选项卡,“标高 2”的标高名称及标高值变成蓝色显示。

②单击“标高 2”中的标头名称或标高值文本框,可以进行标高名称或标高值的修改。

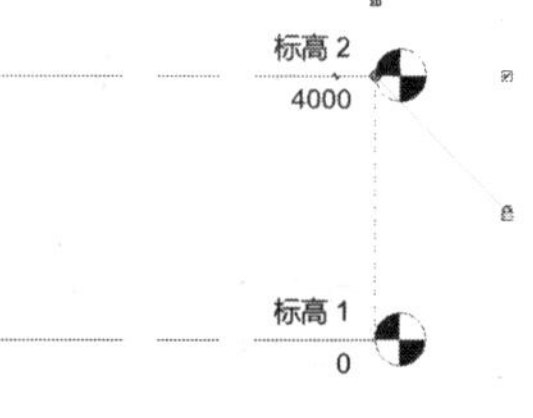

图 2.1-8　标高组成

(2)编辑标高线。

①单击选择“标高 2”,激活“修改|标高”选项卡,同时打开标高的“属性”选项板,如图 2.1-9 所示。

②在“属性”选项板中,单击“编辑类型”按钮,打开标高“类型属性”对话框,如图 2.1-10 所示。

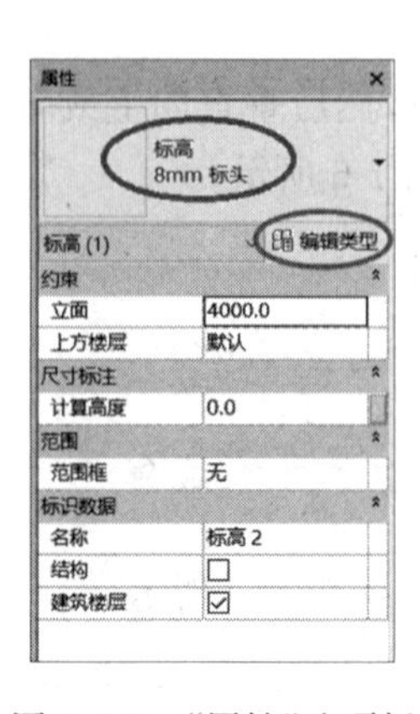

图 2.1-9　“属性”选项板

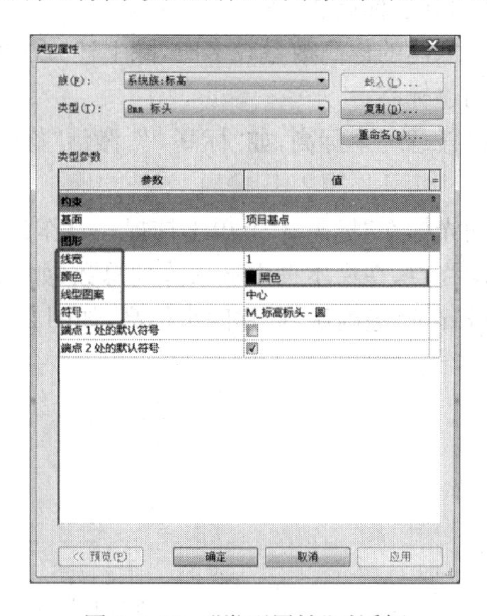

图 2.1-10　“类型属性”对话框

③修改类型参数中的线宽、颜色、线型图案用于标高线型的参数定义。

单击“线宽”参数列表，可设置“线宽”值(如 2)；单击“颜色”参数后的“颜色”按钮，弹出“颜色”对话框，在该对话框中可设置线型颜色(如选择红色)；单击“线型图案”参数列表，在列表中可选择线型图案(如实线)，设置结果如图 2.1-11 所示。这些参数将影响标高在立面投影中线型的样式。

④单击“确定”按钮，退出“类型属性”对话框，此时标高线型发生变化，如图 2.1-12 所示。

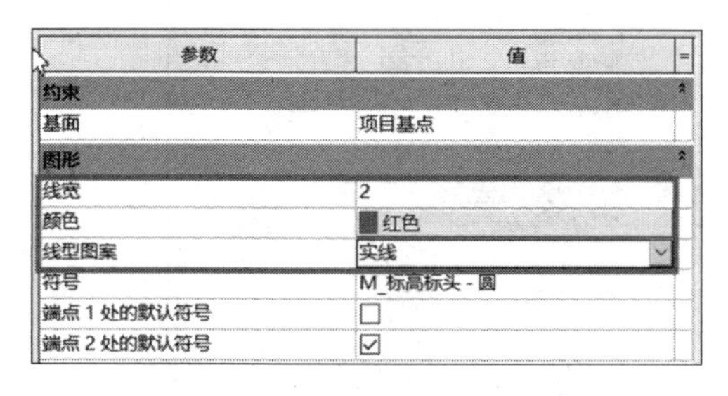

图 2.1-11　设置标高类型参数

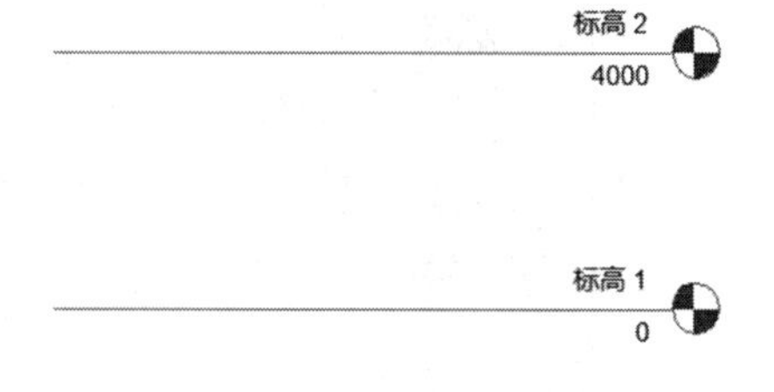

图 2.1-12　完成标高线编辑

⑤在“类型属性”对话框中，类型参数中的“符号”用于显示标高标头符号类型。

⑥在“类型属性”对话框中，勾选“端点 1 处的默认符号”复选按钮，则所有该类型标高的实例都显示端点 1 处的标头符号。“端点 2 处的默认符号”用法同“端点 1 处的默认符号”。

(3)编辑“标高标头-上”。

①在图 2.1-10 的“类型属性”对话框中，单击类型参数中的“符号”下拉列表框，显示符号类型较少，如图 2.1-13 所示。

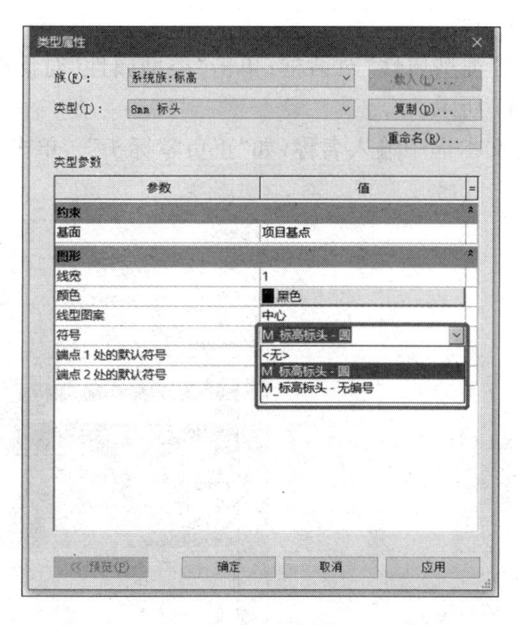

图 2.1-13　符号类型

Revit 提供了不同类型的标高标头族，可选择“插入”→“从库中载入”→“载入族”，如图 2.1-14 所示。

在弹出的“载入族”对话框中，选择“注释”→“符号”→“建筑”，可以选择其中任意一个或多个族文件，如“标高标头-正负零”“标高标头-上”等，如图 2.1-15 所示。

图 2.1-14　从库中载入

图 2.1-15　载入族

单击“打开”按钮,载入的“标高标头-正负零”“标高标头-上”等标头符号族显示于类型参数中的“符号”下拉列表框中。

②在类型参数中的“符号”下拉列表框中选择一种符号,如选择“标高标头-上”选项,单击“确定”按钮,标高符号由圆形变为上标头,如图 2.1-16 所示。

(4)编辑“标高标头-正负零”。

①选择“标高 1”,打开“类型属性”对话框;单击“类型属性”对话框中的“复制”按钮,弹出“名称”对话框,如图 2.1-17 所示。

②在“名称”对话框的文本框中输入名称(如“正负零标头”),单击“确定”按钮,如图 2.1-17 所示。

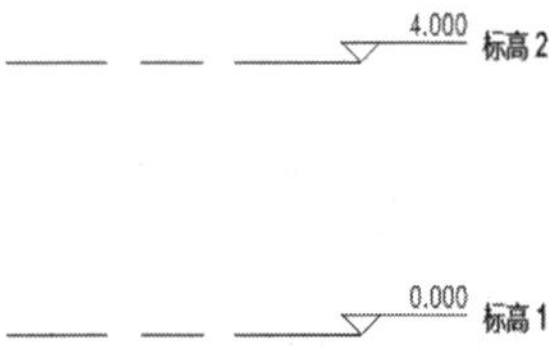

4.000 标高 2

0.000 标高 1

图 2.1-16　编辑“标高标头-上”

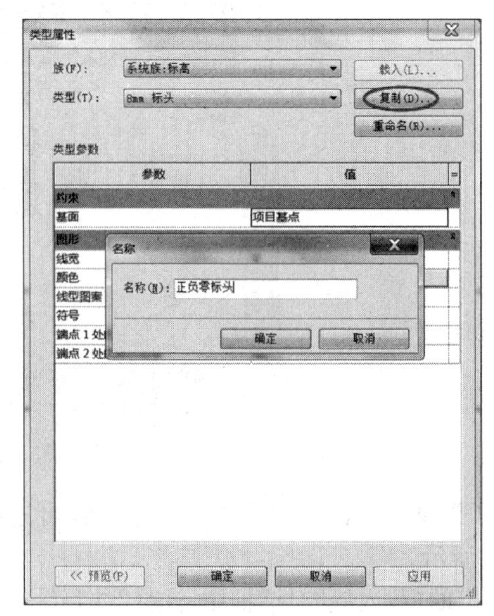

图 2.1-17　复制标高类型

③在类型参数中的“符号”下拉列表框中选择“标高标头-正负零”选项，单击“确定”按钮完成编辑，如图 2.1-18 所示。

(5)对齐锁定。

“标高 2”处于选择状态时，Revit 会自动在端点对齐标高，并显示对齐锁定标记，如图 2.1-19 所示。

移动鼠标指针至“标高 2”端点位置，按住“拖动点”并左右拖动鼠标，将同时修改已对齐端点的所有标高。单击 按钮，使其由 变为 ，解除端点对齐锁定，此时可单独拖曳修改“标高 2”端点位置，而不影响其他标高。

(6)添加弯头。

选择“标高 2”，单击“添加弯头”按钮，Revit 将为所选标高添加弯头，如图 2.1-19 所示。添加弯头后，Revit 允许用户分别拖动标高弯头的操作夹点，修改标头的位置，如图 2.1-19 所示。当两个操作夹点水平重合时，恢复默认标高标头位置。

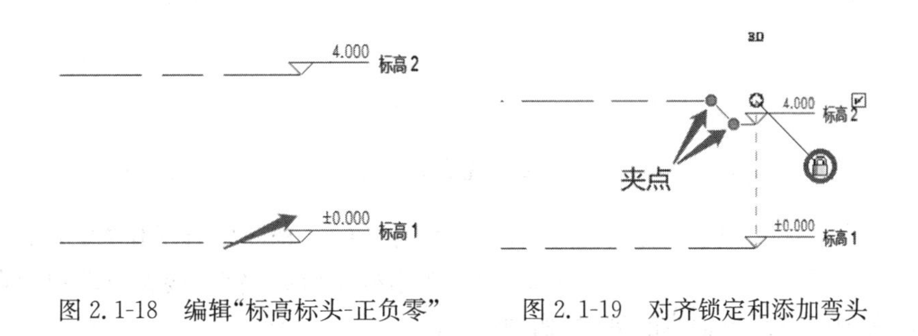

图 2.1-18　编辑“标高标头-正负零”　　　图 2.1-19　对齐锁定和添加弯头

2.1.2　创建与编辑轴网

1)创建轴网

在 Revit 2018 中，轴网只需要在任意一个平面视图中绘制一次，其他平面、立面、剖面视图中将自动显示。

(1)在“项目浏览器”中展开“结构平面”视图，双击打开任意一个平面视图，以“标高 1”为例，将绘图区域切换至标高 1 平面视图。

(2)选择“结构”→“基准”→“轴网”，激活“修改 | 放置轴网”选项卡，“绘制”面板含有“线”“起点-终点-半径弧”“圆心-端点弧”“拾取线”四个工具，如图 2.1-20 所示。

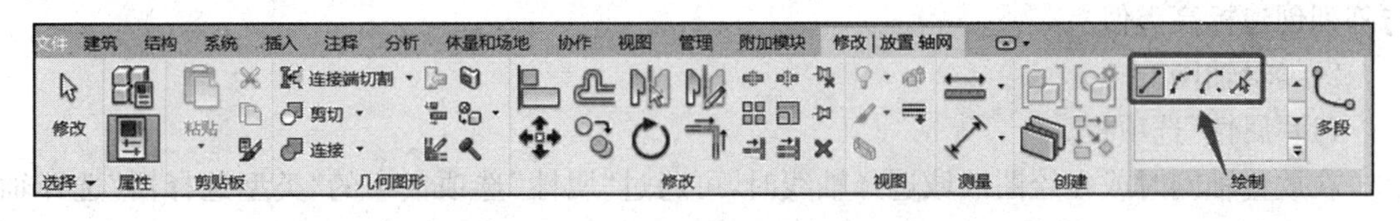

图 2.1-20　“修改 | 放置轴网”选项卡

线：可以创建一条直线或一连串连接的线段。

起点-终点-半径弧：通过指定弧的中心点、起点和端点，可以绘制一条曲线。

圆心-端点弧：通过指定弧的中心点、起点和端点，可以绘制一条曲线。

拾取线：根据绘图区域中选定的现有墙、线或边创建一条线。

(3)手动绘制轴网。

①使用“线”工具绘制轴线。移动光标至视图中合适位置,单击确定一点作为轴线起点,然后水平移动光标一段距离,再次单击确定轴线终点,完成一条水平轴线的创建,如图 2.1-21 中的轴线 A。重复此操作,垂直移动光标时可创建一条垂直轴线,如轴线 1。

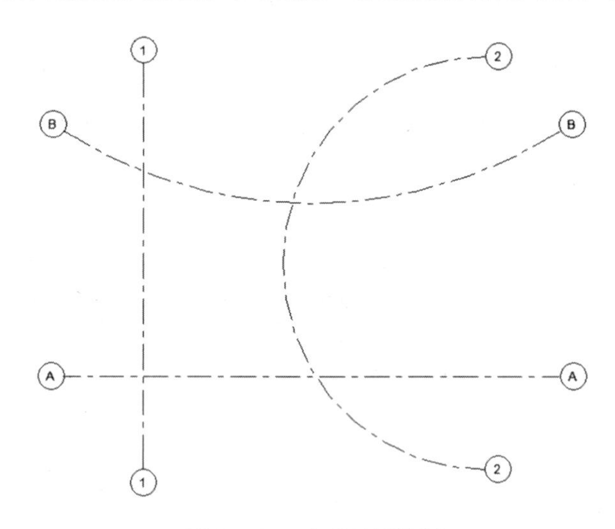

图 2.1-21 完成轴网绘制

②使用“起点-终点-半径弧”工具绘制轴线。移动光标至视图中合适位置,单击确定一点作为轴线起点,然后水平移动光标一段距离,再次单击确定轴线终点,接着拖动中间点再次单击定义轴线,完成一条弧形轴线的创建,如轴线 B。

③使用“圆心-端点弧”工具绘制轴线。移动光标至视图中合适位置,单击确定一点作为轴线的中心点,移动光标将轴线半径拖动至所需位置,单击确定轴线的起点,然后移动光标一段距离,再次单击确定轴线终点,完成一条弧形轴线的创建,如轴线 2。

(4)复制创建轴网。

完成一条轴线创建后,可以接着采用手动绘制轴线的方法继续一条一条地创建,也可以使用“修改”面板中的“复制”工具快速创建轴网,方法同复制标高。

(5)阵列创建轴网。

与阵列工具快速创建标高一样,也可以采用同样的方法快速创建多条轴线。但是与创建标高不同的是,使用阵列工具创建轴网之前,需要先绘制一条轴线,再进行阵列,其他操作步骤与阵列创建标高类似。

2)编辑轴网

(1)“属性”选项板。

在放置轴网时或在绘图区域选择轴线时,可通过“属性”选项板中的“类型选择器”选择轴线类型,如图 2.1-22 所示。

同样,可对轴线的实例属性和类型属性进行修改。

实例属性:对实例属性进行修改仅会对当前所选择的轴线有影响。可以设置轴线的“名称”和“范围框”,如图 2.1-23 所示。

类型属性:单击“编辑类型”按钮,打开 “类型属性”对话框,如图 2.1-24 所示,对类型属性的修改会对和当前所选轴线同类型的所有轴线有影响。

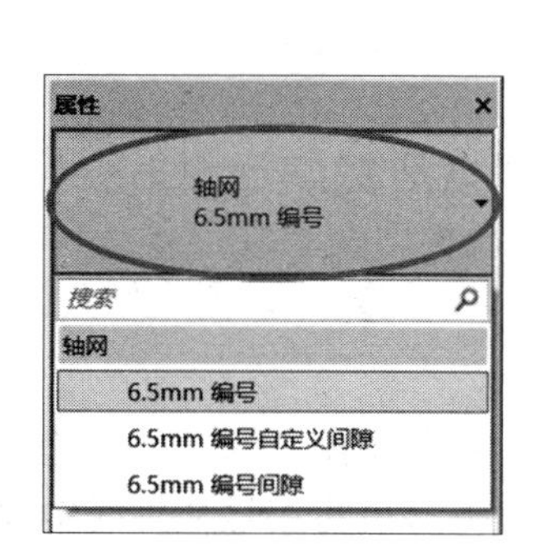

图 2.1-22　类型选择器

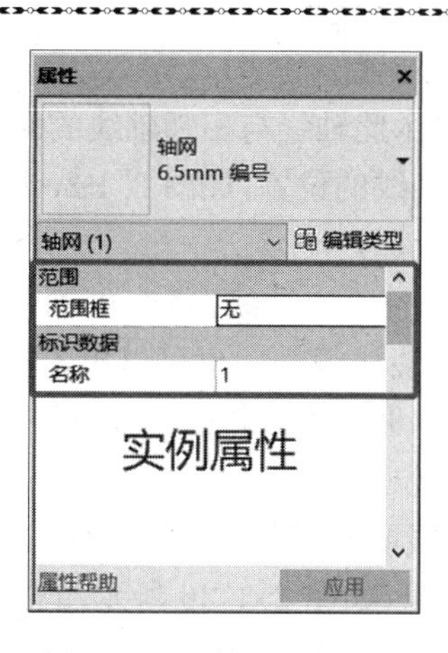

图 2.1-23　轴网实例属性

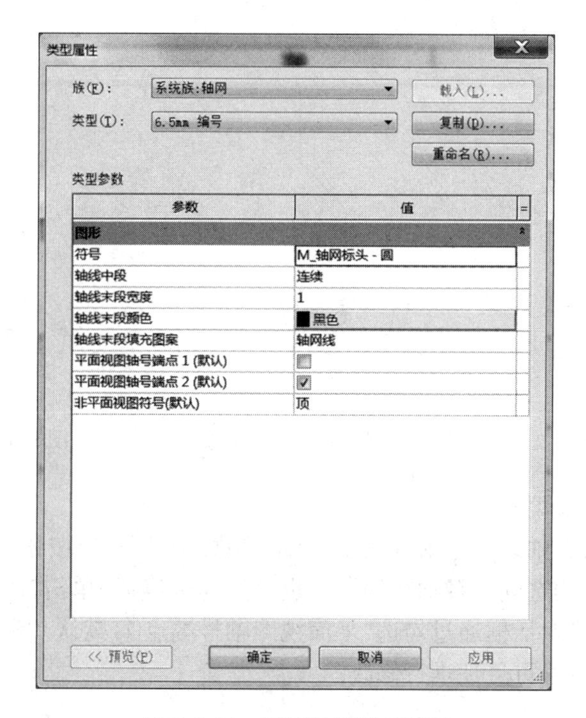

图 2.1-24　“类型属性”对话框

①符号：从下拉列表框中可选择不同的轴网标头族。

②轴线中段：若选择“连续”，轴线按常规样式显示；若选择“无”，则仅显示轴线末端，轴线中段不显示；若选择“自定义”，则将显示更多的参数，可以自定义轴线中段的宽度、颜色和填充图案。

③轴线末端宽度、轴线末端颜色、轴线末端填充图案：用于设置轴线末端的线宽、颜色和线型。当轴线中段选择“连续”时，轴线跟着轴线末端设置一起修改。

④平面视图轴号端点 1(默认)、平面视图轴号端点 2(默认)：勾选或取消勾选这两个复选按钮，即可显示或隐藏轴线起点和终点标头。

⑤非平面视图符号(默认)：该参数可控制在立面、剖面视图上轴线标头的上下位置，可选择“顶”“底”“两者”(上下都显示标头)或“无”(不显示标头)。

(2)调整轴线位置。

单击轴线,显示此轴线与相邻轴线的间距(蓝色临时尺寸标注),单击间距值,输入新的间距值可修改所选轴线的位置,如图 2.1-25 所示。

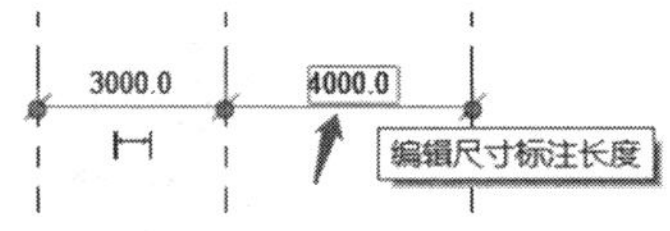

图 2.1-25　编辑临时尺寸

(3)编辑轴线编号。

单击轴线,然后单击轴线名称,可输入新值(可以是数字或字母)以修改轴线编号。也可以单击轴线,在“属性”选项板的“名称”文本框中输入新值修改轴线编号。

(4)调整轴号位置。

有时相邻轴线间隔较近,轴号重合,这时需要将某条轴线的编号位置进行调整。单击选择其中一条轴线,如图 2.1-26 所示单击“添加弯头”,可将编号从轴线中移开,如图 2.1-27 所示。

选择轴线后,可通过拖动模型端点修改轴网端点位置,如图 2.1-28 所示。

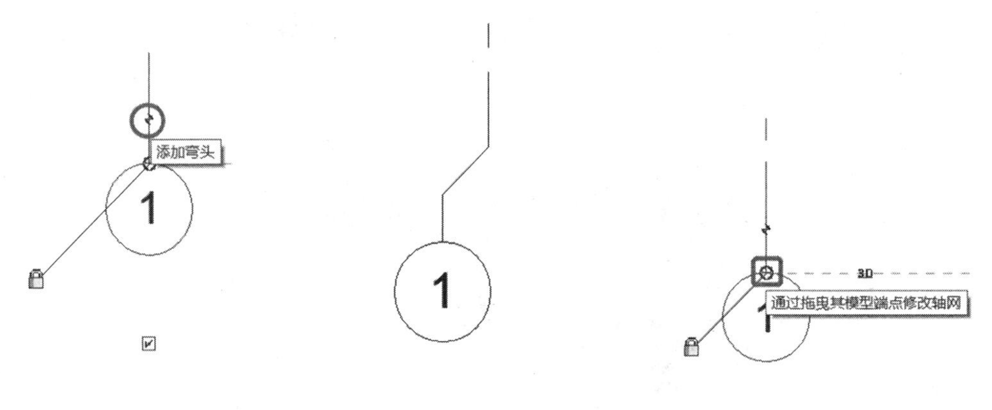

图 2.1-26　添加弯头　　图 2.1-27　完成添加弯头　　图 2.1-28　拖动轴网

(5)显示和隐藏轴线编号。

选择一条轴线,会在轴线编号附近显示“显示/隐藏编号”复选按钮,如图 2.1-29 所示。勾选则显示轴线编号,不勾选则隐藏轴线编号。也可选择轴线后,单击“属性”选项板的“编辑类型”按钮,在“类型属性”对话框通过勾选“平面视图轴号端点 1(默认)”和“平面视图轴号端点 2(默认)”复选按钮,对轴号可见性进行修改。

2.1.3　标注轴网

完成轴网创建后,需要标注轴网尺寸。Revit 中提供了对齐、线性、角度、径向、半径、弧长共 6 种不同形式的尺寸标注,其中对齐尺寸标注用于在平行参照之间或多点之间放置尺寸标注,如平行的轴线之间。下面讲解使用“对齐”工具标注轴网。

(1)选择“注释”→“尺寸标注”→“对齐”,如图 2.1-30 所示,激活“修改|放置尺寸标注”选项卡。

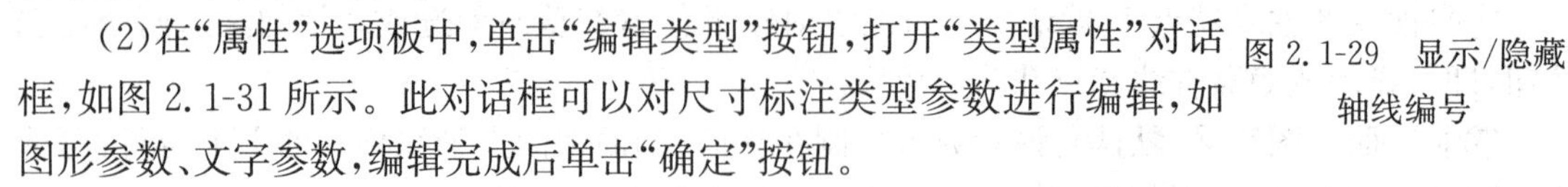

图 2.1-29　显示/隐藏轴线编号

(2)在“属性”选项板中,单击“编辑类型”按钮,打开“类型属性”对话框,如图 2.1-31 所示。此对话框可以对尺寸标注类型参数进行编辑,如图形参数、文字参数,编辑完成后单击“确定”按钮。

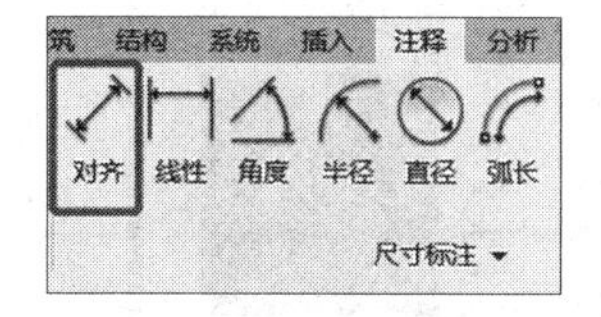

图 2.1-30 “对齐”工具

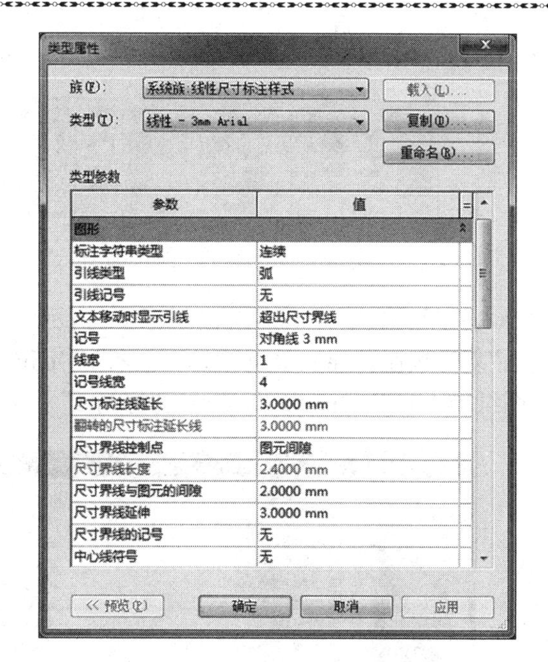

图 2.1-31 “类型属性”对话框

(3)如图 2.1-32 所示,依次单击轴线 1～4,Revit 在所拾取点之间生成尺寸标注预览,拾取完成后,将光标移动至视图空白处单击确定,则完成轴网 1～4 尺寸标注。

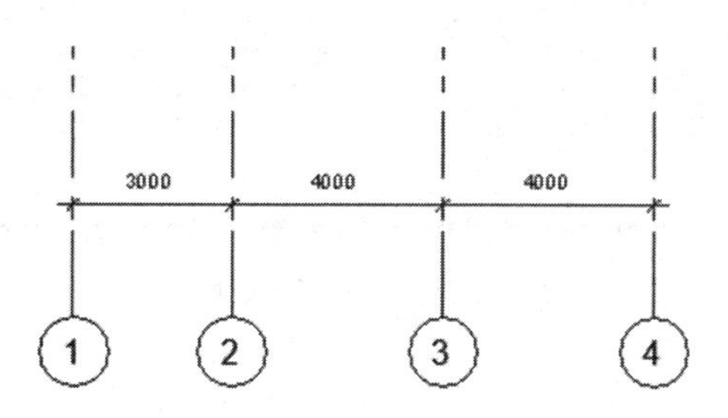

图 2.1-32 完成轴网尺寸标注

基于 CAD 图绘制轴网

创建轴网可以直接在绘制区域手动绘制轴网,也可以通过插入 CAD 图纸绘制轴网。

这种方法的思路是在 Revit 项目中插入 CAD 图纸,在 CAD 图纸上手动绘制轴网,或使用“拾取线”工具拾取轴网。手动绘制轴网的方法是直接在 CAD 图纸上,沿轴线直接描绘,与直接在绘图区域手动绘制轴网方法相同。下面讲解使用“拾取线”工具拾取轴网。

(1)插入 CAD 图。

①在“项目浏览器”中展开“结构平面”视图,双击打开任意一个平面视图,以“标高 1”为例,将绘图区域切换至标高 1 平面视图。

②选择“插入”→“导入 CAD”,如图 2.1-33 所示,弹出“导入 CAD 格式”对话框。

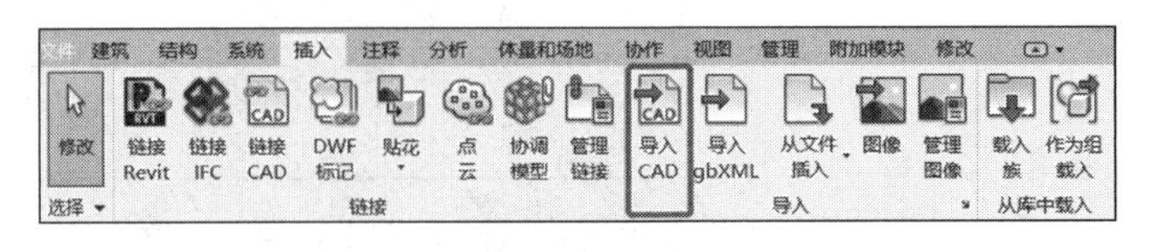

图 2.1-33　导入 CAD

③在“导入 CAD 格式”对话框,如图 2.1-34 所示,选择 CAD 图纸,如首层柱平面图,勾选“仅当前视图”复选按钮,“导入单位”选择“毫米”,“定位”选择“自动-原点到原点”,单击“打开”按钮,完成图纸导入,首层柱平面图显示于“标高 1”平面视图中。

图 2.1-34　导入 CAD 格式

(2)绘制轴网。

①选择“结构”→“基准”→“轴网”,激活“修改|放置轴网”选项卡,使用“绘制”面板中的“拾取线”工具,移动光标至首层柱平面图轴线 1 位置,当轴线显示蓝色时,单击完成轴线 1 拾取,如图 2.1-35 所示。

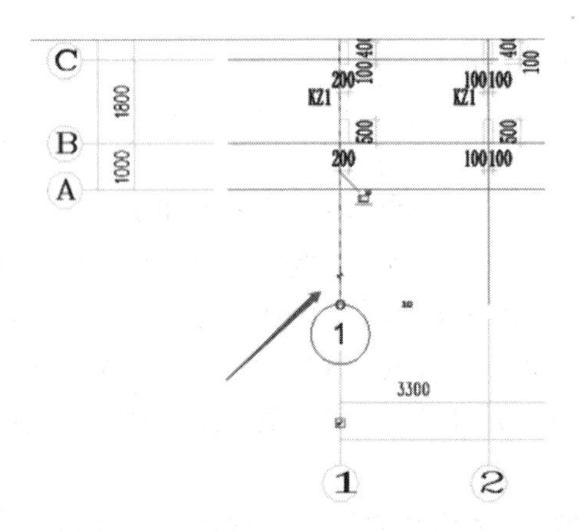

图 2.1-35　拾取线绘制轴线

②同理依次拾取其他轴线，完成轴网创建。

注意：拾取轴网时，系统会自动依次命名轴号。

技能训练

创建三层别墅标高和轴网

1)创建三层别墅标高

(1)启动 Revit 2018，选择“项目”→“新建”，弹出“新建项目”对话框，选择结构样板，单击“确定”按钮。

(2)选择“项目浏览器”→“立面”，双击“东”立面，绘图区域切换至东立面视图。

(3)创建新标高。选择“结构”→“基准”→“标高”，使用“绘制”面板中的“线”工具依次绘制标高 3～7，按两次〈Esc〉键退出绘制，如图 2. 1-36 所示。

图 2. 1-36　创建新标高

(4)修改标高名称和标高值。

选择“标高 1”，将“标高 1”改为“F1”；弹出“是否希望重命名相应视图”对话框，选择“是”。

重复操作修改“标高 2 ”为“F2”、“标高 3”为“F3”、“标高 4”为“屋顶”、“标高 5”为“坡屋顶檐”、“标高 6”为“室外地面”、“标高 7”为“基础底面”，如图 2. 1-37 所示。

选择“F2”，将标高值“4 000”修改为“3 800”，按〈Enter〉键确认。根据三层别墅结构施工图纸中层高信息，重复上述操作修改其他标高值，如图 2. 1-37 所示。

(5)修改标高标头符号。

①根据相关知识修改标高标头符号，如图 2. 1-38 所示。

②对部分标高线添加弯头，如图 2. 1-38 所示。

(6)生成结构平面。

①选择“视图”→“创建”→“平面视图”→“结构平面”，如图 2. 1-39 所示，弹出“新建结构平面”对话框。

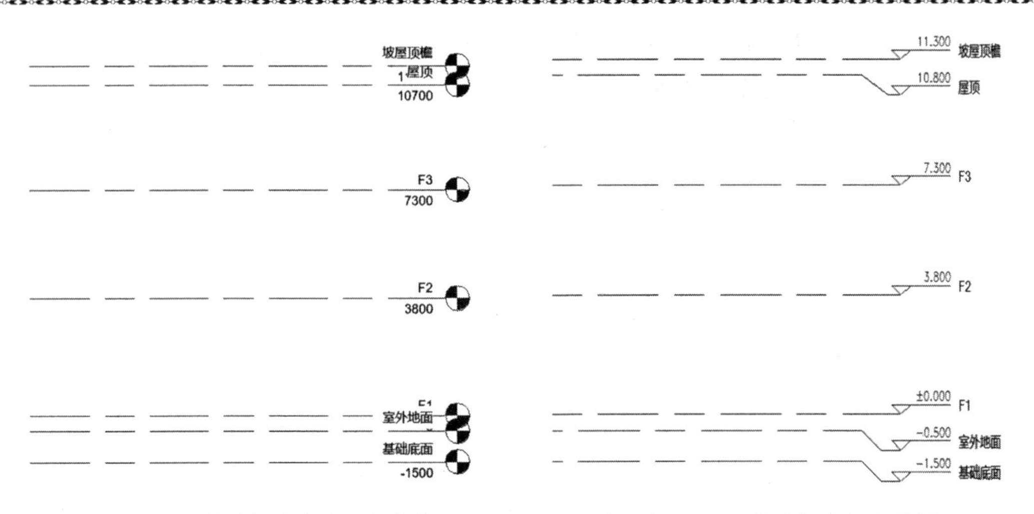

图 2.1-37　修改标高名称和标高值　　　　图 2.1-38　修改标高标头符号

②在“新建结构平面”对话框中，如图 2.1-40 所示，选中全部标高名称，单击“确定”按钮，生成结构平面。

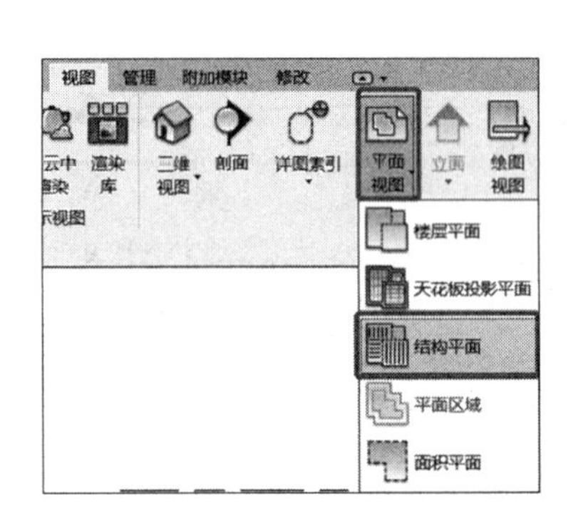

图 2.1-39　平面视图

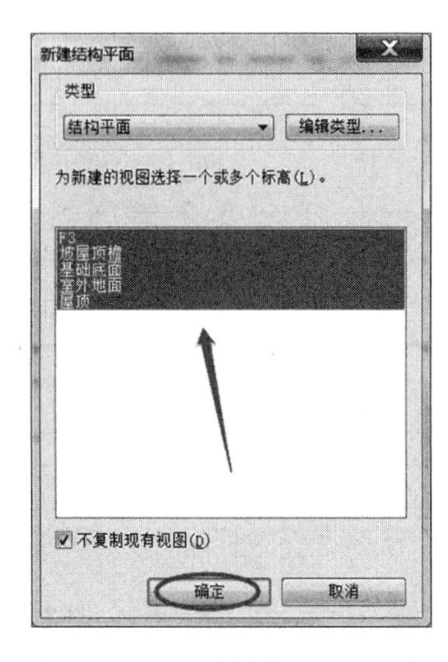

图 2.1-40　“新建结构平面”对话框

2)创建三层别墅轴网

(1)在“项目浏览器”中，选择“结构平面”→“基础底面”。

(2)选择“插入”→“导入 CAD”，导入“基础平面图”。注意勾选“仅当前视图”复选按钮，“导入单位”选择“毫米”，“定位”选择“自动-原点到原点”。

(3)选择“结构”→“基准”→“轴网”，使用“绘制”面板中的“拾取线”工具，从左至右依次拾取轴线 1～5，再依次拾取轴线 A～G。

拾取轴线 A 时系统会自动命名为轴线 6，先修改 6 为 A，再依次拾取轴线 B～G 时，系统会自动依次命名，这样将不需要再修改轴线名称。

(4)删除或隐藏基础平面图。

①窗口选择“基础平面图”，激活“修改|多个”选项卡。

②单击功能区“过滤器”按钮，弹出“过滤器”对话框。

③在“过滤器”对话框中，仅勾选“基础平面图”复选按钮，单击“确定”按钮。

④单击功能区“修改”面板中的“解锁”按钮，解锁完成，再单击功能区“修改”面板中的“删除”按钮，删除图纸完成。

(5)修改轴网。

①在“类型属性”对话框中勾选“平面视图轴号端点 1(默认)”和“平面视图轴号端点 2(默认)”复选按钮。

②单击轴线 C，隐藏一端轴号，同理隐藏轴线 D、E、F，只显示一端轴号，如图 2.1-41 所示。同时拖动轴线使各轴线工整对齐，增加美观性。

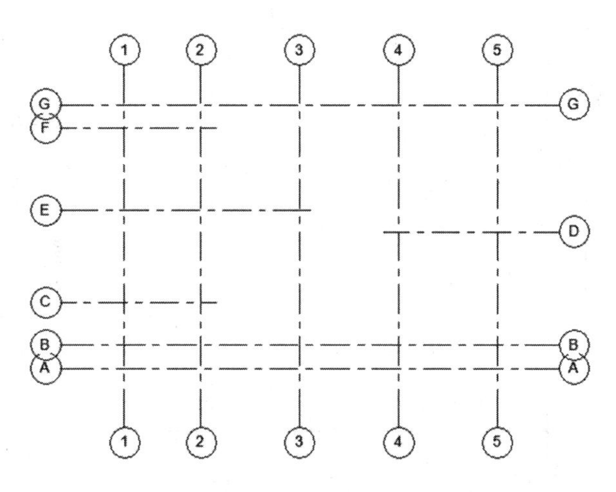

图 2.1-41　修改轴网

(6)标注轴网。

选择“注释”→“尺寸标注”→“对齐”，在“类型属性”对话框中设置尺寸标注类型参数，依次标注轴网，完成后如图 2.1-42 所示。

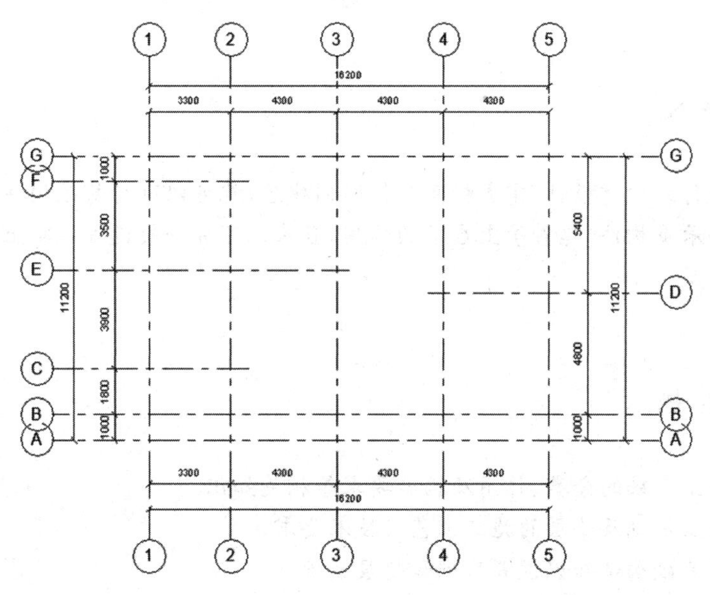

图 2.1-42　标注三层别墅轴网

(7)锁定轴网。

①窗口选择“轴网”,激活“修改|选择多个”选项卡。

②单击功能区“过滤器”按钮,弹出“过滤器”对话框,只勾选“轴网”复选按钮,单击“确定”按钮。

③单击“修改”面板中的“锁定”按钮,完成轴网锁定,如图 2.1-43 所示。

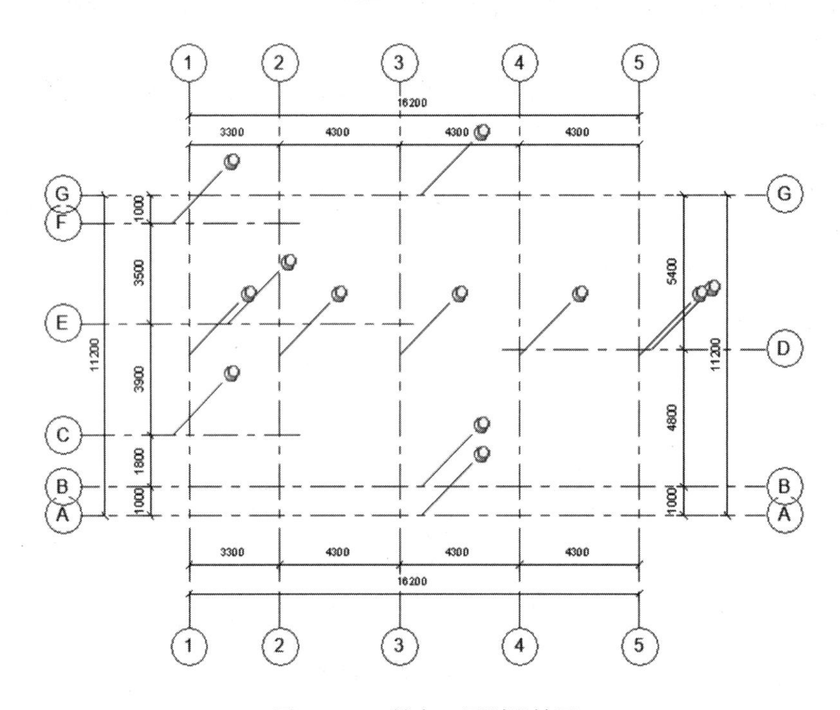

图 2.1-43　锁定三层别墅轴网

任务 2.2　创建基础与垫层

任务导入

在对项目进行结构建模时,完成标高和轴网创建后,就可以进行基础构件的创建了。基础是建筑物的下部承重构件,起着承上启下的作用,且基础下部一般设置混凝土垫层。本次任务是创建基础和垫层。

学习目标

1. 熟悉混凝土基础的分类、作用及构造要求等相关知识。
2. 掌握混凝土基础及垫层的施工工艺与技术要求。
3. 能够运用基础构造知识设置基础和垫层属性。
4. 会创建结构模型的基础和垫层。

任务情境

在创建结构模型的过程中，经常会出现由于平面定位不准确和标高错误而造成基础错位的问题。基础一旦错位，将会直接影响后续构件相互位置的准确性。本次任务运用“结构”→“基础”→“独立”“墙”“板”的知识创建结构模型的基础和垫层，并重点讲解如何把控基础构件平面位置和标高的准确性。

相关知识

选择“结构”→“基础”，出现三个选项：独立、墙、板，用于生成不同类型的基础形式，分别是独立基础、条形基础和基础底板。独立基础是将自定义的族放置在项目中，并作为基础参与结构计算；条形基础是沿墙底部生成带状基础模型；基础底板用于创建建筑筏板基础，用法和楼板基本一致，也可以用于创建基础垫层。

2.2.1　载入基础族

在 Revit 软件中，要创建独立基础必须先载入结构基础族，使用“公制结构基础. rte”族样板可以自定义任意形状的结构基础。

(1)选择“结构”→“基础”→“独立”，弹出如图 2.2-1 所示对话框，单击“是”按钮，进入 Revit 族库文件夹。

(2)在 Revit 族库文件夹中，选择“结构”→“基础”，可以选择其中任意一个族文件，如“独立基础-三阶”，单击“打开”按钮，完成载入。

在“独立基础属性”选项板的类型选择器中，显示载入到项目中的独立基础类型。

2.2.2　设置基础属性

在创建独立基础、条形基础和筏板基础前，要对基础的属性进行设置。

1)设置独立基础属性

(1)选择“结构”→“基础”→“独立”，打开“独立基础属性”选项板，如图 2.2-2 所示。

图 2.2-1　载入结构基础族

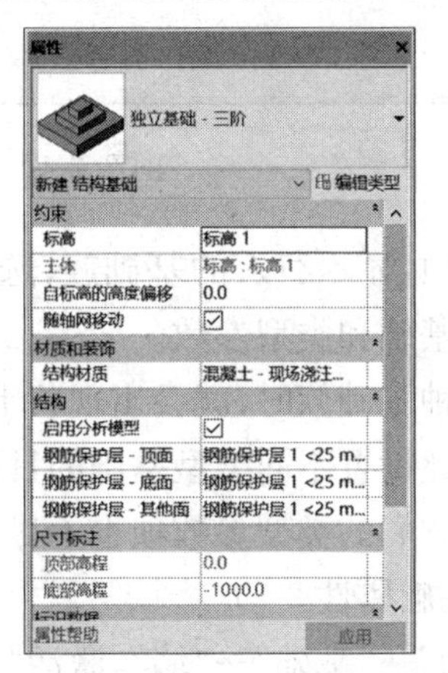

图 2.2-2　“独立基础属性”选项板

约束:控制基础的顶部标高。

标高:选择基础的顶部标高。

自标高的高度偏移:指基础顶部相对于选定标高的偏移值。

随轴网移动:勾选此复选按钮,在轴网与结构基础定义为中心(左/右)或中心(前/后)的参照平面重合的前提下,结构基础能随轴网移动。

结构材质:可进行结构材质类型的定义。

(2)“独立基础”选项栏。

与“独立基础属性”选项板对应的还有“独立基础”选项栏,位于功能区的下方,如图 2.2-3 所示。

放置后旋转:勾选此复选按钮,在放置构件后,可实现构件任意角度的旋转。

修改 | 放置 独立基础　□放置后旋转

图 2.2-3　“独立基础”选项栏

(3)设置独立基础类型属性。

在“独立基础属性”选项板下,单击“编辑类型”按钮,打开“类型属性”对话框,如图 2.2-4 所示。

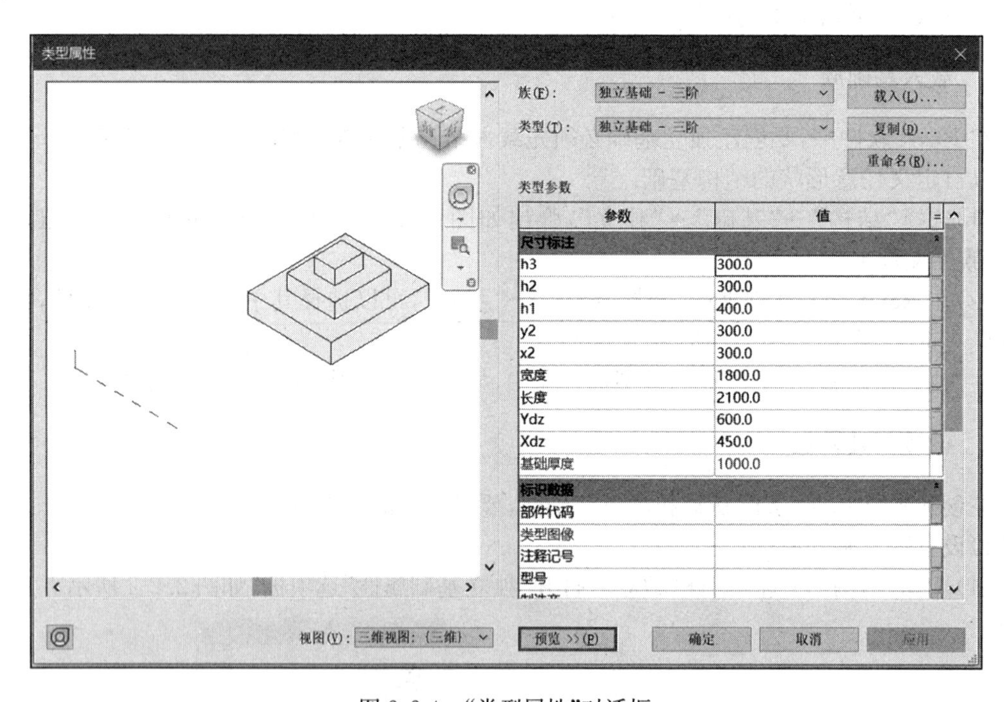

图 2.2-4　“类型属性”对话框

族:基础族选项,显示载入的基础族,选择不同的族,类型基础和类型参数都随之发生改变,显示不同类型基础和类型参数。

类型:选定一种基础族时,就会出现若干种从系统载入的不同类型的基础。

类型参数:在此设置不同类型基础的具体参数值,设置后的基础文件在项目中直接运用。不同类型的基础,它们的类型参数项也不尽相同,通常需设置尺寸标注等内容。

2)设置条形基础属性

(1)选择“结构”→“基础”→“墙”,激活“条形基础属性”选项板,如图 2.2-5 所示。

约束:控制条形基础的平面位置。

偏心:条形基础中心线相对于墙体中心线的偏移距离。

(2)设置条形基础类型属性。

在"条形基础属性"选项板中,单击"编辑类型"按钮,打开"类型属性"对话框,如图 2.2-6 所示。

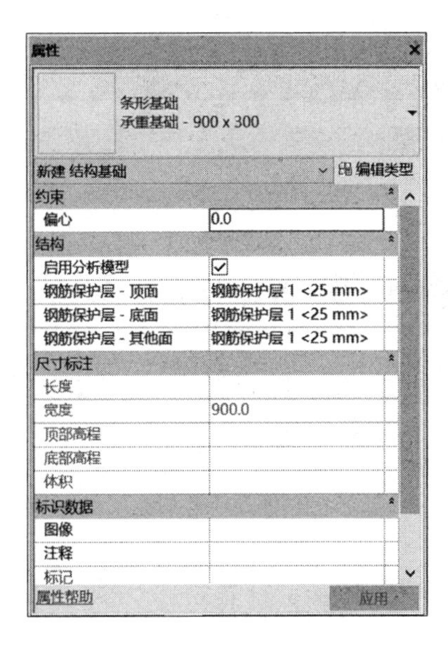

图 2.2-5　"条形基础属性"选项板

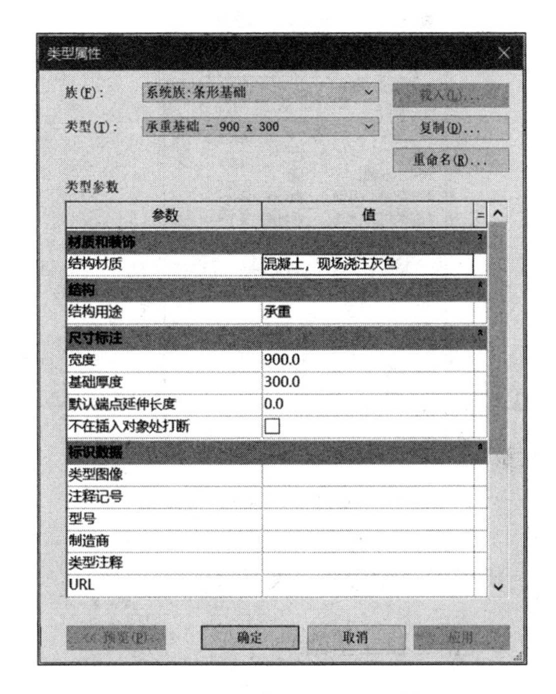

图 2.2-6　"类型属性"对话框

结构材质:用来指定用于结构分析的图元材质,单击该值框可以打开"材质浏览器",用来选定结构材质。

结构用途:用来指定构件的结构用途,有两种方式,即挡土墙和承重。

尺寸标注:用来定义基础的相关尺寸,相关尺寸有如下 4 种。

①宽度:用来指定承重墙基础的总宽度。

②基础厚度:用来指定基础的厚度。

③默认端点延伸长度:指定基础超出墙末端的距离。

④不在插入对象处打断:指定基础保持连续并且不会打断延伸到墙底部的下方插入对象(如门和窗)。

3)设置筏板基础属性

(1)选择"结构"→"基础"→"板"→"结构基础:楼板",激活"基础底板属性"选项板,如图 2.2-7所示。

约束内容同上文。

(2)设置基础底板类型属性。

在"基础底板属性"选项板中,单击"编辑类型"按钮,打开"类型属性"对话框,如图 2.2-8 所示。

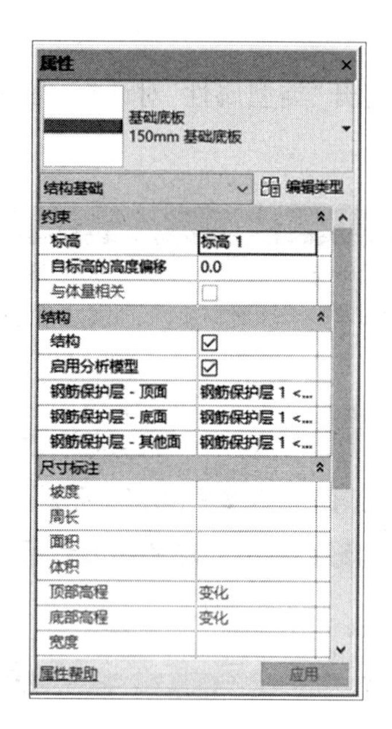

图 2.2-7　“基础底板属性”选项板

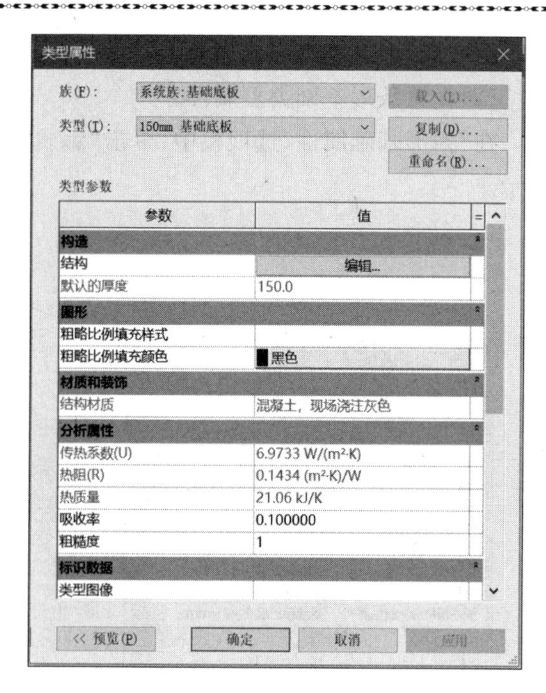

图 2.2-8　“类型属性”对话框

类型参数设置同上文。

2.2.3　创建独立基础

下面以一个三阶独立基础为例讲解如何创建独立基础，创建其他类型独立基础的方法与此基本类似。

(1)选择“结构”→“基础”→“独立”，在“独立基础属性”选项板的类型选择器中选择“独立基础-三阶”。

(2)单击“编辑类型”按钮，在打开的“类型属性”对话框中单击“复制”按钮，弹出“名称”对话框，如图 2.2-9 所示。在“名称”对话框中输入“DJ-1”，表示 1 号独立基础。

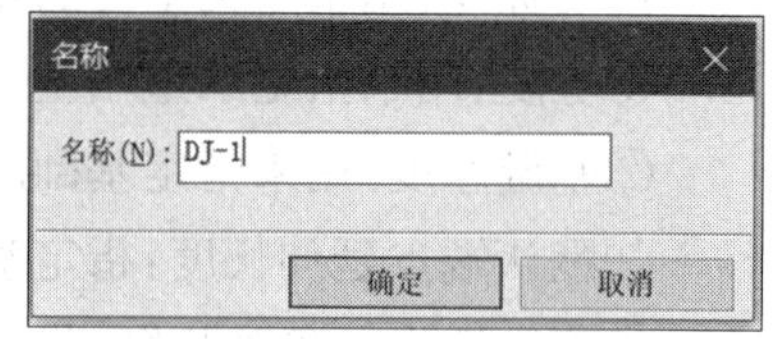

图 2.2-9　“名称”对话框

(3)单击“确定”按钮，回到“类型属性”对话框，此时类型名称已经修改为“DJ-1”。“类型属性”对话框中的“尺寸标注”可以根据具体的图纸要求进行修改，“DJ-1”基础的厚度为 1 000 mm。

(4)尺寸标注修改完成后，单击“类型属性”对话框中的“确定”按钮，独立基础的属性设置完成。

(5)在基础平面图中，开始布置三阶独立基础。在“独立基础属性”选项板中选择“DJ-1”，设置“标高”为“基础底面”，“自标高的高度偏移”为“1000”。

(6)移动鼠标至 1 轴和 F 轴交点位置处，单击布置构件，如图 2.2-10 所示。

(7)单击快速访问栏中“三维视图”按钮，转入三维视图，即可查看 DJ-1 三维模型，如图 2.2-11 所示。

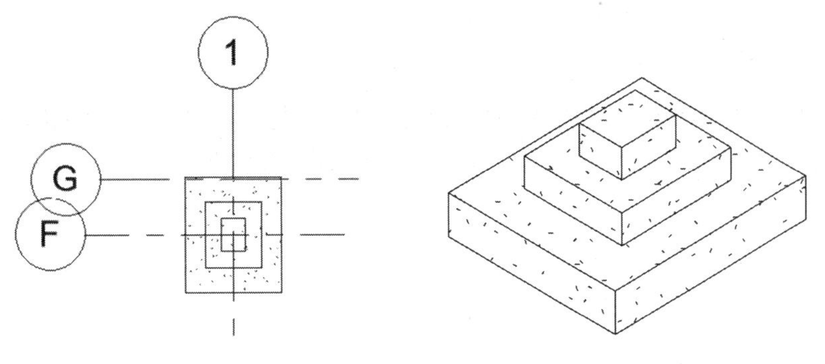

图 2.2-10　布置构件　　　　图 2.2-11　三维独立基础

2.2.4　创建条形基础

（1）选择“结构”→“基础”→“墙”，在“条形基础属性”选项板的类型选择器中选择“承重基础-900＊300”。

（2）单击“编辑类型”按钮，在打开的“类型属性”对话框中单击“复制”按钮，弹出“名称”对话框。在“名称”对话框中输入“TJ1-800＊300”，表示 1 号条形基础，基础宽度为 800 mm，基础厚度为 300 mm。

（3）单击“确定”按钮，回到“类型属性”对话框，此时类型名称已经修改为“TJ1-800＊300”。

（4）在“类型属性”对话框中，“结构材质”不做更改，为默认材质，修改“尺寸标注”中的“宽度”为“800”，“基础厚度”为“300”，如图 2.2-12 所示。单击“确定”按钮，回到“条形基础属性”选项板，此时在“类型选择器”中成功添加了一个“TJ1-800＊300”的条形基础。

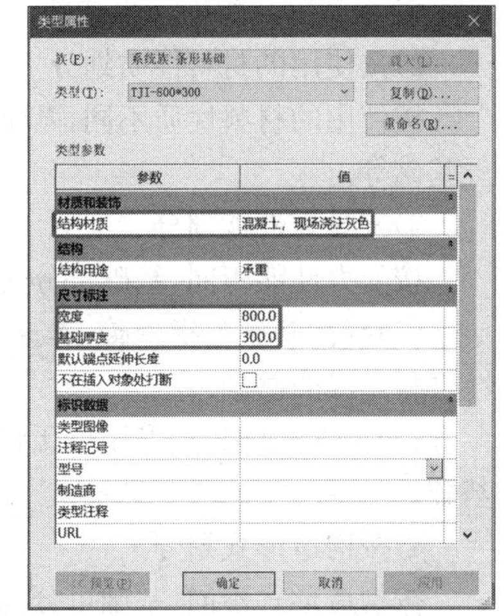

图 2.2-12　“类型属性”对话框

（5）在绘图区域，单击要放置条形基础的墙体，完成墙下条形基础的绘制，如图 2.2-13 所示。

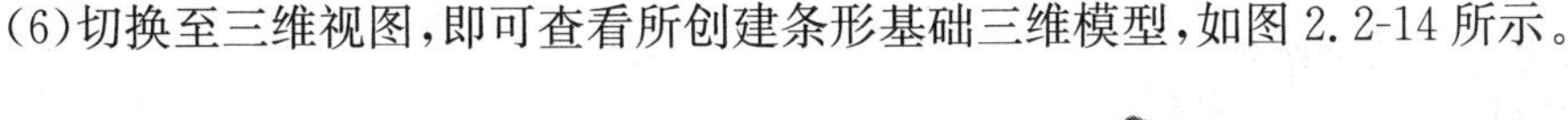
（6）切换至三维视图，即可查看所创建条形基础三维模型，如图 2.2-14 所示。

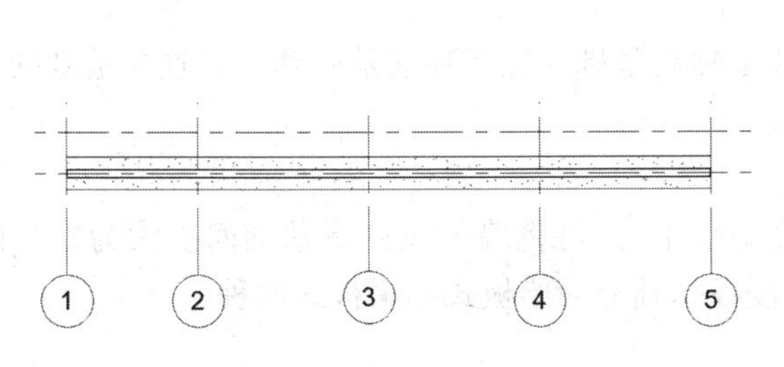

图 2.2-13　完成绘制

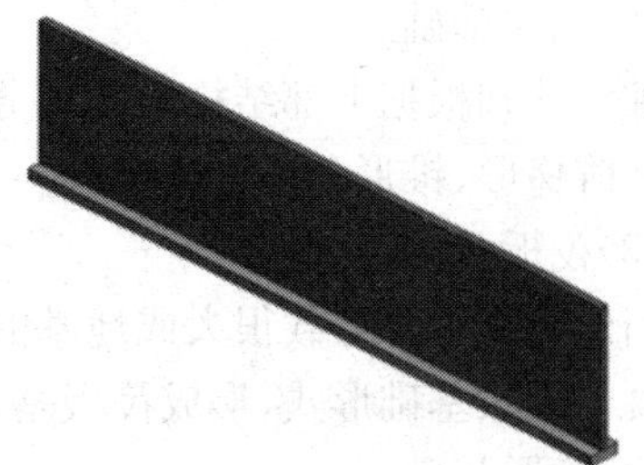

图 2.2-14　三维条形基础

2.2.5　创建筏板基础

筏板基础可以用基础底板来创建，即选择“结构”→“基础”→“板”→“结构基础：楼板”，其操作方法与楼板基本一致，可参考任务 2.5 中楼板部分相关内容，在此不做详述。

2.2.6　创建基础垫层

基础垫层也是用基础底板来创建,即选择“结构”→“基础”→“板”→“结构基础:楼板”,其操作方法与楼板基本一致,可参考任务 2.5 中楼板部分相关内容。

知识拓展

基础构造知识

基础是建筑物最下部的承重构件,它承受建筑物的全部荷载,并将荷载传递给地基。基础的类型较多,按照不同的划分维度可以进行不同的类别细分,具体如下。

1)按埋深划分

按埋深不同,基础可分为浅基础和深基础。一般情况下,将埋深大于 5 m 的称为深基础,小于或等于 5 m 的称为浅基础。

2)按使用的材料性质划分

按使用的材料性质不同,基础可分为灰土基础、砖基础、毛石基础、混凝土基础和钢筋混凝土基础等。

3)按受力性能划分

按受力性能不同,基础可分为刚性基础和柔性基础两大类。

(1)刚性基础是指用砖、灰土、混凝土、三合土等抗压强度大,而抗拉和抗剪强度较低的刚性材料做成的基础。

(2)柔性基础是指采用抗压强度和抗拉强度都较强的材料制成的基础,一般指钢筋混凝土基础。

4)按构造形式划分

按构造形式不同,基础可分为条形基础、独立基础、筏板基础、箱形基础和桩基础等。

(1)条形基础。

条形基础是指基础长度远大于其宽度的一种基础形式,按上部结构形式不同可分为墙下条形基础和柱下条形基础两种。

(2)独立基础。

独立基础根据上部结构不同可分为墙下独立基础和柱下独立基础两种。独立基础的外形一般有阶梯形、锥形和杯形等。

(3)筏板基础。

当建筑物上部荷载很大或地基的承载力很小时,可将墙下或柱下基础面扩大为整片的钢筋混凝土板状基础形式,形成筏板基础。筏板基础分为梁板式和平板式两种。

(4)箱形基础。

当筏板基础埋深较深,并有地下室时,或者荷载分布不均匀,对沉降有要求时,一般可采用箱形基础。箱形基础由底板、顶板和若干纵横墙组成。

(5)桩基础。

当地基浅层土质不良,无法满足建筑物对地基变形和强度方面的要求时,常采用桩基础。桩基础由承台和桩群两部分组成。

技能训练

创建三层别墅基础和垫层

1)导入 CAD 基础平面图

(1)在项目浏览器中,双击"结构平面-基础底面"视图名称,进入基础底面结构平面视图,如图 2.2-15 所示。

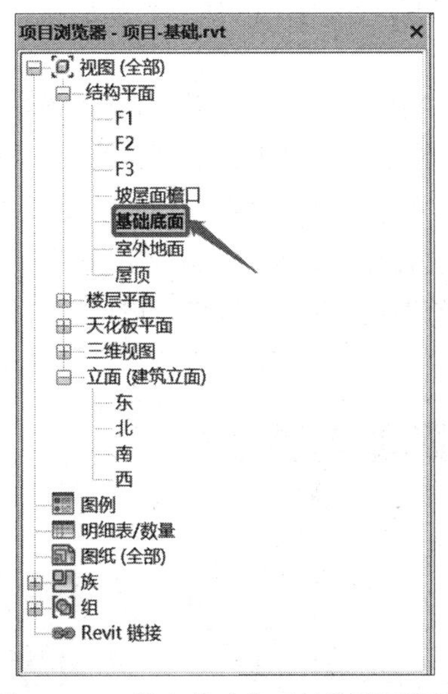

图 2.2-15　进入基础底面结构平面视图

(2)选择"插入"→"链接 CAD",弹出链接 CAD 格式对话框,选择"基础平面图. dwg",单击"打开"按钮,导入基础平面图,具体操作如图 2.2-16 所示。

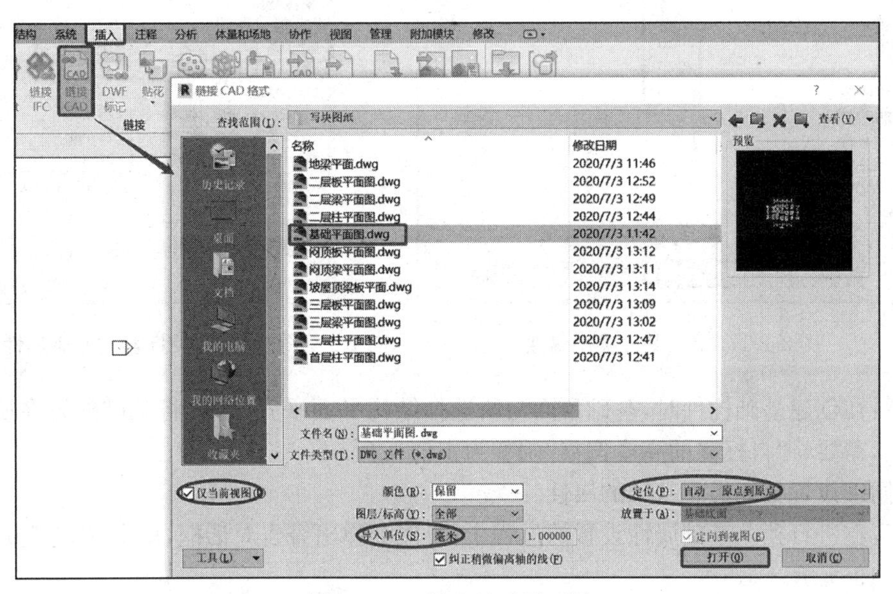

图 2.2-16　导入基础平面图

注意:将基础平面图导入项目时,基础平面图原点坐标与项目原点坐标要对应,勾选“仅当前视图”复选按钮,设置“导入单位”为“毫米”,“定位”为“自动-原点到原点”。

2)载入基础族

(1)选择“插入”→“从库中载入”→“载入族”。

(2)在 Revit 族库文件夹中,选择“结构”→“基础”,选择“独立基础-三阶”选项,单击“打开”按钮,完成载入。

3)设置不同类型基础的属性

根据三层别墅图纸可知,基础形式为单阶独立基础,一共有 ZJ1～ZJ7 七种类型。下面以 ZJ1 为例设置基础的属性。

(1)选择“结构”→“基础”→“独立”,在“独立基础属性”选项板中,单击“编辑类型”按钮,打开“类型属性”对话框,单击“复制”按钮,创建一个名称为“ZJ1-1100 * 1600 * 400”的基础构件类型,根据图纸内容修改相关尺寸标注,单击“确定”按钮,如图 2.2-17 所示。

(2)在“独立基础属性”选项板中,设置“标高”为“基础底面”,“自标高的高度偏移”为“400”,结构材质为“混凝土-现场浇筑混凝土 C30”,如图 2.2-18 所示,“ZJ1-1100 * 1600 * 400”基础构件的属性设置完成。

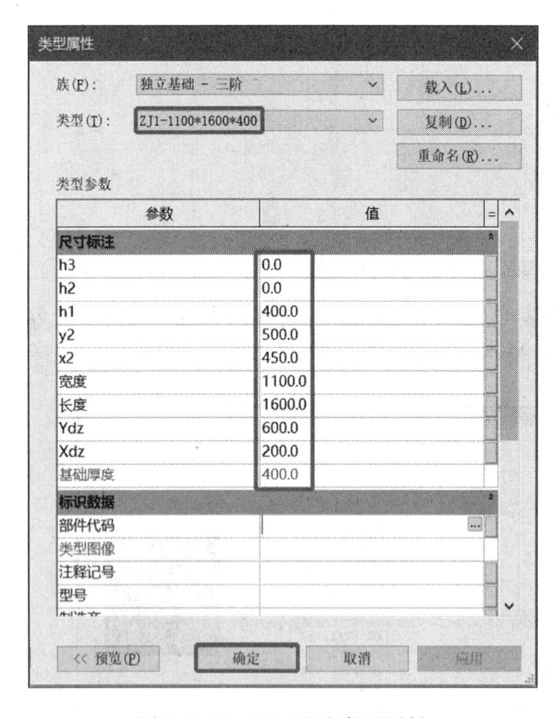

图 2.2-17 ZJ1 基础类型属性

图 2.2-18 ZJ1 独立基础属性

注意:在创建基础构件时,基础顶面与所选择结构平面平齐,若要将基础放置在所选结构平面以上,需要将“自标高的高度偏移”调整为正值。

(3)同理设置其他类型基础的属性。

注意:在进行独立基础属性设置的过程中,可能会弹出警告对话框,单击“确定”按钮即可,如图 2.2-19 所示。

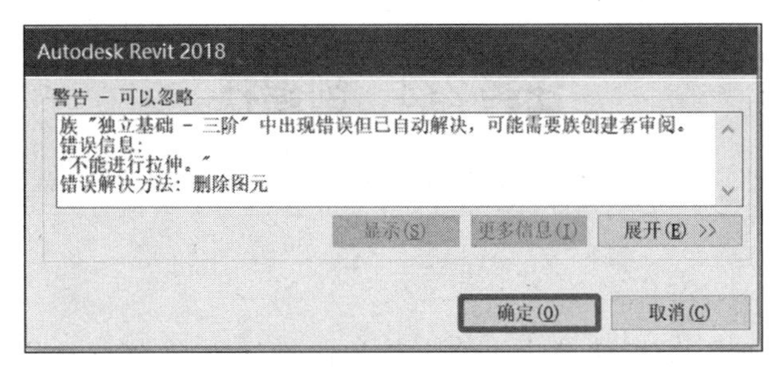

图 2.2-19　警告对话框

4)创建基础

(1)选择"结构"→"基础"→"独立"，在"独立基础属性"选项板中，选择基础类型为"ZJ1-1100＊1600＊400"，移动鼠标至1轴和F轴交点位置处，单击布置ZJ1-1100＊1600＊400基础，如图2.2-20所示。

(2)调整"ZJ1-1100＊1600＊400"基础的具体位置。

对布置好的ZJ1-1100＊1600＊400构件进行位置精确修改。在绘图区域，单击布置好的基础构件，激活"修改|放置 独立基础"选项卡，选择"修改"面板中的"对齐"工具，进入对齐编辑状态。单击要对齐的目标线，然后再单击需要对齐的构件边界线，用同样的方法使基础的另一边与目标线对齐，如图2.2-21所示，按两次〈Esc〉键退出编辑模式。

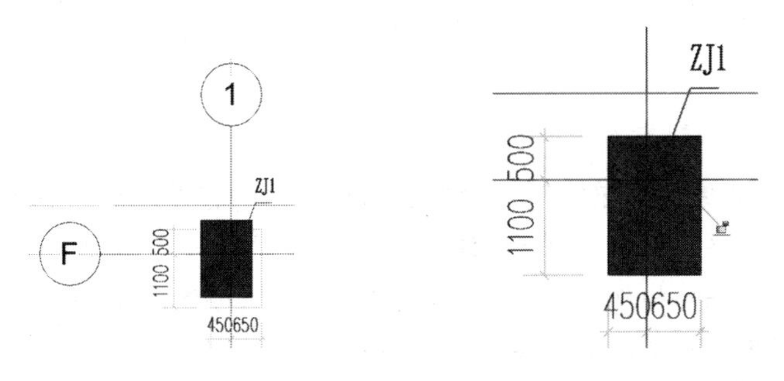

图 2.2-20　布置基础　　图 2.2-21　调整基础位置

(3)用同样的方法完成其他类型独立基础的创建。图2.2-22所示为独立基础三维图。

5)创建垫层

选择"结构"→"基础"→"板"→"结构基础:楼板"，创建垫层。垫层的名称为"100厚C15混凝土垫层"，即厚度为100 mm，材料为C15混凝土。据此在每个独立基础下创建垫层，完成后如图2.2-23所示。

注意:在创建基础垫层时，基础垫层顶面与所选择结构平面平齐。因为基础底面正好在结构平面上，所以修改"自标高的高度偏移"为"0"。

图 2.2-22　独立基础三维图

图 2.2-23　垫层三维图

任务 2.3　创建柱

任务导入

柱是建筑物中的垂直构件,承载来自它上方构件的荷载,并将荷载传递给基础和垫层。任务 2.2 创建了基础和垫层,本次任务讲解结构柱的创建。

学习目标

1. 熟悉柱的分类、作用及构造要求等相关知识。
2. 能够运用柱构造知识设置柱属性。
3. 能够运用“结构”→“结构”→“柱”,创建结构模型中的柱。
4. 会使用“过滤器”“复制到粘贴板”“粘贴”“与选定标高对齐”等命令快速创建结构柱。

任务情境

为何中国古建筑能墙倒屋不塌? 因为古建筑承重的结构就是屋架。柱作为竖向木结构构件,与横向的木结构构件梁、檩、枋等结合,组成了屋架。柱是一种直立而承受上部荷载的构件,是中国古建筑中最重要的构件之一。而在现代建筑中柱对建筑结构同样起着非常重要的支撑作用,柱作为承重构件时刻影响着建筑的整体安全性。

相关知识

在 Revit 2018 中提供了两种不同用途的柱:建筑柱和结构柱,分别通过“建筑”→“构建”→“柱:建筑”以及“结构”→“结构”→“柱”创建。建筑柱和结构柱在 Revit 软件中所起的功能与作用各不相同。建筑柱主要起到装饰和维护作用,而结构柱则主要用于支撑和承载重量。无论创建建筑柱还是结构柱,均需对其进行属性设置。

本任务只讲解结构柱。

2.3.1　设置柱属性

1)载入柱族

选择“结构”→“结构”→“柱”,激活“柱属性”选项板,如图 2.3-1 所示。

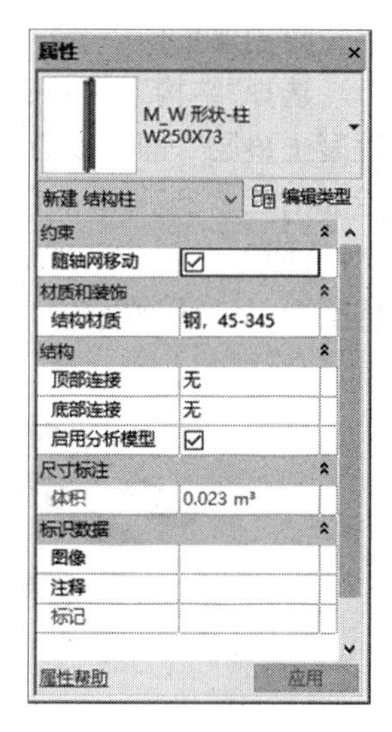

图 2.3-1　“柱属性”选项板

单击“柱属性”选项板中的类型选择器,柱族类型较少,因此在

Revit 中要创建不同类型的结构柱需要载入相应的族文件。

Revit 中提供了不同类型的“ *. rfa”柱族文件，用户可根据需要载入族文件使用。Revit 中也提供了“公制结构柱. rft”族样板，用户可使用该样板自定义任意形式的结构柱族。

载入“ *. rfa”柱族文件，有以下三种方法。

(1)方法一。

①选择“插入”→“从库中载入”→“载入族”，如图 2. 3-2 所示，弹出“载入族”对话框。

图 2. 3-2 从库中载入

②在“载入族”对话框中，进入 Revit 族库文件夹，选择“结构”→“柱”→“混凝土”文件夹，可以选择其中任意一个或多个族文件，如“混凝土－矩形－柱”，单击“打开”按钮完成载入，如图 2. 3-3 所示。

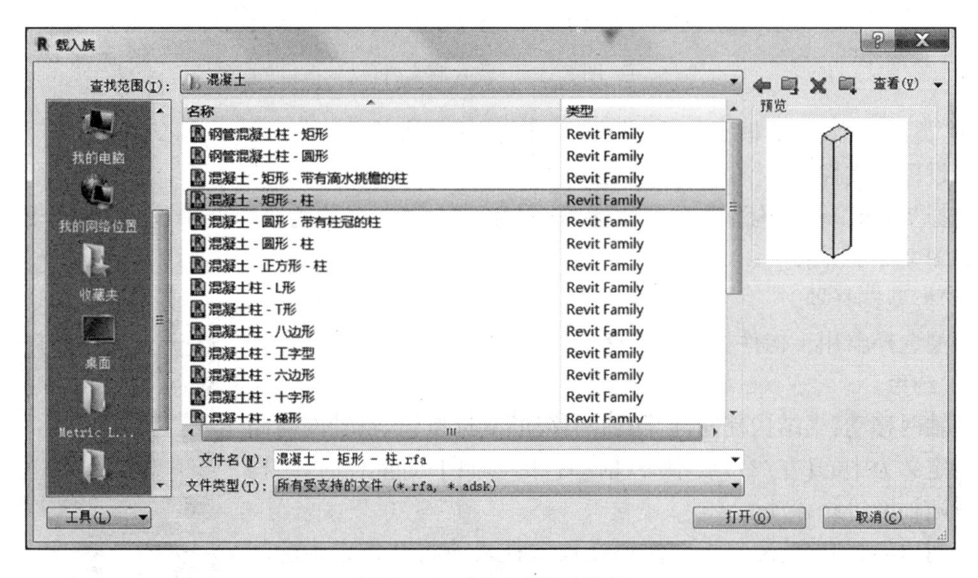

图 2. 3-3 “载入族”对话框

(2)方法二。

①选择“结构”→“结构”→“柱”，激活“修改|放置结构柱”选项卡。

②选择“模式”面板中的“载入族”工具，如图 2. 3-4 所示，弹出“载入族”对话框。

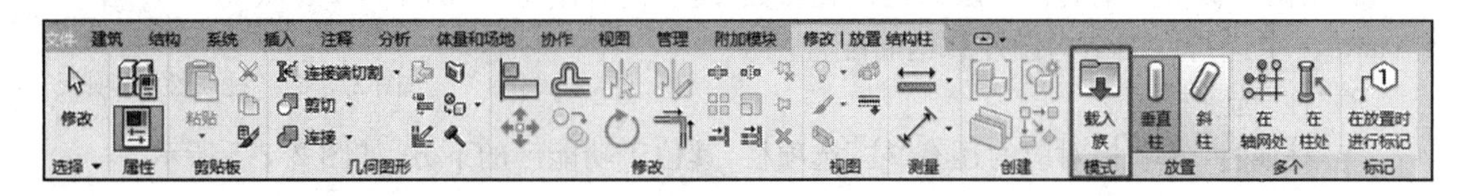

图 2. 3-4 “修改|放置结构柱”选项卡

③在“载入族”对话框中，选择其中任意一个或多个族文件，完成载入柱族。

(3)方法三。

①在"柱属性"选项板中,单击"编辑类型"按钮,打开"类型属性"对话框。

②在"类型属性"对话框中,单击"载入"按钮,弹出"打开"对话框,进入 Revit 族库文件夹。

③在 Revit 族库文件夹中,选择"结构"→"柱"→"混凝土"文件夹,选择一个或多个族文件,单击"打开"按钮,"类型属性"对话框对应刷新,如图 2.3-5 所示。

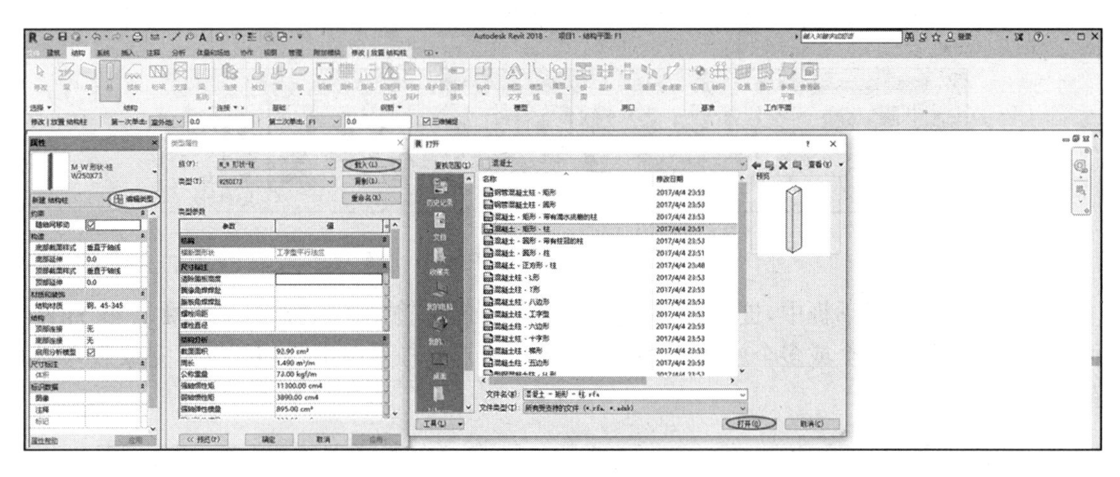

图 2.3-5　载入族文件

④"类型属性"对话框刷新后,单击"确定"按钮完成载入。

2)设置柱属性

选择"结构"→"结构"→"柱",激活"柱属性"选项板,在类型选择器中选择"混凝土-矩形-柱",如图 2.3-6 所示。

(1)类型选择器。

类型选择器用于构件类型的选择。

(2)约束。

随轴网移动:当结构柱勾选"随轴网移动"复选按钮,且轴网与结构柱的定义为中心(左/右)或中心(前/后)的参照平面重合时,结构柱可以随轴网进行移动。

房间边界:勾选此复选按钮可以在放置柱之前将其指定为房间边界,用于确定是否从房间面积中扣除结构柱所占面积。

(3)材质和装饰。

结构材质用于对构件进行材质定义和色彩调整。

(4)结构。

在结构中提供了钢筋保护层结构设置参数,这些内容用于 Revit Structure 中进行详细结构设计和钢筋配置。

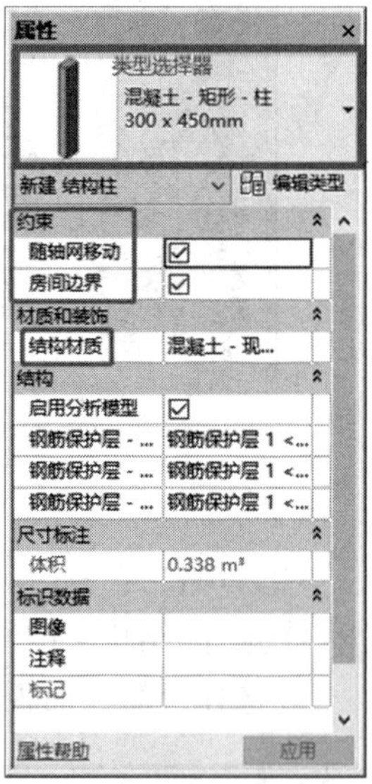

图 2.3-6　"柱属性"选项板

3)"柱"选项栏

与"柱属性"选项板对应的还有"柱"选项栏,其位于功能区的下方,如图 2.3-7 所示。

图 2.3-7　"柱"选项栏

(1)放置后旋转:勾选此复选按钮可以在放置柱后立即将其旋转。

(2)深度和高度:柱选项栏中提供了两种确定结构柱高度的方式,深度方式是指从柱的底部向下绘制,高度方式是指从柱的底部向上绘制。

(3)标高/未连接:选择“标高”,指定柱的顶部标高;选择“未连接”,输入相应数值指定柱的顶部标高。

4)设置柱类型属性

在“柱属性”选项板中,单击“编辑类型”按钮,打开“类型属性”对话框,如图2.3-8所示。

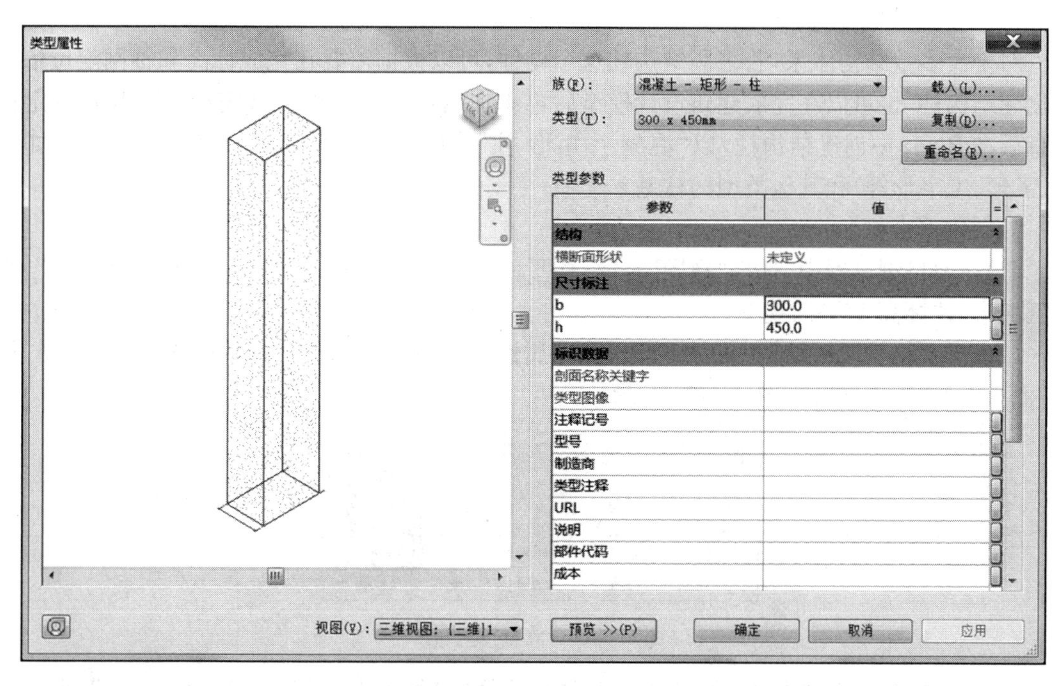

图2.3-8　“类型属性”对话框

(1)族:柱族,有混凝土-矩形-柱、混凝土-正方形-柱、混凝土-八边形-柱等选项。选择不同的族,柱类型和类型参数都随之发生改变,显示不同类型柱和类型参数。

(2)类型:选定一种柱族时,会出现不同类型的柱。可以在系统自带类型中直接修改参数加以运用,也可以根据项目需求通过“复制”创建新的类型,具体操作见下文“(5)设置不同类型的柱”。

(3)类型参数:在此设置不同类型柱的具体参数值,设置后的柱文件在项目中可直接运用。

(4)预览:单击“预览”按钮,对话框展示族的三维、平面、立面视图。

(5)设置不同类型的柱(即建立不同类型柱构件),以设置一个“混凝土-矩形-柱 KZ1 200 * 500 mm”为例。

①选择“结构”→“结构”→“柱”,激活“柱属性”选项板,选择“混凝土-矩形-柱 300 * 450 mm”。

②在“柱属性”选项板中,单击“编辑类型”按钮,打开“类型属性”对话框。

③在“类型属性”对话框中单击“复制”按钮,弹出“名称”对话框,在“名称”对话框中输入“KZ1 200 * 500 mm”,表示框架柱1,尺寸为200 mm×500 mm,如图2.3-9所示。

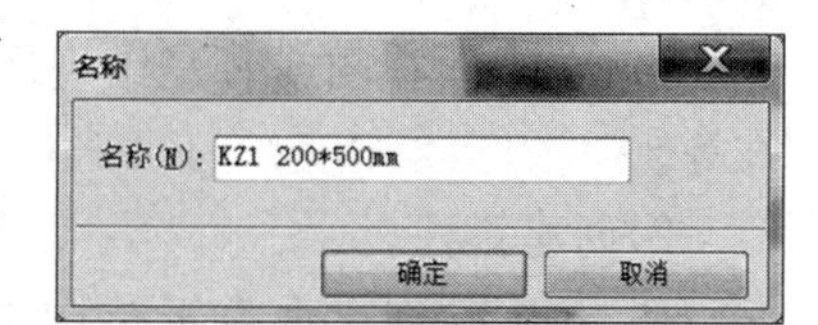

图2.3-9　“名称”对话框

单击“确定”按钮完成输入。

④“类型属性”对话框对应刷新，此时类型名称刷新为“KZ1 200 * 500 mm”。修改类型参数中的尺寸标注 b 为 200，h 为 500。

⑤完成尺寸标注修改后，在“类型属性”对话框中单击“确定”按钮，回到“柱属性”选项板。此时在“柱属性”选项板的“类型选择器”中已成功添加了一个“混凝土-矩形-柱 KZ1 200 * 500 mm”的柱。

2.3.2 创建结构柱

对于大多数结构体系，若采用结构柱这个构件，可以根据需要在完成标高和轴网定位信息后创建结构柱，也可以在完成建筑设计模型后再添加结构柱。这里讲解完成标高和轴网定位信息后在 Revit 中创建结构柱，以“混凝土-矩形-柱”中的一个类型为例，创建其他截面(如圆形、T 形、工字形等)和其他类型的柱基本类似。

1)创建垂直柱

(1)在项目浏览器中，选择“视图”→“结构平面视图”，进入平面视图。如选择“标高 1”，绘图区域进入“标高 1”平面视图。

(2)选择“结构”→“结构”→“柱”，激活“柱属性”选项板和“修改|放置柱”选项卡，选择“放置”面板中的“垂直柱”，如图 2.3-10 所示。

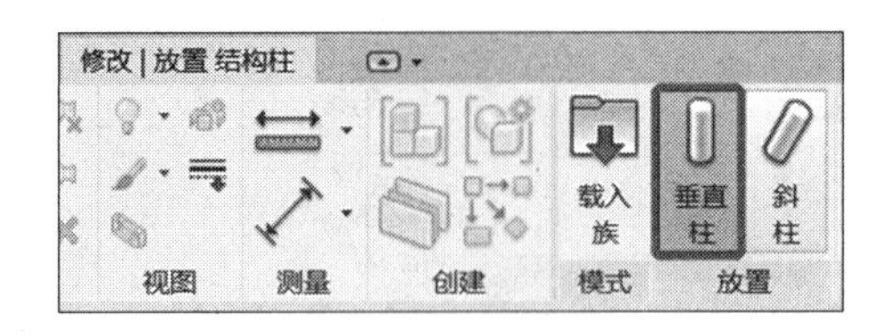

图 2.3-10　放置“垂直柱”

(3)在“柱属性”选项板的“类型选择器”中，选择“混凝土-矩形-柱 300 * 450 mm”；根据项目需求设置“结构材质”。

(4)在“柱”选项栏中，选择约束标高，如选择“高度”和“标高 2”，如图 2.3-11 所示。

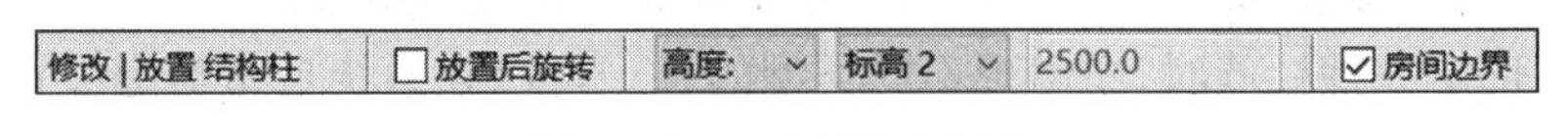

图 2.3-11　选择约束标高

(5)手动放置柱，在绘图区域相应位置单击放置柱，按两次〈Esc〉键退出放置，创建柱完成，如图 2.3-12 所示。

注意：当柱放置位置不精确时，可选择“修改”面板中的工具进行位置精确修改。进行位置精确修改可用的工具较多，用户可根据需求进行选择，如常用的“对齐”“移动”等工具。

(6)单击快速访问栏中“三维视图”按钮转入三维视图，即可查看三维模型，如图 2.3-13 所示。

(7)在平面视图或者三维视图中单击所创建柱，可查看和修改其属性，如约束、材质和装饰等。

2)创建斜柱

Revit 中除创建垂直于结构平面视图的结构柱外，用户还可以选择“结构”→“结构”→“柱”，使用“放置”面板中的“斜柱”工具创建任意角度的结构柱。

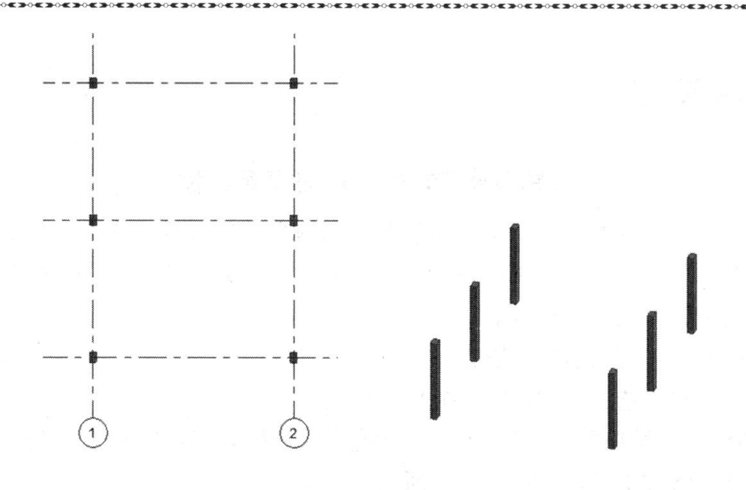

图 2.3-12　完成结构柱放置　　　图 2.3-13　三维柱

(1)创建斜柱时,柱属性设置同垂直柱,只需在“修改|放置柱”选项卡中,选择“放置”面板中的“斜柱”工具。此时选项栏与创建垂直柱相比发生变化,如图 2.3-14 所示。

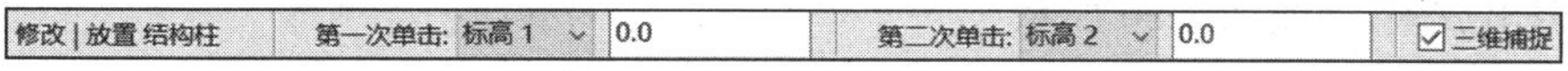

修改 | 放置 结构柱　第一次单击: 标高 1　0.0　第二次单击: 标高 2　0.0　☑ 三维捕捉

图 2.3-14　放置“斜柱”选项栏

(2)在“柱”选项栏选择第一次和第二次单击的约束标高,输入第一次和第二次单击的偏移量,按图 2.3-15 设置数据。

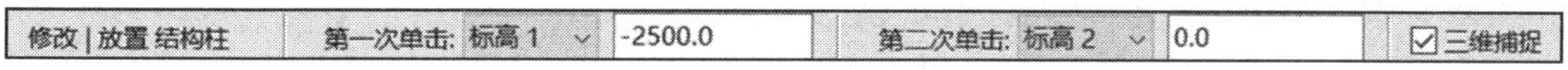

修改 | 放置 结构柱　第一次单击: 标高 1　-2500.0　第二次单击: 标高 2　0.0　☑ 三维捕捉

图 2.3-15　选择单击标高

(3)在绘图区域相应位置单击确定柱起点,移动光标再次单击确定柱终点,按两次〈Esc〉键退出绘制。

(4)单击快速访问栏中“三维视图”按钮转入三维视图,即可查看三维模型,如图 2.3-16 所示。这里为了视觉效果更加明显,在斜柱上方创建了四根垂直柱。

(5)在平面视图或者三维视图中单击所创建斜柱,可查看和修改其属性,如修改“约束”中的“底部标高”“底部偏移”“顶部标高”“顶部偏移”,如图 2.3-17 所示。单击“应用”按钮完成修改,修改后的斜柱如图 2.3-18 所示。

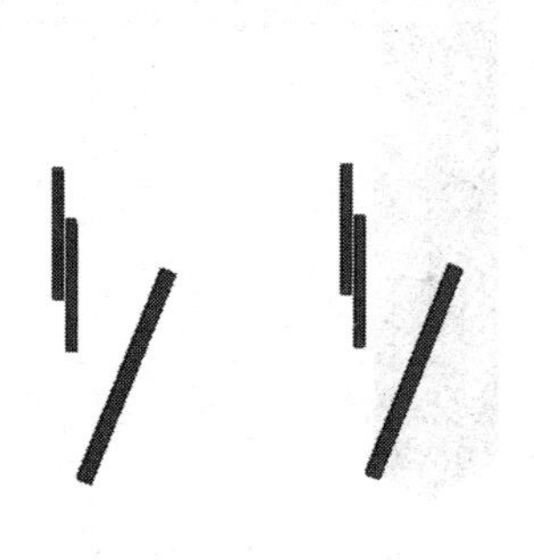

图 2.3-16　三维模型

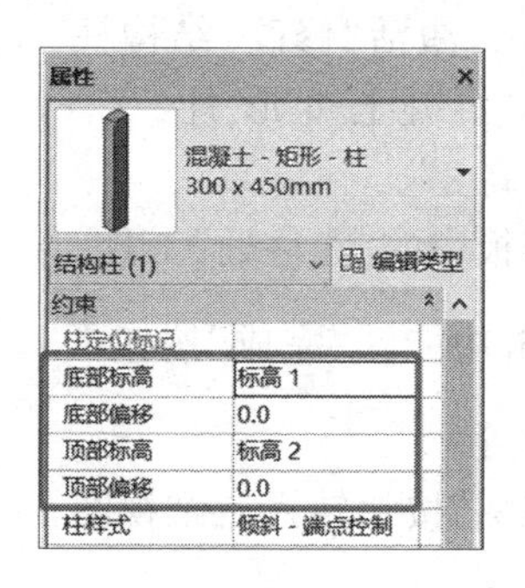

图 2.3-17　属性

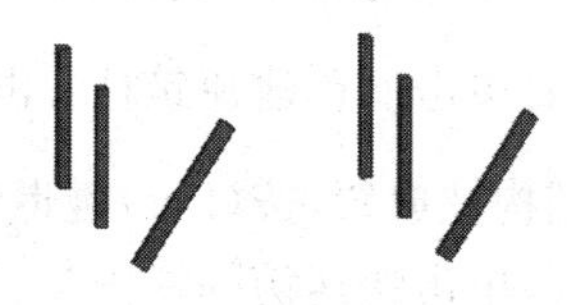

图 2.3-18　修改后的三维模型

“在轴网处”和“在柱处”放置结构柱

在 Revit 中放置柱有多种方法，除 2.3.2 中讲到的手动放置柱方法外，还可以使用“多个”面板中的“在轴网处”工具，将柱添加到选定轴网交点处，以及使用“多个”面板中的“在柱处”工具，在选定的建筑柱内部创建结构柱。

1)使用“在轴网处”工具放置结构柱

(1)在项目浏览器中选择“标高 1”结构平面视图。

(2)选择“结构”→“结构”→“柱”，激活“柱属性”选项板和“修改|放置柱”选项卡，选择“多个”面板中的“在轴网处”工具，如图 2.3-19 所示。

(3)在“柱属性”选项板的“类型选择器”中，选择“混凝土-矩形-柱 300 * 450 mm”。

(4)选择轴线以在交点处放置结构柱。如单击选择轴线 A，再单击选择轴线 3，单击功能区“多个”面板中的“完成”按钮，完成放置，结构柱放置在轴线 A 和轴线 3 的交点处，按〈Esc〉键退出放置，如图 2.3-20 所示。

图 2.3-19　“在轴网处”工具

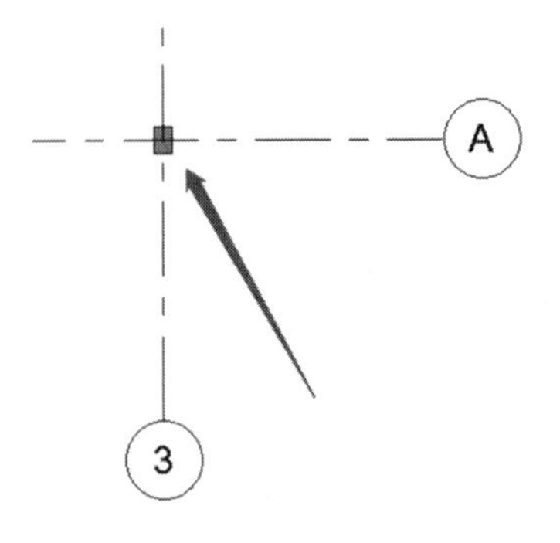

图 2.3-20　“在轴网处”放置结构柱

(5)单击所创建柱，可查看和修改其属性，如约束、材质和装饰等。

2)使用“在柱处”工具放置结构柱

(1)在项目浏览器中选择“标高 1”结构平面视图，选择“建筑”→“柱”→“柱：建筑”，创建一根建筑柱。如选择“M_矩形柱 475 * 610 mm”，在选项栏选择“高度”“标高 2”，在绘图区域单击放置建筑柱，按两次〈Esc〉键退出放置。

(2)选择“结构”→“结构”→“柱”，激活“修改|结构柱”选项卡；在“柱属性”选项板中，选择“混凝土-矩形-柱 300 * 450 mm”；在选项栏选择“高度”“标高 2”。

(3)在功能区中，选择“多个”面板中的“在柱处”工具。

(4)单击所创建建筑柱，再单击功能区“完成”按钮完成结构柱放置，按〈Esc〉键退出放置。

(5)单击快速访问栏中“三维视图”按钮转入三维视图，即可查看三维模型，如图 2.3-21 所示。

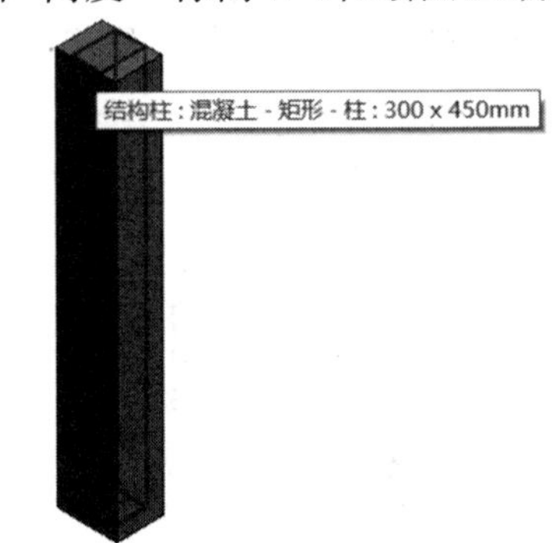

图 2.3-21　“在柱处”放置结构柱三维模型

技能训练

创建三层别墅结构柱

1)导入 CAD 平面图

在结构模型状态下,选择"插入"→"导入"→"导入 CAD",分别在 F1、F2、F3 结构平面视图中插入首层柱平面图、二层柱平面图、三层柱平面图。

2)载入族

选择"插入"→"从库中载入"→"插入族",载入"混凝土-矩形-柱"族。

3)建立结构柱构件类型

根据设置柱属性的相关知识,结合三层别墅柱平面图,创建三层别墅所需结构柱构件,分别命名为"KZ1-200 * 500""KZ2-200 * 500""KZ3-400 * 400""KZ4-200 * 600""KZ5-200 * 600""KZ6(1)-300 * 600""KZ6(2)-200 * 600""KZ7-200 * 600"和"TZ1-240 * 240",如图 2.3-22 所示。

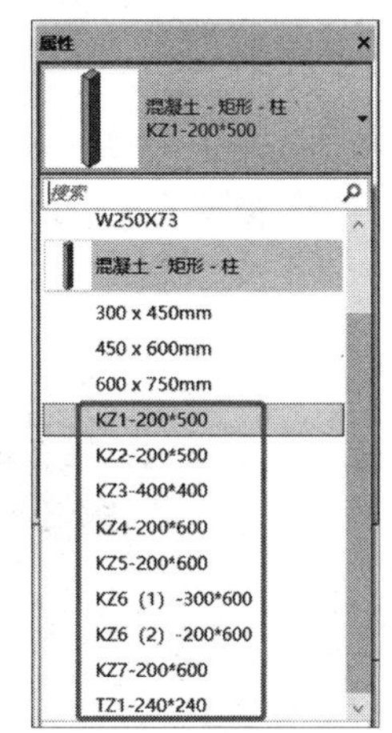

图 2.3-22　建立结构柱构件类型

4)创建三层别墅基础柱

(1)在 F1 结构平面视图中,选择"结构"→"结构"→"柱"。

(2)在"属性"选项板的"类型选择器"中,选择"KZ1-200 * 500",在选项栏中选择"深度""基础底面",如图 2.3-23 所示。

修改 | 放置 结构柱　☐放置后旋转　深度:　基础底面　2500.0　☑房间边界

图 2.3-23　设置 KZ1 深度参数

(3)在绘图区域放置"KZ1-200 * 500",弹出如图 2.3-24 所示的"警告"对话框,关闭对话框即可。此时放置的"KZ1"底面与基础底面平齐,并不在基础的顶面上。柱的深度由基础底面和 F1 楼层之间的高差决定。

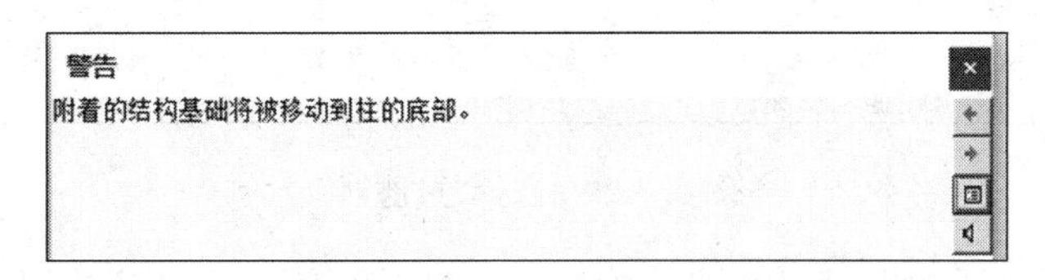

图 2.3-24　"警告"对话框

(4)单击"KZ1",如图 2.3-25 所示,在"KZ1-200 * 500"属性选项板中修改"底部偏移"值为"400"(ZJ4 的基础高度 h1),单击"应用"按钮。弹出对话框,如图 2.3-26 所示,单击"确定"按钮,完成修改。

(5)同理在 F1 结构平面视图放置其他框架柱,按两次〈Esc〉键退出放置,完成基础柱创建,如图 2.3-27 所示。

注意:放置柱子时,在选项栏中也可以选择"深度""未连接"。以轴线 E 和轴线 1 处的"KZ5"为例。在选项栏中选择"深度""未连接",输入"1100"(1100=基础底标高-ZJ1 的基础高度 h1),如图 2.3-28 所示。此时在绘图区域放置"KZ5","KZ5"的底面在基础顶面上。

图 2.3-25　修改底部偏移

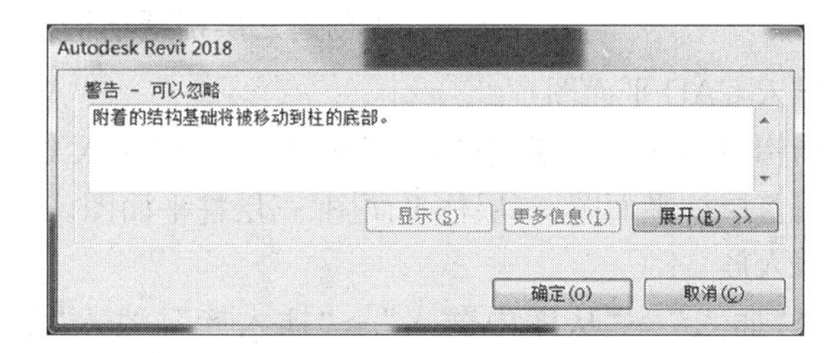

图 2.3-26　警告-可以忽略

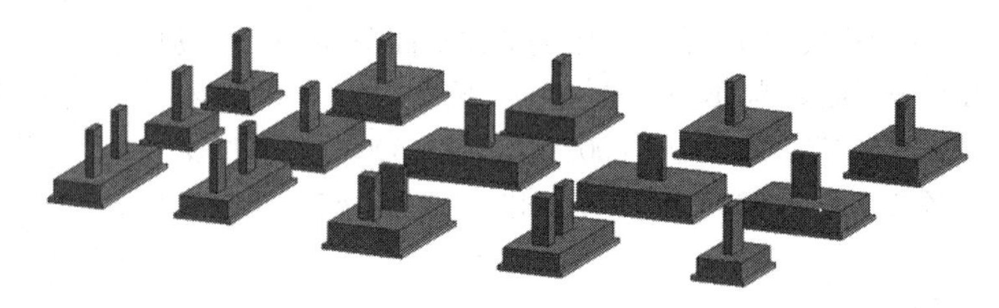

图 2.3-27　基础柱三维模型

修改 | 放置 结构柱　放置后旋转　深度:　未连接　1100.0　房间边界

图 2.3-28　设置 KZ5 深度参数

5)创建三层别墅首层柱

(1)在 F1 结构平面视图下,窗口选择绘图区域所有图元,激活“修改|选择多个”选项卡;如图 2.3-29 所示,单击功能区“选择”面板中的“过滤器”按钮,弹出“过滤器”对话框。

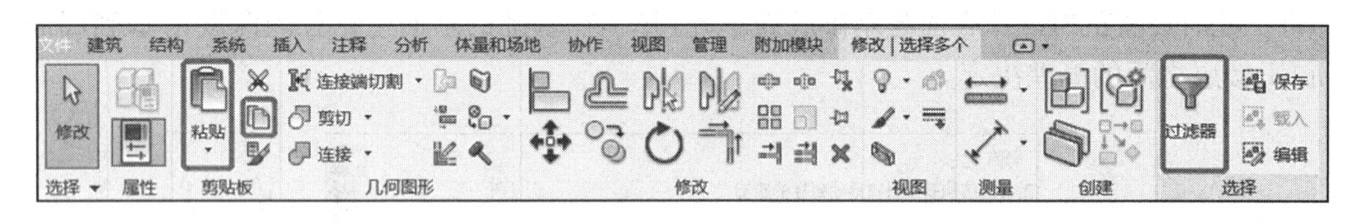

图 2.3-29　选择“过滤器”

(2)在“过滤器”对话框中,只勾选“结构柱”复选按钮,单击“确定”按钮,如图 2.3-30 所示。

(3)如图 2.3-29 所示,单击功能区“剪切板”面板中的“复制”按钮;如图 2.3-31 所示,再选择“粘贴”→“与选定的标高对齐”,弹出“选择标高”对话框。

(4)在“选择标高”对话框中,选择“F2”,单击“确定”按钮,如图 2.3-32 所示。

(5)在“属性”选项板中,修改“底部标高”为“F1”,“底部偏移”为“0”,“顶部标高”为“F2”,“顶部偏移”为“0”,单击“应用”按钮,完成首层柱的创建,如图 2.3-33 所示。

(6)在“类型选择器”中,选择“TZ1-240 * 240”,根据三层别墅图纸“结施 19”和“建施 11”信息在楼梯休息平台放置 TZ1。

6)创建三层别墅二层、三层柱

同理在 F2、F3 结构平面视图创建二层、三层柱,完成三层别墅结构柱创建。

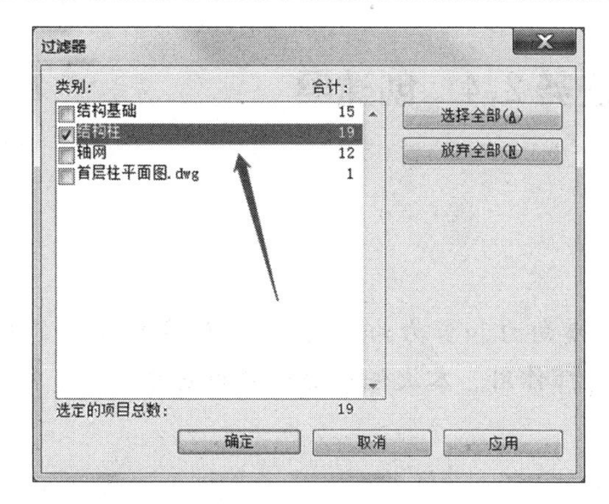

图 2.3-30　“过滤器”对话框

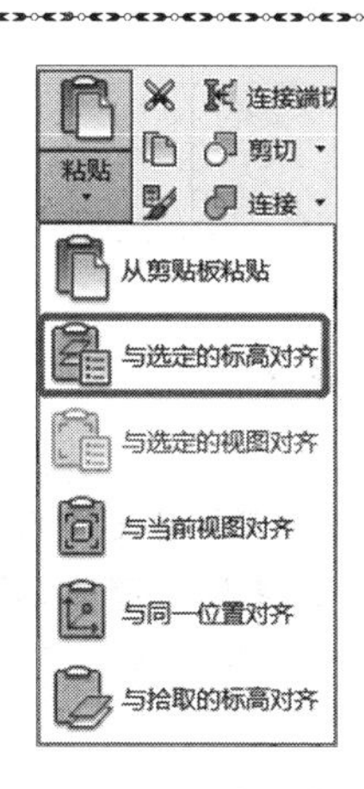

图 2.3-31　粘贴

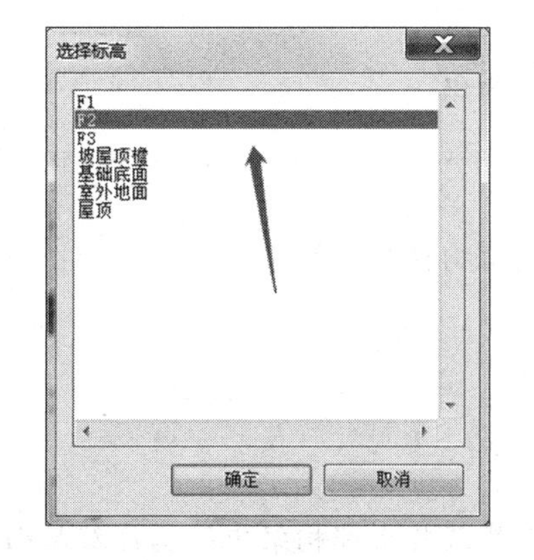

图 2.3-32　选择标高

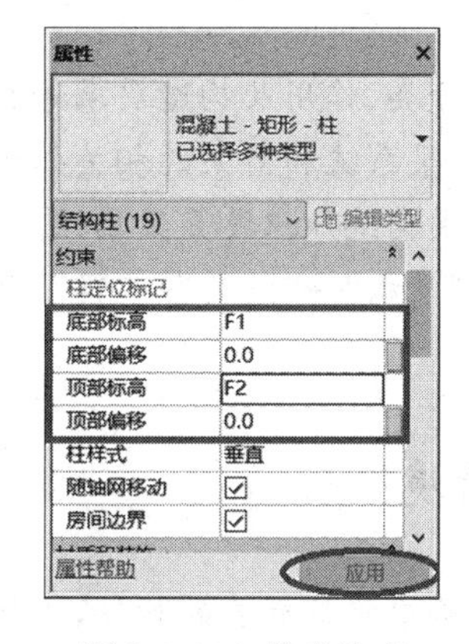

图 2.3-33　修改约束

注意:(1)在 F2 和 F3 中 KZ6 的尺寸由 300 * 600 变为 200 * 600。复制完成 F2 和 F3 柱创建后,需在 F2 和 F3 删除 KZ6(1),放置 KZ6(2)。

(2)在 F2 结构平面视图创建二层 TZ1。

(3)根据“结施 10 三层柱平面图”图纸信息,删除 F3 轴线 1 与轴线 2、轴线 4 与轴线 5 间露台上多余柱。

7)查看三维模型

单击快速访问栏中“三维视图”按钮,转入三维视图,即可查看三维模型,如图 2.3-34 所示。

图 2.3-34　三层别墅柱三维模型

任务 2.4　创建梁

任务导入

梁是由支座支撑,承受的外力以横向力和剪力为主,以弯曲为主要变形的构件。创建了柱,梁则将这些柱连接为整体,共同发挥作用。本次任务讲解梁的创建。

学习目标

1. 熟悉梁的分类、作用及构造要求等相关知识。
2. 了解支撑、梁系统和桁架的相关知识。
3. 能够运用梁构造知识设置梁属性。
4. 能够运用“结构”→“结构”→“梁”,创建结构模型中的梁。

任务情境

梁是建筑结构中非常重要的构件,承托着建筑物上部构架中的构件及屋面的全部重量,也是建筑上部构架中最为重要的部分。在框架结构中,梁把各个方向的柱连接成整体;在墙结构中,洞口上方的连梁,将两个墙肢连接起来,使之共同工作。在框架—剪力墙结构中,梁既有框架结构中的作用,同时也有剪力墙结构中的作用。作为抗震设计的重要构件,起着第一道防线的作用。在生活中也经常用“挑大梁”一词,用于泛指承担重要的、起支柱作用的工作,比喻其骨干作用,足见梁的重要性。

相关知识

在 Revit 2018 中提供了梁、支撑、梁系统和桁架四种创建结构梁的方式。其中梁和支撑生成梁图元方式与墙类似,梁系统则在指定区域内按指定的距离阵列生成梁,而桁架则通过放置“桁架”族,设置族类型属性中的上弦杆、下弦杆、腹杆等梁族类型,生成复杂形式的桁架图元。

2.4.1　设置梁属性

1)设置梁属性

选择“结构”→“结构”→“梁”,激活“梁属性”选项板,如图 2.4-1 所示。

单击“梁属性”选项板中“类型选择器”,梁族类型较少,因此在 Revit 中要创建不同类型的梁需要载入相应的族文件,比如载入常见的“混凝土-矩形梁”,载入方法同载入柱族文件。

(1)选择“插入”→“从库中载入”→“插入族”,弹出“载入族”对话框。

(2)选择“结构”→“框架”→“混凝土”文件夹,选择“混凝土-矩形梁”,单击“打开”按钮,完成载入。在“梁属性”选项板的“类型选择器”中显示“混凝土-矩形梁 300 * 600 mm”,如图 2.4-2所示。

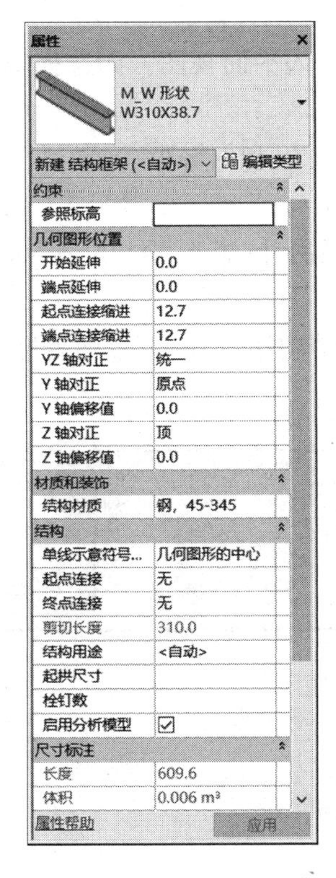

图 2.4-1　“梁属性”选项板

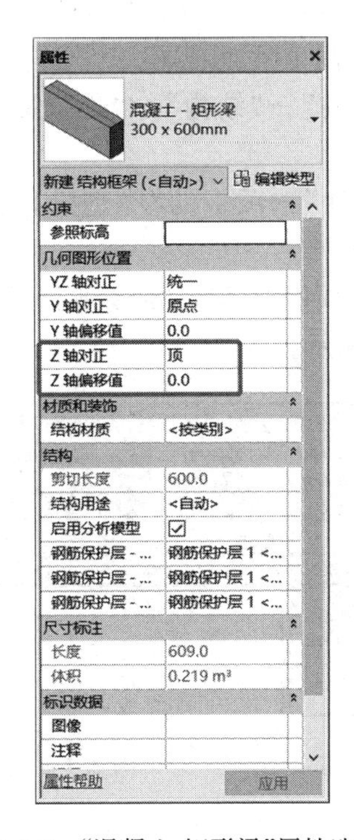

图 2.4-2　“混凝土-矩形梁”属性选项板

在“梁属性”选项板中,Z 轴对正是指梁的对正方式,包括顶、底、原点、中心线对正。Z 轴偏移量是指所创建梁在 Z 轴方向上的偏移量,正值向上,负值向下。

2)“梁”选项栏

与“梁属性”选项板对应的还有“梁”选项栏,如图 2.4-3 所示。

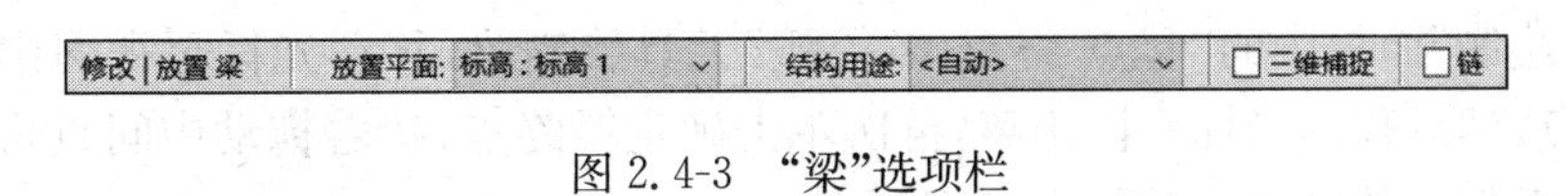

图 2.4-3　“梁”选项栏

放置平面:放置梁时的平面。

结构用途:通过下拉列表框中的选项,确定梁的结构用途或让其处于自动状态。结构用途参数可以包括在结构框架明细表中,这样便可以计算大梁、托梁、檩条和水平支撑的数量。

三维捕捉:勾选三维捕捉,可以通过捕捉任何视图中的其他结构图元创建新梁。

链:勾选链,可以绘制多段连接梁。

3)设置梁类型属性

设置梁类型属性同 2.3.1 中的设置柱类型属性。

2.4.2　创建常规梁

梁有多种分类方法,其中按截面形式不同,分为矩形截面梁、T 形截面梁、十字形截面梁、工字形截面梁、口形截面梁、不规则截面梁等。与创建结构柱类似,通过载入不同的梁族,可以生成不同截面形式的梁。这里以“混凝土-矩形梁”中的一个类型为例,创建其他类型的梁与此基本类似。

1)创建普通梁

(1)在项目浏览器中,选择“视图”→“结构平面视图”,进入平面视图。如选择“标高 1”,则绘图区域进入“标高 1”平面视图。

(2)选择“结构”→“结构”→“梁”,激活“梁属性”选项板和“修改|放置梁”选项卡,如图 2.4-4 所示。

(3)在“梁属性”选项板的“类型选择器”中,选择“混凝土-矩形梁 300 * 600 mm”,如图 2.4-4 所示。

(4)在“梁”选项栏中,设置“放置平面”为“标高 1”,在“结构用途”的下拉列表框中选择“自动”,如图 2.4-4 所示。

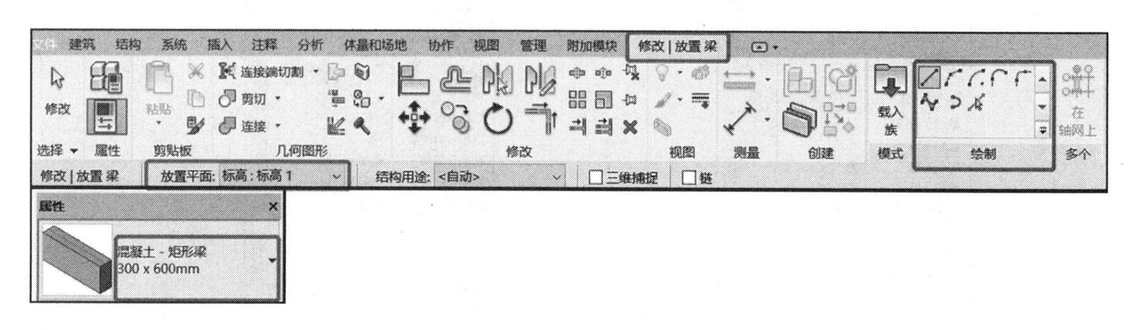

图 2.4-4　选择构件和定义约束

(5)绘制梁。

Revit 中可以通过选择“绘制”面板中的不同工具(如图 2.4-4 所示)绘制包括直线、弧形、样条曲线、椭圆弧在内的多种形式的梁。如选择“线”可以创建一直线或一连串连接的线段;选择“起点-终点-半径弧”可以通过指定起点、端点和弧半径创建一条曲线。

①使用“绘制”面板中的“线”工具绘制梁,移动光标至视图中单击确定一点作为梁起点,然后移动光标一段距离,再次单击确定梁终点,完成一条梁的创建,如图 2.4-5 所示。

②使用“绘制”面板中的“起点-终点-半径弧”工具绘制梁,移动光标至视图中单击确定一点作为梁起点;然后移动光标一段距离,再次单击确定梁终点;接着拖动中间点再次单击定义梁,完成一条弧形梁的创建,如图 2.4-5 所示。

(6)定位梁。单击所创建梁,使用“修改”面板中的工具对梁构件进行位置精确修改。

(7)单击快速访问栏中“三维视图”按钮转入三维视图,即可查看三维模型,如图 2.4-6 所示。

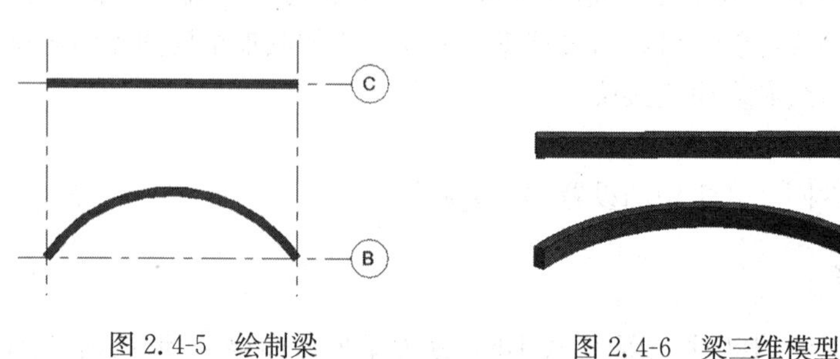

图 2.4-5　绘制梁　　　　图 2.4-6　梁三维模型

(8)在平面视图或者三维视图中单击所创建梁，可查看和修改其属性，如限制条件、几何图形位置、材质和装饰等。

2)创建斜梁

(1)在项目浏览器中，双击“标高 1”结构平面视图，进入“标高 1”平面视图。

(2)选择“结构”→“结构”→“梁”，激活“梁属性”选项板和“修改|放置梁”选项卡。

(3)在“梁属性”选项板的“类型选择器”中，选择“混凝土-矩形梁 300 * 600 mm”。

(4)在“梁”选项栏中，设置“放置平面”为“标高 1”，在“结构用途”的下拉列表框中选择“自动”。

(5)绘制和定位梁。使用“绘制”面板中的“线”工具绘制一条直线梁，使用“修改”面板中的工具进行梁位置精确修改。

(6)编辑梁。

单击所创建梁，打开“梁属性”选项板，设置“起点标高偏移”和“终点标高偏移”，比如设置“起点标高偏移”为“0”，“终点标高偏移”为“2000”，如图 2.4-7 所示。单击“应用”按钮，生成斜梁。

(7)单击快速访问栏中“三维视图”按钮转入三维视图，即可查看三维模型，如图 2.4-8 所示。这里为了视觉效果更加明显，在梁两端分别创建了柱。

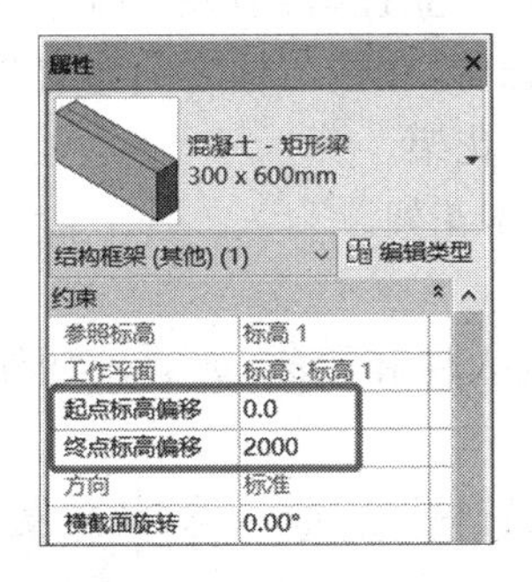

图 2.4-7　设置标高偏移量

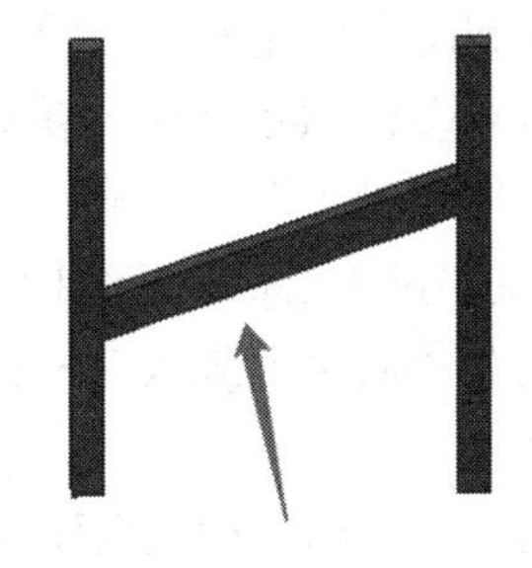

图 2.4-8　斜梁三维模型

2.4.3　其他梁构件

除梁工具外，Revit 还提供了支撑、梁系统和桁架用于创建不同形式的梁。

(1)用支撑创建出来的梁类似于结构梁中的斜梁，如图 2.4-9 所示。

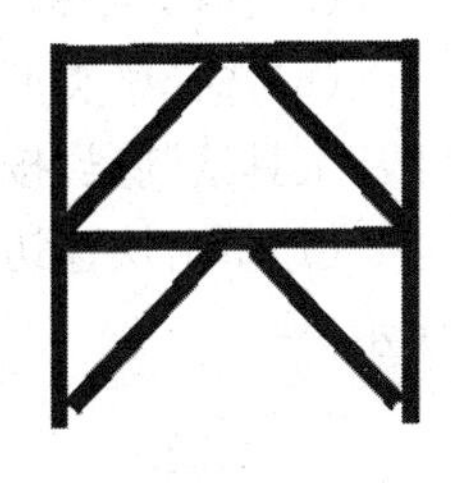

图 2.4-9　支撑

(2)“梁系统”工具可以创建一个用于控制一系列平行梁的数量和间距的布局。使用梁系统时，需要先绘制封闭草图轮廓，指定梁生成方向，设置梁系统实例参数中使用的梁类型及数量等。如图 2.4-10 所示为使用梁系统草图轮廓生成的梁系统模型。

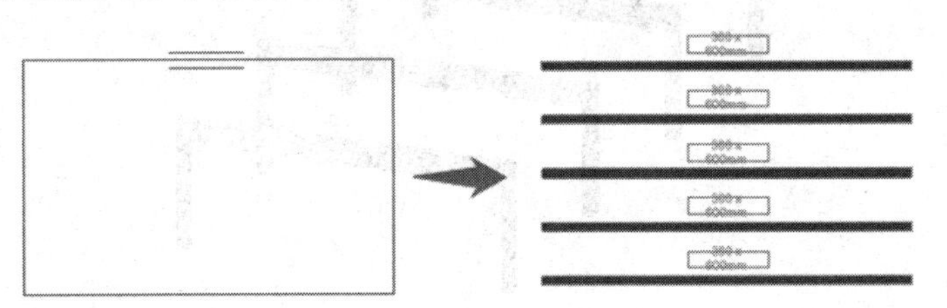

图 2.4-10　梁系统模型

(3)“桁架”工具用于将桁架添加到结构模型中。通常放置桁架族，通过指定“桁架族类型属性”对话框中的上弦杆、垂直腹杆、斜腹杆、下弦杆等梁类型，生成三维桁架图元，如放置“待弧形上弦杆的瓦伦桁架-6 嵌板”，生成三维桁架图元如图 2.4-11 所示。

图 2.4-11　桁架

创建花架

花架又称为棚架、绿廊等，是一种由立柱和顶部为格子条的构筑物形式构成的、能使藤蔓类植物攀缘并覆盖的园林设施，能起到组织空间、构成景观、遮阳休息等功能。

花架的形式有多种，如点形花架、直形花架、折形花架。其中直形花架是一种最为常见的形式，类似于人们所熟悉的葡萄架。其做法是布置直线立柱，再沿柱子排列的方向布置梁，两排梁上按照一定的间距布置花架条，两端向外挑出悬臂，在柱与柱之间布置坐凳或花窗隔断。另外花架的型材也有多种，如常见的钢筋混凝土仿木花架。

下面使用创建柱和梁的方法创建一个混凝土仿木花架。

(1)从项目浏览器进入“标高 1”结构平面视图。

(2)选择“插入”→“从库中载入”→“载入族”，载入柱和梁族，如载入“混凝土-矩形-柱”族或“混凝土-矩形梁”族。

(3)选择“结构”→“结构”→“柱”，激活“修改|放置柱”选项卡，选择“放置”面板中的“垂直柱”工具。

(4)选择柱类型和设置柱属性，如“混凝土-矩形-柱 300 * 300 mm”，在绘图区域放置柱，按两次〈Esc〉键退出放置。

(5)选择“结构”→“结构”→“梁”，激活“修改|放置梁”选项卡。

(6)选择梁类型和设置梁属性，如“混凝土-矩形梁 300 * 600 mm”。选择“绘制”面板中的“线”工具绘制梁，按两次〈Esc〉键退出绘制。

(7)单击快速访问栏中“三维视图”按钮转入三维视图，即可查看三维模型，如图 2.4-12 所示。

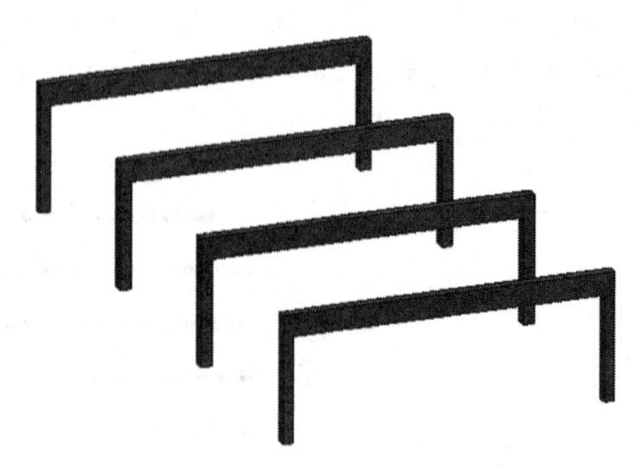

图 2.4-12　混凝土花架三维模型

技能训练

创建三层别墅结构梁

1)导入 CAD 平面图

在结构平面视图状态下,选择“插入”→“导入”→“导入 CAD”,分别在 F1、F2、F3、屋顶、坡屋顶檐结构平面视图中导入地梁平面图、二层梁平面图、三层梁平面图、闷顶梁平面图、坡屋顶梁板平面图。

2)载入族

选择“插入”→“从库中载入”→“载入族”,载入“混凝土-矩形梁”族文件。

3)建立梁构件类型

根据设置柱梁属性的相关知识,结合三层别墅梁平面图,创建三层别墅所需梁构件,分别命名为 KL1-KL10、L1-L4、WKL1-WKL6、YKL、ZKL1-ZKL2、TL1,如图 2.4-13 所示。

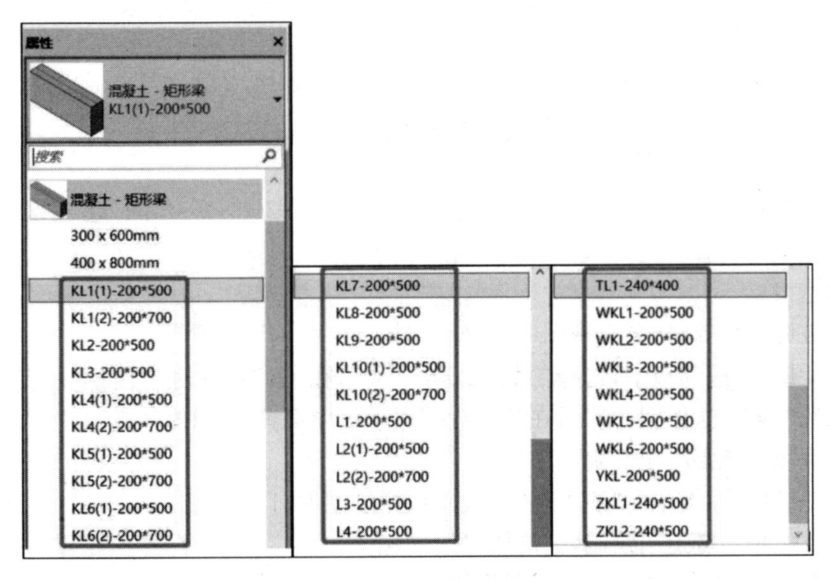

图 2.4-13　建立三层别墅梁构件类型

4)创建三层别墅地梁

(1)在 F1 结构平面视图中,选择“结构”→“结构”→“梁”。

(2)在“梁属性”选项板中,选择“KL1(1)-200 * 500”,在“梁”选项栏中设置“放置平面”为“标高:F1”,如图 2.4-14 所示。然后在“梁属性”选项板中设置“Z 轴偏移量”为“－200”,“结构材质”为“混凝土,现场浇筑混凝土 C30”,如图 2.4-15 所示。

图 2.4-14　选择梁放置平面

(3)使用“绘制”面板中的“线”工具绘制“KL1(1)-200 * 500”,使用“修改”面板中的“对齐”工具进行位置精确修改。

(4)同理在 F1 结构平面视图绘制地梁平面图中的其他地梁。

(5)在“类型选择器”中,选择“TL1 240 * 400”,根据三层别墅图纸“结施 19”和“建施 10”信息创建 TL1,按两次〈Esc〉键退出绘制,完成本层梁创建。

5)创建三层别墅二层梁

(1)在 F2 结构平面视图中,选择“结构”→“结构”→“梁”。

(2)在“梁属性”选项板中,选择“KL1(2)-200 * 700”,在“梁”选项栏中设置“放置平面”为“标高:F2”。然后在“梁属性”选项板中设置“Z 轴偏移量”为“0”,“结构材质”为“混凝土,现场浇筑混凝土 C30”。

(3)使用“绘制”面板中的“线”工具绘制“KL1(2)-200 * 700”,使用“修改”面板中的“对齐”工具进行位置精确修改。

(4)同理在 F2 结构平面视图绘制除 L2(门楼圆弧梁)以外的二层平面图其他梁。

图 2.4-15　设置 Z 轴偏移值

(5)在“梁属性”选项板中,选择“L2(2)-200 * 700”,设置“Z 轴偏移量”为“0”,“结构材质”为“混凝土,现场浇筑混凝土 C30”。

(6)使用“绘制”面板中的“起点-终点-半径弧”工具绘制“L2(2)-200 * 700”。

(7)按两次〈Esc〉键退出绘制,完成二层梁创建。

6)创建三层别墅三层梁和屋顶梁

在“F3”“屋顶”结构平面视图中,同创建二层“KL1(2)-200 * 700”的方法创建三层梁和屋顶梁。

7)创建檐口梁

(1)在“坡屋顶檐”结构平面视图中,选择“结构”→“结构”→“梁”。

(2)在“梁属性”选项板中,选择“YKL-200 * 500”,在“梁”选项栏中设置“放置平面”为“坡屋顶檐”,勾选“链”复选按钮。然后在“梁属性”选项板中设置“Z 轴偏移量”为“0”,“结构材质”为“混凝土,现场浇筑混凝土 C30”。

(3)使用“绘制”面板中的“线”工具沿坡屋顶檐绘制檐口梁“YKL-200 * 500”。

(4)按两次〈Esc〉键退出绘制,完成檐口梁创建。

8)创建三层别墅坡屋顶平脊梁和斜脊梁

(1)在“坡屋顶檐”结构平面视图中,选择“结构”→“结构”→“梁”。

(2)在“梁属性”选项板中,选择“ZKL2-240 * 500”,在“梁”选项栏中设置“放置平面”为“坡屋顶檐”。然后在“梁属性”选项板中设置“Z 轴偏移量”为“995”,“结构材质”为“混凝土,现场浇筑混凝土 C30”。

注意:根据三层别墅图纸“建施 05-屋顶层平面图”和“结施 04-结构设计说明四”信息确定 Z 轴偏移量为 995 mm,如图 2.4-16 所示。

“建施 05-屋顶层平面图”中的屋脊标高是建筑标高,阅读建筑施工图可知,建筑屋面板厚 70 mm,结合“结施 04-结构设计说明四”可知:

屋脊平梁顶标高=12 425(屋脊顶标高)－70(建筑屋面板)－60(屋脊顶与脊梁顶高差)－11 300(坡屋顶檐标高)=995 mm。

(3)使用“绘制”面板中的“线”工具绘制轴线 2 与轴线 3、轴线 E 与轴线 F 之间的平脊梁“ZKL2-240 * 500”。

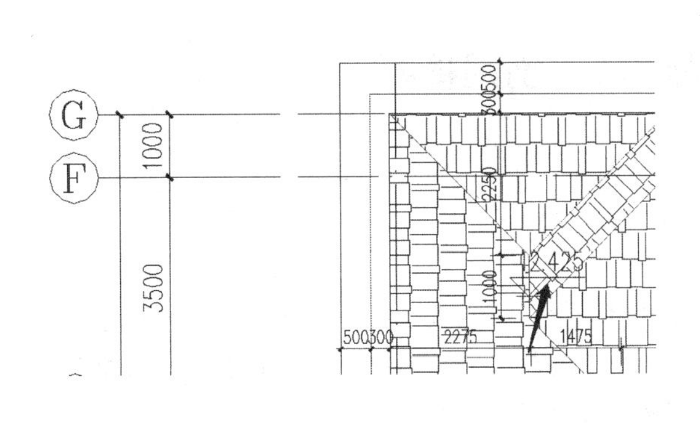

(a)建施 05

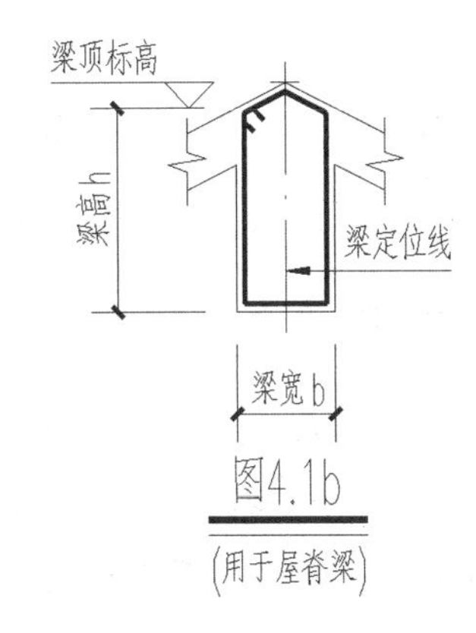

(b)结施 04

图 2.4-16　设置屋脊梁顶标高

(4)同理绘制其他“ZKL2-240 * 500”平脊梁。

注意:不同位置的平脊梁“ZKL2-240 * 500”梁顶标高是不一样的,要分别计算。

(5)在“梁属性”选项板中,选择“ZKL1-240 * 500”,在“梁”选项栏中设置“放置平面”为“坡屋顶檐”。然后在“梁属性”选项板中设置“Z 轴偏移量”为“0”,“结构材质”为“混凝土,现场浇筑混凝土 C30”。

(6)使用“绘制”面板中的“线”工具绘制轴线 2 与轴线 3、轴线 C 与轴线 E 之间的梁“ZKL1-240 * 500”,按两次〈Esc〉键退出绘制。

(7)单击所创建梁“ZKL1-240 * 500”,根据三层别墅“建施 05 屋顶层平面图”和“结施 04-结构设计说明四”图纸信息,设置“起点标高偏移”为“0”、“终点标高偏移”为“995”,单击“应用”按钮,如图 2.4-17 所示。

(8)同理在“坡屋顶檐”结构平面视图绘制其他“ZKL1-240 * 500”斜脊梁。

(9)按两次〈Esc〉键退出绘制,完成坡屋顶平脊梁和斜脊梁的创建。

注意:不同位置的斜脊梁“ZKL1-240 * 500”梁顶起点标高和终点标高是不一样的,要分别计算。

9)完成创建

完成三层别墅梁创建,切换至三维模型,如图 2.4-18 所示。

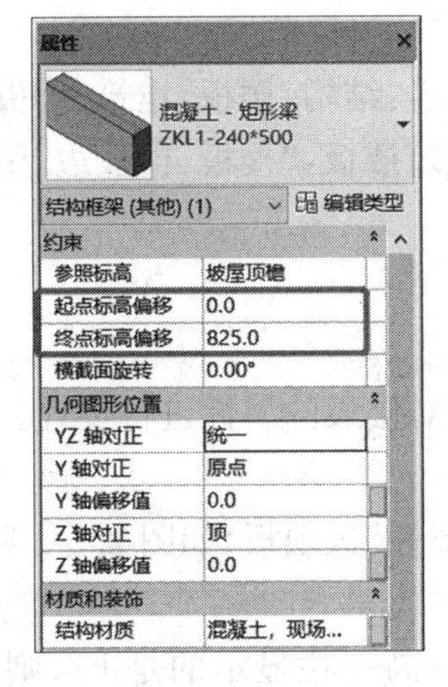

图 2.4-17　设置起点和终点标高偏移量

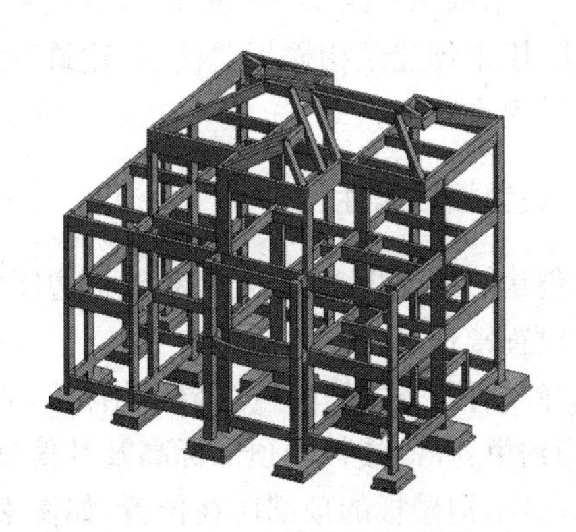

图 2.4-18　三层别墅梁三维模型

任务 2.5　创建楼板

任务导入

楼板是建筑物中分隔竖向空间的水平承重构件，在高度方向将建筑物分隔成若干层，并承受水平方向的竖直荷载，将荷载水平传递给梁或柱，与柱、梁共同构成建筑物的框架体系。在学习完如何创建柱、梁之后，本次任务讲解结构楼板的创建。

学习目标

1. 熟悉结构楼板的作用和构造要求等相关知识。
2. 掌握结构楼板的施工工艺与技术要求。
3. 能够运用楼板构造知识设置楼板属性。
4. 会运用“结构”→“结构”→“楼板:结构”，创建结构模型中的楼板。

任务情境

结构楼板与建筑楼板不同，它是指建筑中承重的水平结构构件，不包括上部的建筑面层。由于建筑中各房间的功能不同，相应的结构楼板要求也不相同，比如盥洗室、厨房、阳台等容易积水的房间结构楼板，通常比同层结构标高低 30～50 mm。本次任务通过“结构”→“结构”→“楼板:结构”来创建结构模型各层的结构楼板。

相关知识

选择“结构”→“结构”→“楼板”，出现三个选项：楼板:结构、楼板:建筑、楼板:楼板边。“楼板:结构”用来创建结构楼板，“楼板:建筑”用来创建建筑楼板，“楼板:楼板边”用来创建基于楼板边缘的模型图元。

2.5.1　设置楼板属性

在创建结构楼板、建筑楼板和楼板边缘构件前，要对楼板的属性进行设置。

1)设置楼板属性

选择“结构”→“结构”→“楼板:结构”，激活“楼板属性”选项板，如图 2.5-1 所示。

(1)约束：控制楼板的顶部标高及其偏移量。

标高：结构楼板的顶部所在位置，如图 2.5-1 中，标高一栏显示的是 F2，则表示楼板的顶面就处于标高 F2 的位置。

自标高的高度偏移:是指楼板的顶部相对于选择的标高平面的偏移值,向上偏移为正值,向下偏移为负值。

房间边界:一般是默认勾选的,因为楼板属于房间边界图元,可用于定义房间面积和体积计算;如果不勾选,则楼板是单独存在的,与房间墙体不再关联。

(2)结构:当创建的是结构楼板时,激活结构属性。

2)"楼板"选项栏

与"楼板属性"选项板对应的还有"楼板"选项栏,位于功能区的下方,如图 2.5-2 所示。

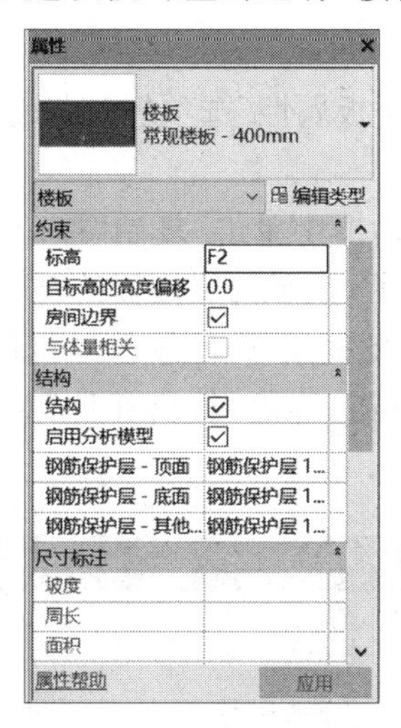

图 2.5-1　"楼板属性"选项板

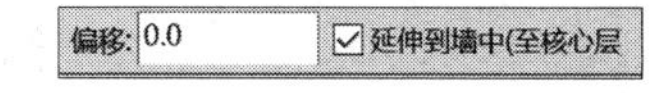

图 2.5-2　"楼板"选项栏

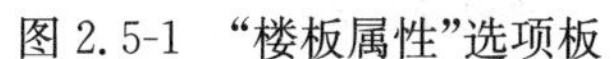

偏移:该数值为在绘制楼板边缘线时的偏移量。在使用"拾取墙"时,可勾选"延伸到墙中(至核心层)"复选按钮,并输入楼板边缘到墙核心层之间的偏移值。

3)设置楼板类型属性

在"楼板属性"选项板中,单击"编辑类型"按钮,打开"类型属性"对话框,如图 2.5-3 所示。

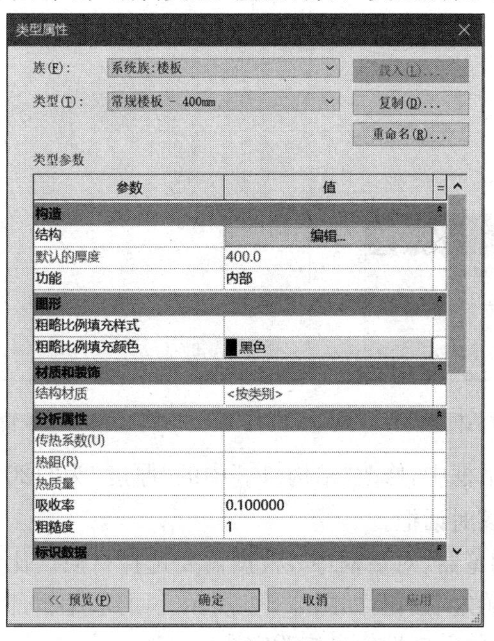

图 2.5-3　"类型属性"对话框

(1)族:楼板为系统族。系统族通常在 Revit 的项目样板中被预设进去,而不是从外部文件中载入到样板和项目中的。楼板属于典型的模型类系统族。

(2)类型:在这一栏中会出现若干种系统自带的不同类型的楼板。可以在系统自带类型中直接修改参数加以运用,也可以通过“复制”创建新的楼板类型。

(3)类型参数:在此设置不同类型楼板的具体参数值,设置后的楼板文件在项目中直接运用。一般需要设置楼板的材质和厚度。

2.5.2　创建普通楼板

(1)选择“结构”→“结构”→“楼板:结构”,打开“楼板属性”选项板,在“楼板属性”选项板的类型选择器中选择“楼板”→“常规楼板-400 mm”。

(2)单击“编辑类型”按钮,在打开的类型属性对话框中单击“复制”按钮,弹出“名称”对话框,如图 2.5-4 所示。在“名称”对话框中输入“F2-120”,表示二层楼板的厚度为 120 mm。

(3)单击“确定”按钮,回到“类型属性”对话框,此时类型名称已经修改为“F2-120”,在“类型属性”对话框中单击“结构”参数中的“编辑”按钮,弹出“编辑部件”对话框,如图 2.5-5 所示。

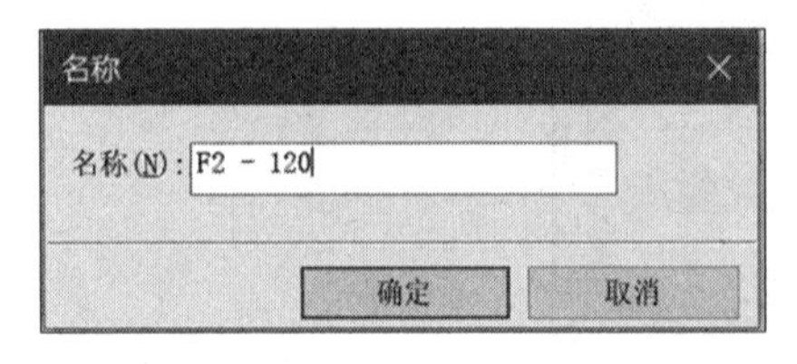

图 2.5-4　“名称”对话框

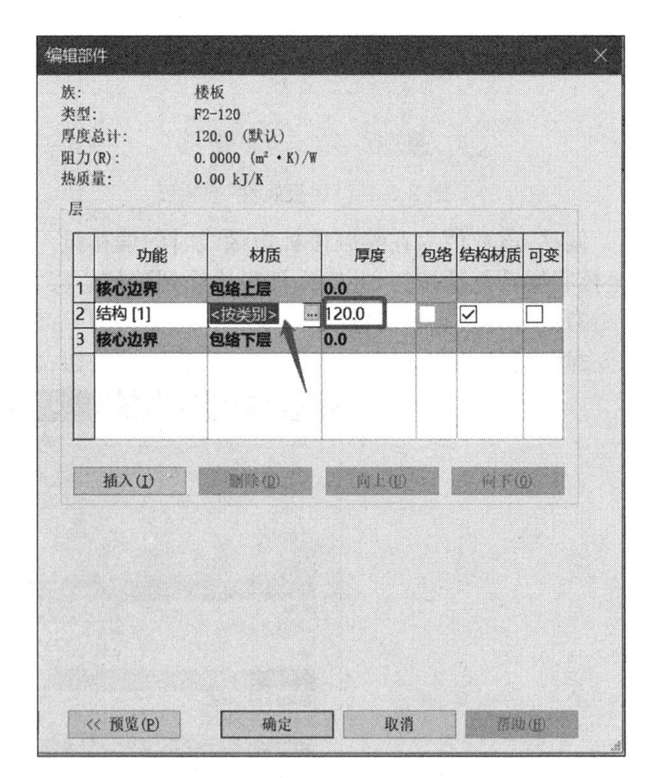

图 2.5-5　“编辑部件”对话框

(4)在“编辑部件”对话框中,修改“结构[1]”中的“厚度”为“120”,单击“按类别”,出现…并单击,弹出“材质浏览器”对话框。

(5)在弹出的“材质浏览器”对话框中 ,根据需要选择材质。比如选择材质“混凝土-现场浇注混凝土”,然后单击“确定”按钮,如图 2.5-6 所示。回到“编辑部件”对话框,单击“确定”按钮,又回到“类型属性”对话框,属性信息修改完毕。

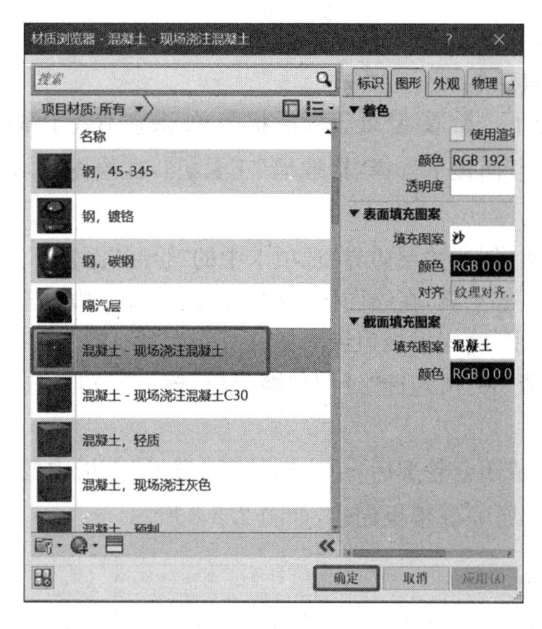

图 2.5-6　“材质浏览器”对话框

注意:在选择结构材质时,如果没有所需要的材质,可以选择一种近似的材质,然后右键复制,再进行重命名即可。

(6)在“类型属性”对话框中,此时“默认的厚度”自动修改为“120”,且不可操作;“功能”为“内部”;“结构材质”为“混凝土-现场浇注混凝土”,如图 2.5-7 所示。然后单击“确定”按钮,属性信息修改完毕。

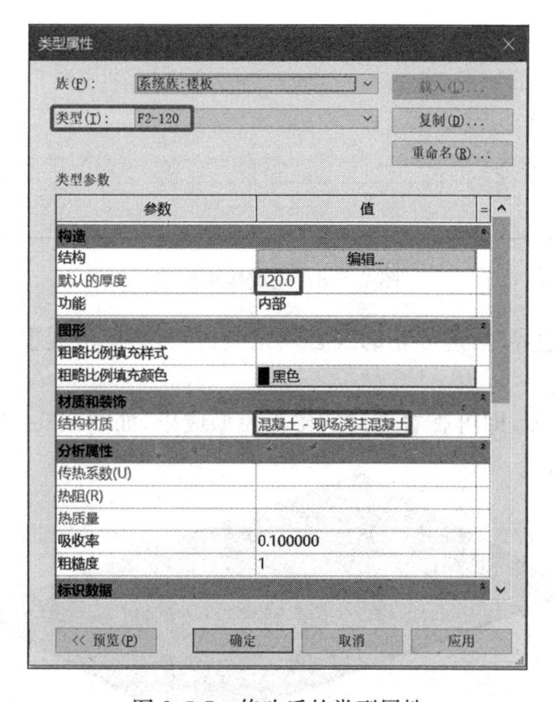

图 2.5-7　修改后的类型属性

(7)绘制楼板边界。在“楼板属性”选项板中,选择“约束”中的“标高”,根据需要输入“自标高的高度偏移”，勾选“房间边界”复选按钮。绘制楼板边界的工具较多，用户可根据需求选择“绘制”面板中的一种工具绘制。

①拾取墙：默认情况下，“拾取墙”处于激活状态，如果它不处于激活状态，在“修改|创建楼层边界”选项卡中的“绘制”面板下选择“拾取墙”工具，在绘图区域中选择要用作楼板边界的墙。

②绘制边界：在“修改|创建楼层边界”选项卡中的“绘制”面板下选择“线”“矩形”“多边形”“圆形”“弧形”或“拾取线”等工具，在绘图区域中绘制出楼板的边界轮廓线。

(8)在“楼板”选项栏中，输入楼板边缘的偏移值作为“偏移”。

注意：在使用“拾取墙”时，可勾选“延伸到墙中(至核心层)”复选按钮，再输入楼板边缘到墙核心层之间的偏移值。

(9)将楼板边界绘制成闭合轮廓后，单击功能区“模式”面板中的，完成楼板的绘制，按〈Esc〉键退出当前绘制模式，完成楼板创建，如图 2.5-8 所示。

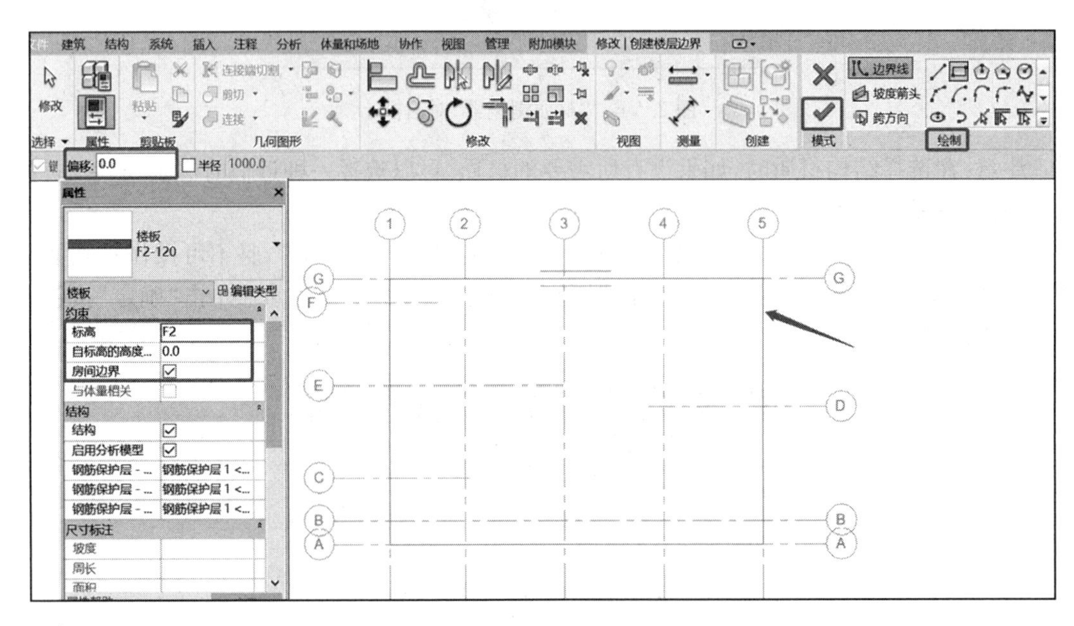

图 2.5-8 完成楼板创建

注意：在绘制楼板边界时，边界轮廓线必须完全封闭，不得出现重叠、交叉或有开放端点的情况。

(10)切换至三维视图，即可查看创建的楼板模型成果，如图 2.5-9 所示。

图 2.5-9 楼板三维模型

(11)编辑楼板。

①在绘图区域，选择需要进行编辑的楼板图元，在激活的“楼板属性”选项板上修改楼板的类型、标高等值。

②编辑楼板草图。

在平面视图中，选择楼板，激活 “修改|楼板”选项卡，选择“模式”面板下的“编辑边界”工具，进入“修改|楼板>编辑边界”状态。

在“修改|楼板>编辑边界”状态下，可选择“修改”面板中的“偏移”“移动”“删除”等工具对楼板边界进行编辑，如图 2.5-10 所示；也可以选择“绘制”面板中的“直线”“矩形”“弧形”等工具绘制楼板边界，如图 2.5-11 所示。

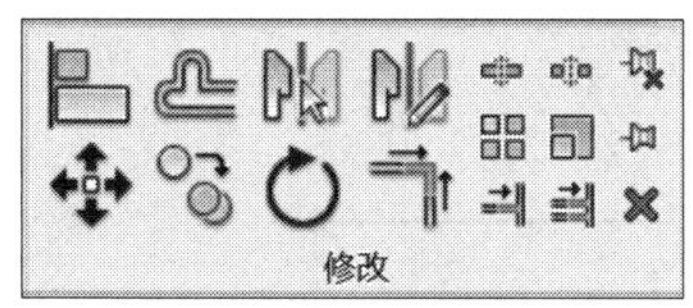

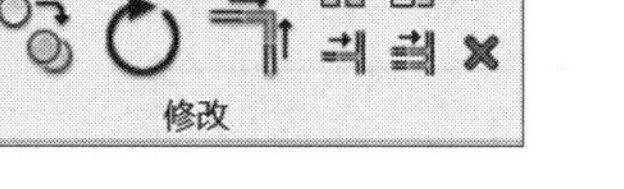

图 2.5-10　修改工具　　图 2.5-11　绘制工具

③修改完毕后，单击“模式”面板中的“完成编辑模式”按钮，完成对楼板的编辑。

2.5.3　创建斜板

创建斜板一共有三种方法，分别是应用坡度箭头、定义坡度和修改子图元。

1)应用坡度箭头

(1)在楼板边界绘制完成后，选择“绘制”面板中的“坡度箭头”工具，按坡度方向绘制箭头。注意：因为箭头的首尾所处位置为计算坡度的位置，所以要准确地放在草图线上面。

(2)“属性”选项板中“指定”下拉列表框中有两个选项：“坡度”和“尾高”。

若选择“坡度”，如图 2.5-12 所示。“最低处标高”是指楼板坡度起点所处的楼层，一般为“默认”，即楼板所在楼层；“尾高度偏移”是指楼板坡度起点标高距所在楼层标高的差值；“坡度”是指楼板的倾斜坡度。

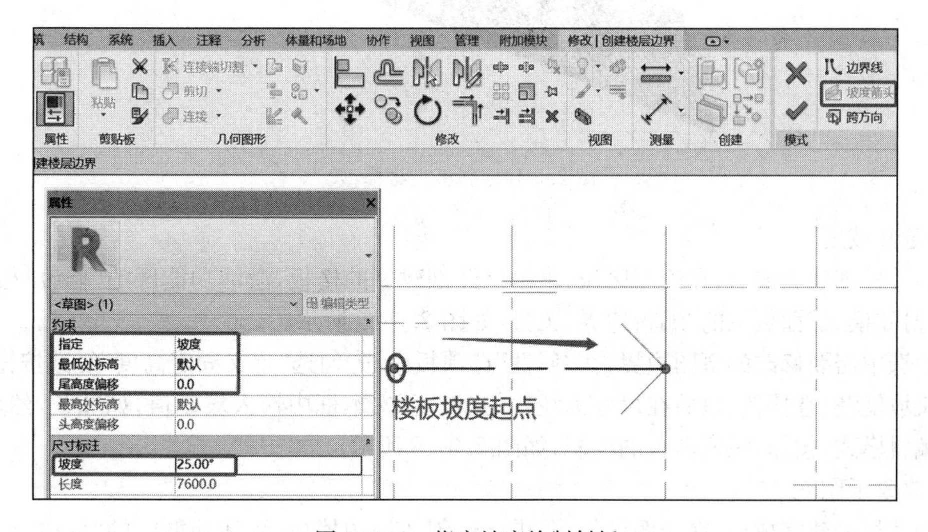

图 2.5-12　指定坡度绘制斜板

若选择“尾高”,如图 2.5-13 所示。需要设置“最低处标高”“尾高度偏移”“最高处标高”和“头高度偏移”。

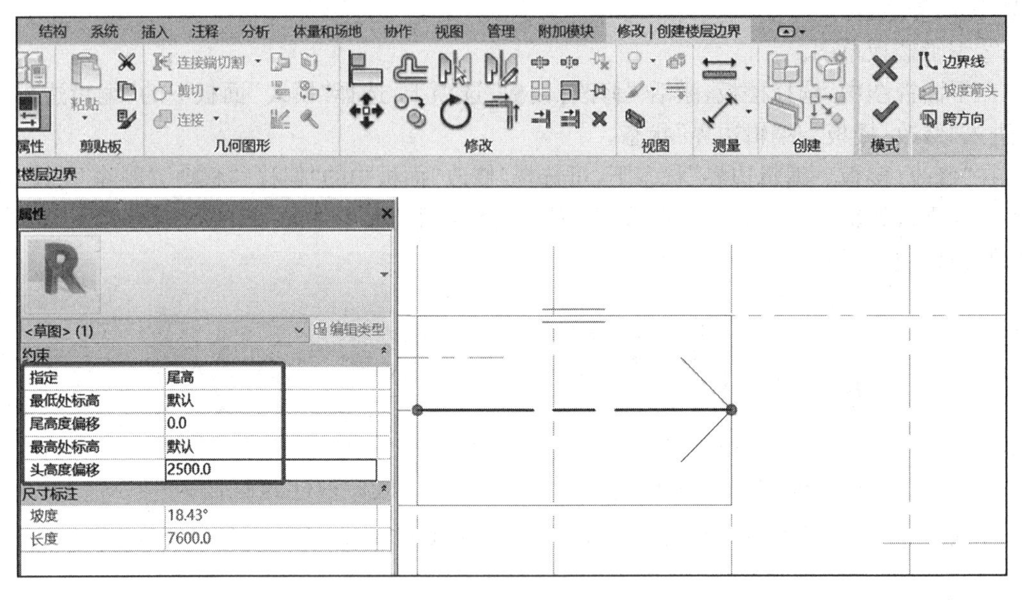

图 2.5-13　指定尾高绘制斜板

(3)在“属性”选项板中设置好相关参数后,单击“完成编辑模式”按钮即可完成斜板的绘制。

(4)切换至三维视图,完成后斜板的三维模型如图 2.5-14 所示。

图 2.5-14　斜板三维模型

2)定义坡度

(1)楼板创建完成后,在绘图区域,单击已经创建好的楼板,激活功能区的“修改|楼板”选项卡,选择“模式”面板下的“编辑边界”工具,如图 2.5-15 所示。

(2)选中需要修改的草图边界,在“属性”选项板中,先勾选“定义固定高度”复选按钮,再勾选“定义坡度”复选按钮,最后在尺寸标注栏的“坡度”文本框中输入坡度值,如“20”,然后单击“完成编辑模式”按钮,完成斜板的绘制,如图 2.5-16 所示。

3)修改子图元

(1)楼板创建完成后,在绘图区域,单击已经创建好的楼板,激活功能区的“修改|楼板”选项卡。

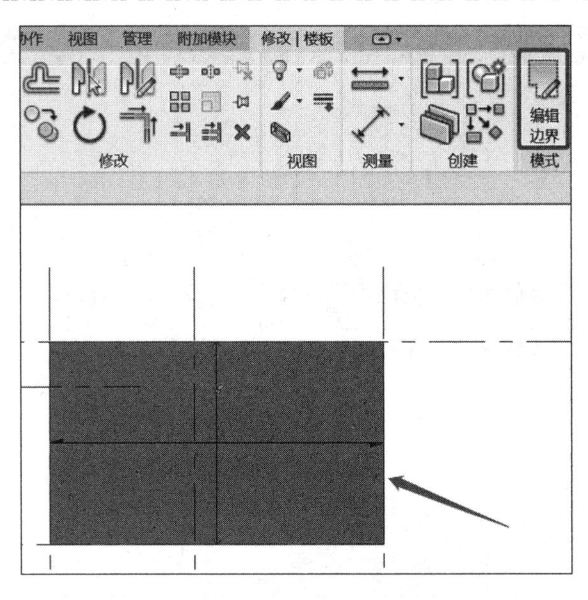

图 2.5-15　编辑边界

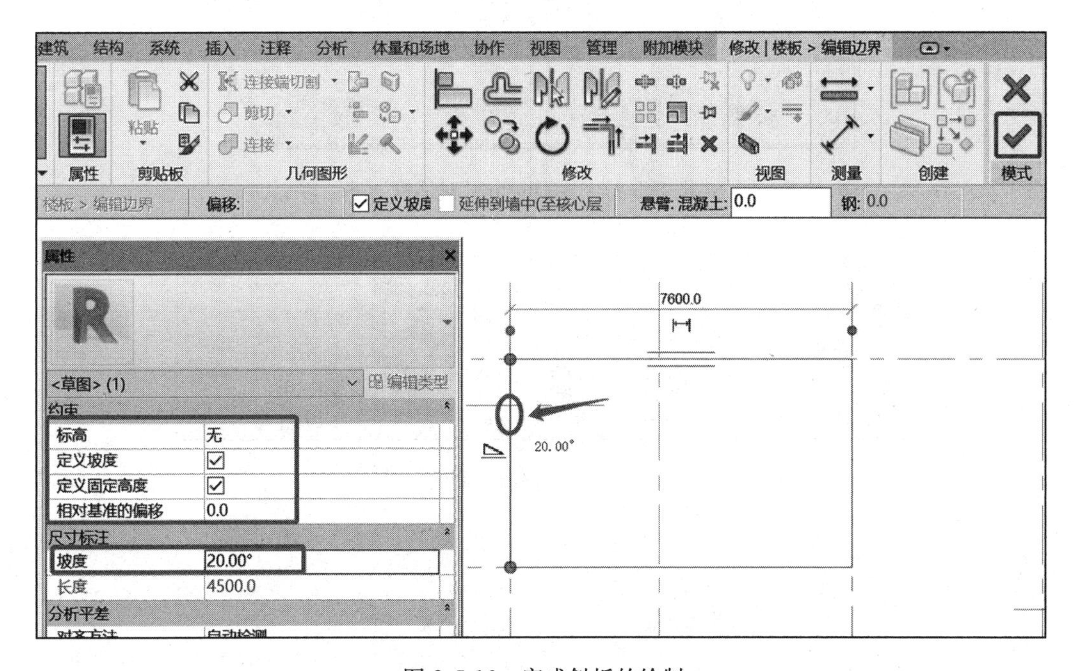

图 2.5-16　完成斜板的绘制

(2)在“属性”选项板中单击“编辑类型”按钮，打开“类型属性”对话框，单击“编辑”按钮，打开“编辑部件”对话框，对结构进行编辑，不勾选“可变”复选按钮，如图 2.5-17 所示。先后单击两次“确定”按钮退出。

(3)在“修改|楼板”状态下，选择“形状编辑”面板下的“修改子图元”工具，在绘图区域出现板的标高控制点，单击边缘点处的控制点，出现“0”，然后再单击“0”，输入楼板侧边需要偏移的数值，如“800”，单击〈Enter〉键确认，用同样的方法再确定其他标高控制点的偏移值，即可完成斜板的绘制。具体过程如图 2.5-18、图 2.5-19、图 2.5-20 所示。

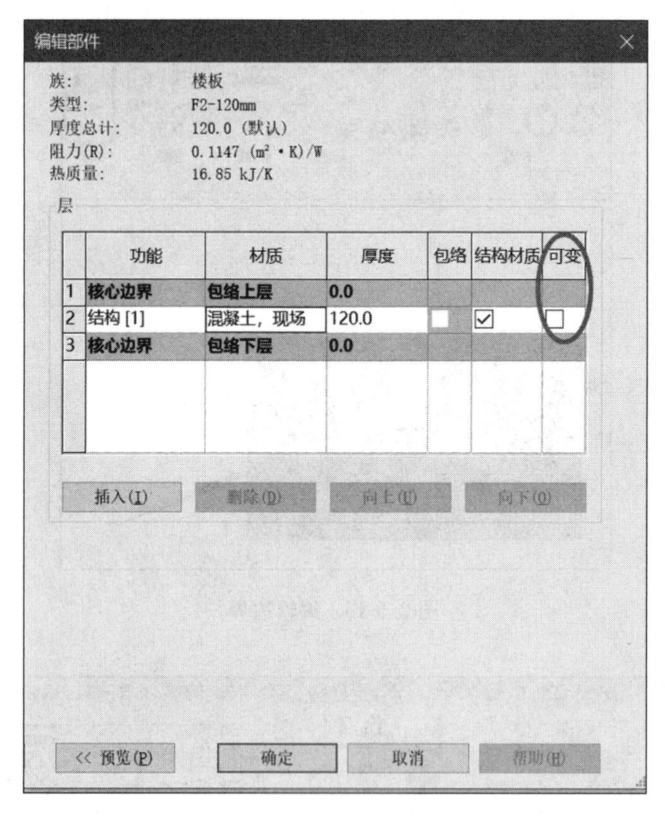

图 2.5-17　“编辑部件”对话框

图 2.5-18　修改子图元

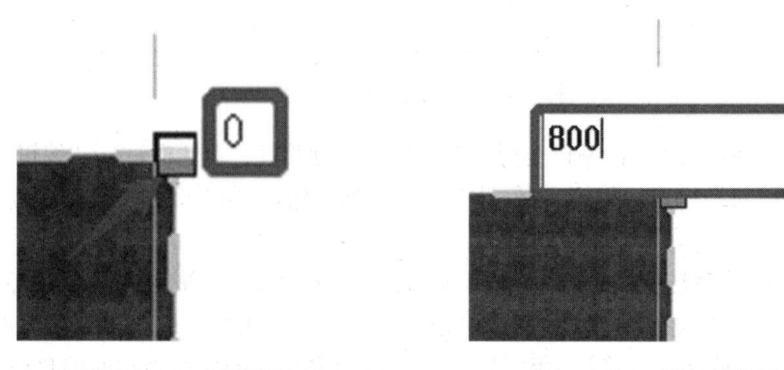

图 2.5-19　标高控制点　　　　图 2.5-20　标高偏移值

(4)切换至三维视图，查看创建好的斜板的三维模型，如图 2.5-21 所示。

图 2.5-21　斜板三维模型

2.5.4　创建楼板边缘

(1)首先创建好阳台板、露台板构件,然后选择“结构”→“结构”→“楼板”→“楼板:楼板边”,激活“楼板边缘属性”选项板,如图 2.5-22 所示。

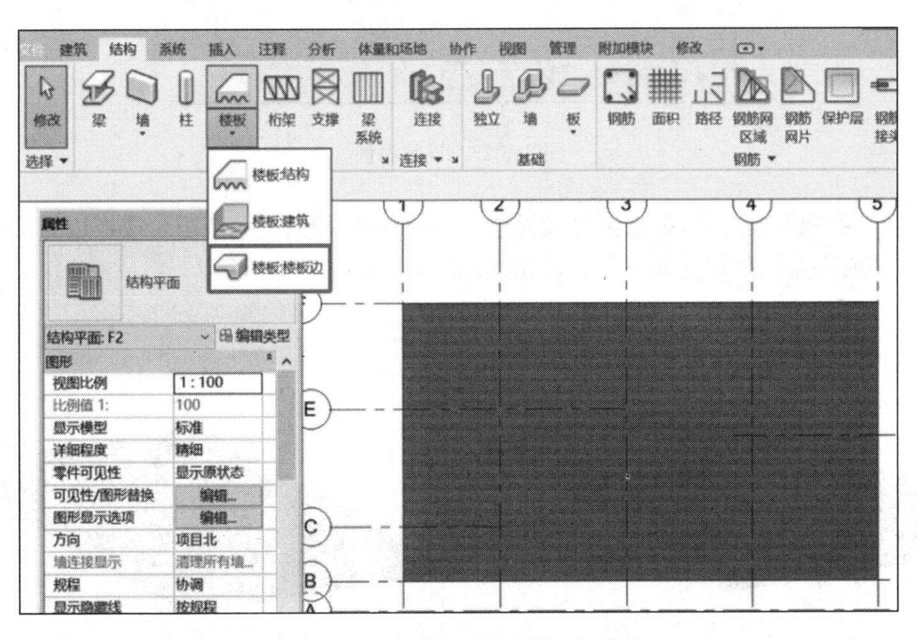

图 2.5-22　“楼板边缘属性”选项板

(2)在“楼板边缘属性”选项板中 ,单击“编辑类型”按钮,在“类型属性”对话框中用“复制”按钮创建一个名称为“阳台板边装饰 ”的楼板边缘构件类型,单击“确定”按钮,又回到“类型属性”对话框。

(3)在“类型属性”对话框中,在“轮廓”下拉列表框中选择“M_楼板边缘-加厚:900×450 mm”,“材质”选择为“混凝土,现场浇注混凝土 C30”,然后单击“确定”按钮,完成属性设置,如图 2.5-23 所示。

(4)在绘图区域,移动鼠标至楼板水平边缘,楼板水平边缘线会高亮显示,单击以放置楼板边缘。若要放置其他边的楼板边缘,则应将鼠标移动至新的边缘并单击以放置。切换至三维视图,即可查看三维模型,如图 2.5-24 所示。

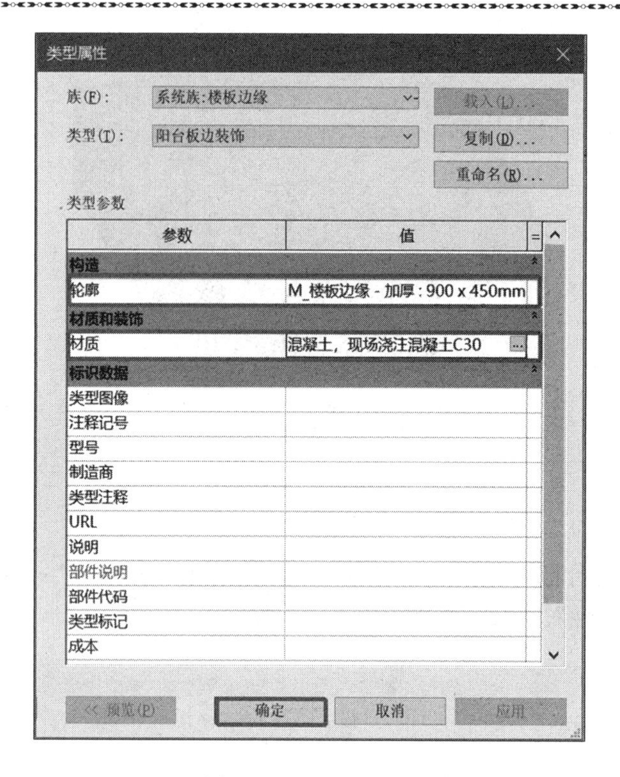

图 2.5-23　设置属性

(5)在三维视图模式下,单击阳台楼板边,可用两端的控制点调节阳台楼板边的长度,还可以使用水平或垂直轴翻转轮廓,得到不同的效果,如图 2.5-25 所示。

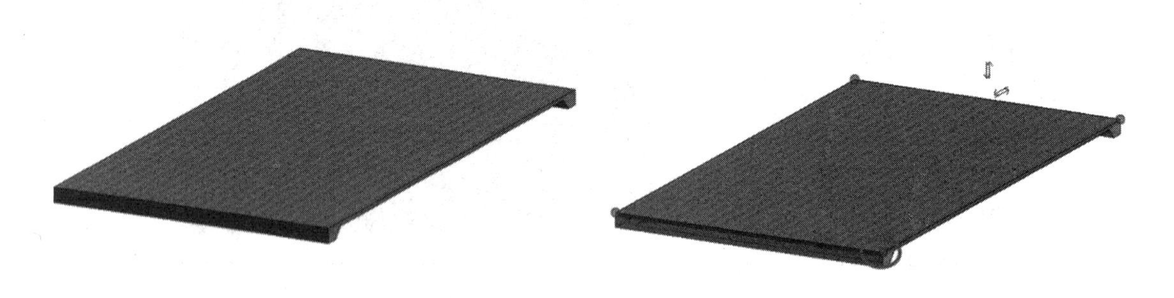

图 2.5-24　阳台楼板边三维模型　　　　图 2.5-25　调节楼板边长度

在楼板上创建洞口

项目模型楼板创建完成后,有时需要在楼板的某个位置开洞,下面介绍使用轮廓边界嵌套的方式在楼板上创建洞口。

(1)在“项目浏览器”中双击“F2”,进入二层结构平面视图,选择“结构”→“结构”→“楼板:

结构”，如图 2.5-26 所示。

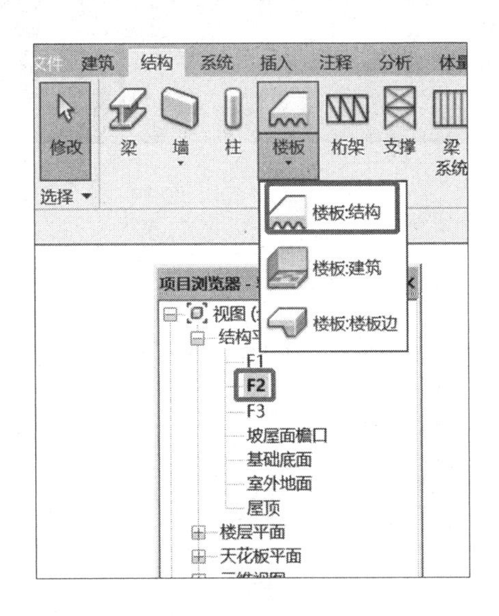

图 2.5-26　选择“楼板:结构”

(2)在“修改|创建楼层边界”选项卡中，选择“绘制”面板中的“矩形”工具，在绘图区域绘制出楼板的边界轮廓线。然后在楼板中需要开矩形洞口的地方，绘制出洞口的边界轮廓线，如图 2.5-27、图 2.5-28 所示。

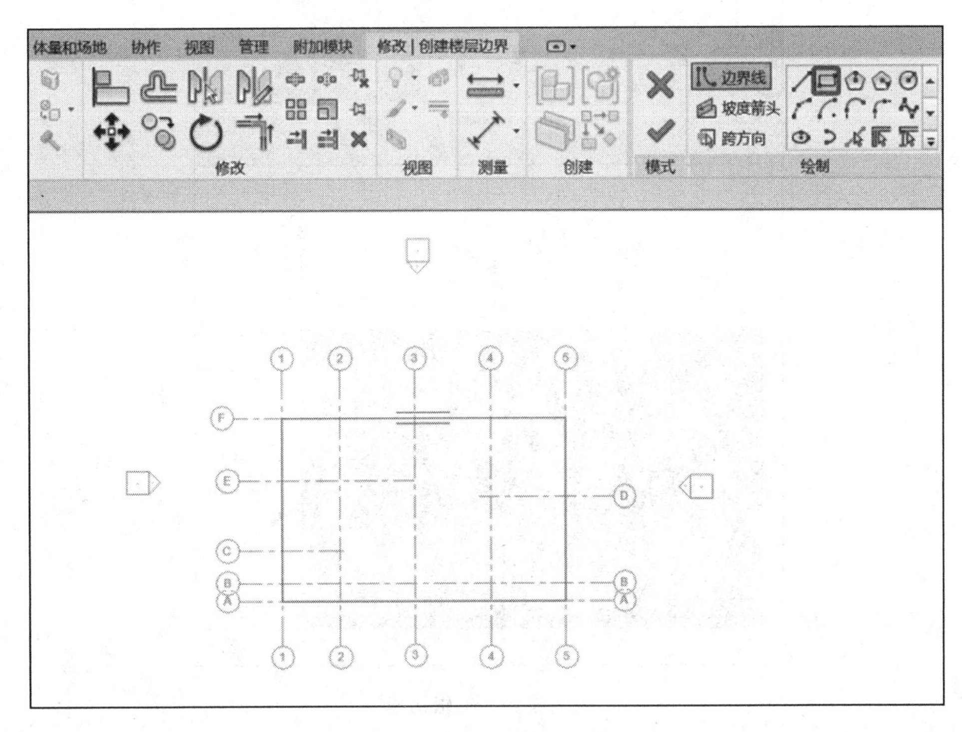

图 2.5-27　绘制楼板边界轮廓线

也可以先创建楼板，然后在绘图区域单击楼板构件图元，激活“修改|楼板”选项卡，选择“模式”面板下的“编辑边界”工具绘制洞口边界轮廓线，如图 2.5-29 所示。

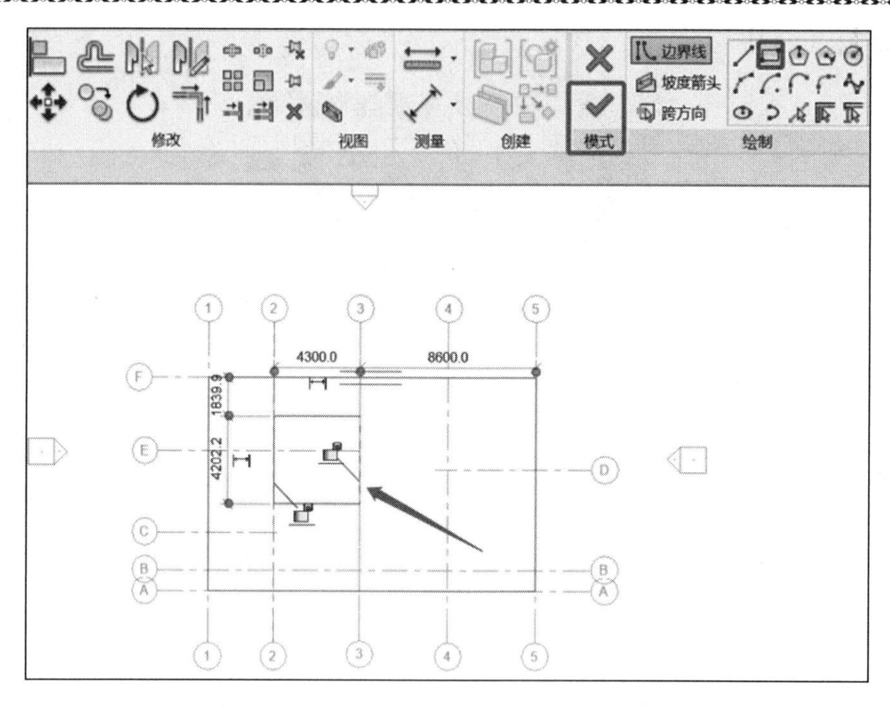

图 2.5-28　绘制洞口边界轮廓线

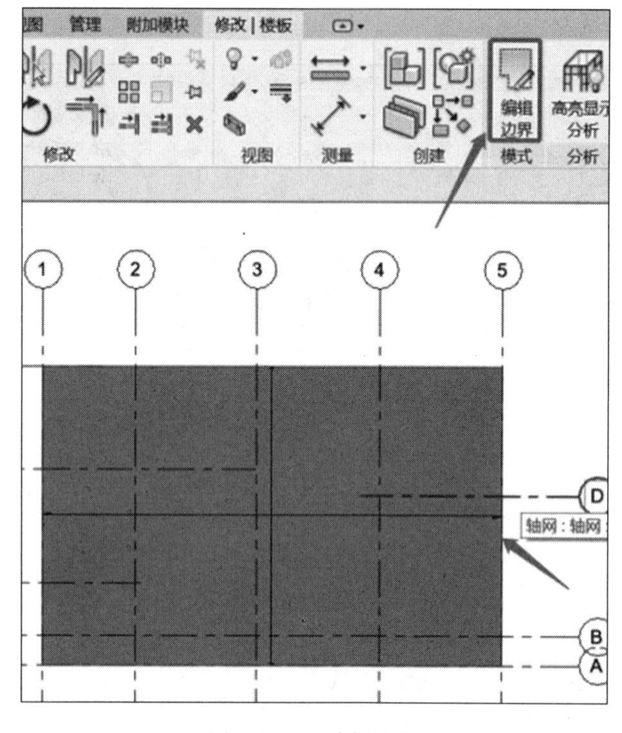

图 2.5-29　编辑边界

(3)单击“模式”面板中的“完成编辑模式”按钮，按〈Esc〉键退出当前绘制模式，在楼板上创建洞口完成。

(4)切换至三维视图，查看三维视图中的效果，如图 2.5-30 所示。

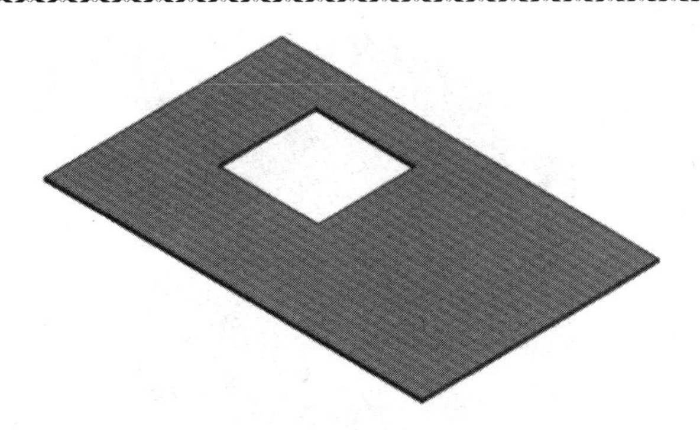

图 2.5-30　楼板上开洞三维模型

注意：在楼板边沿开槽不能用这种方法，需要在绘制边缘线时留下边槽。

技能训练

创建三层别墅结构楼板和结构坡屋顶

1）导入 CAD 结构平面图

在结构模型状态下，选择“插入”→“链接 CAD”，分别在 F2、F3、屋顶结构平面、坡屋面檐口结构平面图中插入二层板平面图、三层板平面图、闷顶板平面图和坡屋顶梁板平面图。

2）设置不同类型结构板的属性

根据上述知识结合三层别墅图纸具体要求分别设置各楼层结构板和结构屋顶的类型属性。各个房间的结构板命名如下：二层公共区域板、二层室内板（1）、二层室内板（2）、二层卫生间板；三层公共区域板、三层室内板（1）、三层室内板（2）、三层卫生间板；闷顶板；结构坡屋顶等。

注意以下三点。

（1）板厚：二层、三层结构板的卫生间板厚为 100 mm，其他房间板厚为 120 mm，闷顶板和结构坡屋顶的板厚为 120 mm。

（2）板面标高：二层、三层厨房、阳台、走廊结构板的板面标高比楼层结构标高低 20 mm，卫生间的板面标高比楼层结构标高低 400 mm。

（3）材质：各层结构楼板、闷顶板和结构坡屋顶的材质均为现场浇注混凝土 C30。

3）创建三层别墅各层结构板

（1）在 F2 结构平面，选择“结构”→“楼板”→“楼板：结构”，选择对应的结构板类型，调整楼板属性，注意各个房间的楼面标高，然后在“绘制”面板中选择合适的绘制工具，进行结构板的创建。

（2）用同样的方法在 F3 结构平面、屋顶结构平面创建三层和闷顶的楼板，如图 2.5-31 所示。

注意：闷顶的楼板中留有上人孔。

4）创建三层别墅结构坡屋顶

三层别墅的结构坡屋顶，采用先绘制板的边界轮廓线然后再添加坡度箭头的方法来创建。

（1）在坡屋面檐口结构平面，选择“结构”→“结构”→“楼板：结构”，选择“结构坡屋顶”楼板类型，并调整好属性，选择“直”绘制工具绘制出一块坡屋顶的边界轮廓线。

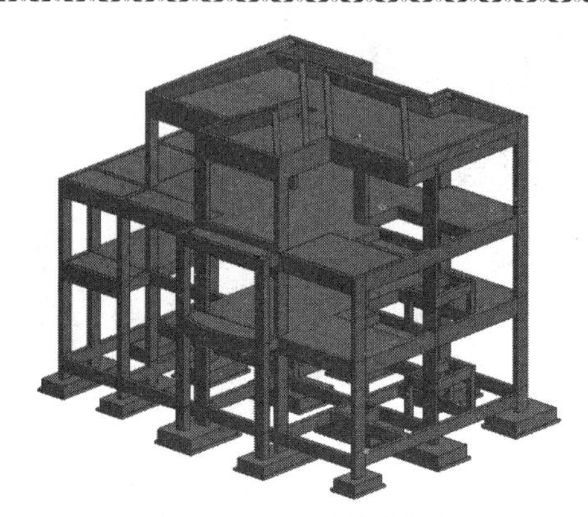

图 2.5-31　各层结构楼板

(2)绘制好坡屋顶的边界轮廓线后,选择“坡度箭头”工具,按坡度方向绘制箭头,在“坡度箭头属性”选项板中设置最低处标高、尾高度偏移、最高处标高和头高度偏移,如图 2.5-32 所示。然后单击“完成编辑模式”按钮即可完成结构坡屋顶的创建。

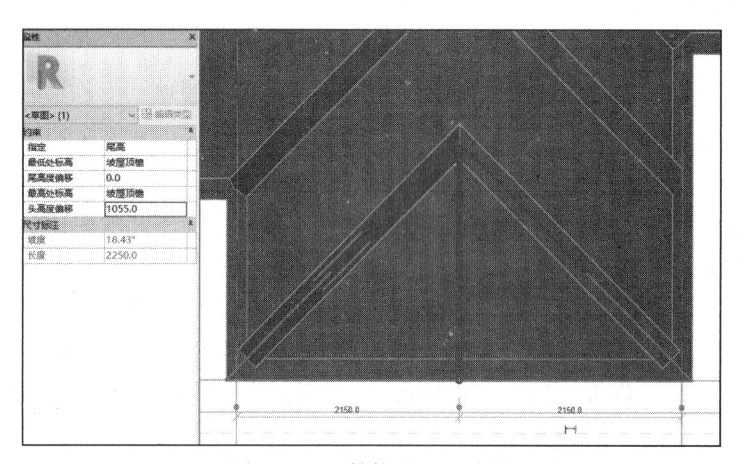

图 2.5-32　结构坡屋顶绘制

(3)用同样的方法创建坡屋面檐口结构平面其他部位的坡屋顶和 F3 层门楼坡屋顶,结果如图 2.5-33 所示。

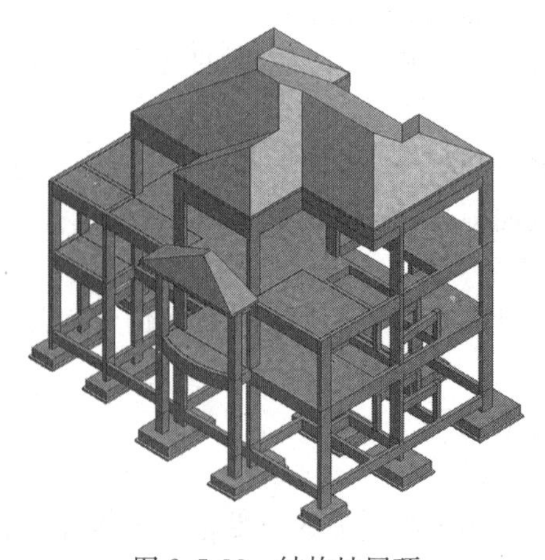

图 2.5-33　结构坡屋顶

项目3 创建建筑模型

任务3.1 复制/监视创建标高与轴网

任务导入

在创建结构模型时，我们通过手动方式创建标高，采用导入CAD图然后在CAD图上拾取轴网的方式创建项目轴网，以此创建结构模型基准。本次任务是通过“协作”→“坐标”→“复制/监视”的方法创建项目标高和轴网，以此创建建筑模型基准。

学习目标

1. 掌握模型基准在创建项目模型中的作用。
2. 掌握模型基准：标高和轴网的绘制方法。
3. 能通过“协作”→“坐标”→“复制/监视”功能复制标高和轴网。
4. 能通过“管理”→“管理项目”→“管理链接”功能对链接后的Revit实例进行管理。

任务情境

建筑物是分层的，分层是靠标高控制的；建筑物在平面上的布置靠开间和进深尺寸来控制，轴线间尺寸决定建筑物的开间和进深大小；纵、横轴线组成了轴网。标高和轴网控制建筑模型的基准，从而使建筑构造与构件精准定位。本次任务就是解决建筑模型的定位基准线。

相关知识

3.1.1 复制/监视

在Revit项目状态下，选择“协作”→“坐标”→“复制/监视”，有两个选项：使用当前项目和选择链接。

1)使用当前项目

选择“使用当前项目”，系统打开“复制/监视”功能区，如图3.1-1所示。

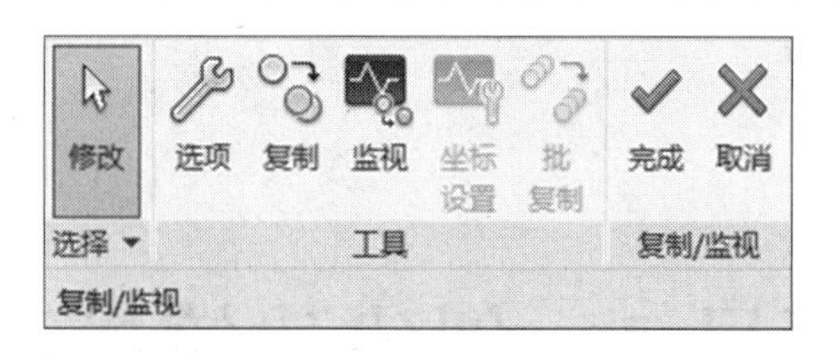

图 3.1-1 “复制/监视”功能区

(1)选项:单击“选项”按钮,打开“复制/监视选项”对话框,如图 3.1-2 所示,对“标高”“轴网”“柱”“墙”“楼板”中要复制的类别和类型进行选择,选择后的类别和类型将在后面进行复制和监视。

(2)复制:单击“复制”按钮,将激活“复制/监视”功能区的“☑多个 完成 取消”功能。勾选“多个”复选按钮,可以同时对多个对象进行选择,取消勾选“多个”复选按钮,则只能选择一个对象。如果选择了多个对象后,又想去掉多选择的对象,可以通过单击“复制/监视”功能区中的“过滤选择集”,弹出“过滤器”对话框,如图 3.1-3 所示,去掉过滤器中不要的类别。

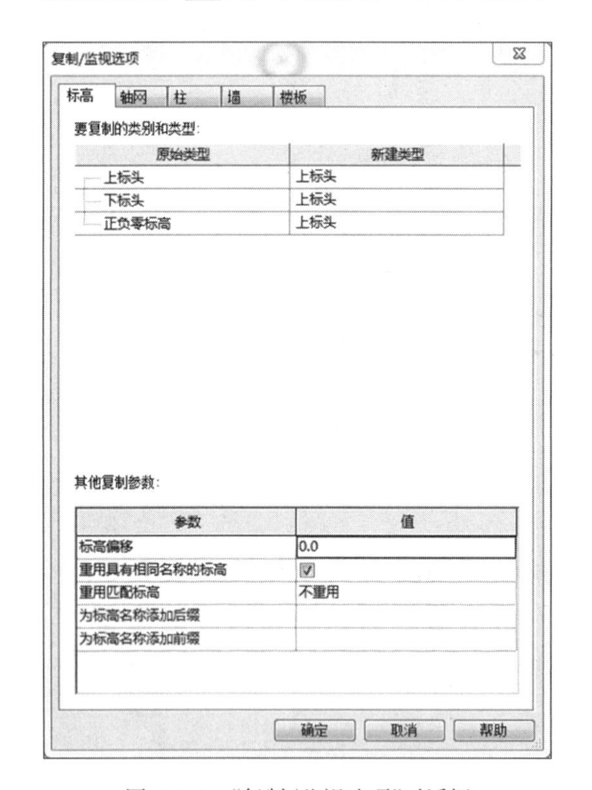

图 3.1-2 “复制/监视选项”对话框

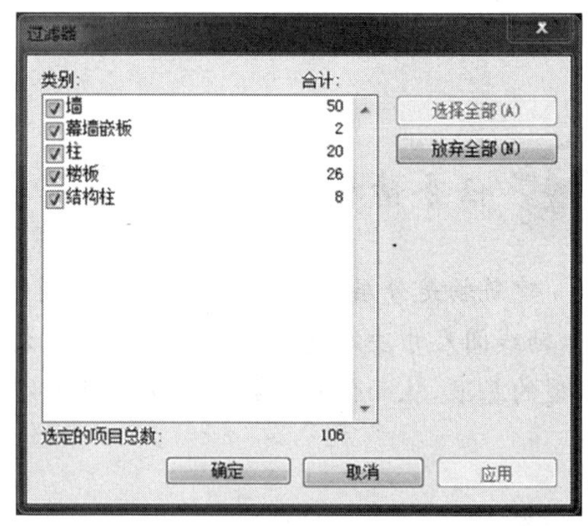

图 3.1-3 “过滤器”对话框

(3)完成:勾选过滤器中的类别后,单击“完成”按钮,此时软件会对选择的类别进行复制或监视。当选择的对象太多时,这需要一定的时间。电脑复制或监视结束后,有时会弹出警告对话框,提示你选择的对象在复制或监视中有冲突或错误。有些冲突或错误,电脑会自动解决,有些则需要用户手动解决。

(4)解决完冲突或错误,系统又回到复制或监视状态,此时需要单击完成,完成复制或监视工作。

(5)监视:监视的操作过程与复制是一样的。

2)选择链接

“选择链接”的前提是项目中必须有链接的 Revit 实例。如果选择了“选择链接”选项,系统提示选择链接在项目中的实例。选中 Revit 实例后,系统打开“复制/监视”功能区,内容如图 3.1-1 所示。

对选择的链接对象进行复制与监视操作,与上述复制/监视完全一样。

3.1.2　管理链接

在 Revit 项目状态下,选择“管理”→“管理项目”→“管理链接”,打开“管理链接”对话框,如图 3.1-4 所示。

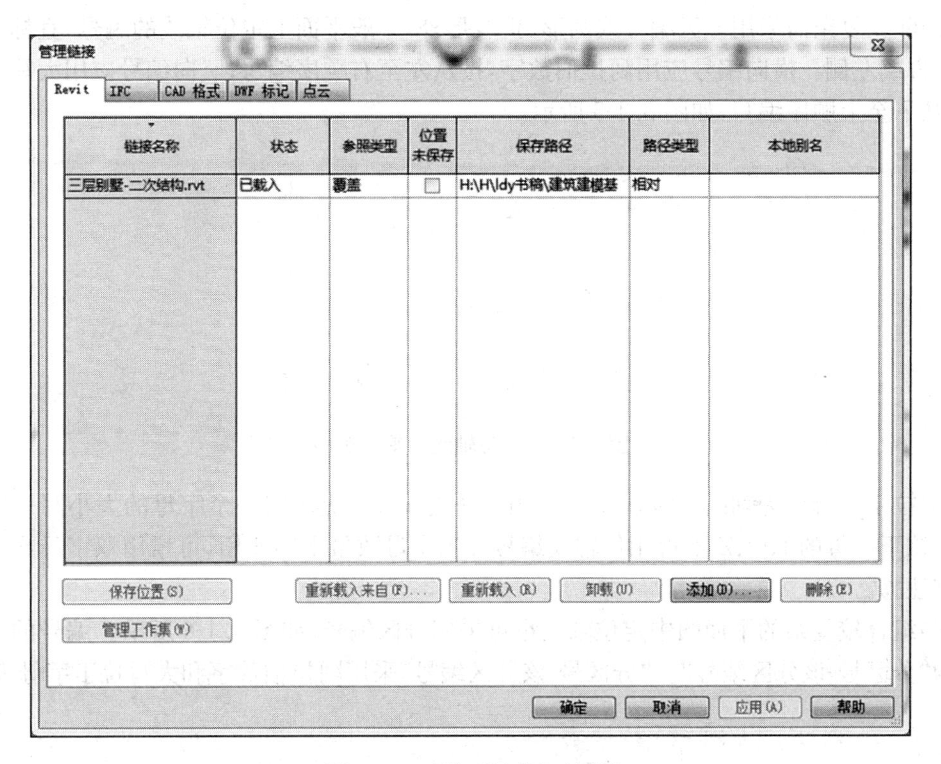

图 3.1-4　“管理链接”对话框

管理链接可以对链接进项目的“Revit、IFC、CAD 格式、DWF 标记、点云”实例进行“重新载入来自、重新载入、卸载、添加、删除”操作。

由于本次任务是为了复制链接进项目的结构模型标高和轴网,所以复制后,结构模型将被删除。

知识拓展

建筑定位轴线

任务 2.1 和任务 3.1 从不同方面讲了如何用 Revit 中的工具绘制定位轴线,下面从《房屋建筑制图统一标准》方面介绍怎么正确绘制建筑定位轴线。

1)定位轴线的位置与作用

定位轴线是用来确定建筑物主要结构构件位置及其标志尺寸的线,常设置在建筑物承重的基础、墙、梁、柱、屋架等位置。定位轴线主要用以确定建筑的开间或进深,柱距或跨度。

2)定位轴线的组成与画法

定位轴线由定位线和轴头组成,轴头由端部圆圈和编号组成。定位线用细单点长画线绘制,端部圆圈用细实线绘制,直径为 8～10 mm。

3)定位轴线的编号原则

(1)定位轴线应编号,编号应注写在轴线端部的圆内。定位轴线圆的圆心应在定位轴线的延长线或延长线的折线上。

(2)除较复杂需采用分区编号或圆形、折线形外,一般平面上定位轴线的编号,宜标注在图样的下方或左侧。横向编号应用阿拉伯数字,按从左至右顺序编写;竖向编号应用大写拉丁字母,按从下至上顺序编写,如图 3.1-5 所示。

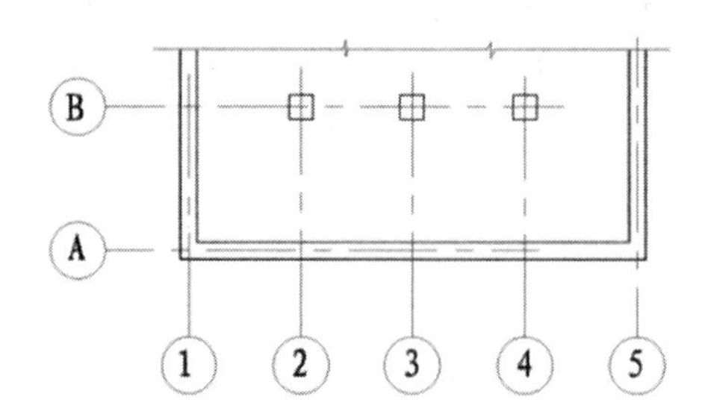

图 3.1-5　定位轴线的编号顺序

(3)拉丁字母作为轴线号时,应全部采用大写字母,不应用同一个字母的大小写来区分轴线号。拉丁字母的 I、O、Z 不得用作轴线编号。当字母数量不够使用,可增用双字母或单字母加数字注脚。

(4)组合较复杂的平面图中定位轴线也可采用分区编号,如图 3.1-6 所示。编号的注写形式应为“分区号-该分区编号”。“分区号-该分区编号”采用阿拉伯数字和大写拉丁字母表示。

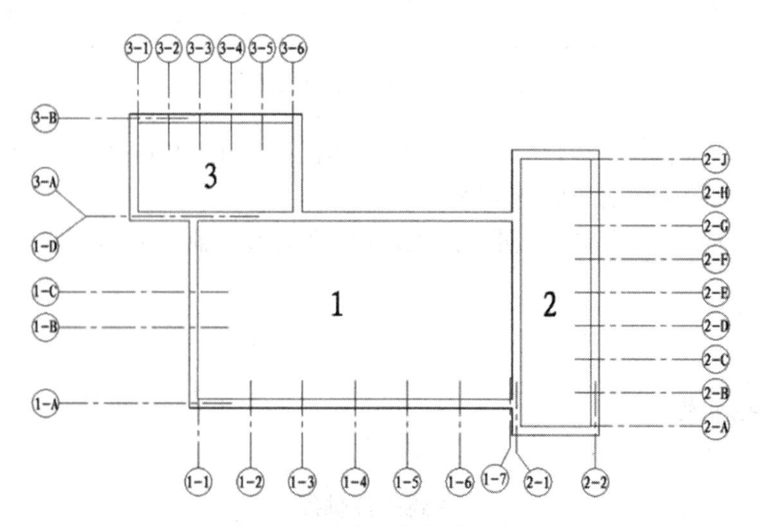

图 3.1-6　定位轴线的分区编号

4)附加定位轴线的编号

附加定位轴线的编号以分数形式表示，并要符合下列规定。

(1)两根轴线的附加轴线，应以分母表示前一轴线的编号，分子表示附加轴线的编号，编号宜用阿拉伯数字按顺序编写；

(2)1 号轴线或 A 号轴线之前的附加轴线的分母应以 01 或 0A 表示。

5)详图轴线的编号

(1)一个详图适用于几根轴线时，应同时注明各有关轴线的编号，如图 3.1-7 所示。

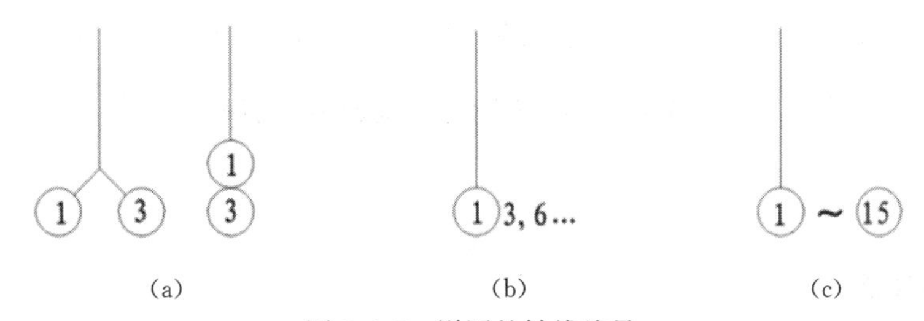

图 3.1-7　详图的轴线编号

(a)用于 2 根轴线时；(b)用于 3 根或 3 根以上轴线时；(c)用于 3 根以上连续编号的轴线时

(2)通用详图中的定位轴线，应只画圆，不注写轴线编号。

6)圆形与弧形平面图中定位轴线的编号

圆形与弧形平面图中的径向轴线应以角度进行定位，其编号宜用阿拉伯数字表示，从左下角或－90°方向(若径向轴线很密，角度间隔很小)开始，按逆时针方向编写；其环向轴线宜用大写拉丁字母表示，按从外向内顺序编写，如图 3.1-8、图 3.1-9 所示。

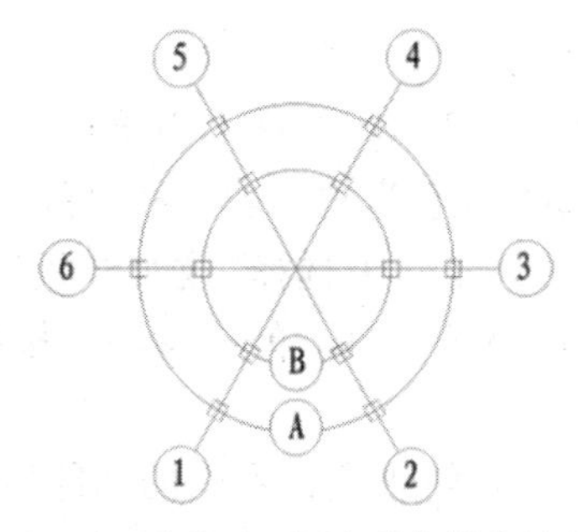

图 3.1-8　圆形平面图中定位轴线的编号

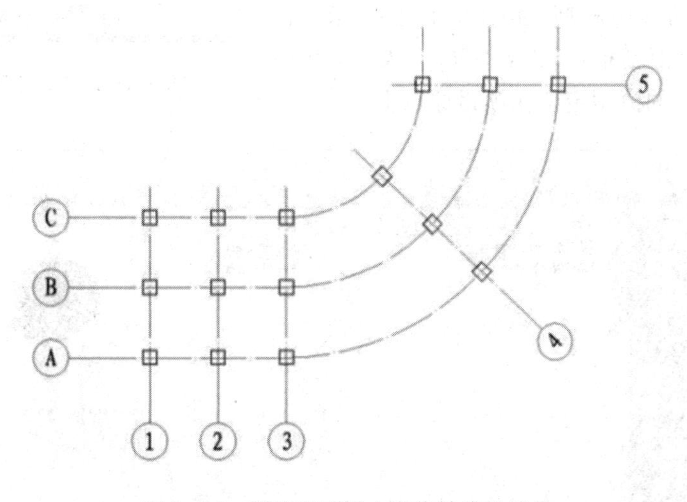

图 3.1-9　弧形平面图中定位轴线的编号

7)折线形平面图中定位轴线的编号

折线形平面图中定位轴线的编号可按图 3.1-10 的形式编写。

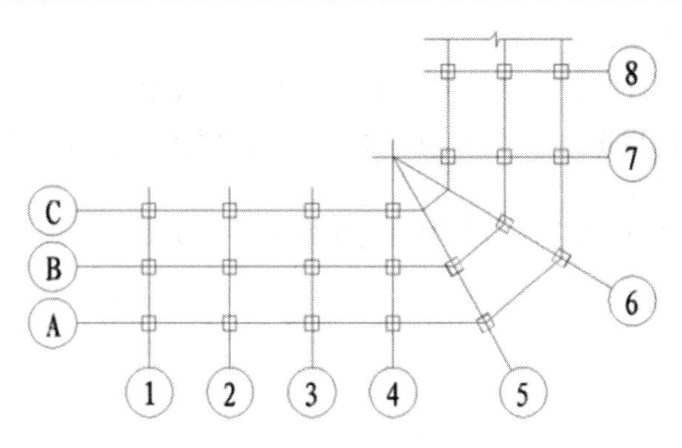

图 3.1-10　折线形平面图中定位轴线的编号

技能训练

复制/监视创建建筑模型标高与轴网

1)链接载入结构模型

(1)在 Revit 2018 打开界面,选择“项目”→“建筑样板”;或在已经打开的 Revit 项目界面下,选择“文件”→“新建”→“项目”,弹出“新建项目”对话框,如图 3.1-11 所示。在“样板文件”的下拉列表框中选择“建筑样板”,在“新建”下选择“项目”单选按钮,单击“确定”按钮,进入创建项目界面。

图 3.1-11　“新建项目”对话框

(2)在创建项目界面的功能区上,选择“插入”→“链接 Revit”,弹出“导入/链接 RVT”对话框,选择项目二中已经创建的结构模型,如图 3.1-12 所示。在“导入/链接 RVT”对话框中,设置“定位”为“自动-原点到原点”,使导入的模型定位在项目原点上。

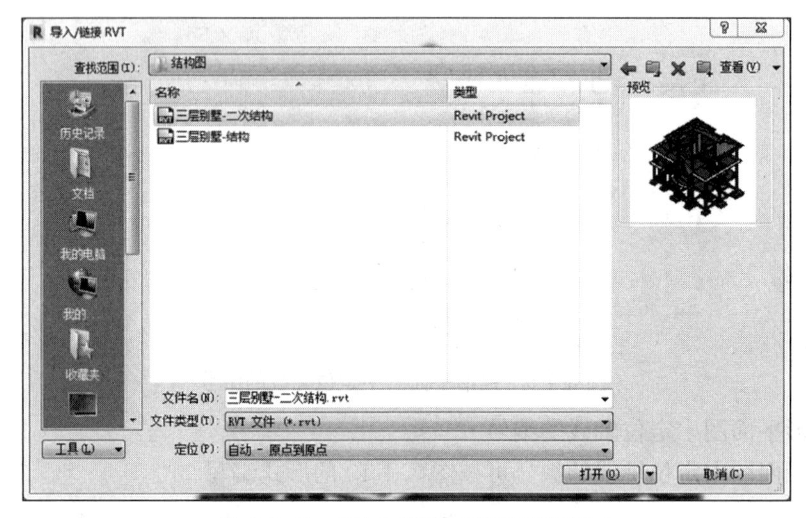

图 3.1-12　“导入/链接 RVT”对话框

(3)导入的结构模型并不在 Revit 默认的四个立面视图标记的正中，调整四个立面视图标记，使结构模型处于合适位置，并锁定结构模型。

注意：不要移动导入的结构模型，否则将会改变项目的原点位置。

2)复制创建标高

(1)在“项目浏览器”中，选择“立面”→“南”，进入项目南立面，如图 3. 1-13 所示。在南立面视图中，按住〈Ctrl〉键选中系统自带的标高 1、标高 2，然后再按〈Delete〉键删除标高 1、标高 2，如图 3. 1-14 所示。

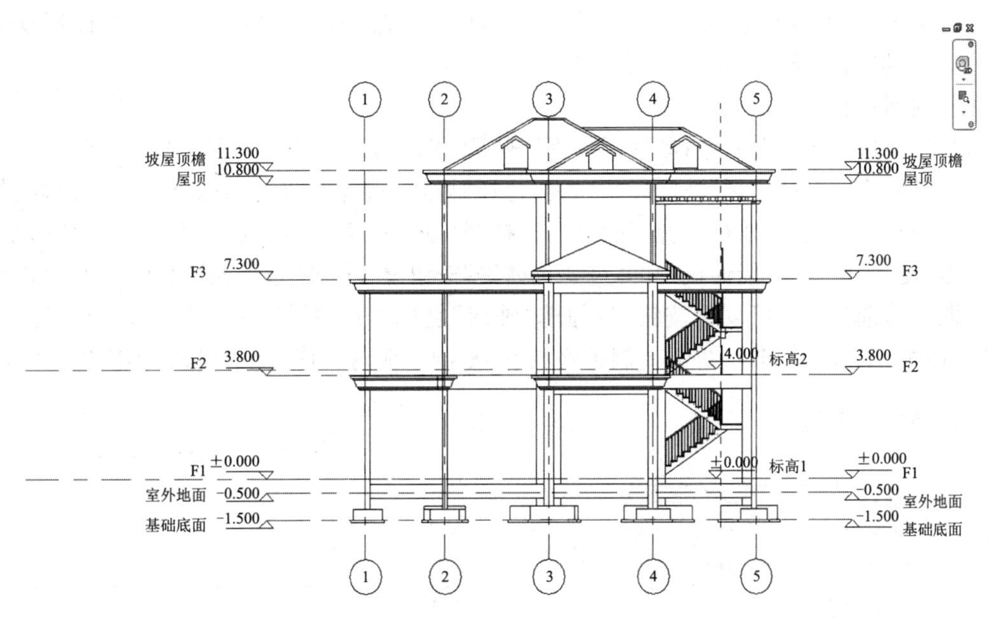

图 3. 1-13　项目南立面

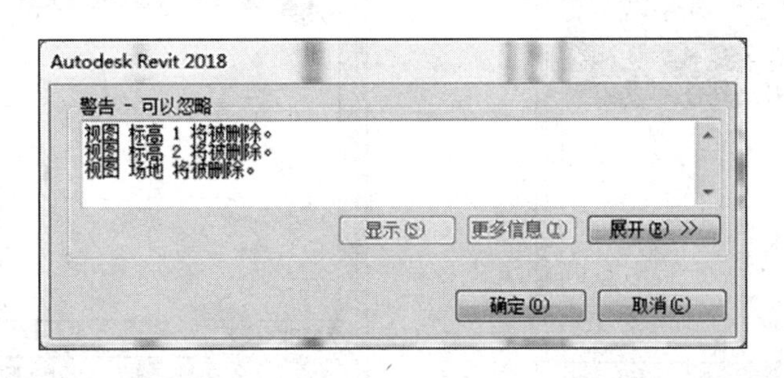

图 3. 1-14　删除标高 1、标高 2

(2)在项目南立面状态，选择“协作”→“坐标”→“复制/监视：选择链接”，选择链接进项目的结构模型，进入“复制/监视”功能面板。在“复制/监视”功能面板，选择“复制”→“多个”，如图 3. 1-15 所示。

在项目南立面图中，采用窗交方式选中结构模型的所有标高，单击完成，软件进入复制标高状态，复制结束，弹出“警告：1 超出 2”对话框，如图 3. 1-16 所示。关闭提示，按〈Enter〉键确认，再次进入“复制/监视”功能面板，单击完成。

图 3. 1-15　“复制/监视”功能面板

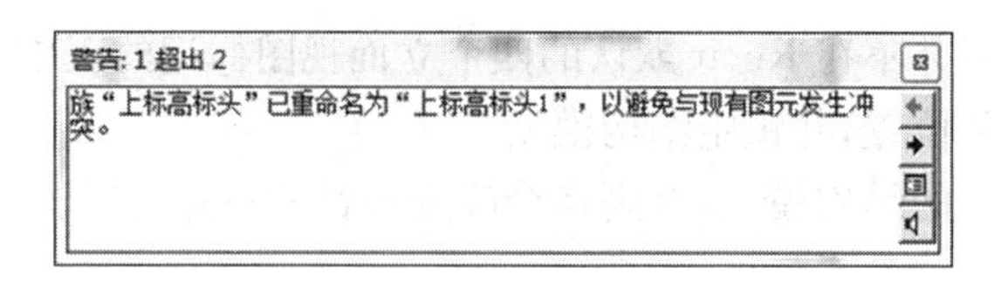

图 3.1-16　“警告:1 超出 2”对话框

(3)选择“视图”→“创建”→“平面视图:楼层平面”,进入“新建楼层平面”对话框,按住〈Shift〉键同时选中所有标高,如图 3.1-17 所示,单击“确定”按钮。

此时再进入“项目浏览器”,选择楼层平面时就会发现结构模型的所有楼层平面都复制过来了,也就是将结构模型的标高复制了过来。

3)复制创建轴网

(1)在“项目浏览器”中,选择“楼层平面”→“F1 平面”,进入楼层平面:F1 平面视图。

(2)选择“协作”→“坐标”→“复制/监视:选择链接”,选择链接的结构模型,进入“复制/监视”功能面板。在“复制/监视”功能面板中,选择“复制”→“多个”,用窗交方式选中结构模型,然后单击“复制/监视”功能面板中的“过滤选择集”按钮,打开“过滤器”对话框,如图 3.1-18 所示。取消勾选“结构柱”复选按钮,只勾选“轴网”复选按钮,单击“确定”按钮。在“复制/监视”功能面板,单击完成,软件进入复制轴网状态,复制完成,按〈回车〉键确认,再次进入“复制/监视”功能面板,单击完成。

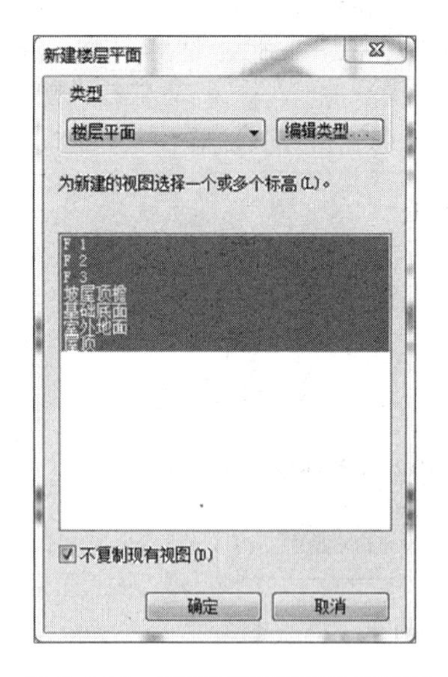

图 3.1-17　“新建楼层平面”对话框

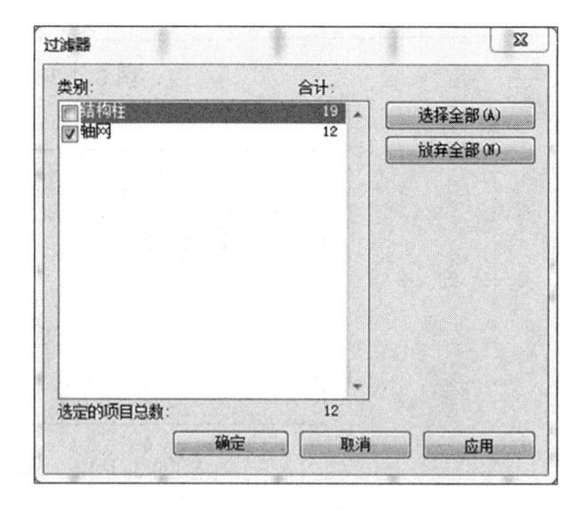

图 3.1-18　“过滤器”对话框

4)管理链接

(1)在楼层平面:F1 平面视图中,选择“管理”→“项目管理”→“管理链接”,进入“管理链接”对话框,如图 3.1-19 所示。

(2)在“管理链接”对话框中选择链接的结构模型,单击“删除”按钮,弹出“删除链接”对话框,如图 3.1-20 所示,确认要删除链接的结构模型后,单击“确定”按钮,此时“管理链接”对话框中删除了结构模型文件。再单击“管理链接”对话框中的“确定”按钮,进入楼层平面:F1 平面视图,此时楼层平面:F1 平面视图如图 3.1-21 所示。

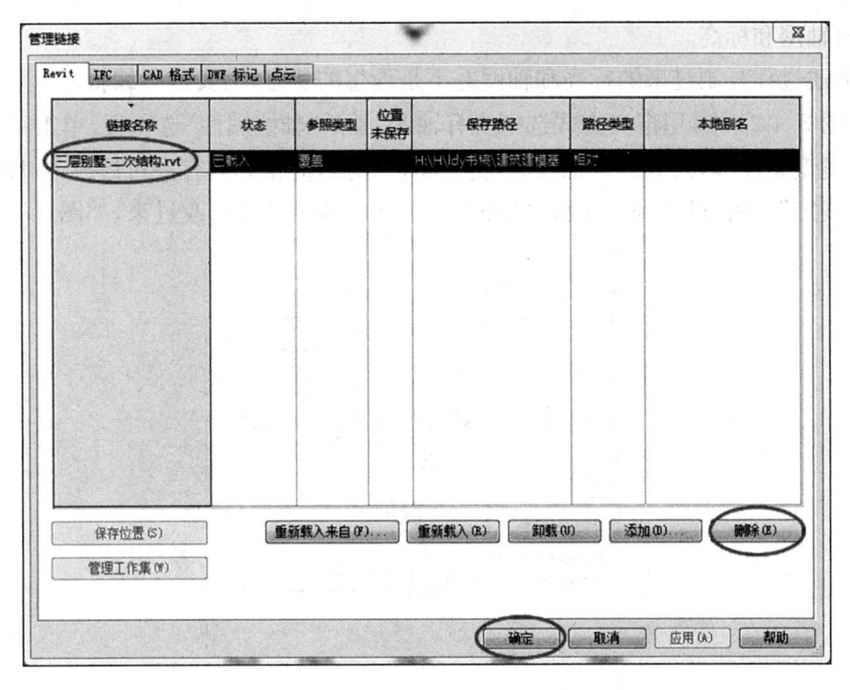

图 3.1-19　“管理链接”对话框

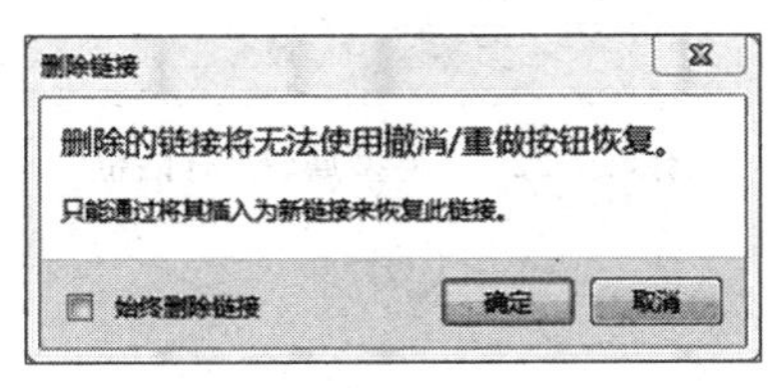

图 3.1-20　“删除链接”对话框

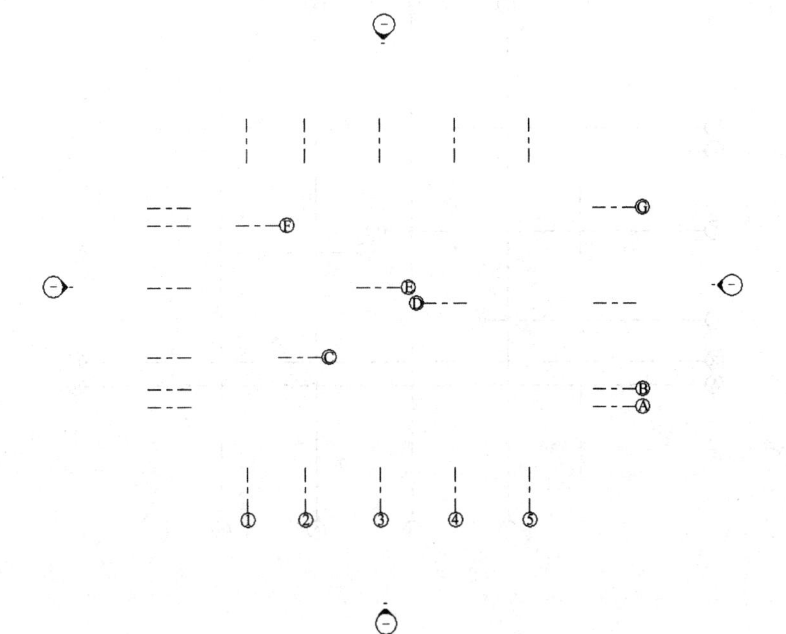

图 3.1-21　楼层平面:F1 平面视图

5)编辑轴网和标高

通过上述过程复制过来的标高和轴网并不是理想的状态,需要进行编辑。

(1)在图 3.1-21 中,用窗交方式选中所有轴线,激活“轴线属性”选项板,单击  编辑类型,打开轴线的“类型属性”对话框。对轴线的“类型属性”对话框相关内容进行修改,如图 3.1-22 所示。单击“确定”按钮,进入到建筑模型轴网状态,此时轴网已经修改过来,如图 3.1-23 所示。

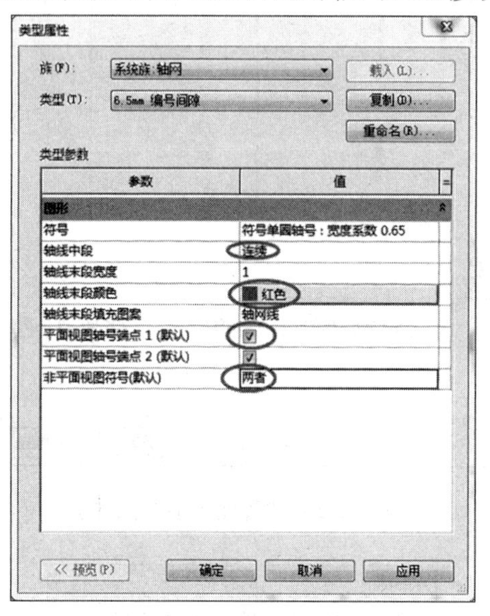

图 3.1-22 “类型属性”对话框

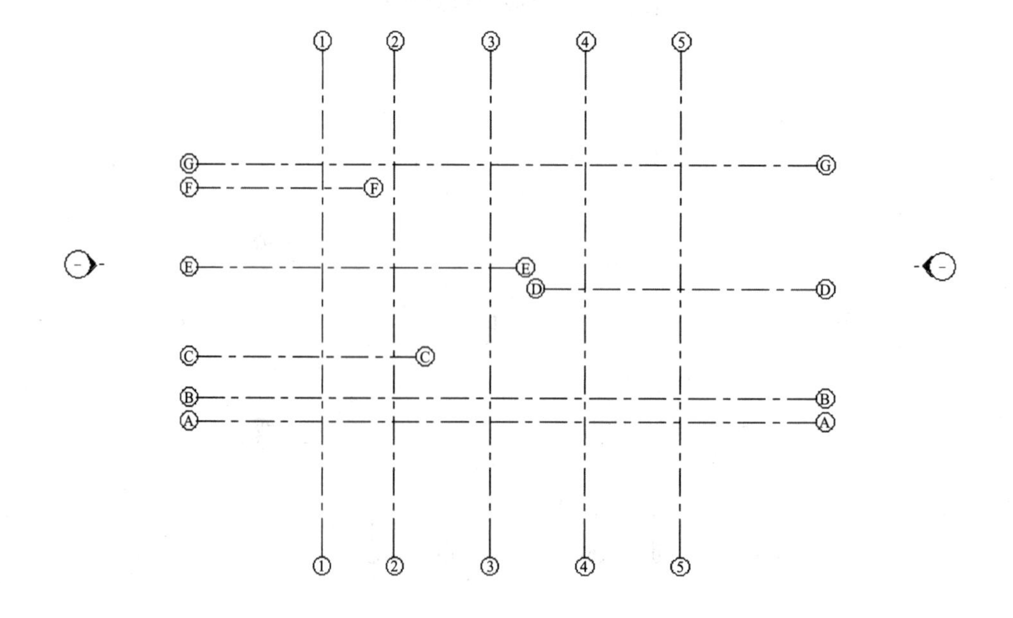

图 3.1-23 修改后的建筑模型轴网

(2)在建筑模型轴网状态,用窗交方式选中所有轴线,将所有轴线进行锁定,防止轴线在后续操作过程中移位。

(3)在"项目浏览器"中,选择"立面"→"南",进入项目南立面,观察标高与轴线是否处于合理位置,如果不合理,按项目 2 的任务 2.1 里介绍的方法进行调整。再将立面切换至北、东、西进行观察并调整,直至四个立面视图中的轴线与标高位置合理。

(4)在"项目浏览器"中,进入任一立面视图,用窗交方式选中所有标高,将所有标高进行锁定,防止标高在后续操作过程中移位。

6)标注建筑模型轴网尺寸

在项目 2 的任务 2.1 里已经介绍了对轴网尺寸的标注,这里按同样方法对建筑模型的轴网进行尺寸标注,过程不再赘述,结果如图 3.1-24 所示。

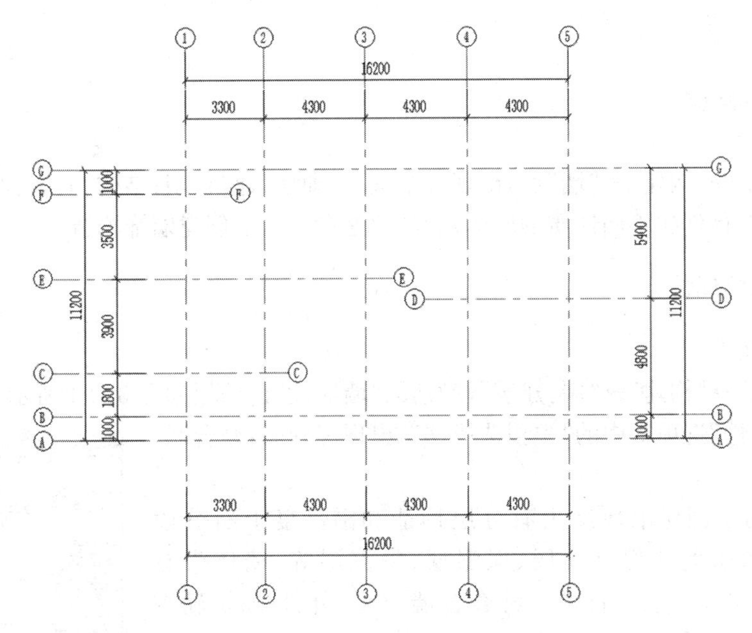

图 3.1-24　标注建筑模型轴网尺寸

任务 3.2　创建建筑墙体

任务导入

墙体是建筑物中的围护结构,在墙体上附着有门窗、墙饰构造等。本次任务讲解创建建筑墙体和创建墙饰构造,墙上门窗在任务 3.4 中讲解,同时对墙面装饰也不作表达,墙面装饰将在项目 4 建筑模型表现里讲解。

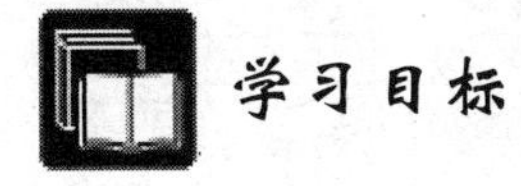

学习目标

1. 熟悉建筑墙的分类、作用及构造要求等相关知识。

2. 掌握墙及墙上构造的施工工艺与技术要求。

3. 能够运用墙体构造知识设置墙体属性。

4. 会运用“建筑”→“构建”→“墙”创建建筑模型的墙体。

任务情境

墙在建筑中除起分隔、承重作用外,它对建筑的外观也有很重要的意义。建筑物外观的美很大一部分是通过墙面装饰来实现的。Revit 中,建筑墙一般指砖墙,结构墙一般指混凝土剪力墙。

相关知识

选择“建筑”→“构建”→“墙”后,出现五个选项,即墙:建筑、墙:结构、面墙、墙:墙饰条、墙:分格条。前三项是创建不同性质的墙体,后两项是在墙体上创建墙饰构造。

3.2.1 设置墙体属性

1)设置墙属性

选择“建筑”→“构建”→“墙:建筑”,激活的“墙属性”选项板如图 3.2-1 所示。

单击“墙属性”选项板中的“类型选择器”,出现三种墙:叠合墙、基本墙和幕墙。

叠合墙:用于创建沿厚度上有分层构造和沿高度上有分段结构的墙体,如墙面外部有面层、保温层、隔汽层等,墙体带有勒脚和上部墙体等。系统自带一种叠合墙类型:外部-砌块勒脚砖墙。

基本墙:常规墙体。系统自带两种基本墙类型:一类是具有分层构造的复合墙,一类是只有结构厚度的基本墙。

幕墙:用于创建幕墙。系统自带三种幕墙类型:幕墙、外部玻璃和店面。

(1)约束:控制墙的顶部和底部标高及其偏移量。

定位线是指创建墙体图元时,以墙的某一位置面选定的基准线,共有墙中心线、核心层中心线、面层面:外部、面层面:内部、核心面:外部、核心面:内部六种。

底部约束控制墙体底部的标高,与之对应的是底部偏移。

底部偏移是指低于或高于底部约束标高的值。

顶部约束控制墙体顶部的标高,与之对应的是顶部偏移。

顶部偏移是指低于或高于顶部约束标高的值。如果顶部约束选择未连接,则顶部偏移不起作用,启用无连接高度。

(2)结构:当创建的是结构墙时,激活结构属性。

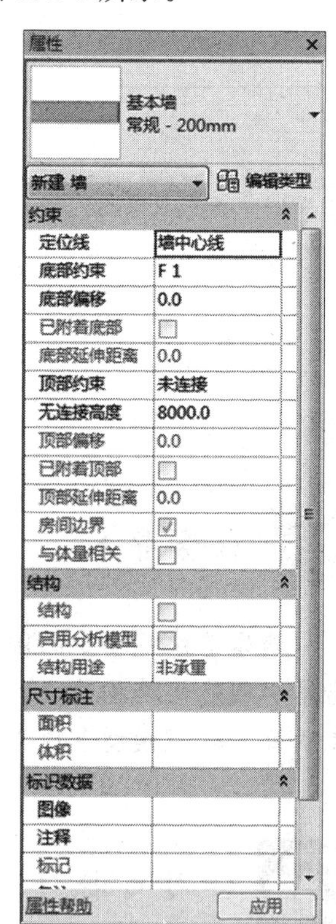

图 3.2-1 “墙体属性”选项板

2)“墙”选项栏

与“墙属性”选项板对应的还有“墙”选项栏，位于功能区的下方，如图 3.2-2 所示。

图 3.2-2 “墙”选项栏

高度/深度:以当前楼层平面为基准向上还是向下创建墙体。选择“未连接”时，输入的数值应是小于 9 144 000 的正值。

链:创建多段墙体时首尾相连。

半径:创建圆弧墙时的半径。

连接状态:创建多段墙体时是否“允许/不允许”相连。

其他同“墙属性”选项板。

3)设置墙类型属性

在“墙属性”选项板中，单击 编辑类型 ，打开“类型属性”对话框，如图 3.2-3 所示。

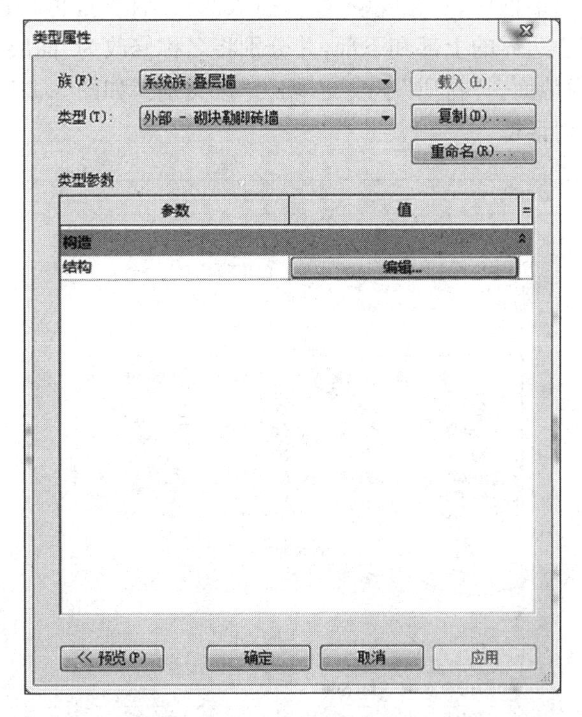

图 3.2-3 “类型属性”对话框

(1)族:墙体族，有叠合墙、基本墙和幕墙选项。选择不同的族，墙类型和类型参数都随之发生改变，显示不同墙类型和类型参数。

(2)类型:选定一种墙体族时，就会出现若干种系统自带的不同类型的墙。可以在系统自带类型中直接修改参数加以运用。但在具体项目时，最好还是自己创建新的墙类型。创建新的墙类型，常根据项目需求通过“复制”来实现。

(3)类型参数:在此设置不同类型的墙的具体参数值，设置后的墙文件在项目中直接运用。不同类型的墙，它们的类型参数项也不同相同，常设置:结构、厚度、功能、填充颜色、结构材质、注释记号几项内容。

3.2.2　创建墙体

1)创建建筑墙

这里以基本墙中的一个类型为例,创建其他类型的墙基本类似。

(1)选择"建筑"→"构建"→"墙"→"墙:建筑",在"墙属性"选项板中选择"基本墙"→"常规-200 mm"。

(2)单击 编辑类型 ,在打开的"类型属性"对话框中单击 复制(D)... ,弹出"名称"对话框,如图 3.2-4 所示。在"名称"对话框中输入"F1 外墙-240",表示一楼外墙厚度为 240 mm。

(3)单击"确定"按钮,回到"类型属性"对话框,此时类型名称已经改为"F1 外墙-240"。

(4)在"类型属性"对话框中单击"结构"参数的"编辑"按钮,弹出"编辑部件"对话框。

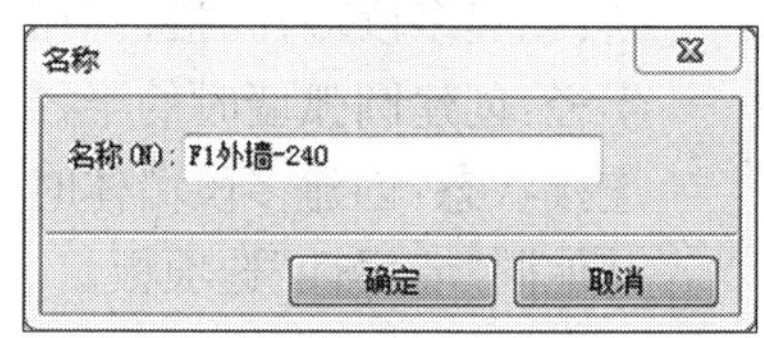

图 3.2-4　"名称"对话框

(5)在"编辑部件"对话框中,单击 插入(I) ,插入两行结构行,再将这两行结构行通过"向上""向下"按钮调到核心边界的上部和下部,并分别将名称修改为"面层 1[4]"和"面层 2[5]",作为墙体的外墙面和内墙面。"材质"不改变,均为"按类别",如图 3.2-5 所示。单击"确定"按钮,又回到"类型属性"对话框。

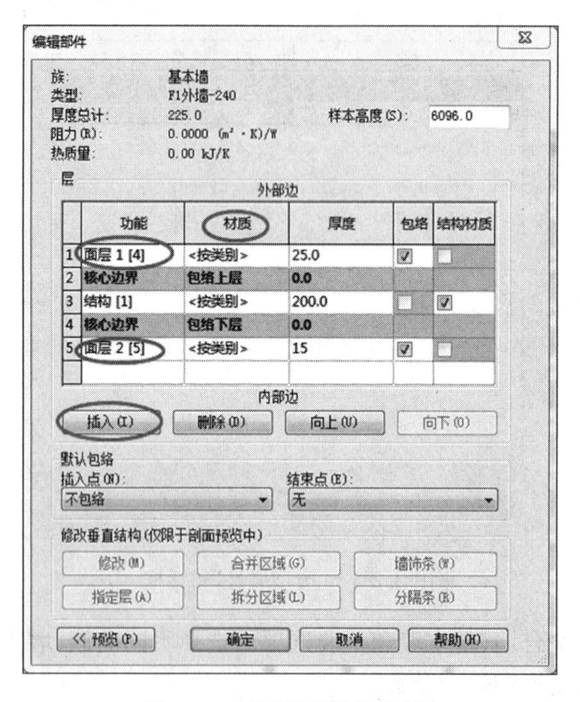

图 3.2-5　"编辑部件"对话框

(6)在"类型属性"对话框中,此时"厚度"自动修改为"240",且不可操作,"功能"为"外部"。由于在编辑部件时没有设置材质,所以这里"结构材质"为"按类别"。修改"注释记号"为"F1 外墙-240",如图 3.2-6 所示。

单击"确定"按钮,又回到"墙体属性"选项板,此时在"墙体属性"选项板中添加了一个"基本墙 F1 外墙-240"的墙。

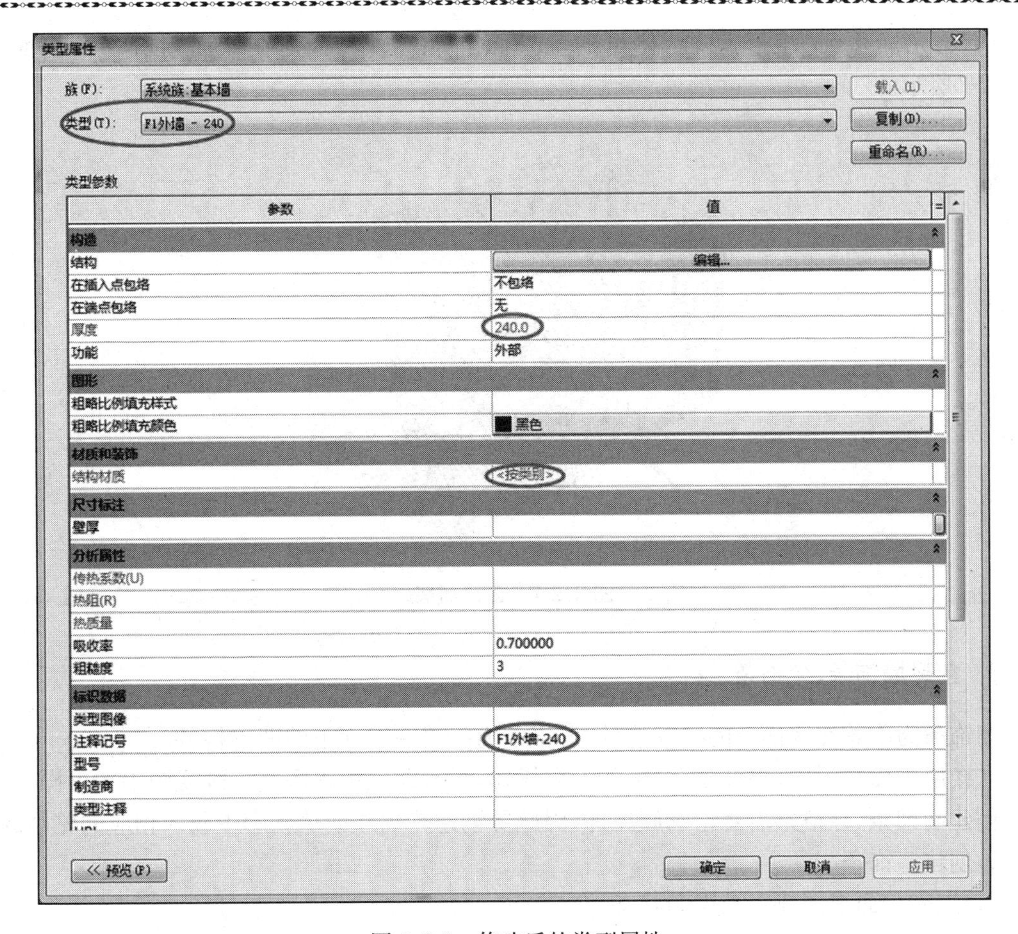

图 3.2-6　修改后的类型属性

(7)在“墙体属性”选项板中,设置“定位线”为“墙中心线”,选择“底部约束”和“顶部约束”,根据需要输入“底部偏移”和“顶部偏移”,然后在项目轴网中沿轴线绘制墙轨迹线,完成墙体的绘制。

(8)转入三维视图,即可查看刚创建墙体的三维模型。

2)创建结构墙

选择“建筑”→“构建”→“墙”→“墙:结构”,进入结构墙的创建。其创建过程和方法基本与创建建筑墙相同。

在建筑模型中创建结构墙,就是创建承重墙或剪力墙。

如果要将建筑墙修改为结构墙,则在墙图元属性中使用“结构墙”参数。

3)创建面墙

可以使用体量面或常规模型来创建面墙。常用来创建不规则的墙面。

(1)用内建模型或新建体量、常规模型族的方式创建体量或常规模型,也可以直接载入体量或常规模型族,如载入“矩形-融合”体量。

(2)选择“建筑”→“构建”→“构件”→“放置构件”,在“构件属性”选项板中找到“矩形-融合”体量,并放置在楼层平面中。如果体量不可见,在可见性中设置体量可见。

(3)选择“建筑”→“构建”→“墙”→“面墙”,在“墙属性”选项板中选择一种墙,如“F1 外墙-240”。

(4)将光标移到“矩形-融合”体量的某一面上,单击该面,则在该面附着一个墙面,如图 3.2-7所示。

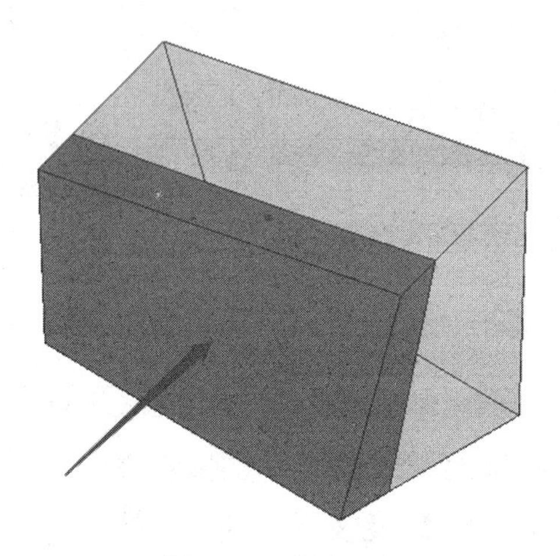

图 3.2-7 创建面墙

3.2.3 创建墙饰条、分格条

墙饰条为附着在墙面上的凸起构件,分格条为附着在墙面上的凹陷构件。

在楼层平面视图中,墙饰条、分格条不可操作,只有在立面视图或三维视图中才可操作。

创建墙饰条、分格条需要轮廓族文件,因此要创建轮廓族或从族库中载入相应的轮廓族。

1)创建墙饰条

(1)进入立面视图或三维视图状态。

(2)创建墙饰条轮廓族,或载入墙饰条轮廓族,如载入门套轮廓族、窗台轮廓族及腰线轮廓族,用于创建门套线、窗台线及楼层装饰线。

(3)选择“建筑”→“构建”→“墙”→“墙饰条”,在“墙饰条属性”选项板中单击 编辑类型 ,打开“类型属性”对话框。

(4)在“类型属性”对话框中,用“复制”的方式创建门套类型、窗台类型和楼层装饰线类型。

(5)选择“建筑”→“构建”→“墙”→“墙饰条”,分别用门套类型、窗台类型和楼层装饰线在墙面上水平或垂直放置墙饰条,如图 3.2-8 所示。

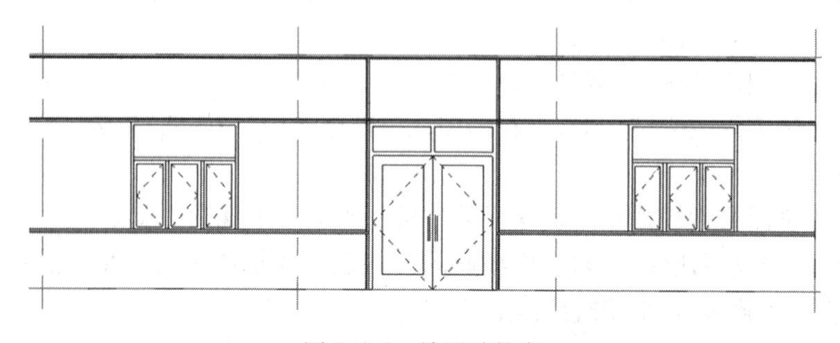

图 3.2-8 放置墙饰条

注意:所有的墙饰条都是沿墙长度或沿墙高度放置墙饰条的,并且墙饰条遇见洞口会自动断开。

(6)通过夹点拉伸修改门套线,直至符合门套要求,如图 3.2-9 所示。三维视图如图 3.2-10 所示。

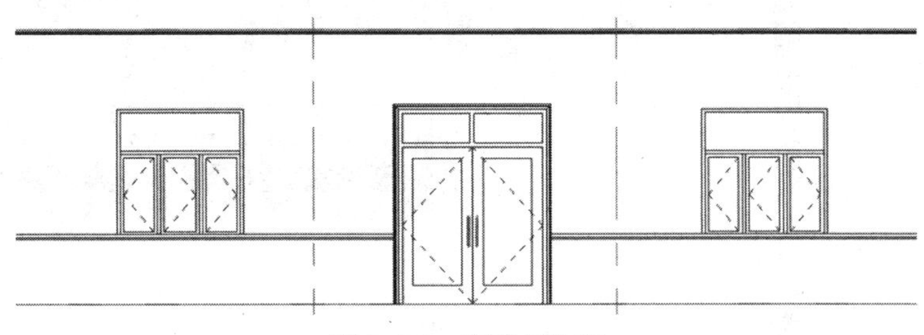

图 3.2-9　调整墙饰条

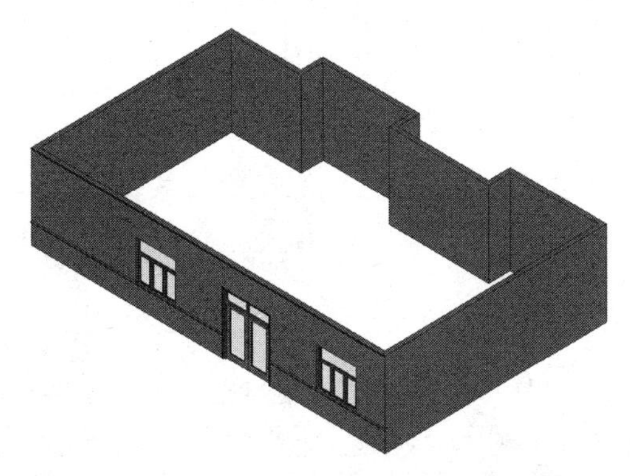

图 3.2-10　三维视图状态下的墙饰条

2)创建分格条

选择“建筑”→“构建”→“墙”→“分格条”,在“分格条属性”选项板中单击 ,打开“类型属性”对话框,然后复制、选择不同的轮廓创建不同的分格条类型。再回到放置分格状态,创建分格条,方法与创建墙饰条一样。

在墙面上创建墙饰条与分格条

前面讲到用“建筑”→“构建”→“墙”→“墙饰条”“分格条”的方法创建墙饰条、分格条。这里介绍用在墙体上附着轮廓的方式创建墙饰条、分格条。

(1)选择“建筑”→“构建”→“墙”→“墙:建筑”,在“墙属性”选项板里选择“基本墙”→“F1 外墙-200”。

(2)单击 ,在“类型属性”对话框中单击“类型参数”中“结构”参数的“编辑”按钮,弹出“编辑部件”对话框。

(3)在“编辑部件”对话框中,单击 ,展开“编辑部件”对话框,并在对话框左边出现“F1 外墙-240”样例。

(4)在“编辑部件”对话框中,选择剖面视图样式,激活“编辑部件”对话框中的“墙饰条”“分格条”等按钮,如图 3.2-11 所示。

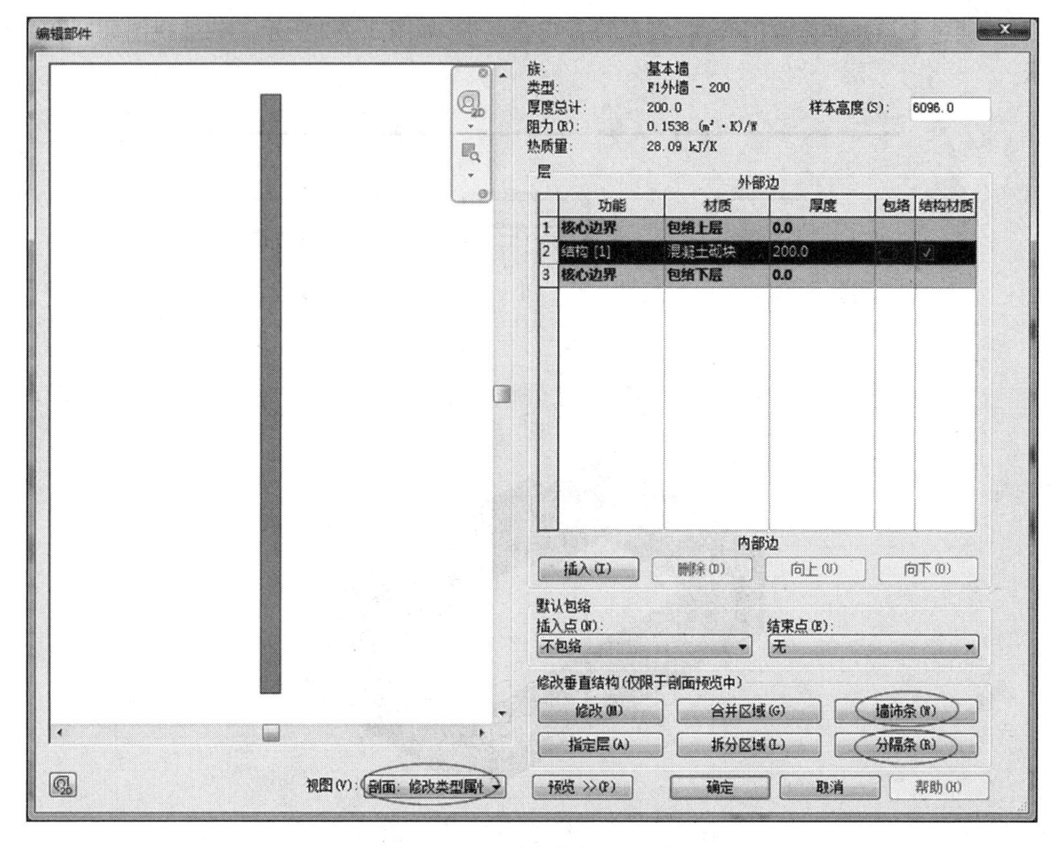

图 3.2-11 “编辑部件”对话框

(5)单击 墙饰条(W) ,弹出“墙饰条”对话框。在“墙饰条”对话框中,单击 添加(A) ,添加墙饰条。这里以添加散水轮廓墙饰条为例,散水轮廓族需先创建好并通过单击“载入轮廓”按钮载入项目中。选择散水轮廓族,调整轮廓的距离、偏移等参数,如图 3.2-12 所示。

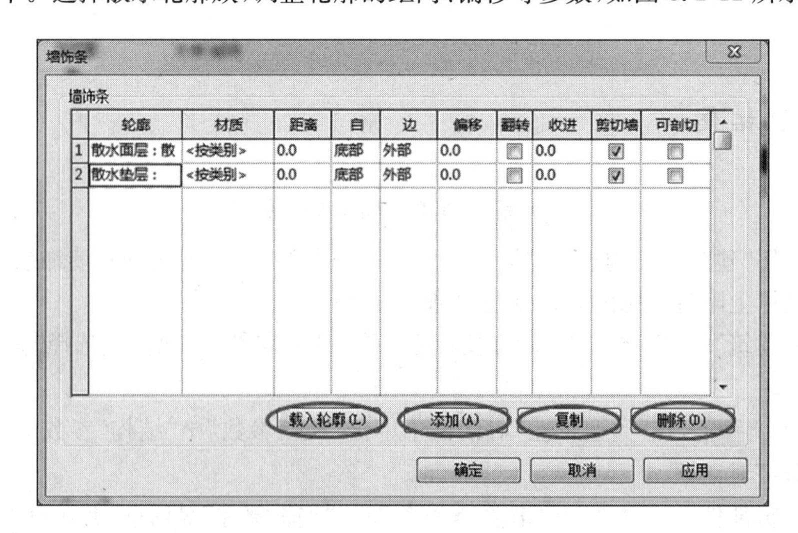

图 3.2-12 “墙饰条”对话框

在“墙饰条”对话框中还可以对墙饰条进行复制和删除操作。

(6)单击“确定”按钮,在“编辑部件”对话框的样例中散水轮廓就添加到墙的底部了。

(7)单击“确定”按钮,回到放置墙状态,此时就可以绘制带有散水的墙体了。如果事前绘制了这一类型的墙体,它们将自动添加散水,如图 3.2-13 所示。

用这种方法同样可以创建分格条。

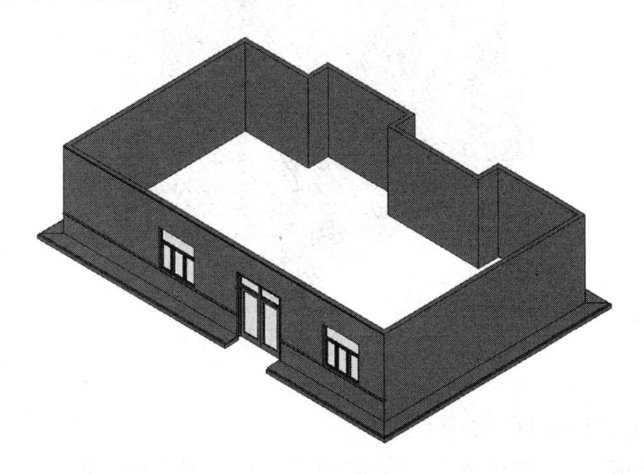

图 3.2-13　添加散水

用“建筑”→“构建”→“墙”→“墙饰条”“分格条”的方法创建墙饰条、分格条与在墙体上附着轮廓的方式创建墙饰条、分格条各有优缺点。前者适合对单个的墙体添加墙饰条、分格条,不影响其他同类型的墙体,比较灵活,但不能对同类型墙体一次添加墙饰条、分格条;后者适合对同类型墙体一次添加墙饰条、分格条,但对单个的墙体添加墙饰条、分格条就不适合了。

技能训练

创建三层别墅墙体及墙面构件

1)导入 CAD 建筑平面图

在建筑模型状态下,选择“插入”→“导入”→“导入 CAD”,分别在 F1、F2、F3 楼层平面中导入首层建筑平面图、二层建筑平面图、三层建筑平面图。

注意:将建筑平面图导入项目时,建筑平面图原点坐标与项目原点坐标要对应。

2)设置不同类型墙的属性

根据上述知识分别设置基础墙、F1 内墙、F1 外墙、F2 内墙、F2 外墙、F3 内墙、F3 外墙、卫生间墙的类型属性。

注意:基础墙厚 240 mm,卫生间墙厚 120 mm,其余墙厚 200 mm。此处的墙厚不含装修部分。基础墙为普通黏土砖,其余为混凝土砌块。

3)创建三层别墅各层内外墙体

(1)在 F1 楼层平面,选择“建筑”→“构建”→“墙”→“墙:建筑”,调整墙体属性,采用底部偏移-500 mm 的方法创建基础墙。

(2)在 F1 楼层平面,选择“建筑”→“构建”→“墙”→“墙:建筑”,调整墙体属性,采用顶部约束到 F2 方法创建一层内外墙。

(3)同理在 F2、F3 楼层平面创建二层、三层内外墙体。创建完成后如图 3.2-14 所示。

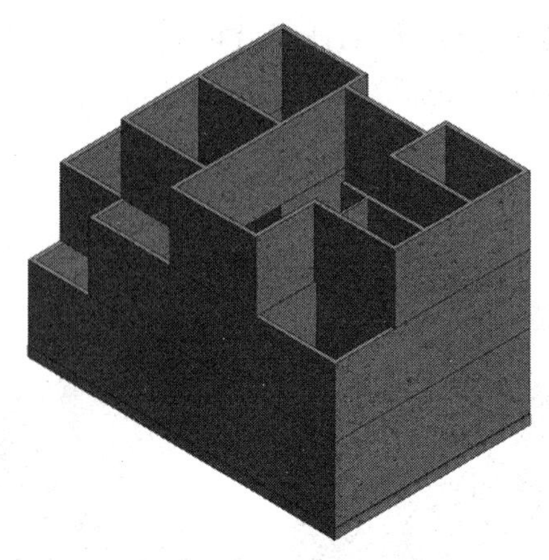

图 3.2-14　创建建筑墙体

注意：

①绘制墙体时,定位线选择“墙中心线”。

②根据墙面装修情况,外墙墙面一定要有内外之分,内墙墙面有时也要区分内外。

4)创建墙体外部细部构造

(1)添加墙面墙饰条。

这里把地脚线和腰线统称为墙饰条。

根据地脚线大样图和腰线大样图可知地脚线高于±0.000 标高 200 mm,腰线与标高 3.800平齐。

①创建地脚线和腰线轮廓族文件并载入项目中,如图 3.2-15 所示。创建轮廓族方法详见项目 6。

②在三维视图状态,选择“建筑”→“构建”→“墙”→“墙饰条”,在“编辑类型”对话框通过复制创建地脚线和腰线。

③在三维视图状态,将地脚线和腰线放置在合适位置。

④调整墙饰条。由于二层阳台处有阳台板边装饰线,此处腰线要断开;如果装饰条相交处不能融合,需要通过“修改转角”的方式解决。添加完成后如图 3.2-16 所示。

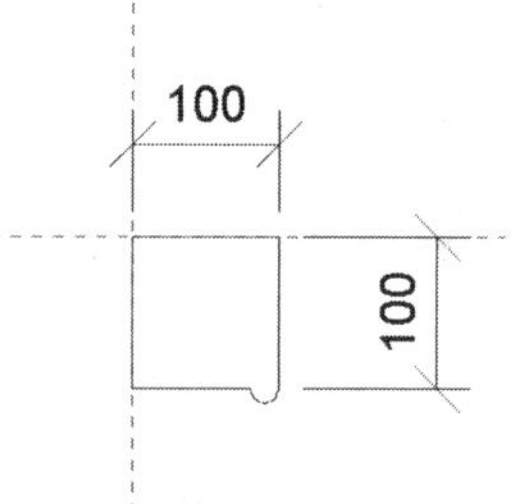

图 3.2-15　墙饰条轮廓

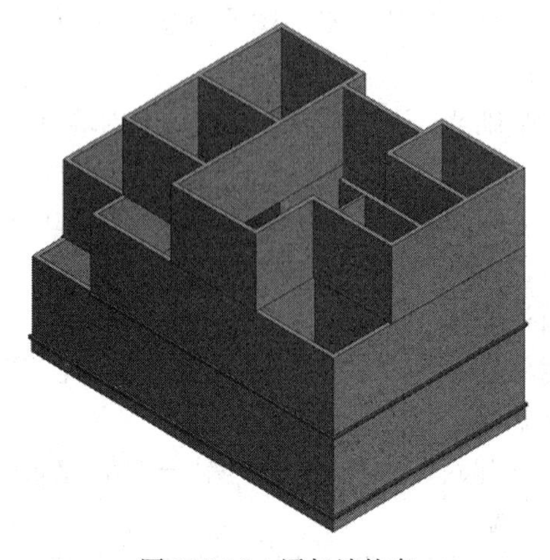

图 3.2-16　添加墙饰条

(2)添加散水。

根据散水大样图可知,散水由厚50 mm、宽600 mm面层和厚150 mm、宽660 mm垫层组成,坡度为4%,如图3.2-17所示。

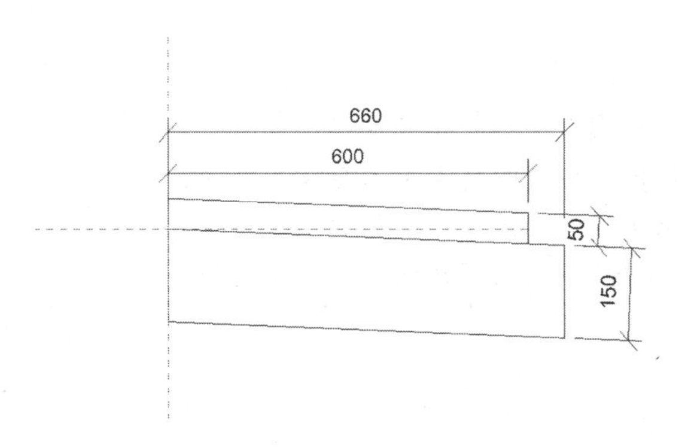

图3.2-17　散水垫层和面层轮廓

①创建散水面层和散水垫层轮廓族文件并载入项目中。

②在基础墙底部,根据创建墙饰条的方式创建散水面层和散水垫层,并且两层叠合在一起。

③调整散水。由于在做基础墙时,内墙和外墙是不分的,散水面层和散水垫层均沿墙体边缘形成,此时需要调整部分散水面层和散水垫层长度。添加完成后如图3.2-18所示。

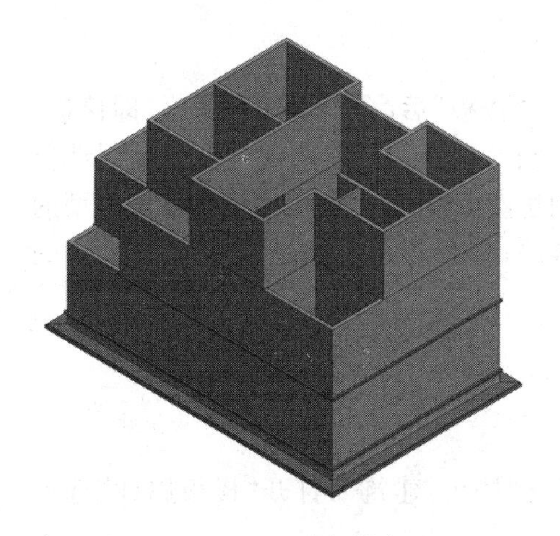

图3.2-18　添加散水

任务3.3　创建建筑楼板

任务导入

建筑楼地层分为楼板层和地坪层,在建筑中起水平分隔、保护楼板、承受并传递荷载的作用,同时也是室内装饰的重要部分。建筑墙体在任务3.2中已经讲解到,有了建筑墙体,建筑楼板才有参考空间。本次任务讲解创建建筑楼板,对楼板面装饰不做表达,楼板面装饰将在项目 4 建筑模型表现里讲解。

学习目标

1. 熟悉建筑楼板作用和构造要求等相关知识。
2. 掌握建筑楼板及楼板上构造的施工工艺与技术要求。
3. 能够运用建筑楼板构造知识设置楼板属性。
4. 会运用“建筑”→“构建”→“楼板”创建建筑模型的楼板。

任务情境

建筑楼地层被墙体分隔成若干房间,每个房间里的楼地层除了承受并传递荷载外,它对室内地面装饰也有重要的意义。这里讲的建筑楼板是楼地层的面层,通过它来实现建筑物室内地面装饰。

相关知识

选择“建筑”→“构建”→“楼板”后,会出现四个选项,即楼板:建筑、楼板:结构、面楼板、楼板:楼板边。前两项是创建不同性质的楼板;面楼板是在体量创建楼板模型时,用于将概念体量模型的楼层转换为建筑模型的楼层;楼板边用于构造楼板水平边缘的形状。

3.3.1　设置楼板属性

1)设置楼板属性

选择“建筑”→“构建”→“楼板:建筑”,打开“楼板属性”选项板,如图 3.3-1 所示。

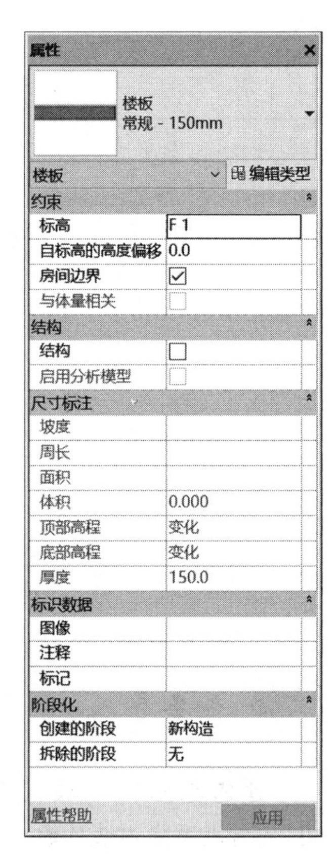

图 3.3-1　“楼板属性”选项板

(1)约束:控制楼板的顶部及其偏移量。

“标高”是指建筑楼板的顶部所在的位置,如图 3.3-1 中,“标高”一栏显示的是“F1”,则楼板的上顶面就处于标高 F1 的位置。

“自标高的高度偏移”是指若建筑楼板的顶部不在 F1 的位置,其距 F1 标高线的偏离值,向上偏离为正,向下偏离为负。

“房间边界”一般是默认勾选的,因为楼板是属于房间边界图元,可用于定义房间面积和体积计算。如果不勾选,则楼板单独存在,与房间墙体不再关联。

(2)结构:当创建的是结构板时,激活结构属性。

尺寸标注、标识数据和阶段化不做介绍,一般不做改动。

2)“楼板”选项栏

与“楼板属性”选项板对应的还有“楼板”选项栏,位于功能区的下方,如图 3.3-2 所示。

图 3.3-2 “楼板”选项栏

偏移:该数值为在绘制楼板边缘线时的偏移量。在使用“拾取墙”时,可勾选“延伸到墙中(至核心层)”复选按钮,并输入楼板边缘到墙核心层之间的偏移。

3)设置楼板类型属性

在“楼板属性”选项板中,单击 编辑类型 ,打开“类型属性”对话框,如图 3.3-3 所示。

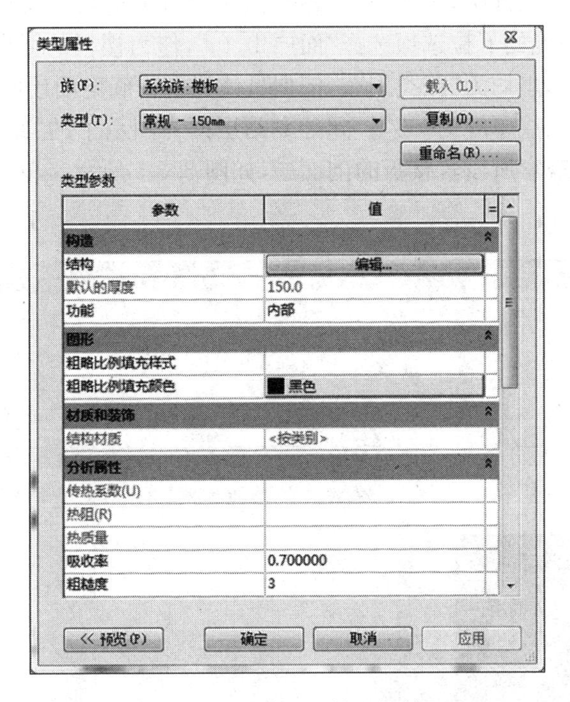

图 3.3-3 “类型属性”对话框

(1)族:楼板为系统族。系统族通常在 Revit 的项目样板中被预设了进去,而不是从外部文件中载入到样板和项目中的。楼板属于典型的模型类系统族。

(2)类型:在这一栏中会出现若干种系统自带的不同类型的楼板。可以在系统自带类型中直接修改参数加以运用。但在具体项目时,最好还是自己创建新的楼板类型。这一过程可以通过“复制”选项来完成。

(3)类型参数:在此设置不同类型楼板的具体参数值,设置后的楼板文件在项目中直接运用。不同类型的楼板,它们的类型参数项也不尽相同,常设置:结构、厚度、功能、填充颜色、结构材质、注释记号等内容。

3.3.2 创建楼板

1)创建建筑楼板

这里以楼板中的一个类型为例,创建其他类型的楼板与此基本类似。

(1)选择“建筑”→“构建”→“楼板”→“楼板:建筑”,在“楼板属性”选项板选择“楼板”→“常规-150 mm”。

(2)单击 编辑类型 ,在打开的“类型属性”对话框中单击 复制(D)... ,弹出“名称”对话框,如图 3.3-4 所示。在“名称”对话框中输入“F1 楼板-50 mm”,表示一层楼板的厚度为 50 mm。

(3)单击“确定”按钮,回到“类型属性”对话框,此时类型名称已经改为“F1 楼板-50 mm”。

(4)在“类型属性”对话框中,单击“结构”参数后面的“编辑”按钮,弹出“编辑部件”对话框。

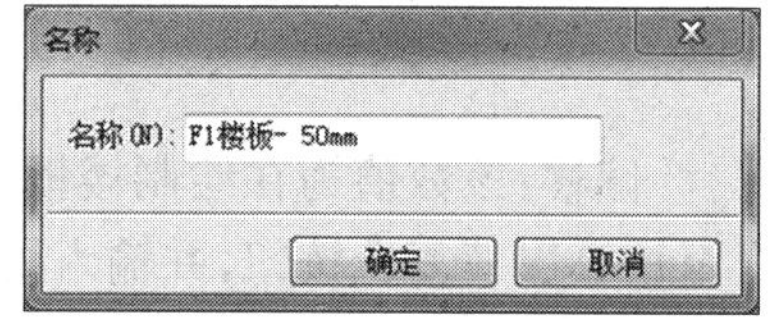

图 3.3-4　“名称”对话框

(5)在“编辑部件”对话框中,单击 插入(I) ,插入一行结构行,再将这一行结构行通过“向上”按钮调到第一行,功能处下拉选项选择“面层 1[4]”,作为楼板的面层。材质根据具体建筑物的要求进行选择,在这里均为“按类别”。依据具体建筑物确定面层厚度和黏结层厚度,此处设面层厚度为“15”,黏结层厚度为“35”。此处黏结层即为图示中的“结构[1]”。设置完成后,单击“预览”按钮,可以观察所设置楼板的剖面层,如图 3.3-5 所示。单击“确定”按钮,回到“类型属性”对话框。

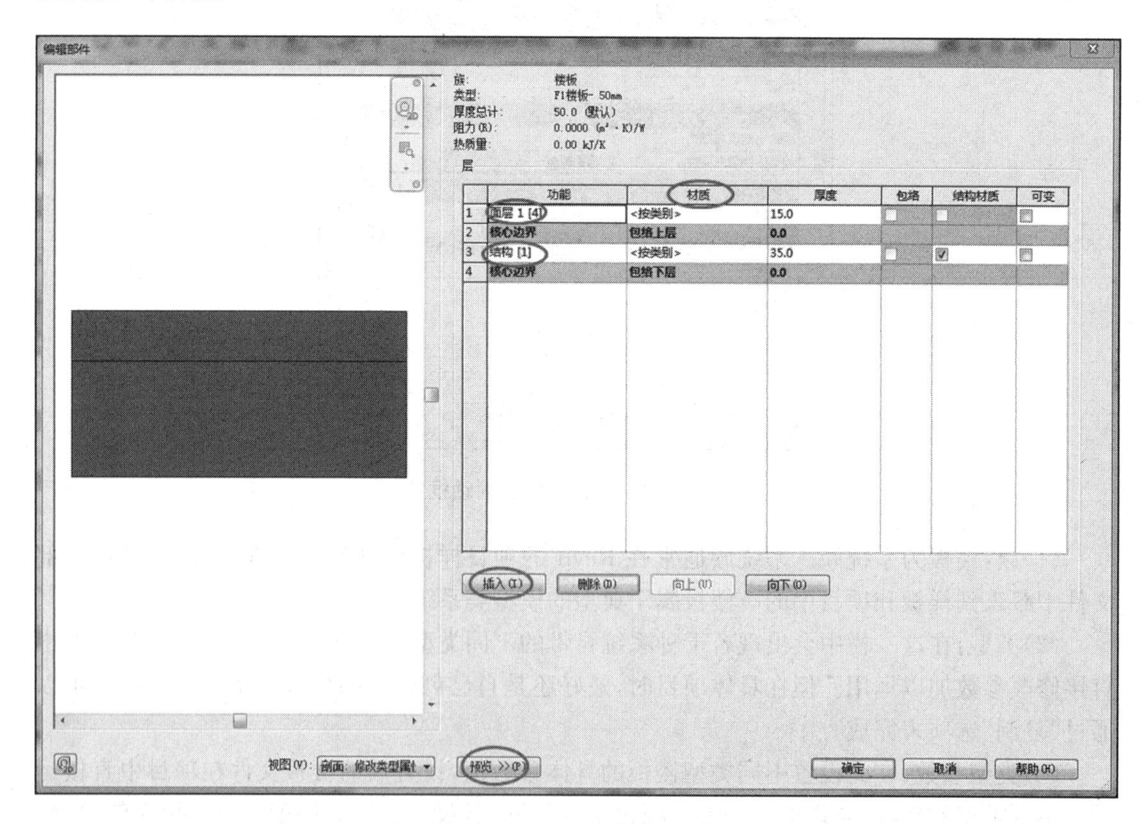

图 3.3-5　“编辑部件”对话框

(6)在“类型属性”对话框中,此时“默认的厚度”自动修改为“50.0”,且不可操作,功能为“内部”;由于在编辑部件时没有设置材质,所以这里“结构材质”为“按类别”;修改注释记号为“F1 楼板-50 mm”,如图 3.3-6 所示。

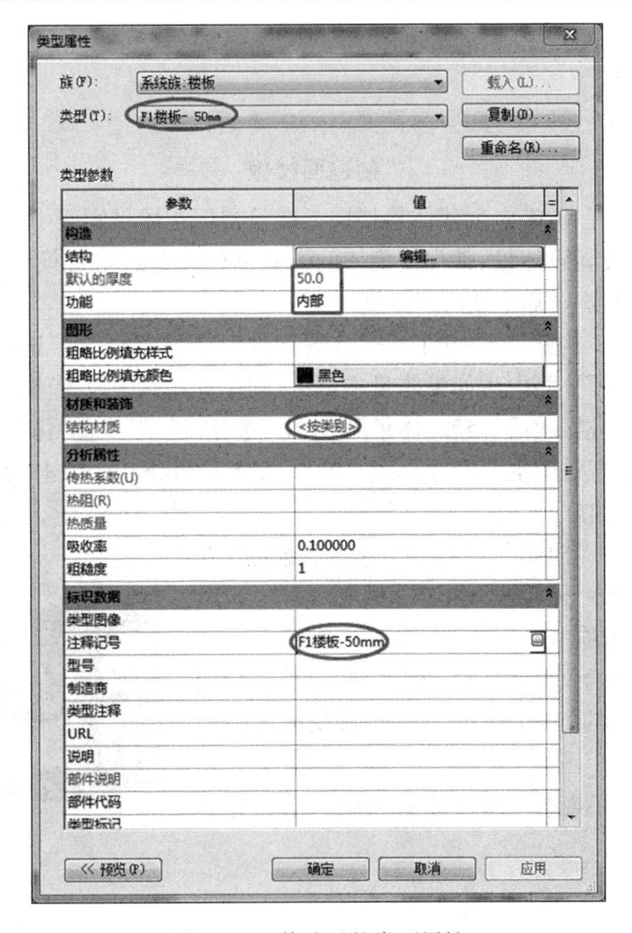

图 3.3-6　修改后的类型属性

单击“确定”按钮,回到“楼板属性”选项板。在“楼板属性”选项板中添加了一个“楼板 F1 楼板-50 mm”的楼板。

(7)在“楼板属性”选项板中,选择约束标高,根据需要输入偏移值,勾选“房间边界”复选按钮,然后在具体建筑物中沿墙体内侧创建建筑楼板的边界线,完成楼板的绘制。

(8)转入三维视图,即可查看刚创建楼板的三维模型。

2)创建结构楼板

选择“建筑”→“构建”→“楼板”→“楼板:结构”,进入结构楼板的创建。其创建过程和方法详见任务 2.5 中相关知识。

3.3.3　创建楼板边缘

创建楼板边缘首先要创建边缘轮廓族文件并载入到项目中,再通过类型属性创建楼板边缘类型。

选择“建筑”→“构建”→“楼板”→“楼板:楼板边”,将光标放置于楼板边缘并单击,则楼板水平边缘产生具有边缘轮廓的实体。如果楼板边缘的线段在角落相遇,它们会相互衔接。楼板边缘放置后,如若修改,可以单击“修改”→“放置”→“重新放置楼板边缘”。若要开始其他楼板边缘,再将光标移动到新的边缘并单击以放置。

具体操作过程和方法详见任务 2.5 中相关知识。

知识拓展

创建面楼板

要使用“面楼板”工具，需先创建体量楼层。体量楼层在体量实例中计算楼层面积。

(1)用内建模型或新建体量、常规模型族的方式创建体量或常规模型，也可以直接载入体量或常规模型族。如载入“矩形-融合”体量。

(2)选择“建筑”→“构建”→“构件”→“放置构件”，在“构件属性”选项板中找到“矩形-融合”体量，并放置在楼层平面中。如果体量不可见，则在可见性中设置体量可见。

(3)单击载入的体量，激活“修改|体量”选项卡，选择“模型”中的“体量楼层”，弹出“体量楼层”对话框，然后选择需要产生面的标高线，如“F1”、“F2”和“F3”。单击“确定”按钮，可以在体量上看见三个面已经建好。

(4)选择“建筑”→“构建”→“楼板”→“面楼板”，在“属性”选项板中选择一种楼板，如“F1 楼板-120”，激活“修改|放置面楼板”选项卡。

(5)单击“矩形-融合”体量的某一标高面，再单击功能区“多重选择”面板中的“创建楼板”工具，则在该面附着一个面楼板。

(6)另外两个面的操作方法与此处相同。创建完成后如图 3.3-7 所示。

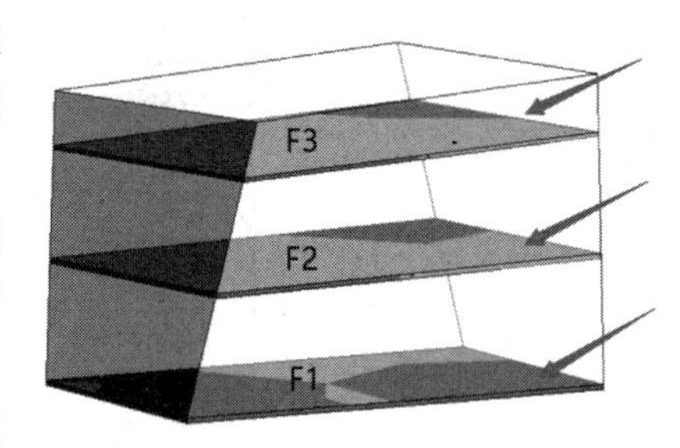

图 3.3-7　创建面楼板

技能训练

创建三层别墅建筑楼板

1)设置楼板类型属性

根据 3.3.1 的知识，我们设置每一层楼板的类型属性。这里每层楼板面是装修厚度，不含楼板(结构层)，此处不做装修效果，所以楼板面层材料一律选现浇混凝土。

根据随书图纸，我们将三层别墅的楼板分类设置如下。

一层：F1 客厅地面、F1 车库地面、F1 卧室地面 1(老人房)、F1 卧室地面 2、F1 厨房地面、F1 杂物间地面、F1 卫生间地面、F1 玄关地面。

二层：F2 客厅地面、F2 书房地面、F2 卧室地面 1(主人房)、F2 卧室地面 2、F2 卧室地面 3、F2 阳台地面、F2 衣帽间地面、F2 卫生间地面、F2 玄关地面。

三层：F3 客厅地面、F3 卧室地面 1、F3 卧室地面 2、F3 卧室地面 3、F3 露台地面、F3 卫生间地面、F3 玄关地面。

注意：F1(地坪)、F2、F3 和屋顶楼板面，板厚均为 50 mm，材质为现浇混凝土，各层厨房、卫生间、阳台、露台楼板面均下沉 20 mm。

2)创建三层别墅各层建筑楼板

(1)在 F1 楼层平面视图，选择“建筑”→“构建”→“楼板”→“楼板：建筑”，选择一层楼板类型，设置“标高”为“F1”，“自标高的高度偏移”为“50”，并勾选“房间边界”复选按钮。通过绘制边界线创建 F1 楼层各房间楼层地面。

(2)同理在 F2、F3 和屋顶楼层平面创建二层、三层和屋顶层的建筑楼板，如图 3.3-8 所示。

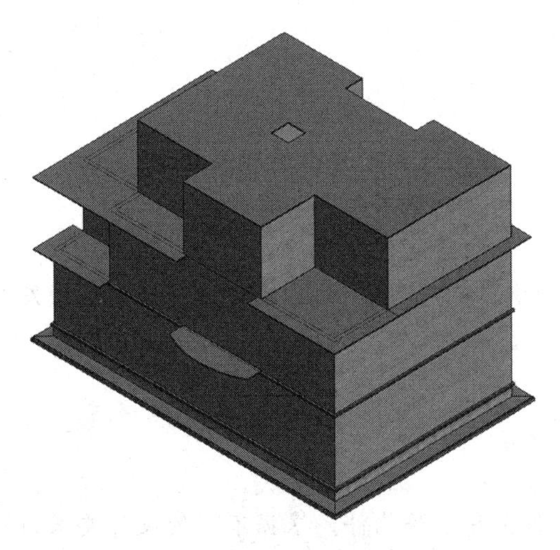

图 3.3-8　建筑楼板

注意：

①由于 F1 车库地面标高为-0.050，所以在设置楼板属性时，“标高”仍为 F1 层的标高，“自标高的高度偏移”输入“0”；

②创建卫生间、厨房、阳台和露台的建筑楼板时，设置楼板属性时，“标高”仍为各层的层高，“自标高的高度偏移”输入“30”；

③由于在合模后要对楼板面进行装修设置，所以每间楼板面都要单独创建，不能每层创建一块楼板面。

3)修改卫生间建筑楼板

卫生间的楼板面有坡度，坡向地漏，因此需要编辑卫生间地板。

(1)在平面图中不易选中楼板，可以先单击“选择控制栏”中的“按面选择图元”，然后选中该层卫生间的建筑楼板。

(2)选中卫生间的建筑楼板后，在形状编辑界面中单击“修改子图元”，在卫生间的地漏处“添加点”。按〈ESC〉键结束添加点，接着单击该点，修改高程值为“－5”，如图 3.3-9 所示。该点为卫生间建筑楼板的最低点。

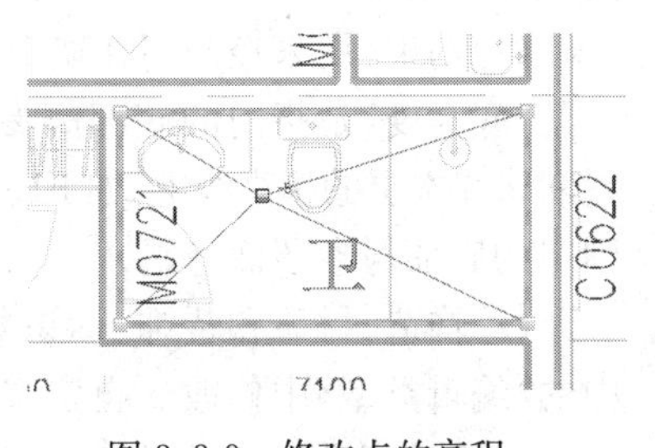

图 3.3-9　修改点的高程

任务 3.4　创建门窗

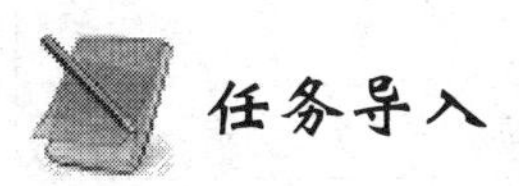

任务导入

门和窗是建筑物的围护结构，对建筑造型有着重要的作用。门窗附着在墙体上，与其相关的还有门窗套等构造。有了墙体,就需要给墙体安装门窗。本次任务讲解创建门窗和门窗套构造。

学习目标

1. 熟悉建筑门窗的分类、作用及构造要求等相关知识。
2. 掌握门窗及门窗相关构造的施工工艺与技术要求。
3. 能够运用门窗的构造知识设置门窗属性。
4. 会运用“建筑”→“构建”→“门”“窗”创建建筑模型的门窗以及门窗套。

任务情境

门窗是建筑物的围护构件和分隔构件。根据不同的设计要求,门窗具有保温、隔热、隔声、防水和防火等功能。另外门和窗又是建筑造型的重要组成部分,所以它们的形状、尺寸、比例、排列和色彩等对建筑的整体造型都有很大的影响。因此,门窗的选型对建筑物至关重要。

相关知识

3.4.1 设置门属性

1)设置门属性

选择“建筑”→“构建”→“门”,激活的“门属性”选项板如图 3.4-1所示。

(1)约束:用来控制门在墙上的竖向位置。

“底高度”是指门的底部离参照面的距离,在这里参照面的位置默认在本层的标高线上,如 F1、F2 或者 F3。若“底高度”为“0.0”,则门的底部与参照面齐平。

(2)构造、材质和装饰、标识数据及其他都在“门属性”选项板中的“编辑类型”中修改。自定义族需将参数名称修改为实例,才会在“门属性”选项板中出现构造、材质与装饰、标识数据等信息内容。

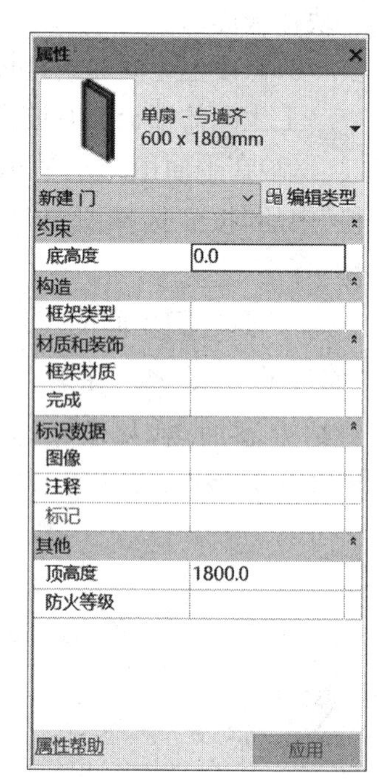

图 3.4-1 “门属性”选项板

2)设置门类型属性

在“门属性”选项板中,单击 编辑类型 ,打开“类型属性”对话框,如图 3.4-2 所示。

(1)族:Revit 中自带的门族类型较少,可以通过“载入”工具将用户制作的门族载入到当前的环境中。选择不同的族,门类型和类型参数都随之发生改变,显示不同类型门和类型参数。

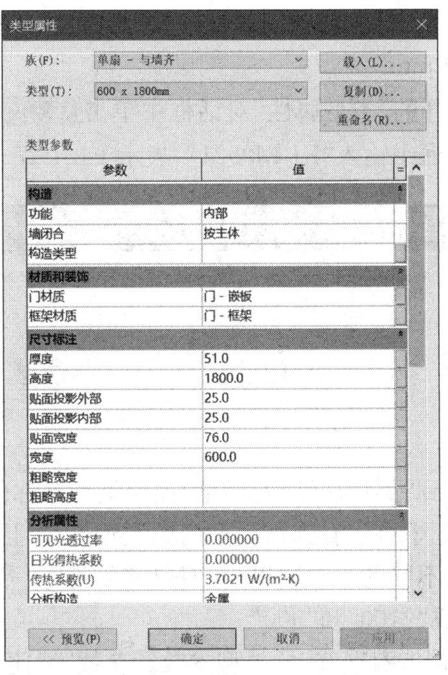

图 3.4-2　“类型属性”对话框

(2)类型：选定一种门族时，就会出现若干不同尺寸的门。可以在系统自带类型中直接修改参数加以运用。但在具体项目时，最好还是自己创建新的门类型。创建新的类型族，需要基于某一类型门进行复制。

(3)类型参数：在此设置不同类型门的具体参数值，设置后的门文件在项目中直接运用。不同类型的门，它们的类型参数项也不尽相同，常设置：构造、材质和装饰、尺寸标注及标识数据等几项内容。

3.4.2　创建门

1)放置门

(1)载入门族。可以在门的“类型属性”对话框中载入，也可以选择“插入”→“从库中载入”→“载入族”。在“载入族”对话框中，选择“建筑”→“门”，载入相应的门族文件，如图 3.4-3 所示。

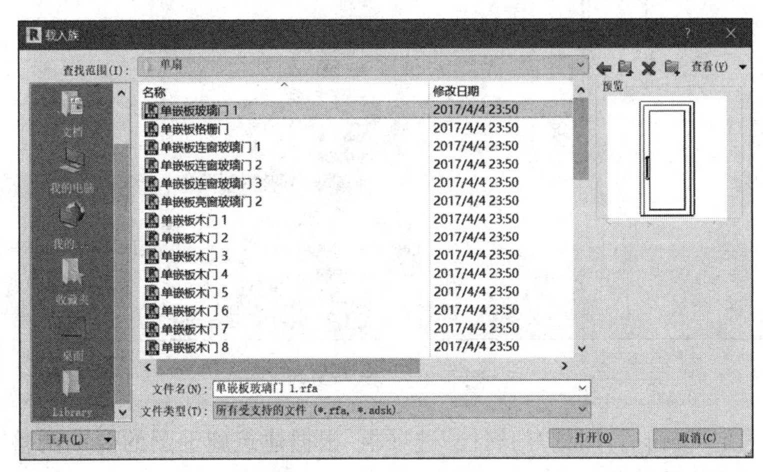

图 3.4-3　载入门族

(2)选择“建筑”→“构建”→“门”,在“门属性”选项板的“类型选择器”中选择一个门类型,如“单扇-与墙齐 600 * 1 800 mm”。

(3)单击 编辑类型 ,在打开的“类型属性”对话框中单击 复制(D)... ,弹出“名称”对话框,如图 3.4-4 所示。在名称对话框中输入“F1 M0921”,表示 F1 中宽 900 mm、高 2 100 mm 的门。

图 3.4-4 “名称”对话框

(4)单击“确定”按钮,回到“类型属性”对话框,此时类型名称已经改为“F1 M0921”。

(5)在“类型属性”对话框中可以看到该类型门的类型参数,因为门族类型有很多,不同的门族所对应的类型参数也是不同的。在这里,我们只需要将“尺寸标注”中的“高度”和“宽度”的值加以修改即可,分别改成“2100”和“900”。

如图 3.4-5 所示为“F1 M0921”门族的类型参数。参数“墙闭合”是门周围的层包络,此参数将替换主体中的任何设置;参数“功能”是指门是内部的还是外部的;“材质和装饰”可以根据要求改变。设置完成后可以通过单击“预览”按钮观察门在各种视图下的状态。

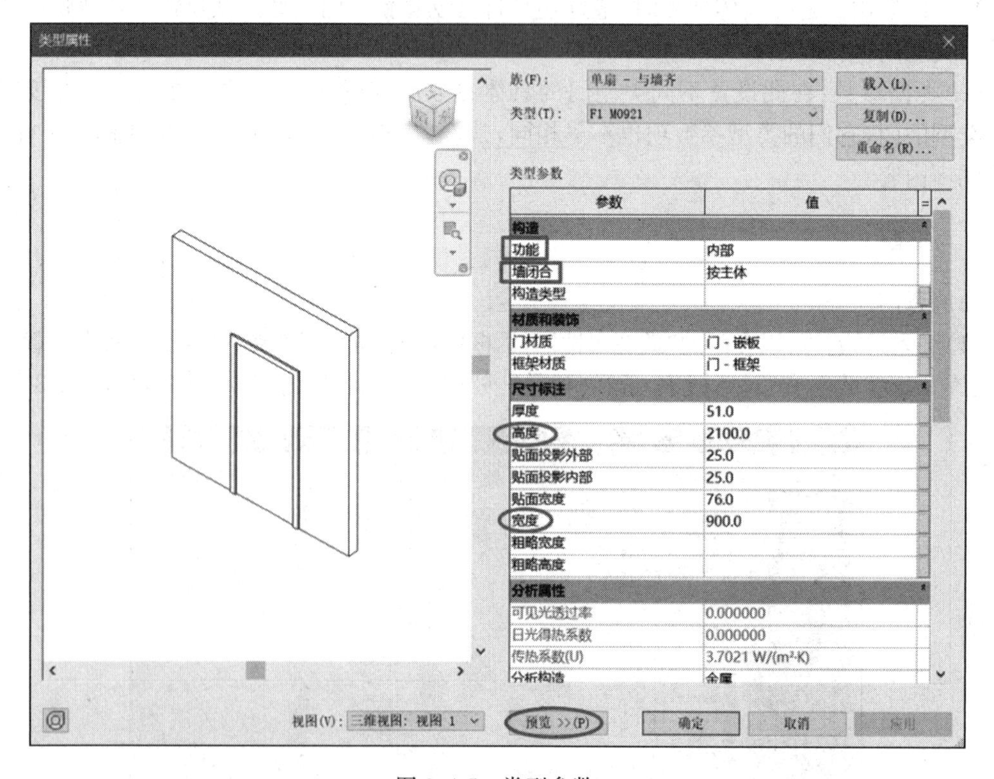

图 3.4-5 类型参数

(6)单击“确定”按钮后,回到“门属性”选项板,根据建筑施工图的要求调整“底高度”。接着在绘图区中相应位置放置门。

(7)放置完成后,转至三维视图,即可查看所创建门的三维模型。

2)修改门

门绘制完成后,若不符合要求,可以在图中对门进行修改,如改变门的参数以及方向等。

(1)修改门的参数:在平面视图或者三维视图中单击要修改的门,可以在“门属性”选项板中直接修改“底高度”等值,在“类型属性”对话框中修改“构造”、“材质和装饰”和“尺寸标注”等值。

(2)修改门的方向:在绘图区域内打开楼层平面图,单击需要修改的门,可以看到门的旁边有两对方向相反的箭头,如图 3.4-6 所示。单击任意一对箭头,门会按着该箭头的两个方向来回转换。

(3)修改门的位置:在平面图的绘图区中,单击门,会在门的两边出现两个临时尺寸,如图 3.4-7 所示。单击尺寸上的数字可以进行修改,门的位置也会随之变动。

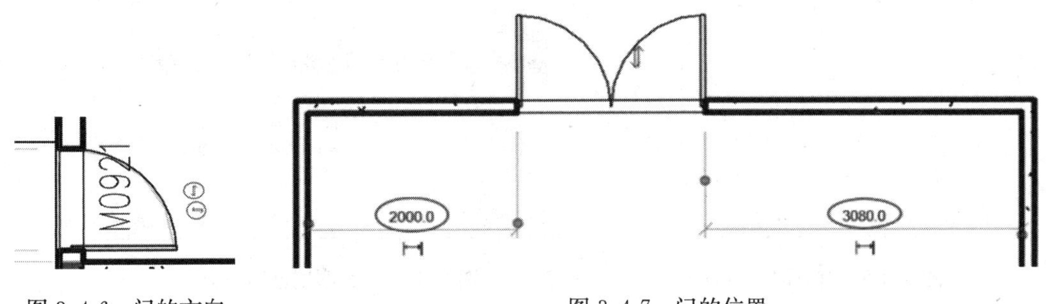

图 3.4-6 门的方向　　图 3.4-7 门的位置

(4)改变门的主体:如若要将门从一面墙换到另一面墙上,则单击门,在“修改|门”状态下,单击“主体”中的“拾取新主体”按钮,将光标移至重新要放置的墙体上。

3.4.3 设置窗属性

1)设置窗属性

选择“建筑”→“构建”→“窗”,激活的“窗属性”选项板如图 3.4-8 所示。

约束:用来控制窗在墙上的竖向位置。

“底高度”是指窗的底部离参照面的距离,在这里参照面的位置默认在本层的标高线上,如 F1、F2 或者 F3。若“底高度”为“800”,则窗的底部距参照面高度为 800 mm。

2)设置窗类型属性

在“窗属性”选项板中,单击“编辑类型”,打开“类型属性”对话框,如图 3.4-9 所示。

(1)族:Revit 中自带的窗族类型较少,与门类似,可以通过“载入”工具将用户制作的窗族载入到当前的环境中。选择不同的族,窗类型和类型参数都随之发生改变,显示不同类型窗和类型参数。

(2)类型:选定一种窗族时,就会出现若干不同尺寸的窗。可以在系统自带类型中直接修改参数加以运用。但在具体项目时,最好还是自己创建新的窗类型。

(3)类型参数:在此设置不同类型窗的具体参数值,设置后的窗文件在项目中直接运用。不同类型的窗,它们的类型参数项也不尽相同,常设置:构造、材质和装饰、尺寸标注及标识数据等几项内容。

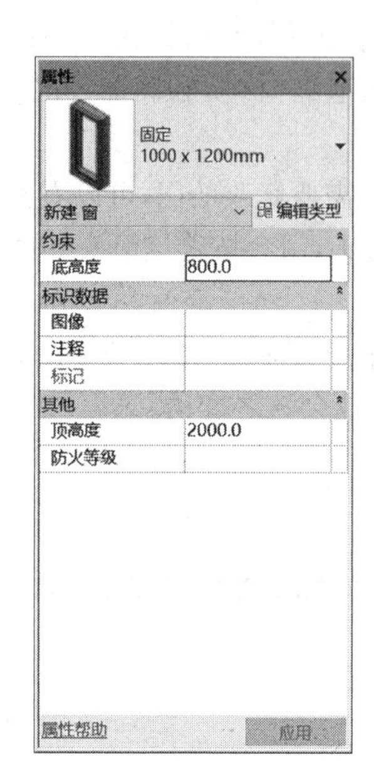

图 3.4-8　“窗属性”选项板

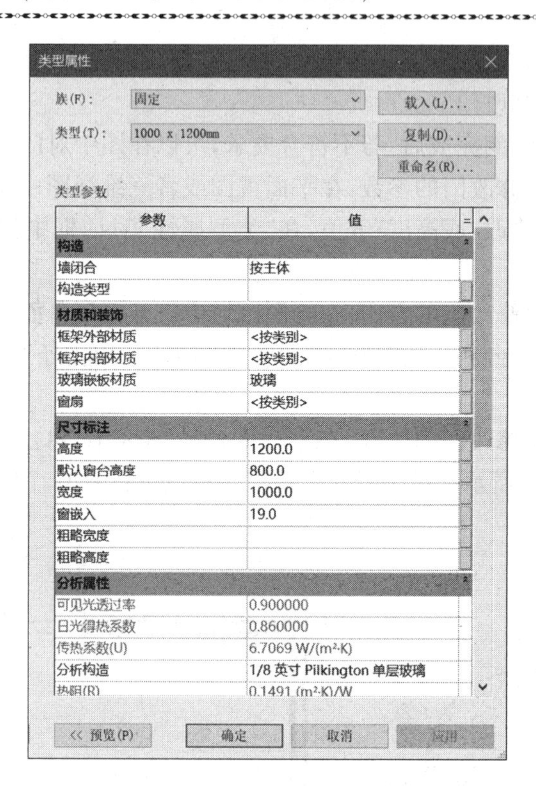

图 3.4-9　“类型属性”对话框

3.4.4　创建窗

1)放置窗

(1)载入窗族。可以在窗的“类型属性”对话框中载入,也可以选择“插入”→“从库中载入”→“载入族”,载入相应窗族文件,如图 3.4-10 所示。

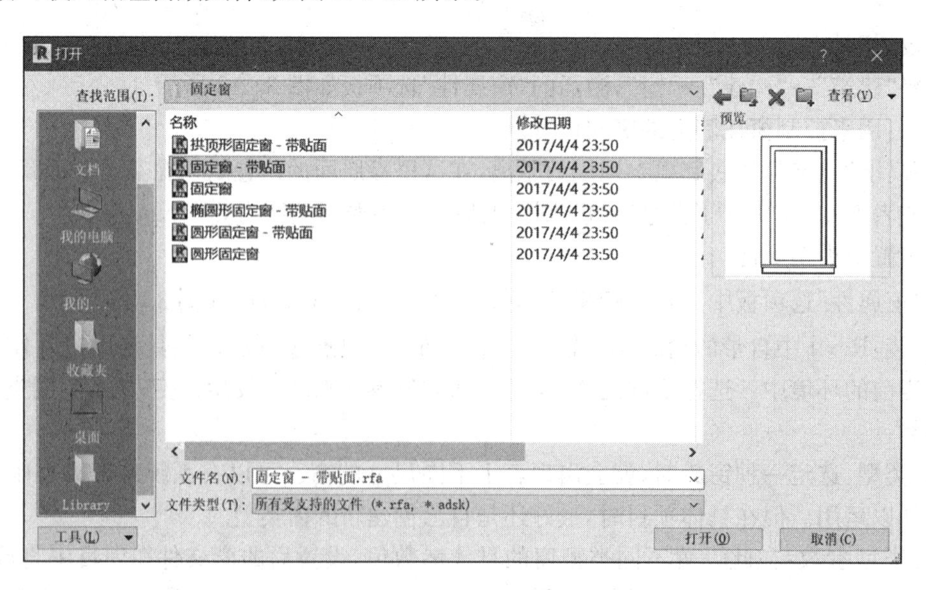

图 3.4-10　载入窗族

(2)选择“建筑”→“构建”→“窗”,在“窗属性”选项板的“类型选择器”中选择一个窗类型,如“单扇-与墙齐 600 * 1 800 mm”。单击 编辑类型 ,在打开的“类型属性”对话框中单击 复制(D)... ,弹出“名称”对话框,如图 3.4-11 所示。在“名称”对话框中输入“F1 C1522”,表示 F1 中宽 1 500 mm、高 2 200 mm 的窗。

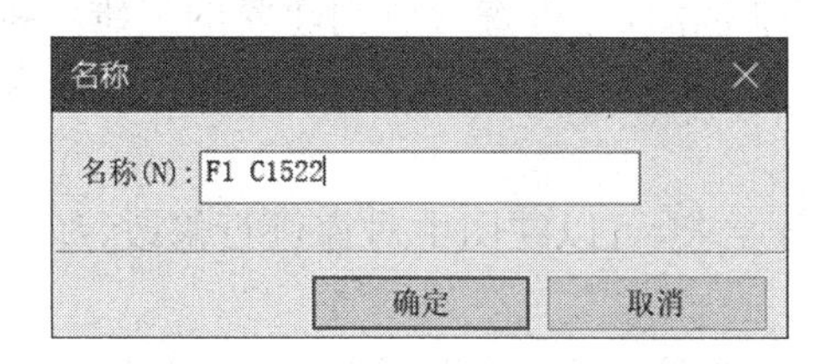

图 3.4-11　“名称”对话框

(3)单击“确定”按钮,回到“类型属性”对话框,此时类型名称已经改为“F1 C1522”。

(4)在“类型属性”对话框中可以看到该类型窗的类型参数,因为窗族类型有很多,不同的窗族所对应的类型参数也是不同的。在这里,我们只需要将“尺寸标注”中的“高度”“宽度”的值加以修改即可,分别改成“2 200”和“1 500”,“默认窗台高度”根据具体建筑设计的要求填入相应数值,在这里可以选择默认的“800”。

如图 3.4-12 所示为“F1 C1522”窗族的类型参数。参数“墙闭合”是窗周围的层包络,此参数将替换主体中的任何设置;“材质和装饰”可以根据要求改变。设置完成后可以通过单击“预览”按钮观察窗在各种视图下的状态。

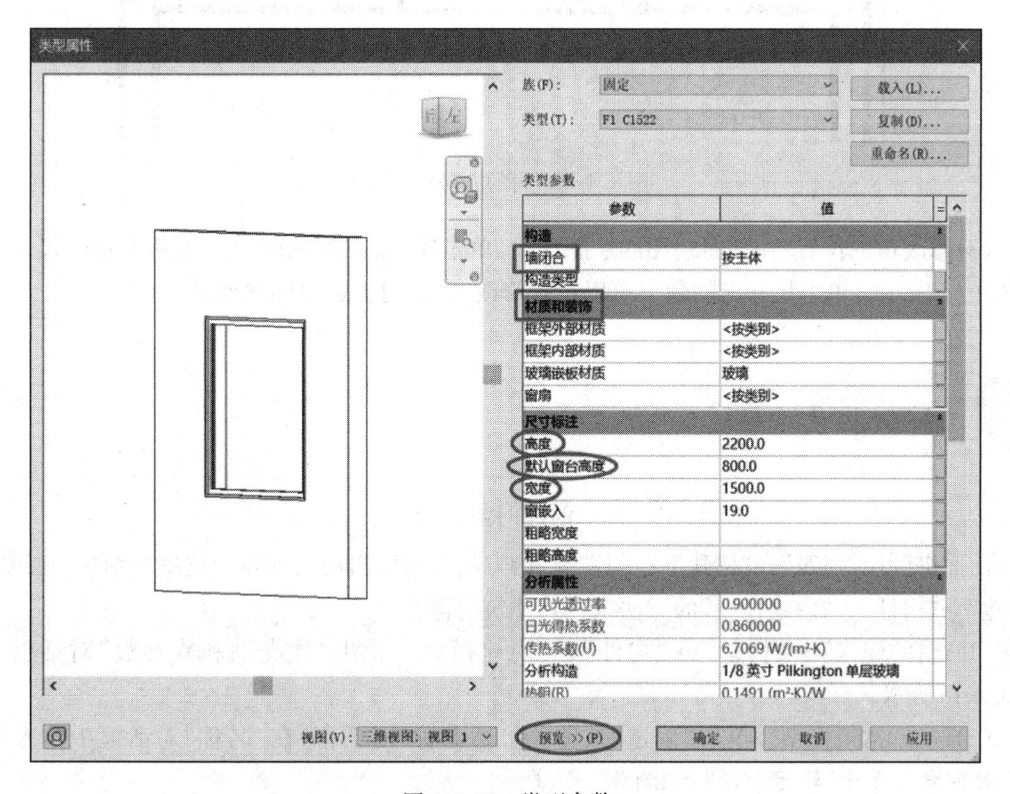

图 3.4-12　类型参数

(5)如果需要在图中展示窗的名称“F1 C1522”,则需要在图 3.4-12 中找到“标识数据”参数下的“类型标记”，将名称输入。

(6)单击“确定”按钮，回到“窗属性”选项板，在“修改|放置窗”状态下选择“标记”→“在放置时进行标记”，接着在绘图区中相应位置放置窗，如图 3.4-13 所示。

(7)放置完成后，转至三维视图，即可查看所创建窗的三维模型。

F1 C1522

图 3.4-13　带名称标记的窗模型

2)修改窗

窗绘制完成后，若不符合要求，可以在图中对窗进行修改，如改变窗的参数以及方向等。类似于修改门的操作。

(1)修改窗的参数：在平面视图或者三维视图中单击要修改的窗，可以在“窗属性”选项板中直接修改“底高度”等值，在“类型属性”对话框中修改“构造”、“材质和装饰”和“尺寸标注”等值。

(2)修改窗的方向，在绘图区域内打开楼层平面图，单击需要修改的窗，可以看到窗的旁边有一对方向相反的箭头，如图 3.4-14 所示。单击这对箭头或者敲击〈空格〉键，窗会按着该箭头的方向来回转换方向(即窗扇位置的改变)。

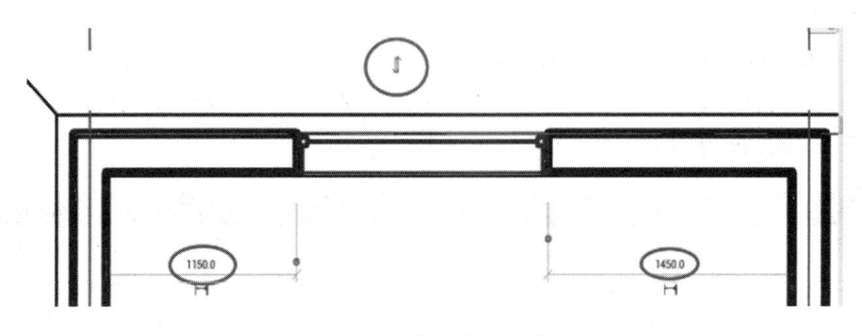

图 3.4-14　窗的方向及位置

(3)修改窗的位置：在平面视图的绘图区中，单击窗，会在窗的两边出现两个临时尺寸，如图 3.4-14 所示。单击尺寸上的数字可以进行修改，窗的位置也会随之变动。

知识拓展

创建门窗套

前面讲到用“建筑”→“构建”→“门”“窗”的方法创建建筑的门和窗。这里介绍用“建筑”→“构建”→“构件”→“内建模型”的方法来创建建筑门窗套。

(1)选择“建筑”→“构建”→“构件”→“内建模型”，弹出“族类别和族参数”对话框，如图 3.4-15 所示。

(2)选择“常规模型”，单击“确定”按钮，弹出“名称”对话框；在“名称”对话框中输入“F1 C1522 窗套”，单击“确定”按钮，如图 3.4-16 所示。

(3)在“创建”选项卡下，选择“工作平面”→“设置”，弹出“工作平面”对话框，选择“拾取一个平面”单选按钮，并单击“确定”按钮，如图 3.4-17 所示。

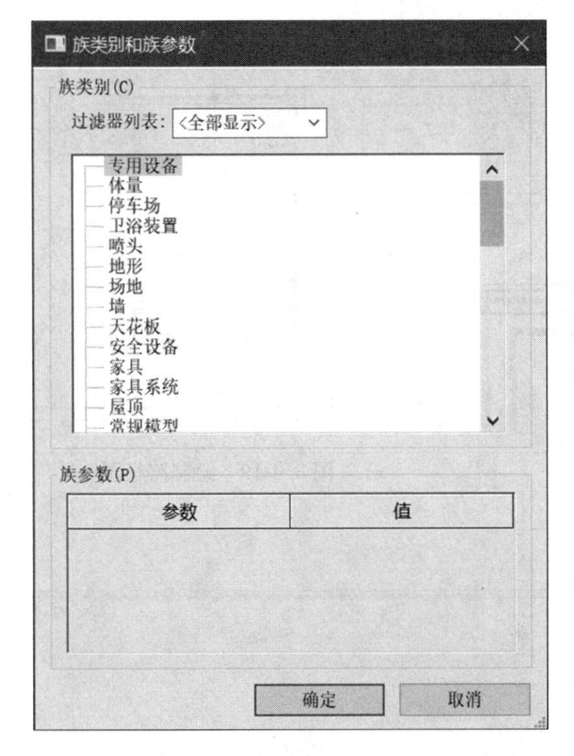

图 3.4-15　“族类别和族参数”对话框

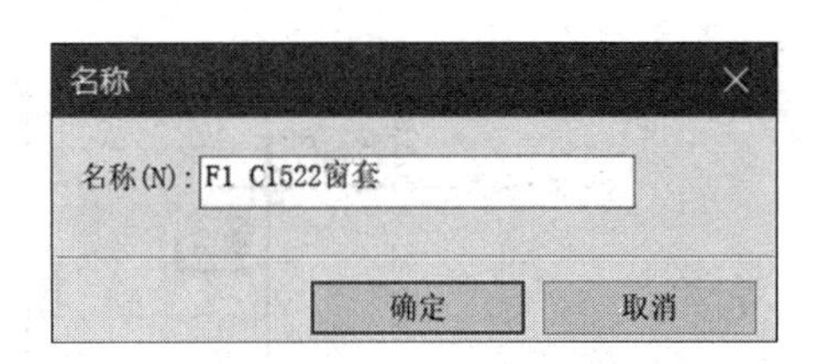

图 3.4-16　“名称”对话框

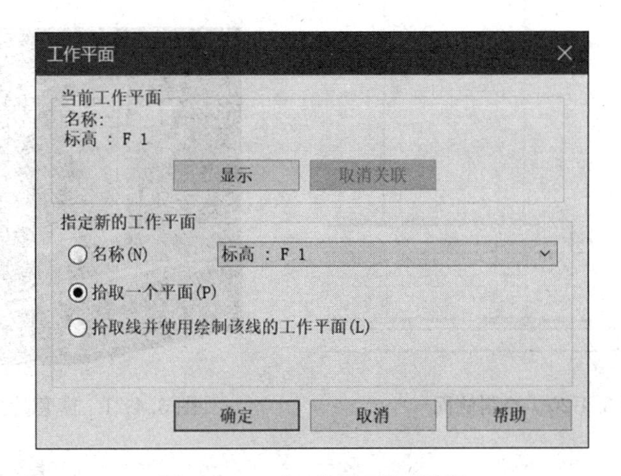

图 3.4-17　“工作平面”对话框

(4)在楼层平面图中,选择一条外墙线并单击,如图 3.4-18 所示。该步骤就是在平面视图中选择一个立面。

(5)根据选择外墙的位置,转到视图北立面或者南立面,打开立面视图开始创建。

(6)在“创建”选项卡下,选择“形状”→“放样”→“绘制路径”→“编辑轮廓”,沿着窗的最外沿开始绘制窗套的路径,如图 3.4-19 所示,完成后单击✔。

(7)转到视图东立面或者西立面,绘制窗套的断面轮廓(长宽暂定为 200 mm),如图 3.4-20 所示。完成后单击✔并完成模型。

(8)转到三维视图下可以看到创建好的窗套三维模型,如图 3.4-21 所示。

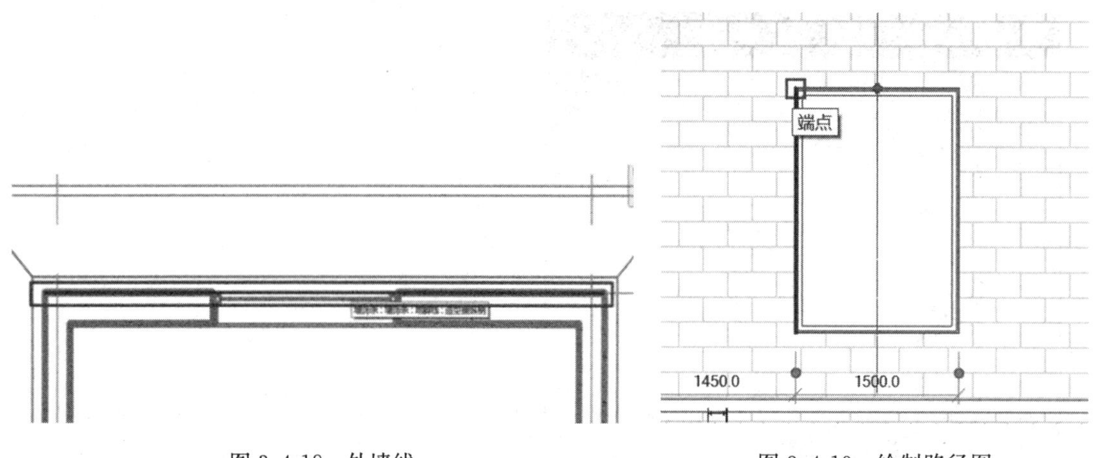

图 3.4-18　外墙线　　　　图 3.4-19　绘制路径图

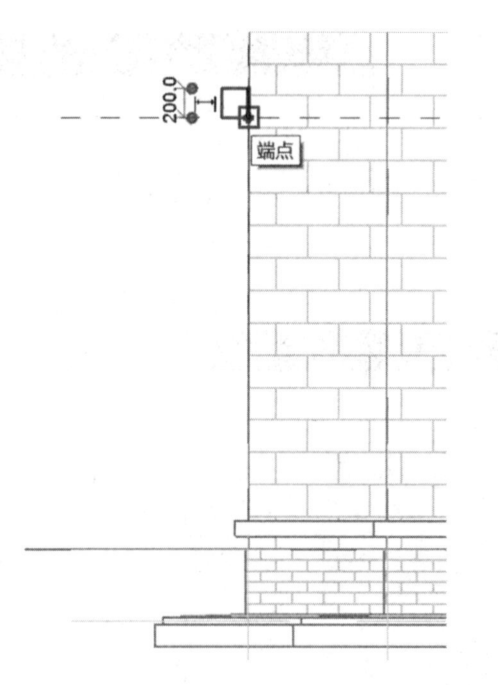

图 3.4-20　绘制侧面

图 3.4-21　窗套的三维模型

技能训练

创建三层别墅门窗和门窗套

1)设置门窗类型属性

根据 3.4.1 和 3.4.3 知识,设置每一层门窗的类型属性。

根据随书图纸,将三层别墅的门窗分类设置如下。

一层门:F1 M0921、F1 M0721、F1 M1825、F1 JLM2600 * 3100;一层窗:F1 C1522、F1 C1822、F1 C0622。

二层门：F2 M0921、F2 M0720、F2 M1821、F2 M1828、F2 M3028；二层窗：F2 C1519、F2 C0619、F2 C1819。

三层门：F3 M0921、F3 M0721、F3 M1828；三层窗：F3 C1519、F3 C0619、F3 C3013、F3 C3019。

2)创建三层别墅各层建筑门窗

(1)在 F1 楼层平面，选择"建筑"→"构建"→"门""窗"，选择一层门和窗的类型。"约束"中"标高"为"F1"，"底高度"依据建筑施工图门窗的高度值来输入。放置 F1 层门和窗。

(2)同理在 F2、F3 楼层平面创建二层、三层的建筑门窗，如图 3.4-22 所示。

(3)按照知识拓展里窗套的做法，给别墅 F1、F2 和 F3 层外墙的门窗创建门窗套，如图 3.4-23 所示。

图 3.4-22　创建建筑门窗

图 3.4-23　创建建筑门窗套

注意：

(1)若载入族中的门窗和建筑要求的门窗类型不一致，则可以参考项目 6 中任务 6.1 创建族的做法创建门族和窗族。

(2)门窗套的做法除了知识拓展中的方法外，也可以通过创建族的方法来完成，可以提高建模效率。

任务 3.5　创建幕墙

任务导入

幕墙是建筑的外墙围护，不承重，是现代大型和高层建筑常用的带有装饰效果的轻质墙体。它包含三部分，分别是幕墙网格、幕墙嵌板和幕墙竖梃。本次任务讲解幕墙的创建。

学习目标

1. 熟悉建筑幕墙的组成、作用及构造要求等相关知识。

2. 掌握幕墙及幕墙上构造的施工工艺与技术要求。

3. 能够运用幕墙知识设置幕墙属性。

4. 会运用“建筑”→“构建”→“幕墙”创建建筑模型的幕墙。

任务情境

幕墙是一个独立完整的整体结构系统，它对建筑的整体外观有着非常重要的意义。随书图纸三层别墅客厅外窗就是一个幕墙。幕墙不仅能增强建筑物外观的美，同时也能增强室内采光。常见幕墙为玻璃幕墙。

相关知识

选择“建筑”→“构建”，可见与幕墙有关的三个工具：幕墙网格、幕墙系统、竖梃。幕墙系统其实是幕墙嵌板系统，使用各类幕墙嵌板系统可以创建各种幕墙。

3.5.1　创建幕墙网格

1)创建幕墙网格

(1)选择“建筑”→“构建”→“墙：建筑”，激活“幕墙属性”选项板。

(2)在“墙类型”的下拉列表框中，选择“幕墙”，在“幕墙”下有“幕墙”、“外部玻璃”和“店面”三个选项。从中选择一个，如“幕墙”，如图 3.5-1 所示。

幕墙、外部玻璃和店面的区别在于，“幕墙”是一整块玻璃，没有预设网格，我们需要给它创建网格；“外部玻璃”有预设网格，网格间距比较大，可以调整；“店面”也有预设网格，网格间距比较小，可以调整。我们可以根据实际情况进行选择。

下面以“幕墙”为例创建幕墙网格。

①在“幕墙属性”选项板中，单击 编辑类型，打开“类型属性”对话框，在“类型参数”里修改“垂直网格”和“水平网格”的“布局”和“间距”值。例如，“布局”为“固定距离”，“间距”为“1500”，如图 3.5-2 所示。

②设置完“类型参数”，单击“确定”按钮，退回到“修改|放置 墙”状态。

③修改“幕墙属性”选项板里的参数后，在绘图区绘制一道幕墙。

④转到三维视图，可以看到创建的幕墙网格，水平和垂直网格间距都为 1 500 mm，如图 3.5-3所示。

(3)在“类型属性”对话框中，若将“布局”改为“固定数量”，“间距”不变，则幕墙网格创建如图 3.5-4 所示。

(4)在“类型属性”对话框中，参数“布局”的值还可以选择：最大间距或者最小间距，通过输入间距值来满足实际建筑物幕墙网格的要求。

2)手动输入放置幕墙网格

(1)用上述方法创建一块幕墙。

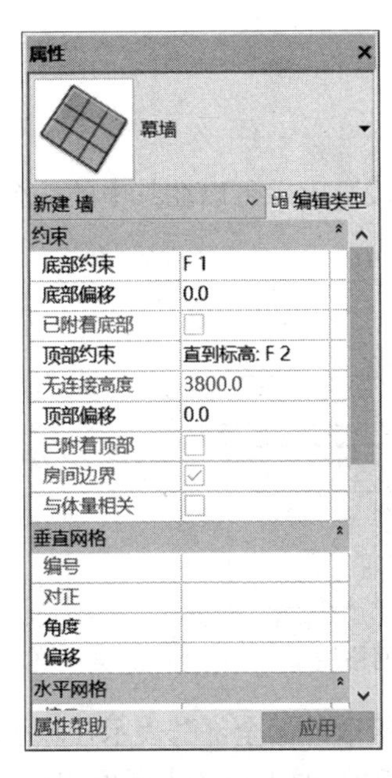

图 3.5-1　“幕墙属性”选项板

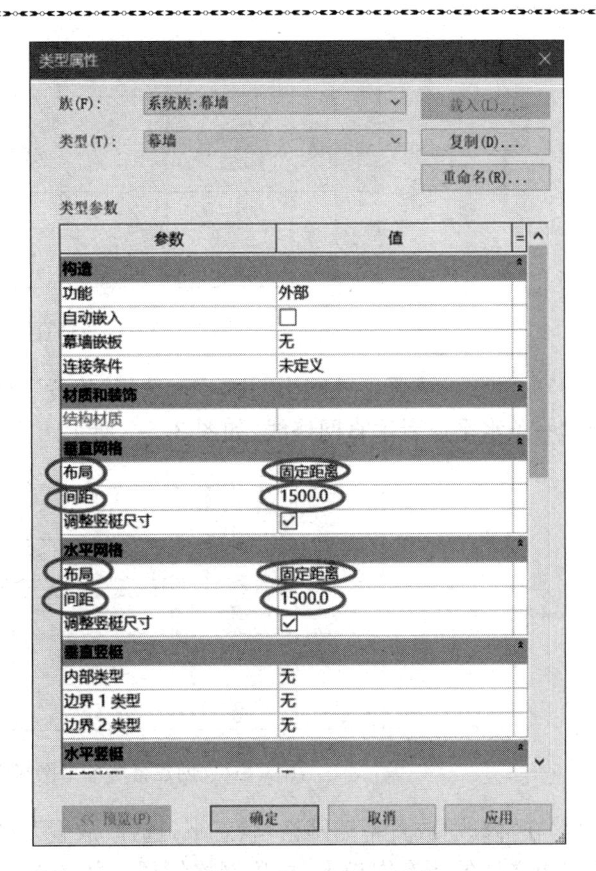

图 3.5-2　“类型属性”对话框

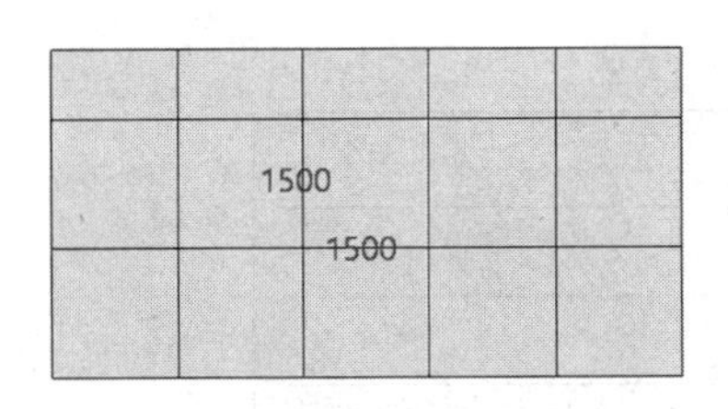

图 3.5-3　幕墙网格

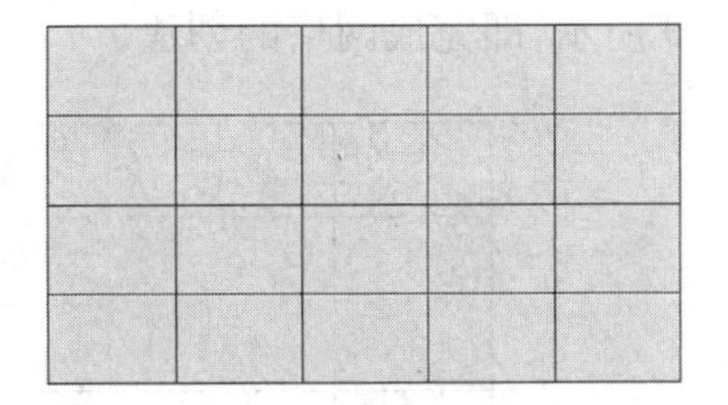

图 3.5-4　修改后的幕墙网格

(2)转到三维视图状态,选择“建筑”→“构建”→“幕墙网格”,在“修改|放置幕墙网格”状态下,选择“放置”→“全部分段”,将光标靠近幕墙的竖直墙边,可以直接划分幕墙水平网格线,如图 3.5-5 所示。将光标靠近幕墙的水平上下边墙,可以划分幕墙垂直网格线,如图 3.5-6 所示。图中标注的数字都是可以直接编辑的,通过输入尺寸值来完成创建幕墙网格。

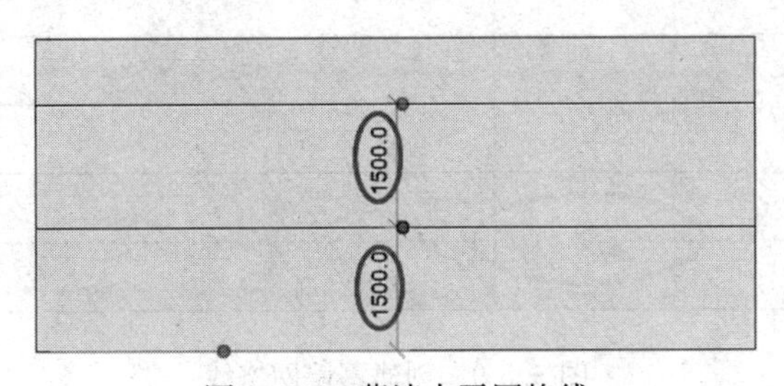

图 3.5-5　幕墙水平网格线

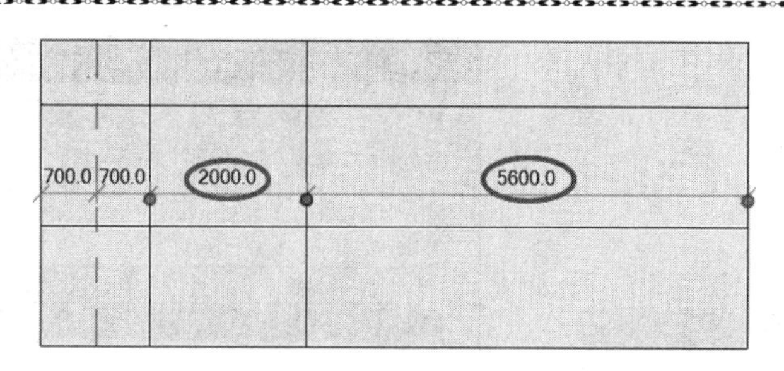

图 3.5-6　幕墙垂直网格线

(3)在“修改|放置幕墙网格”状态下,选择“放置”→“一段”,表示可以在其中的一个幕墙网格中加一条水平或者垂直网格线,如图 3.5-7 所示。

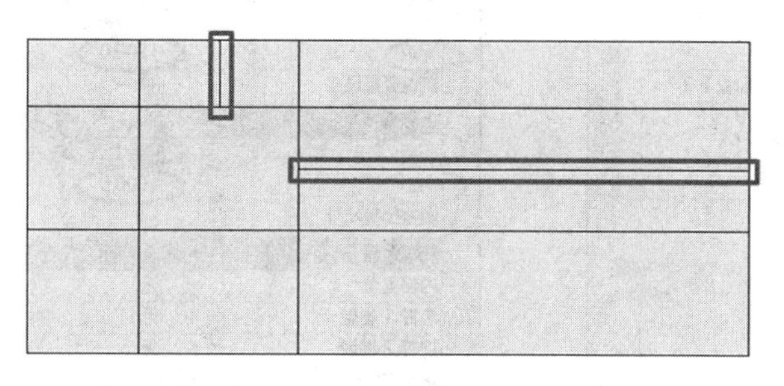

图 3.5-7　创建幕墙单个网格中的网格线

(4)在“修改|放置幕墙网格”状态下,选择“放置”→“除拾取外的全部”,表示在除了选择排除的嵌板之外的所有嵌板上,放置网格线段。如图 3.5-8 所示,加入一条水平网格线,即图中粗线。选择并单击第二块网格中的粗线,表示在第二块幕墙网格上不做网格线,再按〈回车〉键,如图 3.5-9 所示,即完成网格的创建。

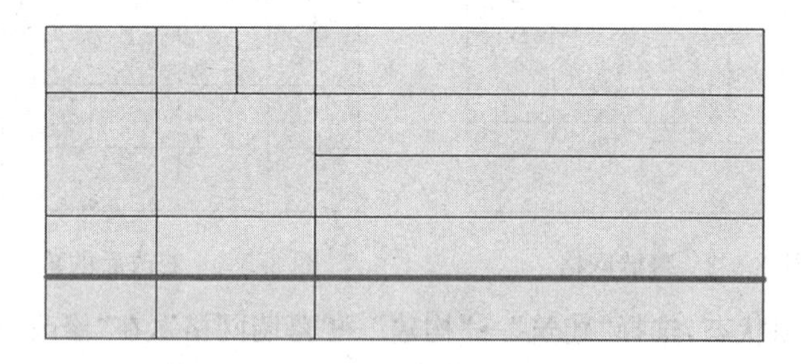

图 3.5-8　放置网格线

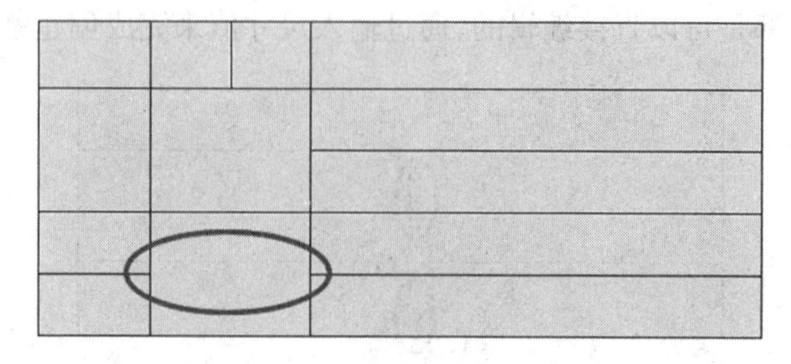

图 3.5-9　创建幕墙网格线

3.5.2 创建幕墙嵌板

幕墙嵌板是构成幕墙的基本单元,幕墙由一块或多块幕墙嵌板组成,其大小和数量由创建幕墙网格时决定。可以通过两种方法创建幕墙嵌板:一种是使用墙体的系统族来创建幕墙嵌板,一种是利用幕墙系统来创建幕墙嵌板。

1)用系统族创建幕墙嵌板

系统自带的幕墙嵌板种类比较少,可以通过选择"插入"→"从库中载入"→"载入族"的方法来载入更多的幕墙嵌板,在这里我们选择点爪式幕墙嵌板1、2,如图3.5-10所示。

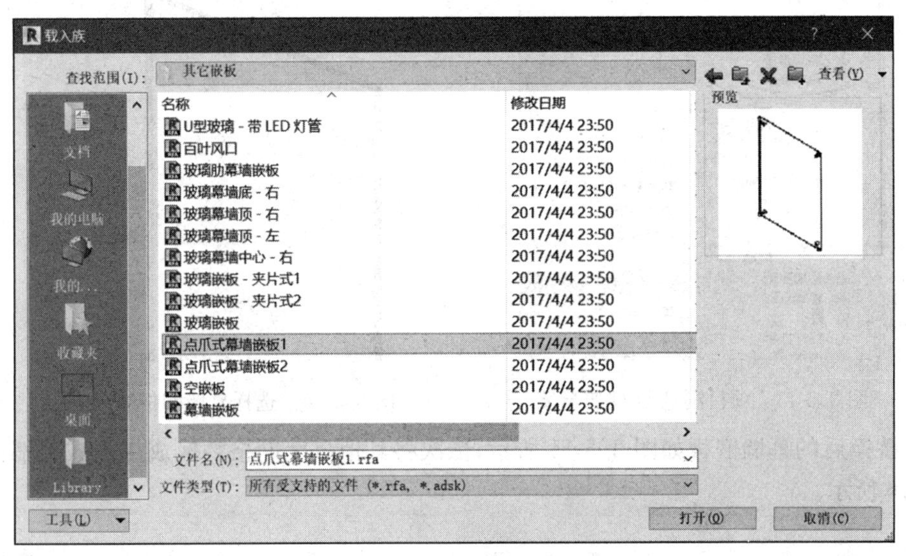

图3.5-10 幕墙嵌板族

(1)载入幕墙嵌板族后,在楼层平面视图中,选择一面墙体,在墙体的"类型选择器"中选择"外部玻璃",如图3.5-11所示。

(2)转到三维视图,这种幕墙带有预设网格,不需要再创建幕墙网格,如图3.5-12所示。

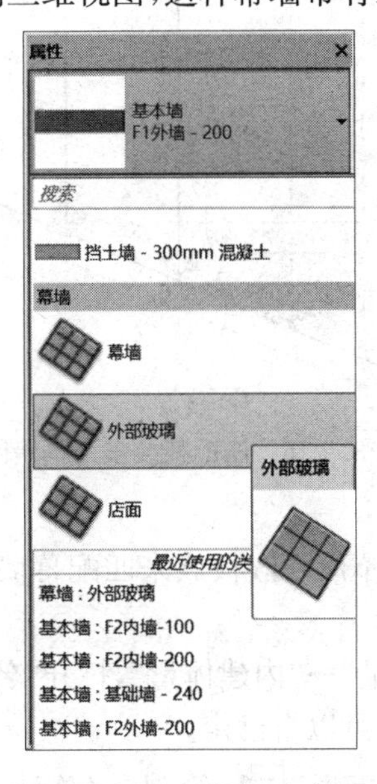

图3.5-11 外部玻璃

图3.5-12 预设网格

(3)在“项目浏览器”中选择“族”→“幕墙嵌板”→“点爪式幕墙嵌板 1”,单击鼠标右键,在菜单中执行“匹配”命令,如图 3.5-13 所示。

(4)选择幕墙中的任意一个网格边缘进行匹配替换,如图 3.5-14 所示。

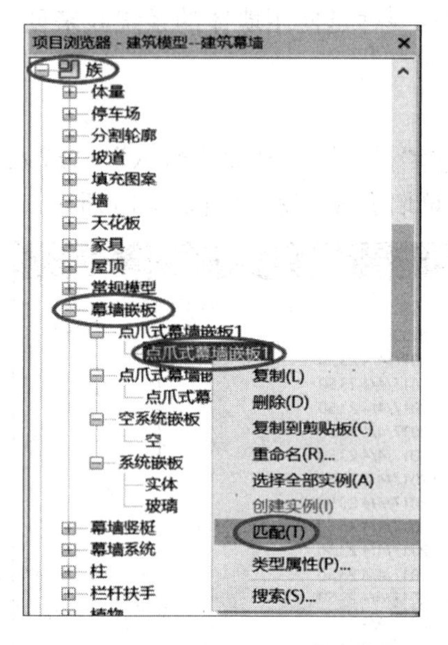

图 3.5-13　项目浏览器-建筑幕墙

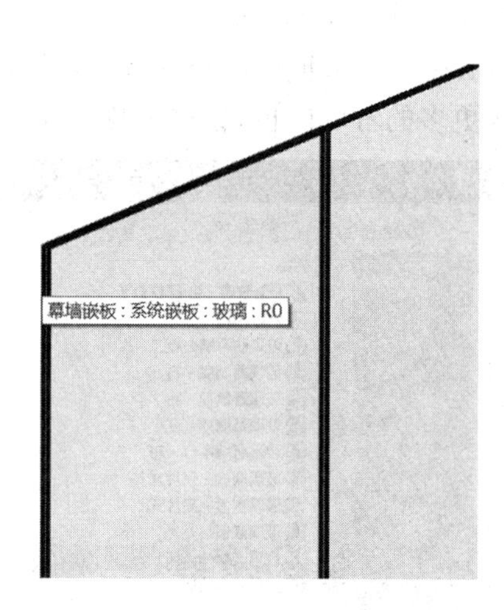

图 3.5-14　选择幕墙网格边缘

(5)替换后的幕墙嵌板如图 3.5-15 所示,依次将其他幕墙网格替换成点爪式幕墙嵌板,如图 3.5-16 所示。

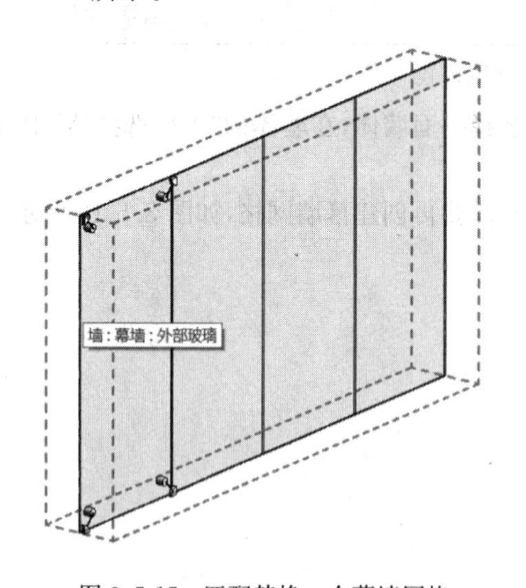

图 3.5-15　匹配替换一个幕墙网格

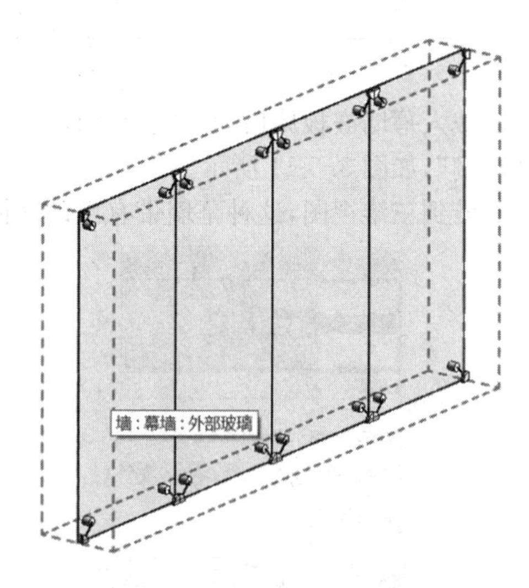

图 3.5-16　匹配替换多个幕墙网格

2)用幕墙系统创建幕墙嵌板

该方法是通过选择体量面来创建幕墙系统,进而选择幕墙嵌板族来匹配幕墙系统中的网格。这种方法可以创建异型幕墙。

(1)在楼层平面图中,选择“体量和场地”→“概念体量”→“内建体量”,打开“名称”对话框,在对话框中输入“幕墙体量”,单击“确定”按钮,这个名称可以自己定。

(2)在“创建体量”状态下,选择“绘制”→“模型”→“矩形”▭,绘制一个矩形。在“修改 |

线”状态下，选择“形状”→“创建形状”→“实心形状”，创建一个体量，如图 3. 5-17 所示，可以通过面上的箭头来改变体量的尺寸，设计后单击“完成体量”按钮。

(3)选择“建筑”→“构建”→“幕墙系统”，在“修改|放置面幕墙系统”状态下，选择“多重选择”→“选择多个”，选择体量的四个侧面作为添加幕墙的面，接着选择“多重选择”→“创建系统”，如图 3. 5-18 所示。可以从幕墙属性里看到，该幕墙默认尺寸为 1 500 mm×3 000 mm，最后在项目浏览器中选择需要的幕墙嵌板族来匹配幕墙系统中的嵌板，方法同上。

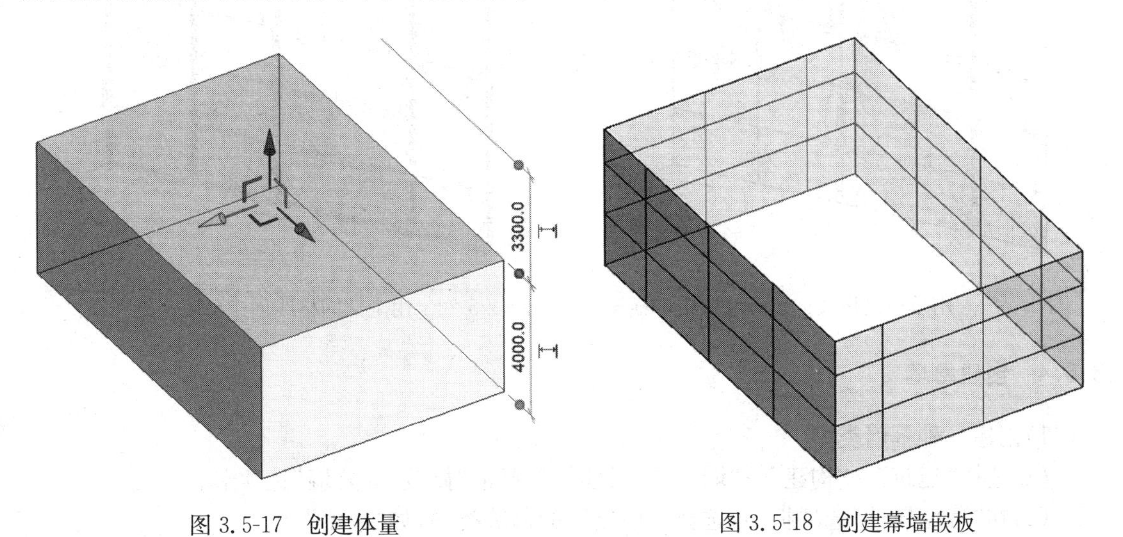

图 3. 5-17　创建体量　　　　图 3. 5-18　创建幕墙嵌板

3.5.3　创建幕墙竖梃与横梃

幕墙竖梃和横梃即幕墙龙骨，我们在创建幕墙的竖梃和横梃前，要先给幕墙创建网格，再通过幕墙网格添加竖梃和横梃。

(1)创建一面幕墙，通过“全部分段”和“一段”的方法创建幕墙网格，网格尺寸自己设定，如图 3. 5-19 所示。

(2)选择“建筑”→“构建”→“竖梃”，在“修改|放置竖梃”状态下，有三种创建幕墙竖梃的方法，分别是放置网格线、单段网格线和全部网格线。首先选择“放置”→“网格线”，在幕墙中单击网格线，对于初始做出的长网格线，即使中间隔开也不受影响，如图 3. 5-20 所示。

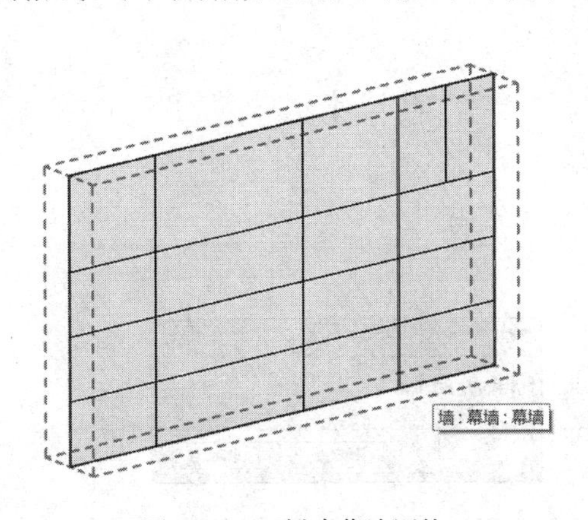

图 3. 5-19　创建幕墙网格

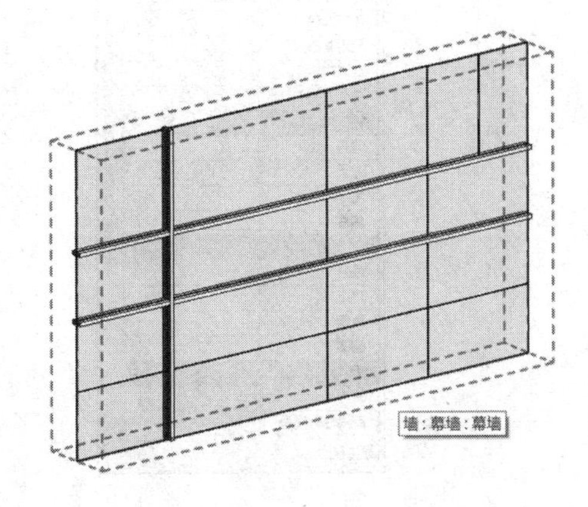

图 3. 5-20　用网格线创建幕墙竖梃和横梃

(3)在“修改|放置竖梃”状态下,选择“放置”→“单段网格线”,在幕墙中单击网格线,可以将竖梃放置在分割开的小段网格上,如图 3.5-21 所示。

(4)在“修改|放置竖梃”状态下,选择“放置”→“全部网格线”,单击幕墙的任意一段网格线,整个幕墙上的全部网格段都可以放置上竖梃和横梃,如图 3.5-22 所示。

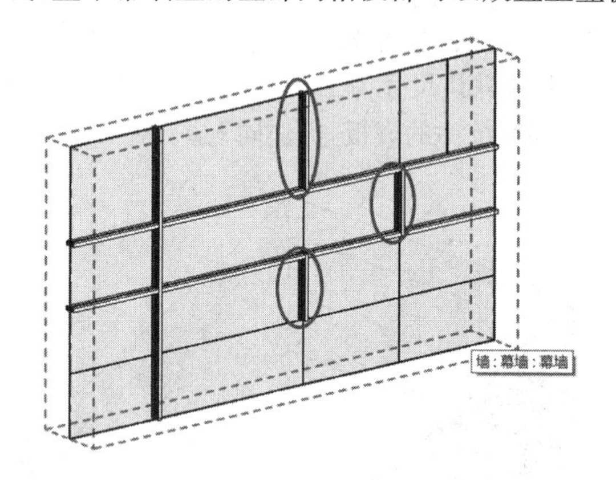

图 3.5-21 用单段网格线创建幕墙竖梃和横梃

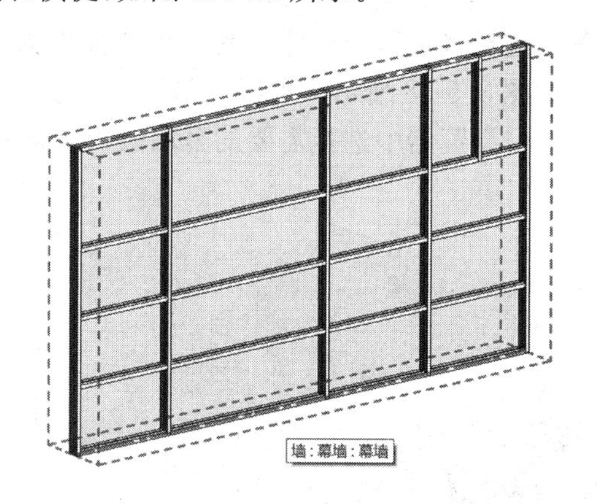

图 3.5-22 用全部网格线创建幕墙竖梃和横梃

3.5.4 创建幕墙

1)创建一种幕墙类型

(1)选择“建筑”→“构建”→“墙”→“墙:建筑”,激活“修改|放置墙”选项卡。

(2)在“幕墙属性”选项板中,选择幕墙族下的幕墙类型,如“幕墙”。

(3)在“幕墙属性”选项板中,单击“编辑类型”按钮,如图 3.5-23 所示,弹出“类型属性”对话框。

(4)在“类型属性”对话框中,单击“复制”按钮,创建一个幕墙类型,如“别墅幕墙”,如图 3.5-24 所示。

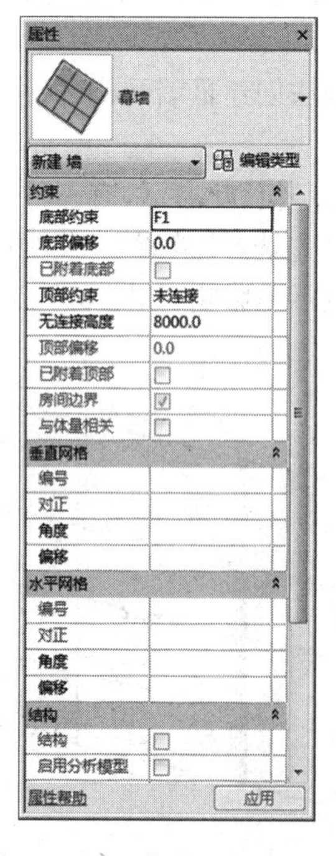

图 3.5-23 “幕墙属性”选项板

图 3.5-24 “名称”对话框

(5)在“类型属性”对话框中，对创建的幕墙进行“类型参数”设置，如图 3.5-25 所示。

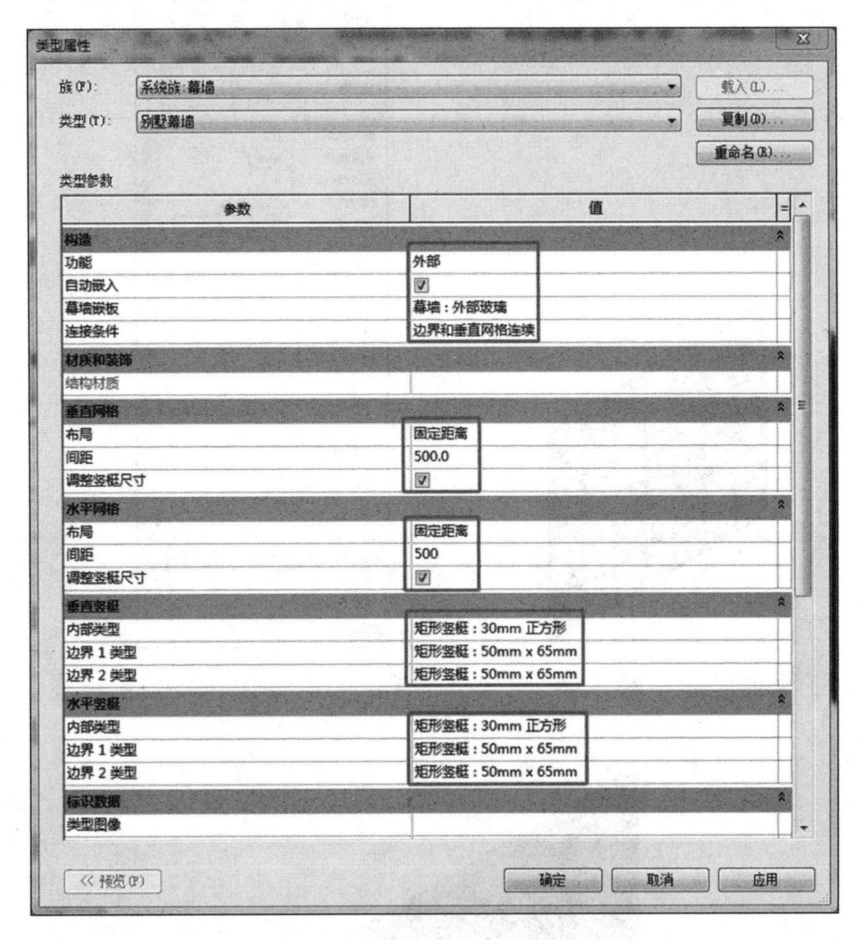

图 3.5-25　设置幕墙类型属性

(6)在“类型属性”对话框中，单击“确定”按钮，完成幕墙类型创建，“幕墙属性”选项板中增加一个“别墅幕墙”类型。

2)插入幕墙

幕墙可以单独存在，但更多的是将幕墙嵌入到墙体中。

单独幕墙的创建如同创建单面墙体，常用作幕墙隔墙，如图 3.5-26 所示。

要将幕墙嵌入到墙体，需要在幕墙“类型属性”对话框的参数中勾选“自动嵌入”复选按钮，这样在添加幕墙时可以直接将幕墙嵌入到墙体中。

(1)在“修改|放置 墙”选项卡下，在“幕墙属性”选项板中选择一种幕墙类型，如“别墅幕墙”。

(2)在“幕墙属性”选项板中，修改“约束”中的“底部约束”和“顶部约束”，如图 3.5-27 所示。

(3)在楼层平面状态下，将光标移到已创建的墙体上，用“绘制”面板中的“绘制”工具绘制幕墙。

(4)按两次〈Esc〉键退出绘制，转至三维视图，此时幕墙已被嵌入到墙体中了，如图 3.5-28 所示。

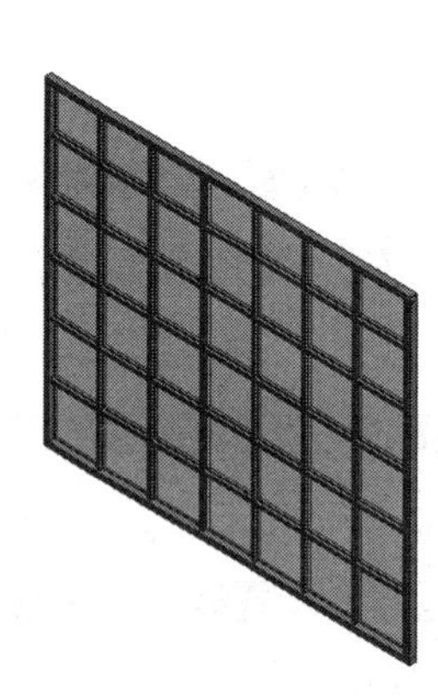

图 3.5-26　幕墙隔墙

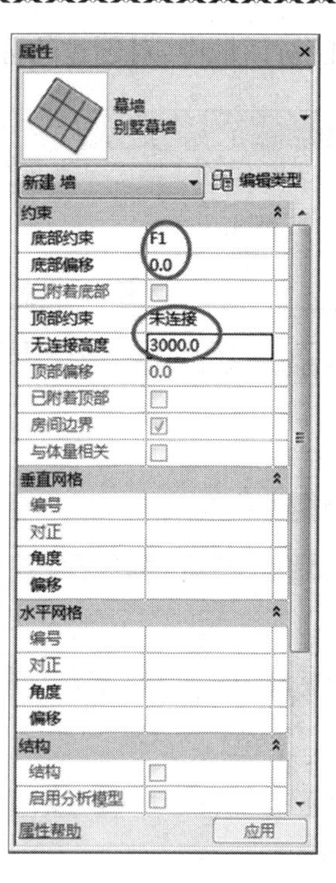

图 3.5-27　“幕墙属性”选项板

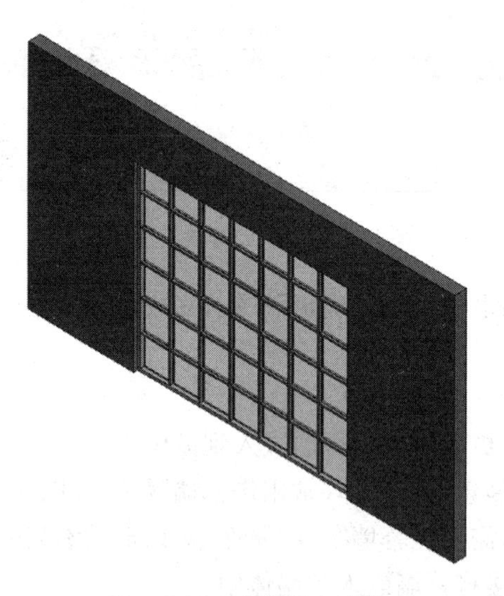

图 3.5-28　幕墙嵌入墙体

更换幕墙嵌板

在实际情况中,建筑物的幕墙嵌板并不都是统一的材质与形状,在建模时我们需要更换幕墙嵌板,因为方法类似,在这里只讲解将幕墙嵌板换成窗。

(1)通过上述理论知识创建一块幕墙。

(2)选择“插入”→“从库中载入”→“载入族”,在族中选择需要更换幕墙嵌板的窗嵌板,如图 3.5-29 所示,并载入。

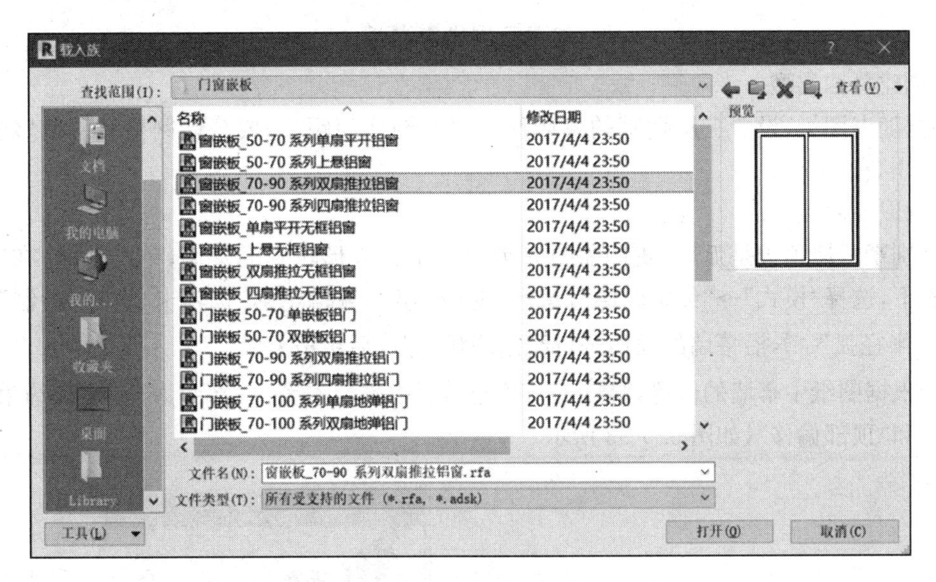

图 3.5-29　载入门窗嵌板

(3)在“项目浏览器”中,选择“窗”中的“窗嵌板_70-90 系列双扇推拉铝窗”,单击“70 系列”,右击后执行“匹配”命令,如图 3.5-30 所示。

(4)在创建好的幕墙中,单击需要更换的幕墙嵌板即可,如图 3.5-31 所示。

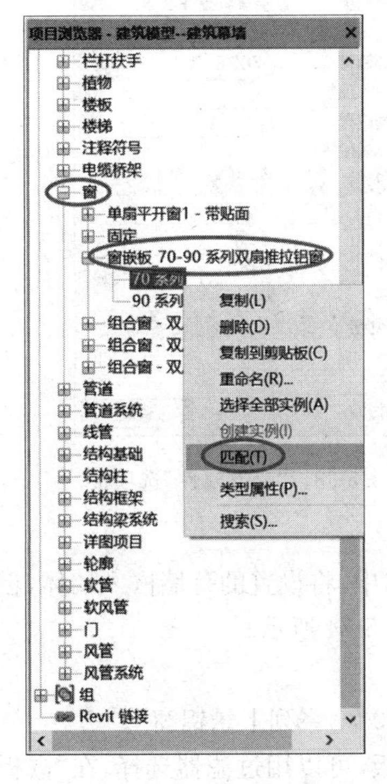

图 3.5-30　项目浏览器

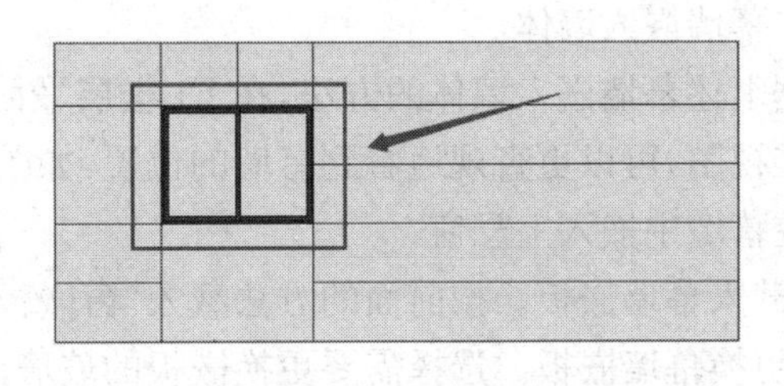

图 3.5-31　更换幕墙嵌板

创建三层别墅幕墙

1)创建幕墙类型

根据随书图纸,设置三层别墅的幕墙尺寸以及网格间距,完成幕墙网格和幕墙竖梃的创建,如图 3.5-32 所示。

注意以下两点。

(1)别墅幕墙顶边是弧形,我们需要先创建一个长方形轮廓的幕墙,单击幕墙,在“修改|墙”状态下,选择“模式”→“编辑轮廓”,激活“修改|墙>编辑轮廓”选项卡,选择“绘制”→“起点-终点-半径弧”,沿幕墙的顶边进行绘制圆弧,完成后单击 。

(2)根据图纸中幕墙的位置,“幕墙属性”选项板中需要设置“底部约束”、“顶部约束”、“底部偏移”和“顶部偏移”,如图 3.5-33 所示。

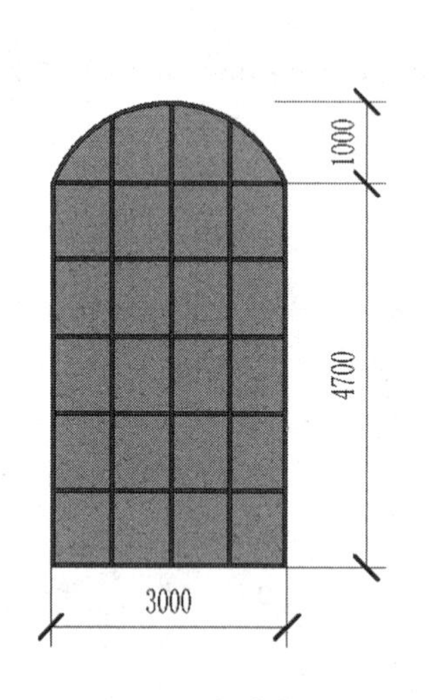

图 3.5-32　创建幕墙

图 3.5-33　“幕墙属性”选项板

2)将幕墙嵌入墙体

根据上述幕墙嵌入墙体的方法,在 F1 楼层平面图中,将设置的幕墙嵌入墙体,创建窗套,转至三维视图,可以更直观地看到幕墙的位置,如图 3.5-34 所示。

3)在幕墙中嵌入上悬窗

(1)载入幕墙嵌板。按前面的方法载入“窗嵌板_50-70 系列上悬铝窗”。

(2)更换幕墙嵌板。选择需要更换嵌板的玻璃嵌板,可以用过滤器选择,在“嵌板属性”选项板中选择载入的“窗嵌板_50-70 系列上悬铝窗”,如图 3.5-35 所示。

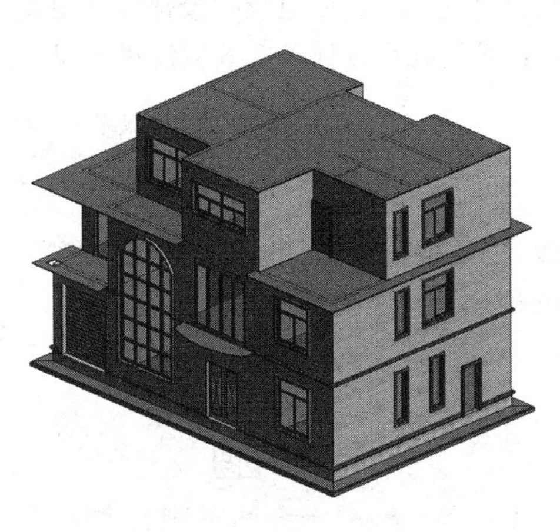

图 3.5-34 建筑幕墙

图 3.5-35 更换别墅幕墙嵌板

任务3.6 创建楼梯

任务导入

楼梯是建筑物中起垂直交通作用的构件。楼梯一般由三部分组成,分别是梯段、平台和栏杆扶手。根据楼梯的构造形式不同,分单跑直梯、双跑平行梯、圆弧楼梯和螺旋楼梯等。本次任务讲解直梯和异型楼梯以及楼梯相关构件的创建。

学习目标

1. 熟悉建筑楼梯的作用、分类、组成及构造要求等相关知识。
2. 掌握楼梯及楼梯构造的施工工艺与技术要求。
3. 能够运用楼梯构造设置楼梯属性。
4. 会运用"建筑"→"楼梯坡道"→"楼梯",创建建筑模型的楼梯。

任务情境

楼梯除室内楼梯外,还有室外楼梯。室外楼梯将室内楼梯从传统的封闭空间中解放出来,使之成为形体富于变化并带有装饰性的建筑重要组成部分。不同位置、不同类型的楼梯,作用也不相同。

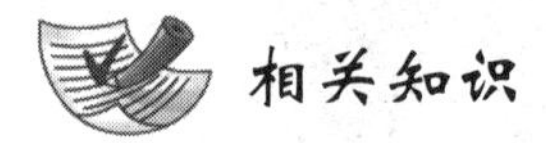

选择“建筑”→“楼梯坡道”,可见有三个选项:“栏杆扶手”、“坡道”和“楼梯”,如图 3.6-1 所示。栏杆可以单独做,也可以随楼梯一起自动生成;坡道在后续任务 3.8 创建建筑细部构造中讲解。

图 3.6-1　楼梯坡道

3.6.1　设置楼梯属性

选择“建筑”→“楼梯坡道”→“楼梯”,在“修改|创建楼梯”状态下,可以选择楼梯的设计工具,包括梯段的创建、平台的创建和支座的创建,如图 3.6-2、3.6-3 和 3.6-4 所示。

图 3.6-2　创建梯段

图 3.6-3　创建平台

图 3.6-4　创建支座

在图 3.6-2 中,梯段的创建有六种方式,分别是直梯、全踏步螺旋、圆心一端点螺旋、L 形转角、U 形转角和创建草图。从形状上来看,前五种都是标准楼梯,通过草图创建的一般都是异形楼梯。

在图 3.6-3 中,平台的创建有两种方式,分别是拾取两个梯段和创建草图。创建草图基本上针对的是异形平台。

在图 3.6-4 中,支座的创建是通过拾取各个梯段或平台的边完成的。

1)设置楼梯属性

以创建直梯为例,选择“建筑”→“楼梯坡道”→“楼梯”,在“修改|创建楼梯”状态下,选择“构件”→“梯段”→“直梯”,激活“楼梯属性”选项板,如图 3.6-5 所示。

单击“楼梯属性”选项板的“类型选择器”,下拉列表框出现三种楼梯:现场浇筑楼梯、组合楼梯和预浇筑楼梯。

现场浇筑楼梯:将楼梯段、平台和平台梁现场浇筑成一个整体的楼梯,其整体性好,抗震性强。其按构造的不同又分为板式楼梯和梁式楼梯两种。

组合楼梯:包括了专用楼梯和工业用楼梯,结构上比较简单,装饰性效果较明显。

预浇筑楼梯:属于装配式结构件,场外浇筑后现场装配成楼梯。

(1)约束:控制楼梯的顶部和底部标高及其偏移量。

底部约束控制楼梯底部的标高,与之对应的是底部偏移。底部偏移值是指低于或高于底部约束标高的值。

顶部约束控制楼梯顶部的标高,与之对应的是顶部偏移。顶部偏移值是指低于或高于顶部约束标高的值。

(2)尺寸标注:对楼梯的踢面数和踏板深度进行设定。

踢面数:台阶或踏步有两个面,水平的叫“踏面”,竖直的叫“踢面”。一段楼梯的高度=踢面数×踢面高度，一段楼梯的水平投影长＝踏面数×踏宽（踏板深度）＝（踢面数－1）×踏板深度。

踏板深度：楼梯踏板的宽度，如图 3.6-6 所示。

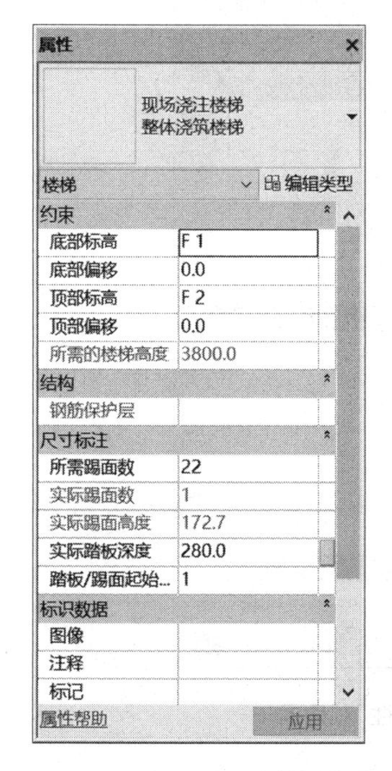

图 3.6-5 “楼梯属性”选项板

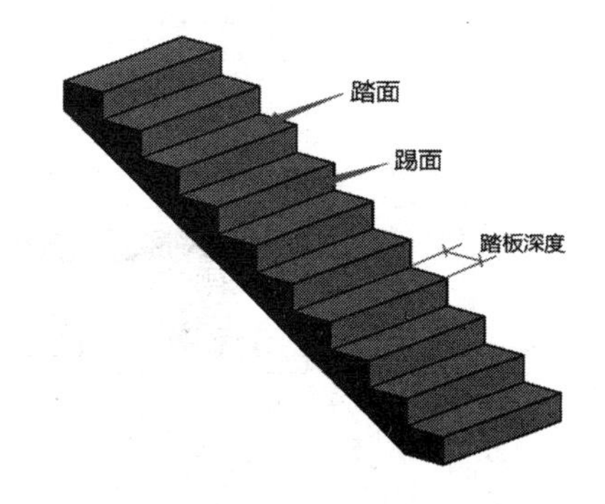

图 3.6-6 楼梯

2）“楼梯”选项栏

与“楼梯属性”选项板对应的还有“楼梯”选项栏，位于功能区的下方，如图 3.6-7 所示。

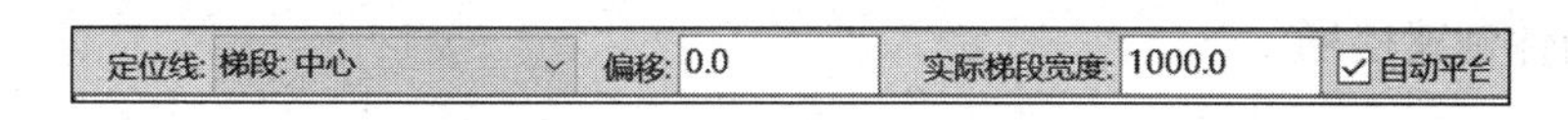

图 3.6-7 “楼梯”选项栏

定位线：在楼层平面图绘制楼梯时，绘制路径的定位依据。定位线的选择有五种，分别是梯边梁外侧：左、梯段：左、梯段：中心、梯段：右和梯边梁外侧：右。一般默认以“梯段：中心”绘制楼梯。

偏移：绘制路径与定位线间的距离。如果“定位线”为“梯段：中心”，“偏移”值输入“50”，在向上创建楼梯时，绘制路径在中心线的右侧 50 mm，如果是负值，则在中心线的左侧 50 mm。

实际梯段宽度：根据实际建筑楼梯图纸来做修改。

自动平台：勾选“自动平台”复选按钮表示楼梯在转角处自动生成平台。

3）设置楼梯类型属性

在“楼梯属性”选项板的“类型选择器”中，选择“现场浇筑楼梯-整体浇筑楼梯”，单击 编辑类型，打开“类型属性”对话框，如图 3.6-8 所示。

（1）族：楼梯族，有现场浇筑楼梯、组合楼梯和预浇筑楼梯选项。选择不同的族，楼梯类型和类型参数都随之发生改变，显示不同类型楼梯和类型参数。

（2）类型：选定一种楼梯族时，可以在系统自带类型中直接修改参数加以运用。但在具体项目时，最好还是自己创建新的楼梯类型。

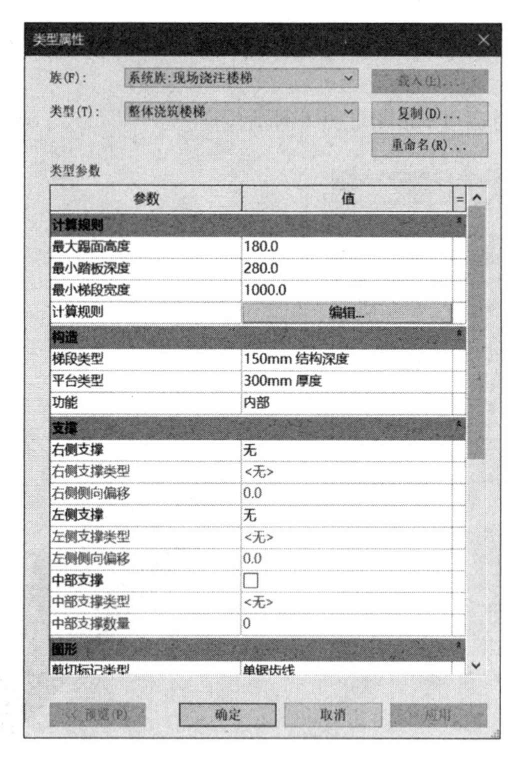

图 3.6-8 “类型属性”对话框

(3)类型参数:在此设置不同类型楼梯的具体参数值,设置后的楼梯文件在项目中直接运用。不同类型的楼梯,它们的类型参数项也不尽相同,常设置:计算规则、构造、支撑等几项内容。

3.6.2 按构件创建楼梯

1)创建楼梯梯段

在 3.6.1 中介绍过楼梯的梯段绘制方式有六种,前五种是根据外观形式不同而进行的分类,最后一种是按草图绘制。这里以创建直梯梯段为例。

(1)选择“建筑”→“楼梯坡道”→“楼梯”,在“修改|创建楼梯”状态下,选择“构件”→“梯段”→“直梯”,在“楼梯属性”选项板的“类型选择器”中选择“现场浇筑楼梯-整体浇筑楼梯”。

(2)单击 编辑类型 ,在打开的“类型属性”对话框中单击 复制(D)... ,弹出“名称”对话框,如图 3.6-9 所示。在“名称”对话框中输入“F1 室内楼梯”,表示一层室内楼梯。

(3)单击“确定”按钮,回到“类型属性”对话框,此时类型名称已经改为“F1 室内楼梯”。

(4)在“类型属性”对话框中,根据建筑楼梯大样图设置楼梯有关的各项参数,以随书图纸的首层楼梯为例,如图 3.6-10 所示。可知踢面高度为 165.21 mm,踢面高度是由梯段高度和踢面数决定,一般不用自己输入。踏板深度为 260 mm,梯段宽度为 1 200 mm。

(5)在楼梯的“类型属性”对话框中,依据建筑楼梯图纸的要求选择“构造”中梯段和平台的类型以及功能参数。“支撑”参数值中有三种选择:梯边梁(闭合)、踏步梁(开放)或者无支撑。

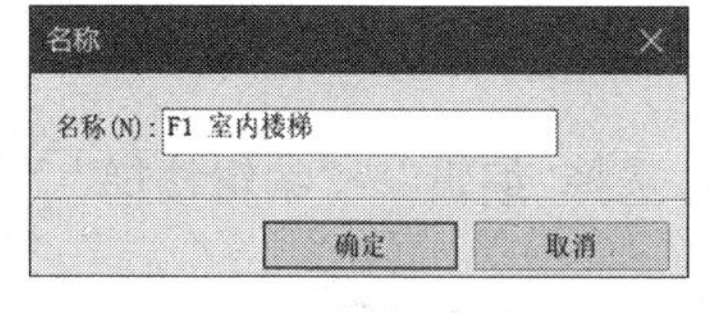

图 3.6-9　“名称”对话框

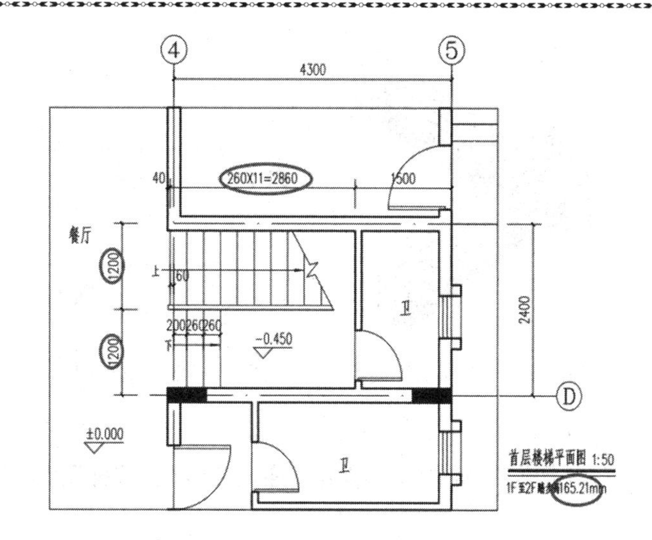

图 3.6-10　建筑楼梯大样图

(6)单击“确定”按钮,回到“楼梯属性”选项板。在“楼梯属性”选项板中添加了一个“F1 室内楼梯”的楼梯。选择“底部标高”和“顶部标高”,根据需要输入“底部偏移”和“顶部偏移”值,在“尺寸标注”中输入需要的踢面数,这个默认值为“24”。“定位线”默认为“梯段:中心”,勾选“自动平台”复选按钮。

(7)在楼层平面视图中,通过 CAD 楼梯底图绘制楼梯,单击功能区“完成编辑模式”按钮 ✔,完成楼梯的绘制。

(8)转至三维视图,即可查看所创建楼梯的三维模型,如图 3.6-11 所示。平台和栏杆都是自动生成的。

2)创建楼梯平台

楼梯平台是连接两个梯段之间的水平部分,根据所处的位置和标高不同可以分为中间平台和楼层平台。

创建楼梯平台的方法有两种:第一种是创建梯段时勾选“自动平台”复选按钮,楼梯平台会自动生成;第二种是不勾选此项,创建完梯段后,连接两个相关梯段,进而创建楼梯平台,两个相关的梯段必须是在同一楼梯部件编辑任务中创建的。

(1)在不勾选“自动平台”复选按钮的情况下,用同一种楼梯属性连续创建两个梯段,如图 3.6-12 所示。

(2)单击楼梯,在“修改|楼梯”状态下,选择“编辑”→“编辑楼梯”。

(3)在“修改|创建楼梯”状态下,选择“构件”→“平台” →“拾取两个梯段” 。单击第一个梯段,再单击第二个梯段,将自动创建好连接两个梯段的平台,单击“完成编辑模式”按钮 ✔,如图 3.6-13 所示。

3)创建支座构件

创建支座构件也有两种方法:第一种是在楼梯的“类型属性”对话框中,添加“支撑”类型参数,在右侧、左侧和中部添加梯边梁或者踏步梁;第二种是通过拾取梯段或平台边缘创建侧支撑。

为现有的梯段或平台创建支撑构件。

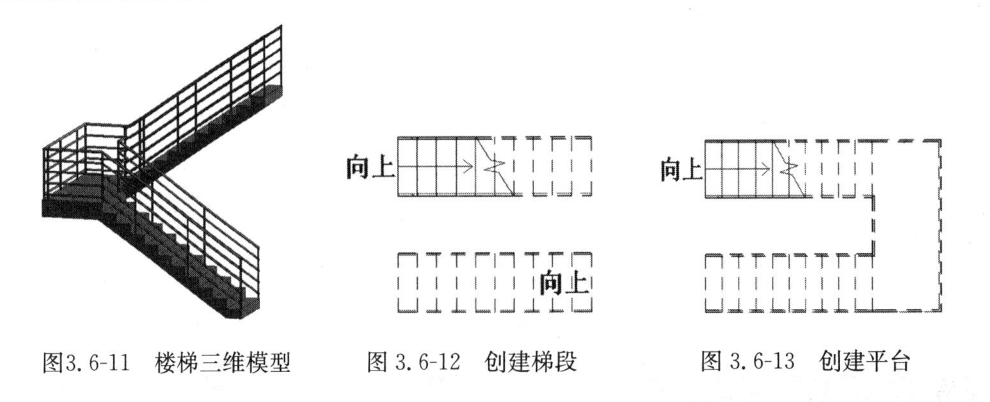

图3.6-11　楼梯三维模型　　图 3.6-12　创建梯段　　图 3.6-13　创建平台

(1)在楼层平面视图中单击楼梯,在“修改|楼梯”状态下,选择“编辑”→“编辑楼梯”。

(2)在“修改|创建楼梯”状态下,选择“构件”→“支座”→“拾取边”。

(3)选中要添加支座构件的梯段或平台边缘,如选择整个外部或内部的边界,按〈Tab〉键,直至所有的边缘线被选中,单击“完成编辑模式”按钮。

注意:支撑构件不能重复设置,如果在“类型属性”对话框中已经设定,需要先删除该支撑,再使用拾取边的方法创建支撑。

4)按构件创建楼梯

下面以创建螺旋楼梯为例,讲解按构件创建楼梯的方法。

(1)选择“建筑”→“楼梯坡道”→“楼梯”,在“修改|创建楼梯”状态下,选择“构件”→“梯段”→“圆心-端点螺旋”,在“楼梯属性”选项板的“类型选择器”中,选择在前文创建的“F1 室内楼梯”。

(2)在楼层平面视图中单击确定一点作为螺旋楼梯的中心,楼梯段中心线到圆点的距离为螺旋楼梯的半径,半径选值越大,螺旋度越小。在这里,我们把半径设为 2 000 mm,如图 3.6-14 所示。楼梯的起点和终点的位置是可以改变的。

(3)单击确定楼梯段起点和终点的位置后,绕着螺旋楼梯创建踢面,如图 3.6-15 所示。

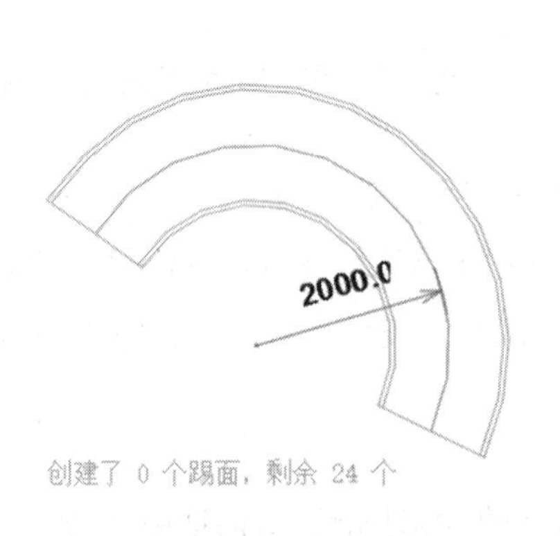

图 3.6-14　确定螺旋楼梯半径

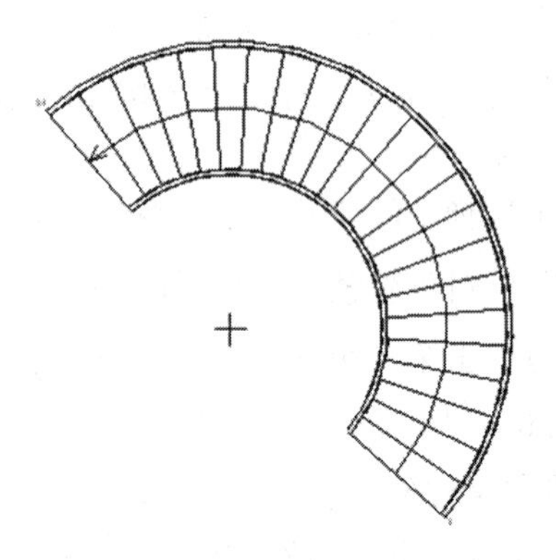

图 3.6-15　创建螺旋楼梯踢面

(4)单击“完成编辑模式”按钮,转至三维视图,查看创建好的螺旋楼梯三维模型,如图 3.6-16所示。

(5)如若需要修改已经创建好的楼梯，单击楼梯，在“修改|楼梯”的状态下，选择“编辑”→“编辑楼梯”，再次激活“修改|创建楼梯”状态，可以对楼梯进行修改，包括参数的设定，以及楼梯从起点到终点方向的改变等。

3.6.3　按草图创建楼梯

在 Revit 2018 软件中，按草图绘制楼梯通常是通过绘制边界和踢面线创建楼梯，如图 3.6-17 所示。

图 3.6-16　螺旋楼梯三维模型

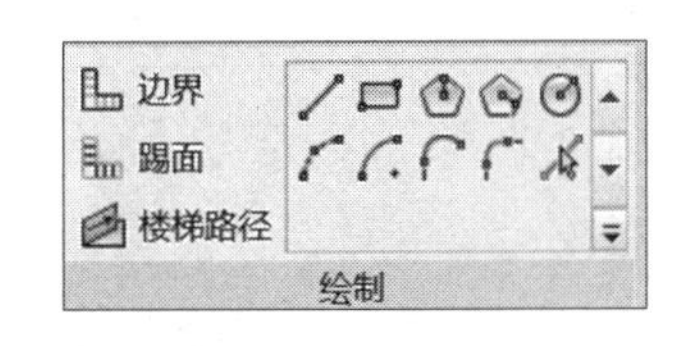

图 3.6-17　绘制楼梯的方式

(1)选择“建筑”→“楼梯坡道”→“楼梯”，在“修改|创建楼梯”状态下，选择“构件”→“梯段”→“创建草图”，在“修改|创建楼梯>绘制梯段”状态下，选择“绘制”→“边界”→“线”，其他绘制工具根据需要选用。

(2)在楼层平面视图中，绘制两条单跑楼梯的边界线，如图 3.6-18 所示。

(3)选择“绘制”→“踢面”→“线”，其他绘制工具根据需要选用。在边界线中绘制 12 个踢面，均匀布置，如图 3.6-19 所示，单击两次“完成编辑模式”按钮。

(4)转到三维视图，查看所创建楼梯三维模型，如图 3.6-20 所示。

创建了 0 个踢面，剩余 12 个

图 3.6-18　绘制楼梯边界

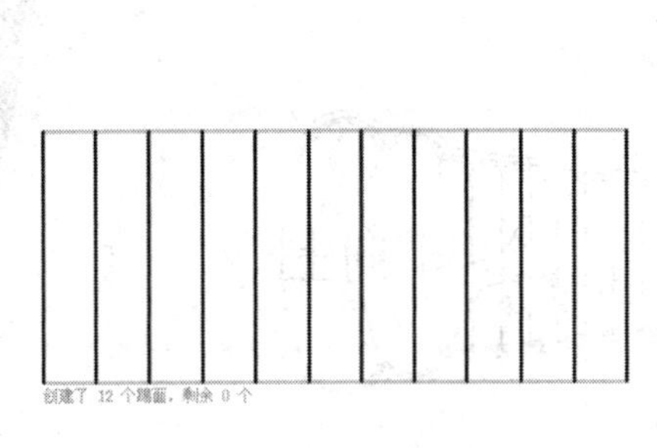

图 3.6-19　创建楼梯踢面

图 3.6-20　楼梯三维模型

知识拓展

创建异形楼梯

异形楼梯是指楼梯的梯段、平台的形状由不规则的曲线组成的楼梯。我们可以通过草图绘制的方法来创建异形楼梯。异形楼梯形状有多种,我们以其中的一种为例来进行创建。

(1)选择“建筑”→“楼梯坡道”→“楼梯”,在“修改|创建楼梯”状态下,选择“构件”→“梯段”→“创建草图”。

(2)在“修改|创建楼梯>绘制梯段”状态下,选择“绘制”→“边界”→“线”,绘制两条不平行的边界线,接着使用“起点-终点-半径弧”工具绘制弧形边界,如图 3.6-21 所示,尺寸可以自己设定。

(3)选择“绘制”→“踢面”→“线”,前一部分绘制均匀的直踢面线,到弧形边界时,使用“起点-终点-半径弧”工具绘制弧形踢面线,如图 3.6-22 所示,一共设置了 16 个踢面线。

图 3.6-21　绘制边界

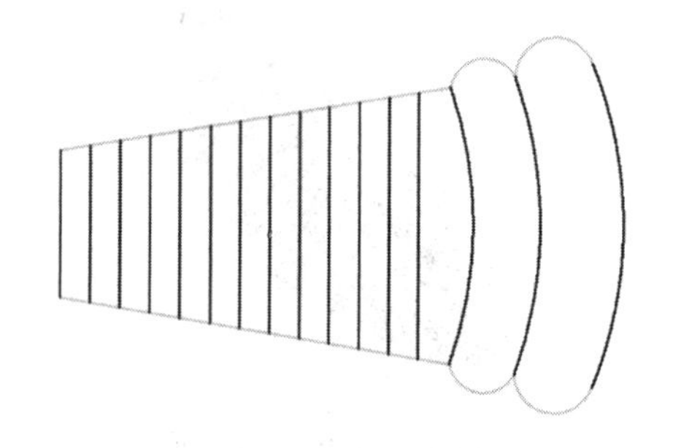

图 3.6-22　绘制踢面

(4)单击两次“完成编辑模式”按钮,即完成异形楼梯的创建,如图 3.6-23 所示。转至三维视图,即可直观地看到建好的楼梯模型,如图 3.6-24 所示。

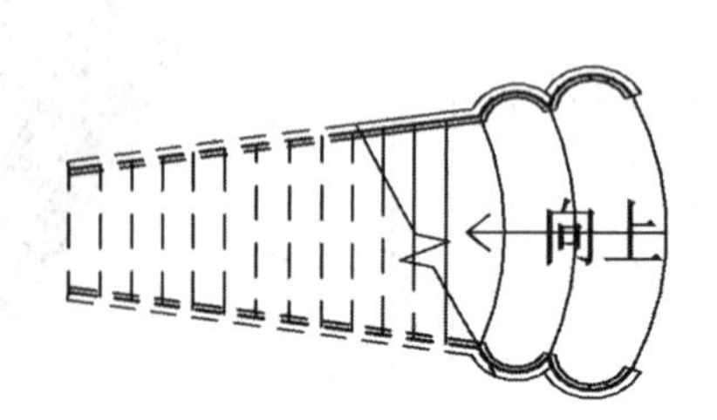

图 3.6-23　楼梯的平面视图

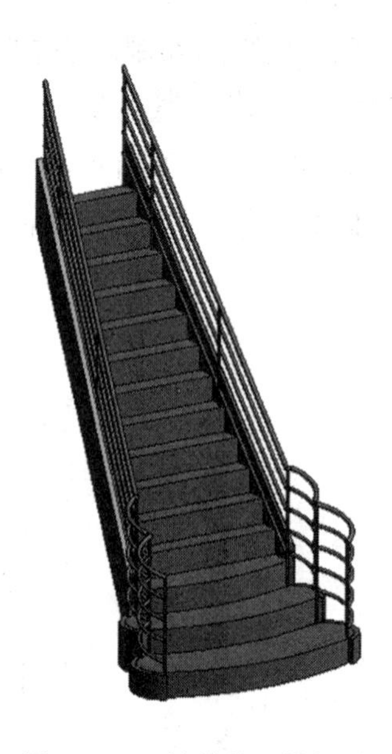

图 3.6-24　楼梯的三维视图

技能训练

创建三层别墅楼梯

1)设置楼梯类型属性

根据 3.6.1 知识以及 CAD 每层楼梯的平面图,设置每一层楼梯的类型属性。这里每层楼梯不做装修效果,所以楼梯材料一律选现浇混凝土。

2)创建三层别墅各层建筑楼梯

(1)在 F1 楼层平面,选择"建筑"→"楼梯坡道"→"楼梯",在"修改|创建楼梯"状态下,选择"构件"→"梯段"→"直梯"。

(2)在"楼梯属性"选项板中,将"约束"中的"底部标高"设为"F1","顶部标高"设为"F2";将"尺寸标注"中"所需踢面数"设为"23"。接着单击"编辑类型"按钮,设定楼梯的相关参数如图 3.6-25 所示。

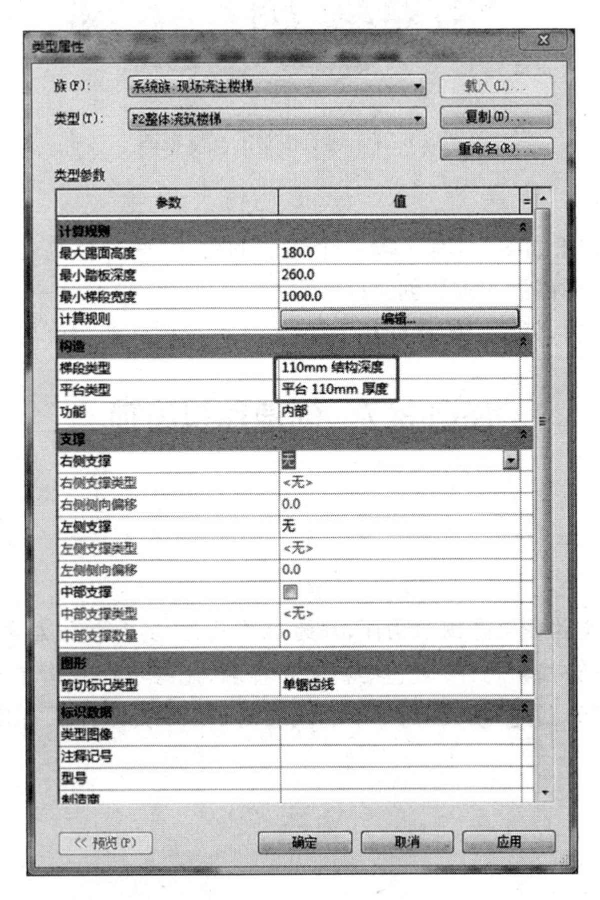

图 3.6-25　设定楼梯参数

(3)"楼梯"选项栏中的设置如图 3.6-26 所示。

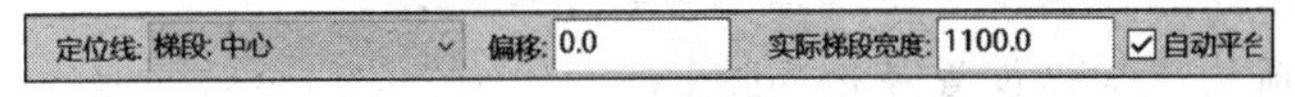

图 3.6-26　"楼梯"选项栏中的设置

(4)依据 CAD 底图绘制一层到二层的楼梯段、平台和栏杆扶手。绘制完成后,如果需要修改,可以单击楼梯,在“修改|楼梯”状态下,选择“编辑”→“编辑楼梯”,对楼梯和平台进行修改。

(5)同理在 F2 楼层平面创建二层到三层的楼梯段。转到三维视图,如图 3.6-27 所示。

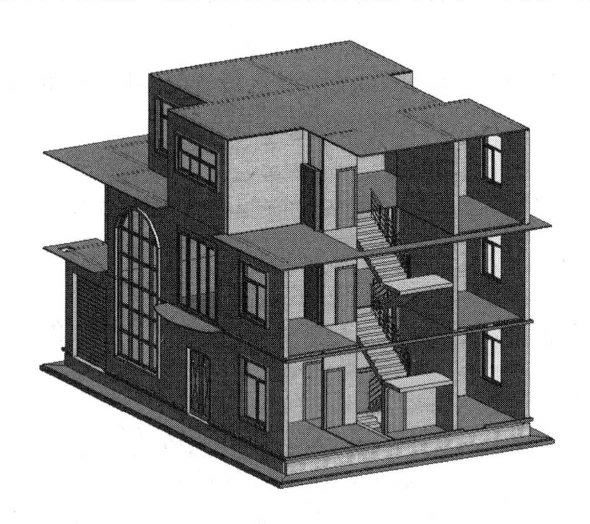

图 3.6-27　建筑楼梯的三维视图

注意:

(1)CAD 首层楼梯平面图中,有一段三个踢面的台阶,底部标高是－0.450,顶部标高是±0.00,这段台阶可以用体量的方法创建;

(2)楼梯绘制完成后,将靠墙的栏杆扶手删掉,保留的栏杆扶手要与别墅建筑要求的一致。

任务 3.7　创建建筑屋顶

任务导入

建筑屋顶既是承重构件又是围护构件,作为承重构件,其和楼板层相似,承受着直接作用于屋顶的各种荷载;作为围护构件,其直接和室外接触,能够有效抵御不利环境的影响。本次任务主要讲解坡屋顶的创建,对屋面装饰不做表达,屋面装饰将在项目 4 建筑模型表现里讲解。

学习目标

1. 熟悉建筑屋顶的分类、作用及构造要求等相关知识。
2. 掌握屋顶及屋顶相关构造的施工工艺与技术要求。
3. 能够运用屋顶构造知识设置屋顶属性。
4. 会运用“建筑”→“构建”→“屋顶”创建建筑模型的屋顶。

任务情境

屋顶在建筑中不仅是承重构件和围护构件，而且在整个建筑的外观和室内装饰中都具有重要的意义。中国传统建筑屋顶更是文化与艺术的结合。屋顶有平屋顶和坡屋顶之分，坡屋顶在装饰效果上具有更丰富的表现。

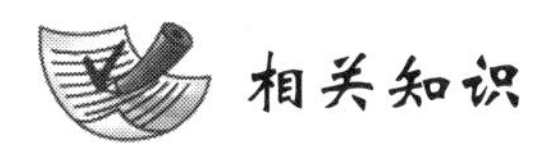

相关知识

选择“建筑”→“构建”→“屋顶”，会出现六个选项，即“迹线屋顶”“拉伸屋顶”“面屋顶”“屋檐：底板”“屋顶：封檐板”“屋顶：檐槽”。前三项是创建不同绘制形式的屋顶，后三项是在屋顶上创建屋顶的相关构造。

3.7.1　设置屋顶属性

1)设置屋顶属性

迹线屋顶、拉伸屋顶和面屋顶的绘制方法不同，但属性设置基本相同，在这里以迹线屋顶为例进行介绍。在后面 3.7.2 创建建筑屋顶中会详细介绍拉伸屋顶和面屋顶的绘制方法。

在楼层平面图中，选择“建筑”→“构建”→“屋顶”→“迹线屋顶”，激活的“屋顶属性”选项板如图 3.7-1 所示。

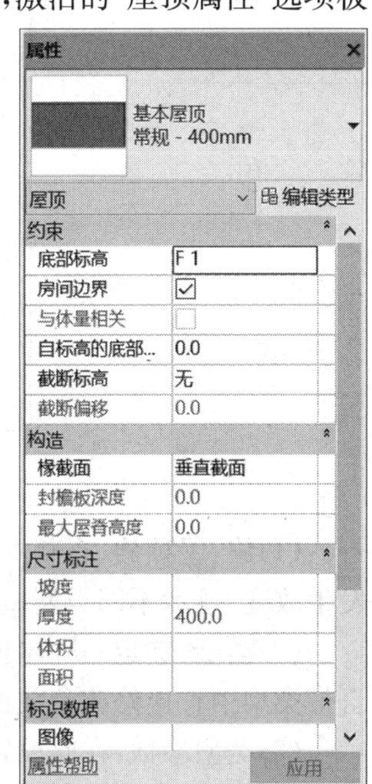

图 3.7-1　“屋顶属性”选项板

单击“屋顶属性”选项板中的“类型选择器”，出现两种屋顶：基本屋顶和玻璃斜窗。玻璃斜窗同时有幕墙和屋顶的功能，因此屋顶和幕墙的编辑方法同样可以适用玻璃斜窗。

(1)约束：控制屋顶的顶部边界和底部标高及其偏移量。

底部标高是控制屋顶底部的标高，与之对应的是自标高的底部偏移。底部偏移值是指低于或高于底部标高的值。

截断标高是控制屋顶顶部的标高，与之对应的是截断偏移。截断偏移值是指低于或高于截断标高的值。如果截断标高选择“无”，屋顶顶部则会根据坡度计算出屋顶的标高值。

(2)构造：屋顶相关构造的设置。

椽截面的设置是定义屋顶屋檐的几何图形，设置包含垂直截面、垂直双截面和正方形双截面。垂直截面是屋顶屋檐垂直于地面，屋顶厚度即封檐带深度；垂直双截面即屋顶屋檐垂直于地面，封檐带深度由参数定义；正方形双截面即屋顶屋檐与坡度成直角，封檐带深度由参数定义。

2)“屋顶”选项栏

与“屋顶属性”选项板对应的还有“屋顶”选项栏，位于功能区的下方，如图 3.7-2 所示。

图 3.7-2　“屋顶”选项栏

定义坡度:该坡度指的是屋顶坡度,勾选“定义坡度”复选按钮,系统默认坡度为 30°;不勾选即默认屋顶没有坡度。

悬挑:仅使用“拾取墙”命令时可以为迹线指定悬挑。如果希望从墙核心处测量悬挑,则勾选“延伸到墙中”复选按钮,然后为悬挑指定一个值。

在使用“线”“矩形”等绘制命令时,选项栏中的设置值会发生相应的变化,可根据实际情况进行选择和设定参数。

3)设置屋顶类型属性

在“屋顶属性”选项板中,单击 编辑类型 ,打开“类型属性”对话框,如图 3.7-3 所示。

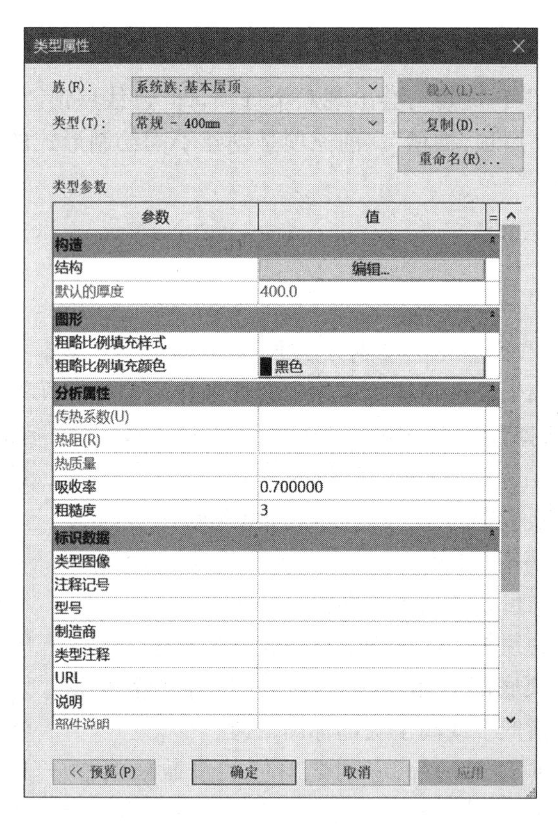

图 3.7-3　“类型属性”对话框

(1)族:屋顶族,有基本屋顶和玻璃斜窗选项。选择不同的族,屋顶类型和类型参数都随之发生改变,显示不同类型屋顶和类型参数。

(2)类型:选定一种屋顶族时,就会出现若干种系统自带的不同类型的屋顶。可以在系统自带类型中直接修改参数加以运用。但在具体项目时,最好还是自己创建新的屋顶类型。

(3)类型参数:在此设置不同类型屋顶的具体参数值,设置后的屋顶文件在项目中直接运用。不同类型的屋顶,它们的类型参数项也不尽相同,常设置:构造、图形、标识数据等几项内容。

3.7.2　创建建筑屋顶

1)创建迹线屋顶

(1)在楼层平面视图中,选择“建筑”→“构建”→“屋顶”→“迹线屋顶”,在“屋顶属性”选项板的“类型选择器”中选择“基本屋顶”→“常规-400 mm”。

(2)单击 编辑类型，在打开的“类型属性”对话框中单击 复制(D)...，弹出“名称”对话框，如图 3.7-4 所示。在“名称”对话框中输入“屋顶-200”，表示屋顶的厚度为 200 mm。

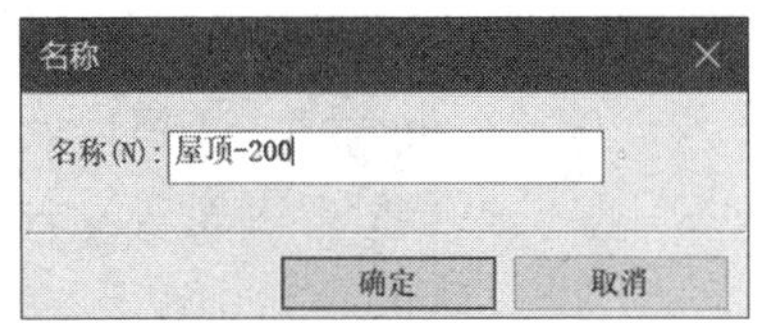

图 3.7-4　“名称”对话框

(3)单击“确定”按钮，回到“类型属性”对话框，此时类型名称已经改为“屋顶-200”。

(4)在“类型属性”对话框中单击“结构”参数中的“编辑”按钮，弹出“编辑部件”对话框。

(5)在“编辑部件”对话框中，单击 插入(I)，插入一行结构行，再将这一行结构行通过“向上”按钮调到第一个“核心边界”的上部，并将名称修改为“面层 1[4]”，作为屋顶的外表面；“材质”根据具体建筑物的要求进行选择，在这里为“按类别”；“厚度”也依据具体建筑物来定，此处设为“80”。设置完成，单击“预览”按钮，可以观察所设置楼板的剖面层，如图 3.7-5 所示。单击“确定”按钮，回到“类型属性”对话框。

(6)在“类型属性”对话框中，此时“默认的厚度”自动修改为“200”，且不可操作。修改“注释记号”为“屋顶 200”，如图 3.7-6 所示。

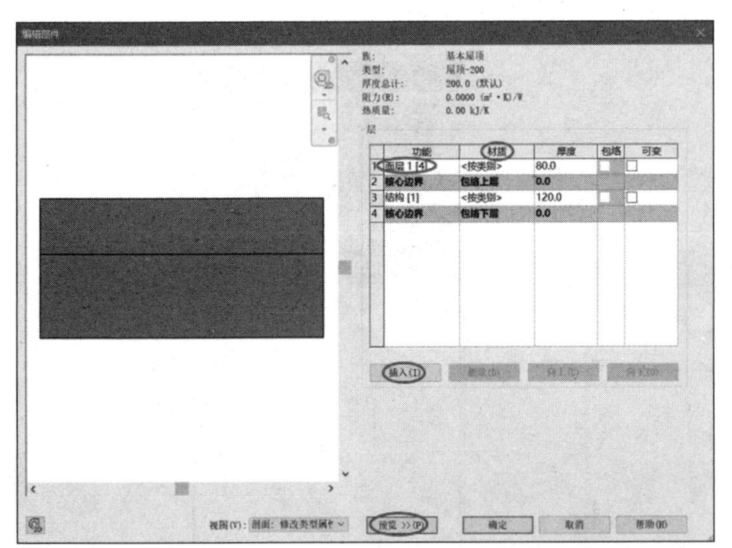

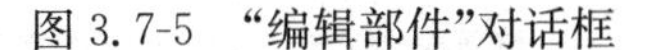

图 3.7-5　“编辑部件”对话框

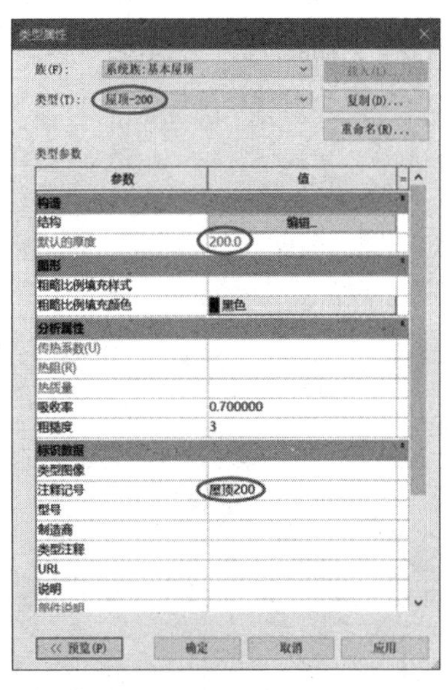

图 3.7-6　修改类型属性

单击“确定”按钮，回到“屋顶属性”选项板。在“屋顶属性”选项板中添加了一个“屋顶-200”的屋顶。

(7)在“屋顶属性”选项板中，选择约束标高，根据需要输入偏移值。在“屋顶”选项栏中勾选“定义坡度”复选按钮。

(8)在“修改|创建屋顶迹线”状态下，选择“绘制”→“边界线”，如图 3.7-7 所示。可以在楼层平面内使用任意一种工具绘制屋顶迹线。

(9)例如选择“线”工具绘制屋顶迹线，组成一个封闭的轮廓后，单击“模式”中的 ✔，即可创建一个屋顶。转到三维视图，如图 3.7-8 所示。

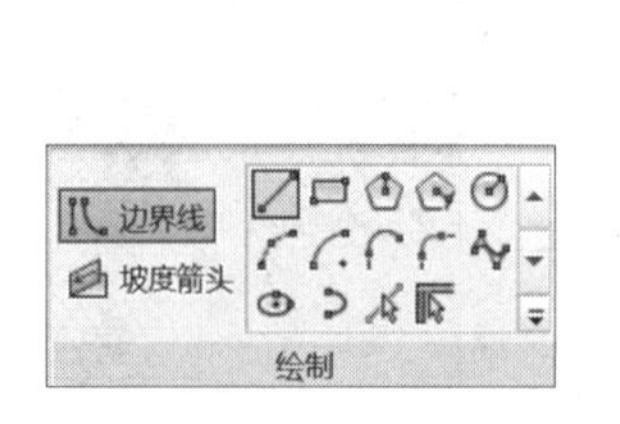

图 3.7-7　绘制屋顶迹线

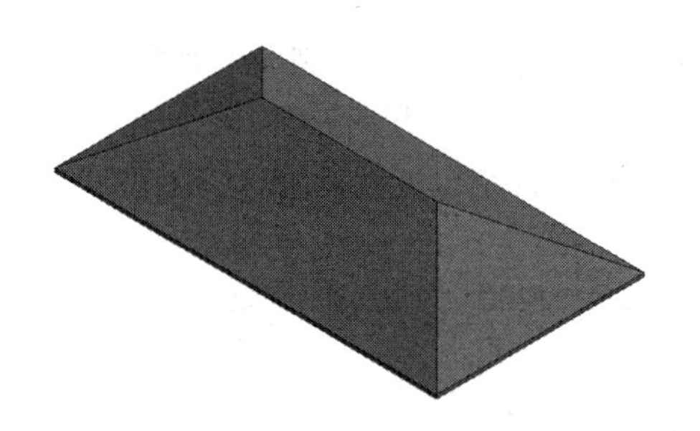

图 3.7-8　迹线屋顶的三维视图

注意:用“坡度箭头”绘制带坡度屋顶的方法类似于任务 2.5.3 中用坡度箭头创建倾斜楼板。

如果创建双坡屋顶,只需选择不设坡度的边,然后激活“属性”选项板,取消勾选“约束”中“定义屋顶坡度”复选按钮。过程如下。

(1)在“屋顶”选项栏中,将“悬挑”值设为“600”。

(2)利用“绘制”面板“边界线”中“矩形”工具绘制屋顶边界,如图 3.7-9 所示。

(3)此时,屋顶四条边界均是有坡度的,选择边界线的两条短边,激活“属性”选项板,取消勾选“约束”中“定义屋顶坡度”复选按钮,如图 3.7-10 所示。

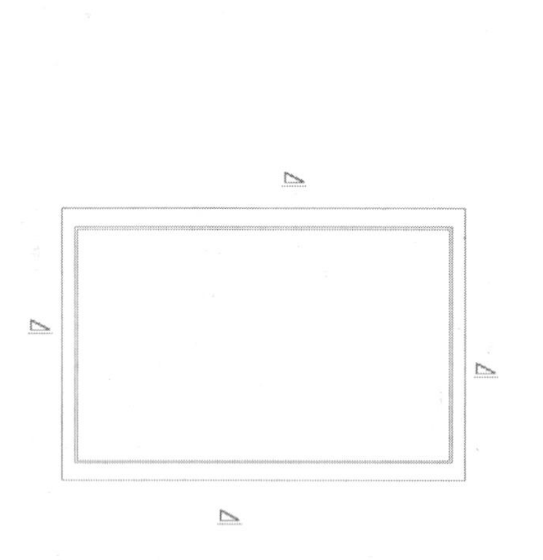

图 3.7-9　绘制屋顶边界线

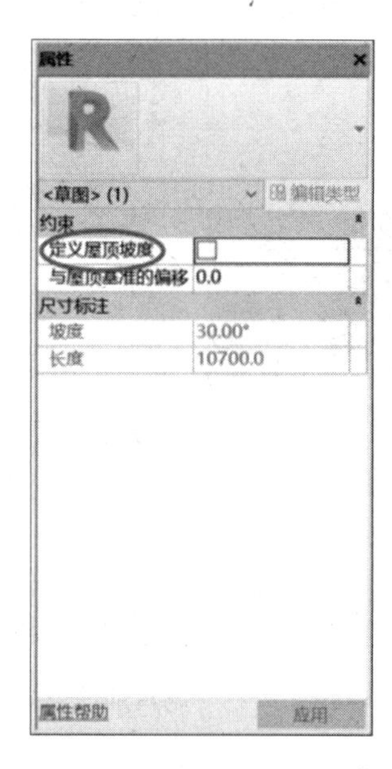

图 3.7-10　“属性”选项板

(4)单击✔,转到三维视图,可以查看创建的双坡屋顶,如图 3.7-11 所示。

(5)按住〈Ctrl〉键依次选中四面墙,在“修改|墙”状态下,选择“修改墙”→“附着顶部/底部”,再单击屋顶,即被附着的构件,随后四面墙会自动延伸至屋顶,如图 3.7-12 所示。

2)创建拉伸屋顶

(1)在三维视图或者立面视图中选择“建筑”→“构建”→“屋顶”→“拉伸屋顶”。

(2)弹出“工作平面”对话框,在“指定新的工作平面”中选择“拾取一个平面(P)”单选按钮,如图 3.7-13 所示。在三维视图或者立面视图中选择一个参照面,通常是一面墙体。

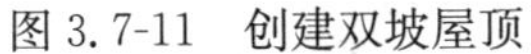

图 3.7-11　创建双坡屋顶

图 3.7-12　墙附着屋顶

(3)弹出“屋顶参照标高和偏移”对话框，为标高选择一个值，系统默认为项目中最高的标高，偏移值表示相对于参照标高升高或者降低的值(单位 mm)，如图 3.7-14 所示。

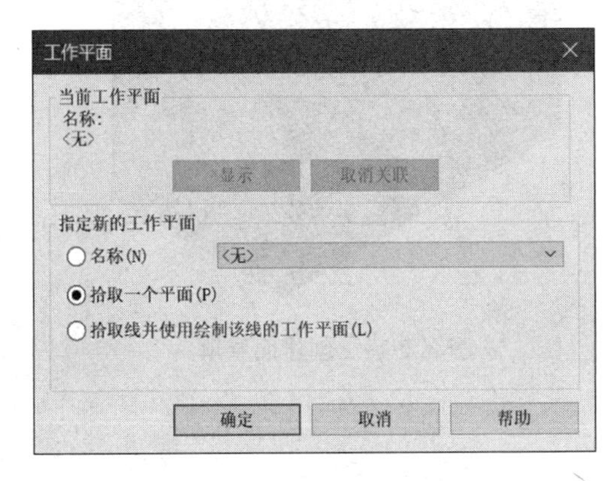

图 3.7-13　“工作平面”对话框

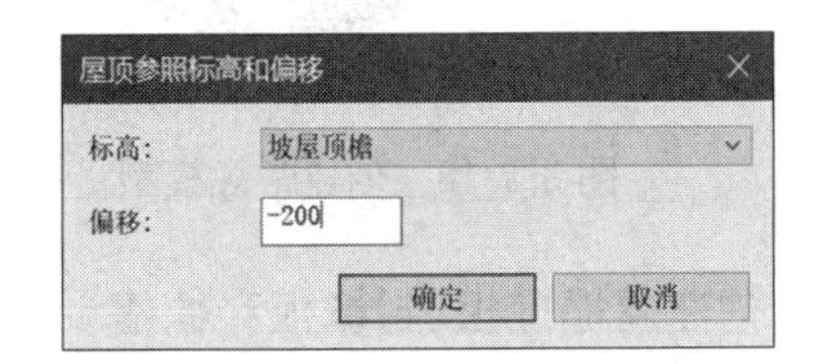

图 3.7-14　“屋顶参照标高和偏移”对话框

(4)在“修改|创建拉伸屋顶轮廓”状态下，选择“绘制”面板中任意一个绘制工具，如“样条曲线”，如图 3.7-15 所示。绘制一个曲面的屋顶轮廓，如图 3.7-16 所示。

(5)单击✔，转到三维视图中，可以查看初步建好的屋顶，如图 3.7-17 所示。

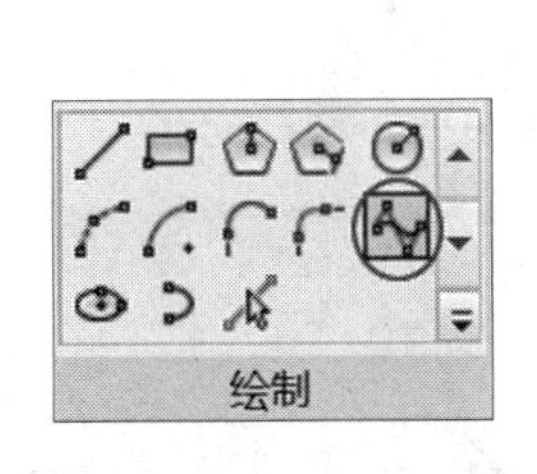

图 3.7-15　“绘制”面板

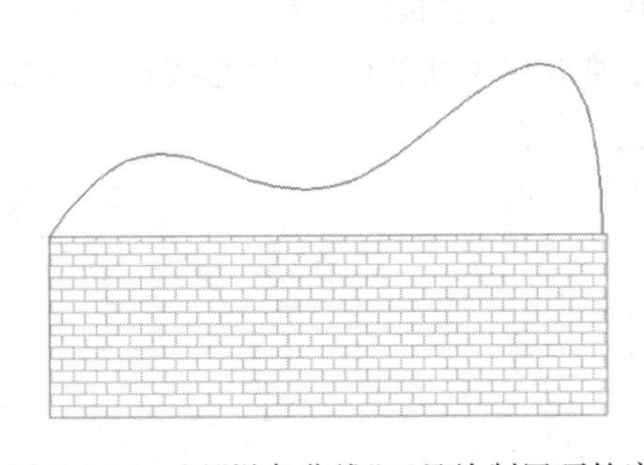

图 3.7-16　用“样条曲线”工具绘制屋顶轮廓

图 3.7-17　创建拉伸屋顶

注意：单击创建的屋顶，在“修改|屋顶”的状态下，可以修改屋顶的属性、轮廓或者增加洞口。

3)创建面屋顶

与创建“面墙”和“面楼板”类似,创建“面屋顶”需要先“内建模型”,再创建“面屋顶”。

(1)在三维视图或者楼层平面视图中,选择“建筑”→“构建”→“构件”→“内建模型”,弹出“族类别和族参数”对话框,选择“常规模型”,单击“确定”按钮,名称自定。

(2)采用拉伸、融合、旋转等工具创建常规模型,如图 3.7-18 所示。

(3)选择“建筑”→“构建”→“屋顶”→“面屋顶”,在“屋顶属性”选项板选择屋顶的类型,将光标移动到模型的顶部面上,当高亮时单击拾取面。

(4)在“修改|放置面屋顶”状态下,选择“多重选择”→“创建屋顶”,按〈Esc〉键退出。创建完成后如图 3.7-19 所示。

图 3.7-18　创建常规模型

图 3.7-19　创建面屋顶

3.7.3　创建屋檐底板、封檐板和檐槽

1)创建屋檐:底板

创建屋檐底板可以将其与墙和屋顶等图元进行关联,如果更改或移动了墙或屋顶,屋檐底板也将相应地进行调整。

(1)在创建好建筑屋顶的前提下,转到楼层平面视图。选择“建筑”→“构建”→“屋顶”→“屋檐:底板”。

(2)在“修改|创建屋檐底板边界”状态下,选择“绘制”→“边界线”→“拾取屋顶边”,在图中拾取需要创建屋檐底板的屋顶边(粗线标注),如图 3.7-20 所示。接着继续选择“绘制”→“边界线”→“拾取墙”,在图中拾取相关联的墙外边(粗线标注),如图 3.7-21 所示。

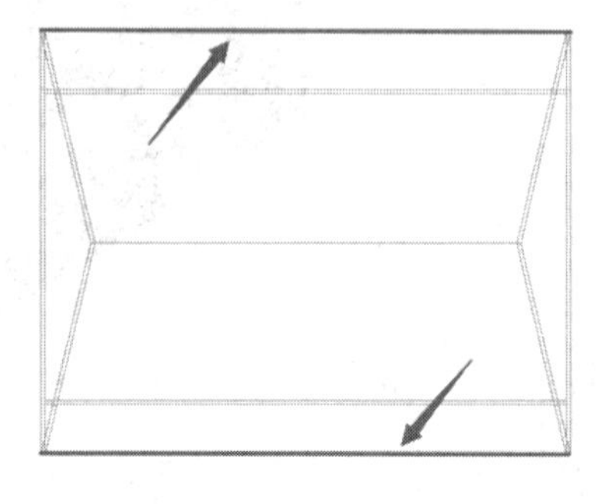

图 3.7-20　拾取屋顶边

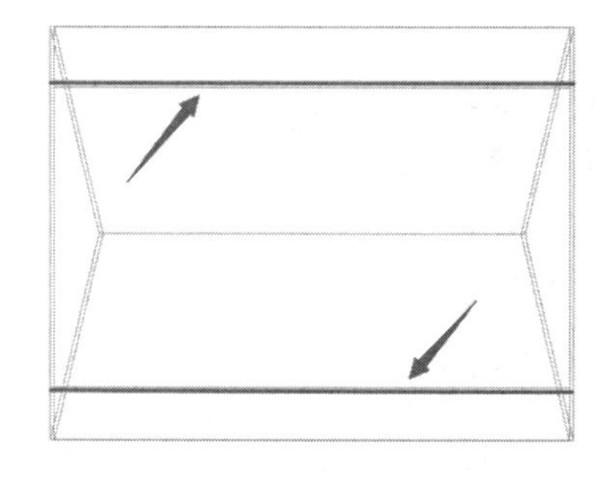

图 3.7-21　拾取墙

(3)修剪超出的绘制线,并将绘制边线闭合,可以选择"线"工具,如图 3.7-22 所示。

(4)单击完成按钮✔,转到立面视图和三维视图中可以查看创建好的屋檐底板,如图 3.7-23 和 3.7-24 所示。

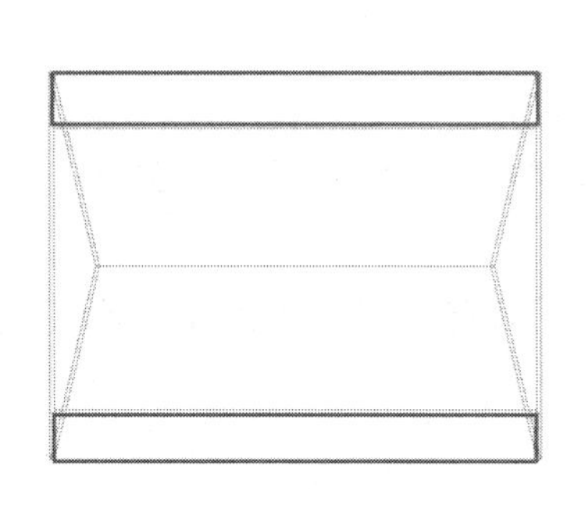

图 3.7-22　线闭合

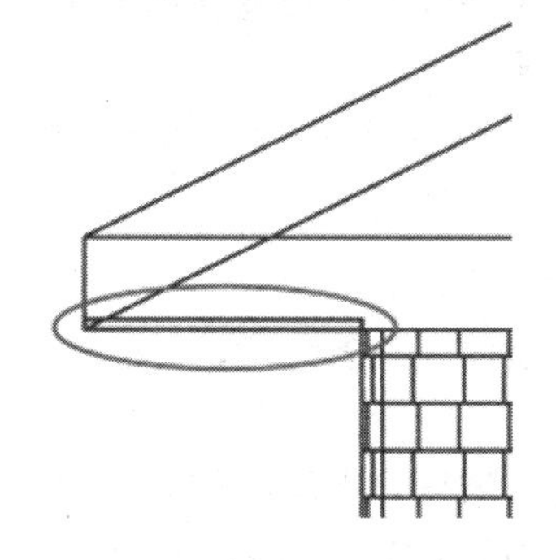

图 3.7-23　立面视图下的屋檐底板

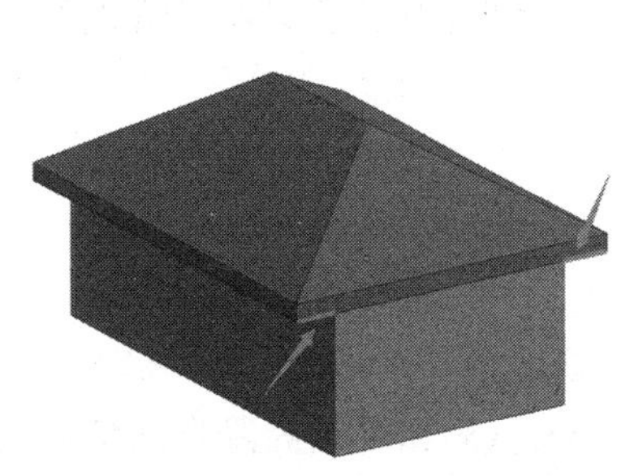

图 3.7-24　三维视图下的屋檐底板

注意:要创建非关联的屋檐底板,可以在草图模式中使用"线"工具。同时可以通过绘制坡度箭头或修改边界线的属性来创建倾斜屋檐底板。

2)创建屋顶:封檐板

封檐板又称檐口板、遮檐板,是在檐口或山墙顶部外侧的挑檐处钉置的木板。

(1)选择"建筑"→"构建"→"屋顶"→"屋顶:封檐板",将鼠标移动至屋顶、檐底板、其他封檐带或模型线的边缘,高亮显示后,单击放置封檐板。如果放置错误,可以在"修改|放置封檐板"状态下,选择"放置"→"重新放置封檐板"。

(2)转至三维视图即可查看已经创建的封檐板(粗实线标注),如图 3.7-25 所示。

(3)如果创建的封檐板需要调整位置或者改变属性,则单击封檐板,在"封檐板属性"选项板的"约束"中改变垂直或水平轮廓的偏移值。在"封檐板类型属性"对话框中可以调整封檐板的材质和尺寸。

注意:单击连续边时,将创建一条连续的封檐板。如果封檐板的线段在角部相遇,它们会相互斜接。

3)创建屋顶:檐槽

(1)选择"建筑"→"构建"→"屋顶"→"屋顶:檐槽",将鼠标移动至屋顶、檐底板、封檐板或模型线的边缘,高亮显示后,单击放置檐沟。如果放置错误,可以在"修改|放置檐沟"状态下,选择"放置"→"重新放置檐沟"。

(2)转至三维视图即可查看已经创建的檐沟,如图 3.7-26 所示。

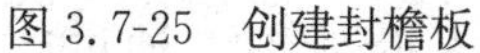

图 3.7-25　创建封檐板

图 3.7-26　创建檐沟

(3)修改已经创建好的檐沟,与修改封檐板的方法类似。

3.7.4　创建老虎窗顶

老虎窗是开在斜屋面上凸出的窗,用于房屋顶部的采光和通风,可以采用编辑迹线的方法,结合坡度箭头来创建老虎窗顶。

(1)选择“建筑”→“构件”→“屋顶:迹线屋顶”,创建一个迹线屋顶。

(2)选择屋顶图元,在“修改|屋顶”状态下,选择“模式”→“编辑迹线”,继续在“修改|屋顶>编辑迹线”状态下,选择“修改”→“拆分图元”。

(3)在其中一条迹线的两点处拆分一条线段,如图 3.7-27 所示,创建一条中间线段(老虎窗线段)。

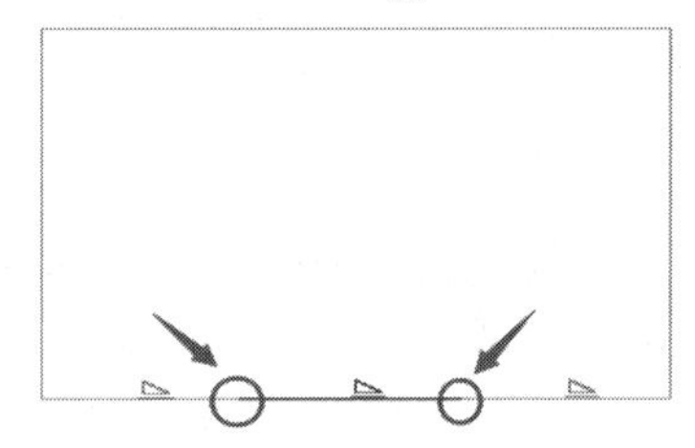

图 3.7-27　拆分图元

(4)如果老虎窗线段是自定义坡度,则单击该线段,在“属性”选项板上取消勾选“定义屋顶坡度”复选按钮,如图 3.7-28 所示。

(5)在“修改|屋顶>编辑迹线”状态下,选择“绘制”→“坡度箭头”,然后从老虎窗线段的两端分别到中点绘制坡度箭头,如图 3.7-29 所示。分别单击两个箭头,在“属性”选项板把“指定”设置为“坡度”,并确定“坡度”为“30.00°”。

(6)单击完成按钮,转到三维视图查看老虎窗顶,如图 3.7-30 所示。

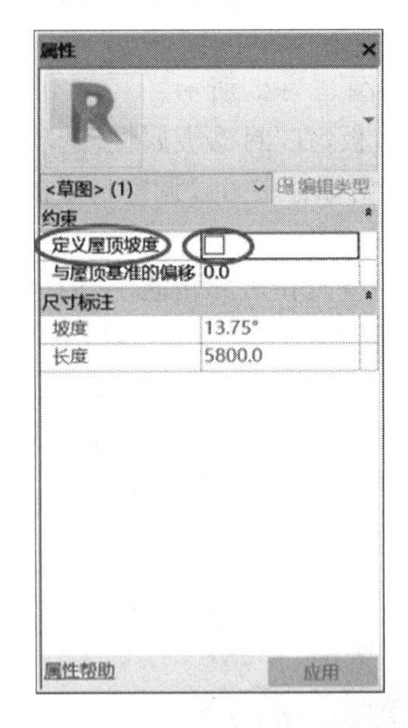

图 3.7-28　去掉定义屋顶坡度

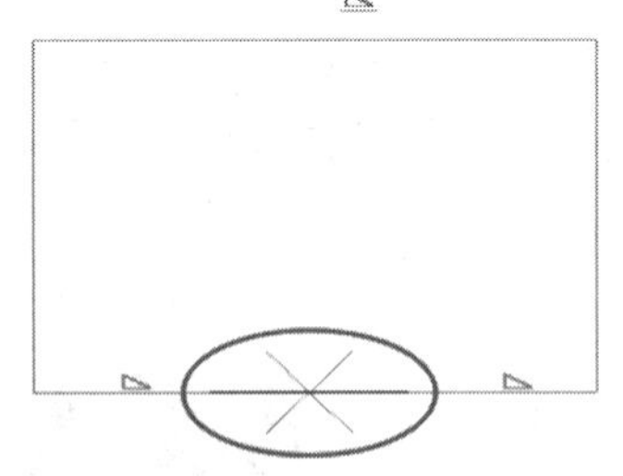

图 3.7-29　绘制坡度箭头

图 3.7-30　创建老虎窗顶

知识拓展

创建老虎窗洞口

老虎窗洞口是在老虎窗顶和老虎窗墙建好的基础上逐步创建的,通过选择“建筑”→“洞口”→“老虎窗”的方法快速实现。

(1)首先可以通过迹线屋顶的方法创建两个互相垂直的屋顶,如图 3.7-31 所示。

(2)连接屋顶,选择“修改”→“几何图形”→“连接/取消连接屋顶”,单击要连接的老虎窗顶的边缘,再单击需要连接的屋顶,完成连接,如图 3.7-32 所示。

(3)绘制老虎窗墙体,可以根据楼层平面图的 CAD 的底图进行绘制,墙体的底部和顶部约束可以初步确定一个空间,之后再修改,如图 3.7-33 所示。

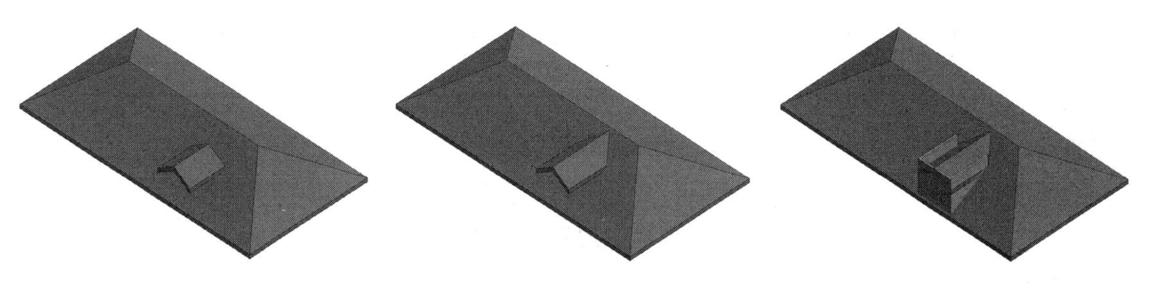

图 3.7-31　创建两个垂直屋顶　　图 3.7-32　连接屋顶　　图 3.7-33　创建墙体

(4)修改墙体,单击其中一面墙体,在“修改|墙”状态下,选择“修改墙”→“附着顶部/底部”,在工具条中选择“顶部”复选按钮,再单击老虎窗顶;继续单击该墙体,选择“修改墙”→“附着顶部/底部”,在工具条中选择“底部”复选按钮,再单击墙底附着的屋顶,如图 3.7-34 所示。另外两面墙同理。修改完成后,如图 3.7-35 所示。

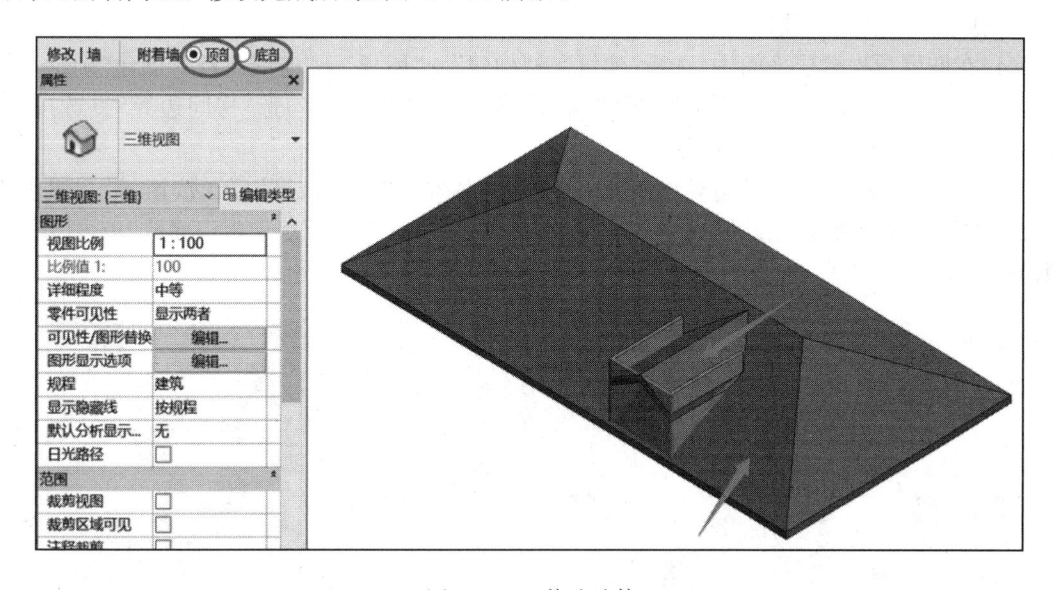

图 3.7-34　修改墙体

(5)创建老虎窗洞口,转到楼层平面图中。选择“建筑”→“洞口”→“老虎窗”,单击需要创建洞口的屋顶,在“修改|编辑草图”的状态下,选择“拾取”→“拾取屋顶/墙边缘”,在图中拾取老虎窗顶和老虎窗墙的边缘线,如图 3.7-36 所示。边缘线在拾取后,需要进行修剪和连接,使其封闭。

(6)单击完成按钮 ✔,隐藏老虎窗墙和老虎窗顶。创建好的洞口如图 3.7-37 所示。

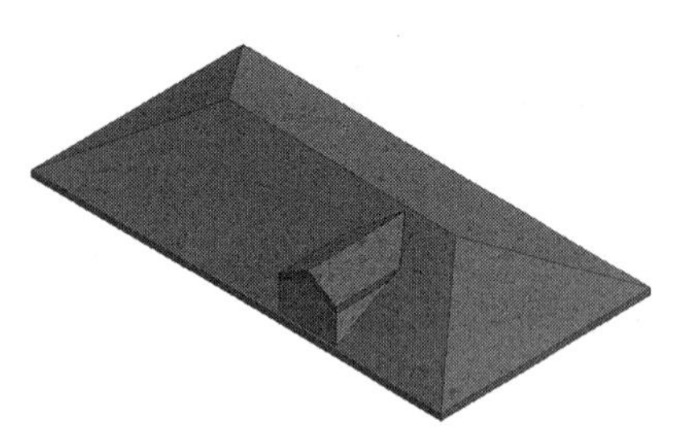

图 3.7-35 墙体修改完成

图 3.7-36 拾取边缘线

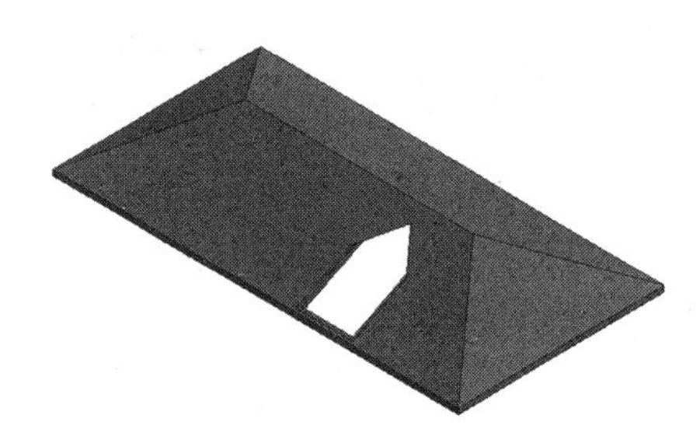

图 3.7-37 创建老虎窗洞口

技能训练

创建三层别墅屋顶

1)导入 CAD 建筑平面图

在建筑模型状态下,选择“插入”→“导入”→“导入 CAD”,在坡屋顶檐楼层平面图中插入屋顶层平面图。

2)设置屋顶类型属性

根据 3.7.1 知识,我们设置别墅屋顶的类型属性。这里屋顶的厚度是装修厚度,不含屋面板(结构层),此处不做装修效果,所以屋顶材料一律选现浇混凝土,厚度均为 70 mm。

3)创建三层别墅屋顶

(1)在坡屋顶檐楼层平面中,选择“建筑”→“构建”→“屋顶”→“迹线屋顶”,创建“别墅建筑屋顶-70”,“约束”中“底部标高”为“坡屋顶檐”,“偏移”值为“0”,并勾选“房间边界”复选按钮。通过绘制边界线创建别墅的坡屋顶面。

(2)用“边界线”中的“线”工具绘制坡屋面时,默认勾选“定义坡度”复选按钮,沿着屋顶边界绘制整个屋顶迹线,退出绘制命令,依次单击屋顶迹线,在“属性”选项板中修改“坡度”值,将“坡度”值改成“27.00°”,如图 3.7-38 和图 3.7-39 所示。

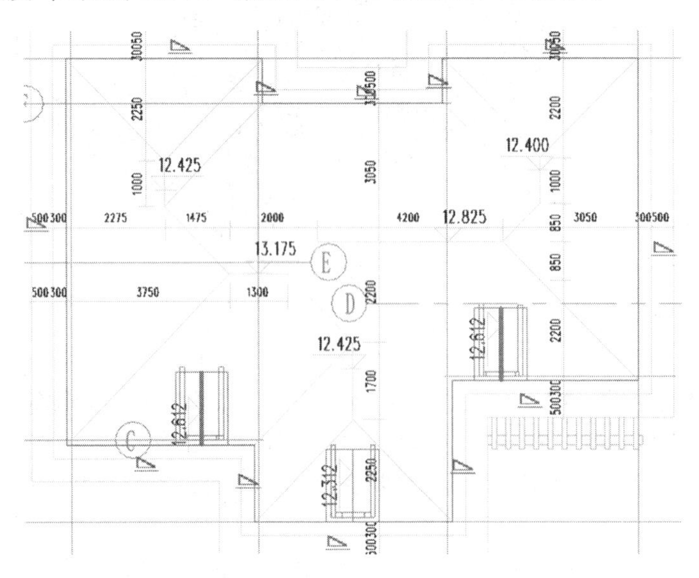

图 3.7-38 绘制屋顶

图 3.7-39 修改属性

(3)也可以直接在编辑迹线上修改坡度值。单击✔,转到三维视图,如图3.7-40所示。

(4)在F3楼层平面图中,绘制门楼屋顶。方法与绘制别墅屋顶类似,仍然用“边界线”中的“线”工具绘制门楼屋顶的坡面边线,同时勾选屋顶工具栏中的“定义坡度”复选按钮。因为门楼屋顶三个坡面的坡度值不同,查阅建筑施工图可知门楼前坡坡度为45°,两侧面坡度为22°,据此设置前坡和两侧坡度值,删除靠墙边坡度。绘制完成后,转到三维视图,如图3.7-41所示。

图3.7-40　建筑屋顶

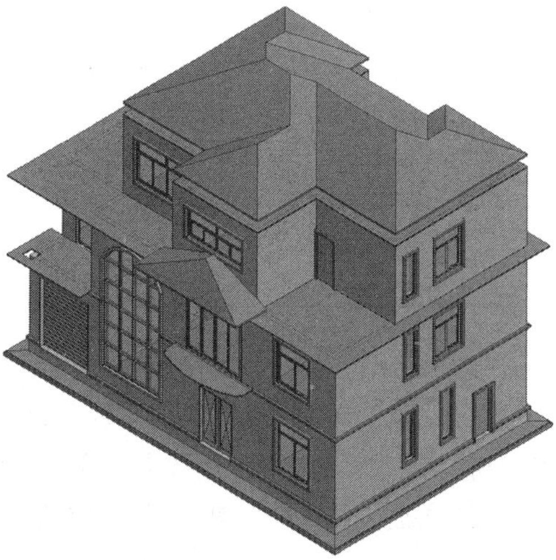

图3.7-41　门楼屋顶

4)创建三层别墅老虎窗

(1)在坡屋顶檐楼层平面视图中,先绘制老虎窗墙。选择“建筑”→“构建”→“墙”→“墙:建筑”,“老虎窗墙属性”选项板如图3.7-42所示,绘制完成后如图3.7-43所示。

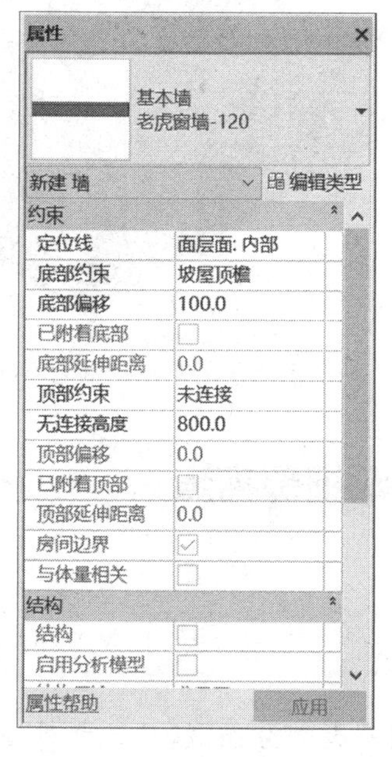

图3.7-42　“老虎窗墙属性”选项板

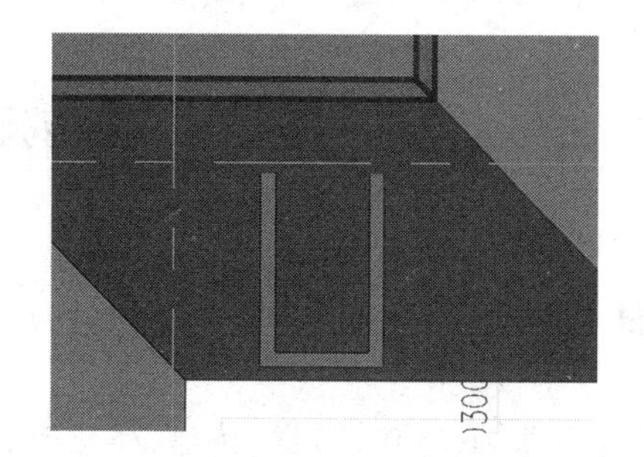

图3.7-43　绘制老虎窗墙

(2)在坡屋顶檐楼层平面视图中,选择“建筑”→“构建”→“屋顶”→“迹线屋顶”,在“屋顶属性”选项板中,将“约束”中“自标高的底部偏移”设为“900”。通过“线”工具绘制老虎窗顶,坡度为“30°”,可以在绘制中修改,如图 3.7-44 所示。

(3)单击 ✔,转到三维视图中,可以查看初步绘制好的老虎窗顶。

(4)通过“修改”→“几何图形”→“连接/取消连接屋顶”的方法连接屋顶,完成连接,如图 3.7-45 所示。

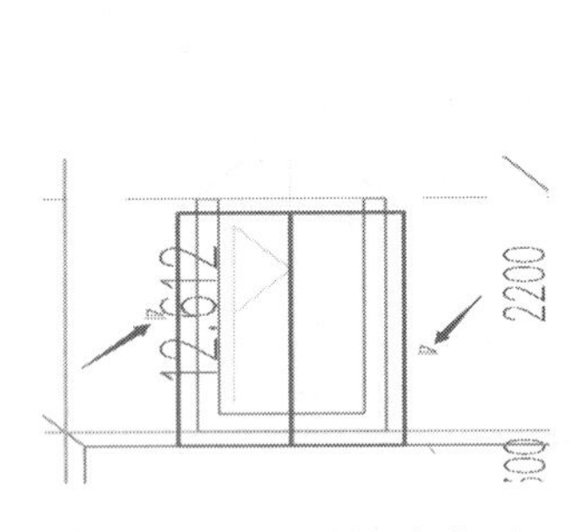

图 3.7-44　绘制老虎窗顶

图 3.7-45　连接老虎窗顶

(5)转到坡屋顶檐楼层平面视图中,根据知识拓展中创建老虎窗洞口的方法来绘制别墅的老虎窗洞口。隐藏老虎窗墙和老虎窗顶,创建好的洞口如图 3.7-46 所示。

(6)通过以上方法创建好三层别墅的老虎窗顶和洞口,并在老虎窗墙上嵌入窗,如图 3.7-47 所示。

图 3.7-46　创建老虎窗洞口

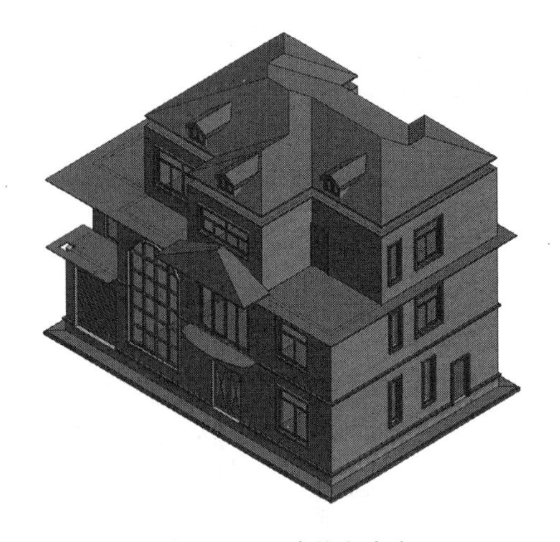

图 3.7-47　建筑老虎窗

任务 3.8　创建建筑细部构造

任务导入

建筑物由基础、墙体、门窗、楼梯、楼地面和屋顶六大部分组成,除此之外还有其他细部构造,如坡道、台阶、花池、扶栏等等。前面我们已经学习了建筑物主要组成部分的创建,本任务是创建组成建筑物的一些细部构造。

由于组成建筑物的细部构造很多，本任务只是解决随书模型中的细部构造，至于建筑物中的其他细部构造，可以参照本书讲解的方法解决。

学习目标

1. 了解建筑的主要组成部分和细部构造的概念、作用等。
2. 掌握建筑物的构造原理、位置、尺寸、构造作法。
3. 能区分墙面、楼板、梁等的细部构造。
4. 会设置坡道、柱、栏杆与扶手的类型属性。
5. 能够使用 Revit 命令创建坡道、台阶、柱、扶栏、花池等构造。

任务情境

阅读随书图纸中的建筑施工图可以发现，三层别墅除主体结构外，还有坡道、台阶、花池、阳台扶栏、墙面壁柱、门楼建筑柱、门前花台、门前花盆等。这些建筑构造大部分属于装饰内容，很大一部分需要构件族来解决。本任务通过板边构造、族文件创建细部构造。

相关知识

3.8.1 通过族文件创建建筑构造

1)通过创建体量创建建筑构造

通过拉伸、旋转、放样、融合、放样融合五种方法创建体量，导入项目中创建建筑构造。可以用创建族的方式，也可以通过内建模型的方式创建体量。体量的创建实际上也是族文件的创建。

下面以创建花盆为例说明创建体量的方法。

(1)在 Revit 界面，选择“文件”→“新建”→“概念体量”，在打开的对话框里，双击“公制体量”，进入族文件编辑状态。

(2)在族文件编辑状态，选择“项目浏览器”→“立面”→“南”，在南立面状态下绘制花盆轮廓，如图 3.8-1 所示。

注意：花盆轮廓只需画一半，同时在花盆轮廓的对称线位置要绘制一条垂直线，作为旋转轴。

(3)用窗选方式，将轮廓线与旋转轴一起选中，激活“修改|线”选项卡。

(4)在“修改|线”状态下，选择“形状”→“创建形状”→“实心形状”，系统进入创建花盆状态。结果如图 3.8-2 所示。

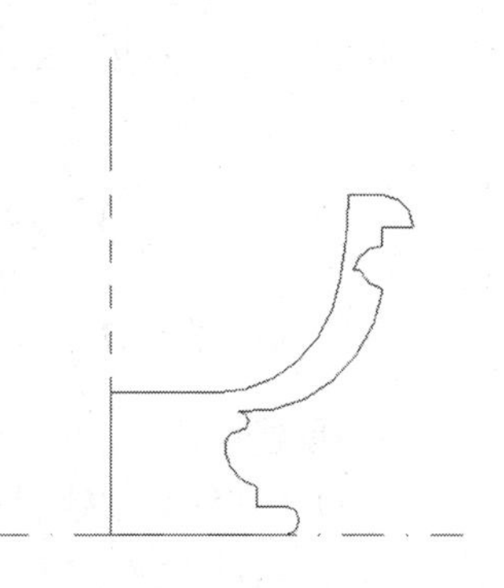

图 3.8-1 绘制花盆轮廓

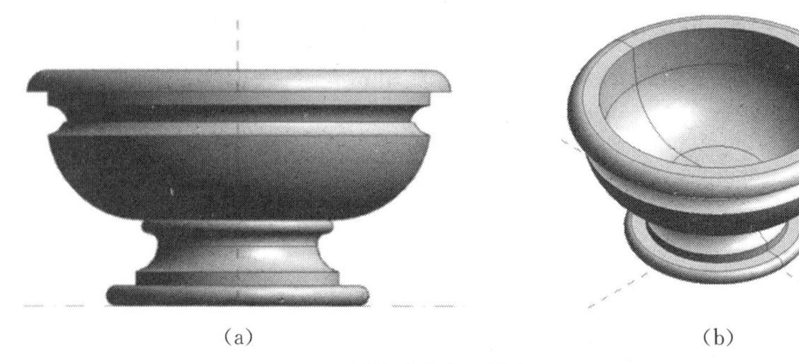

(a)　　(b)

图 3.8-2　花盆

(a)花盆立面;(b)花盆立体

2)通过“楼板边”创建建筑构造

利用轮廓族文件,沿楼板边创建建筑构造。下面以创建室外台阶为例。

(1)在 Revit 界面,选择“文件”→“新建”→“族”,在打开的对话框里,双击“公制轮廓”,进入族文件编辑状态。

(2)在族文件编辑状态绘制台阶轮廓,如图 3.8-3 所示。

(3)保存台阶族文件为“台阶轮廓”,并选择“族编辑器”→“载入到项目中”。

(4)在室外地面楼层平面中,找到“厨房”房间东 5 轴线上的室外台阶,创建台阶平台。台阶平台用创建楼板的方式创建,板厚 450 mm。

(5)在室外地面楼层平面下,选择“建筑”→“构建”→“楼板”→“楼板:楼板边”,激活“修改|旋转楼板边沿”选项卡,同时激活“楼板边沿属性”选项板。单击 编辑类型 ,新建一个名称为“室外台阶边缘”类型,类型参数中的“轮廓”选择刚才创建的“台阶轮廓”。

(6)在“修改|旋转楼板边沿”状态下,修改“楼板边缘属性”选项栏中的“垂直轮廓偏移”为“−450”,单击台阶平台的北边缘,在台阶平台北边创建一个台阶踏步。创建完成后如图 3.8-4 所示。

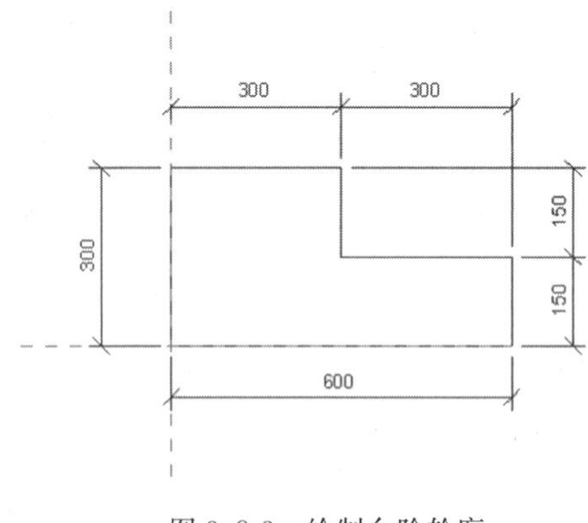

图 3.8-3　绘制台阶轮廓

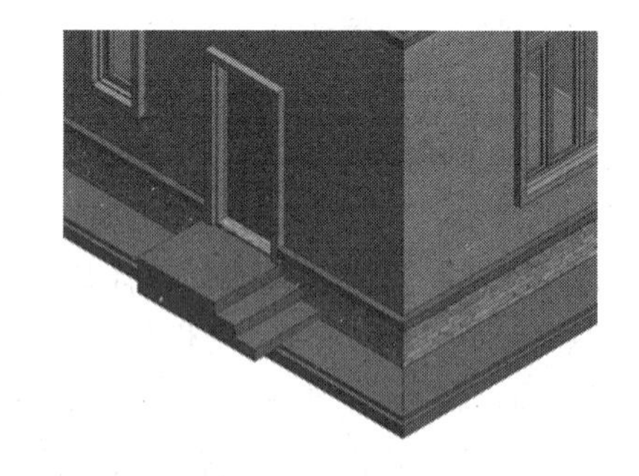

图 3.8-4　室外台阶

3.8.2　创建室外坡道与台阶

1)创建坡道

(1)在室外地面楼层平面下,选择“建筑”→“楼梯坡道”→“坡道”,激活“修改|创建坡道草图”选项卡,同时激活“坡道属性”选项板。单击 编辑类型 ,新建一个名称为“车库坡道”的坡道类型,类型参数设置如图 3.8-5 所示。

(2)修改“坡道属性”选项板中的参数,如图 3.8-6 所示。

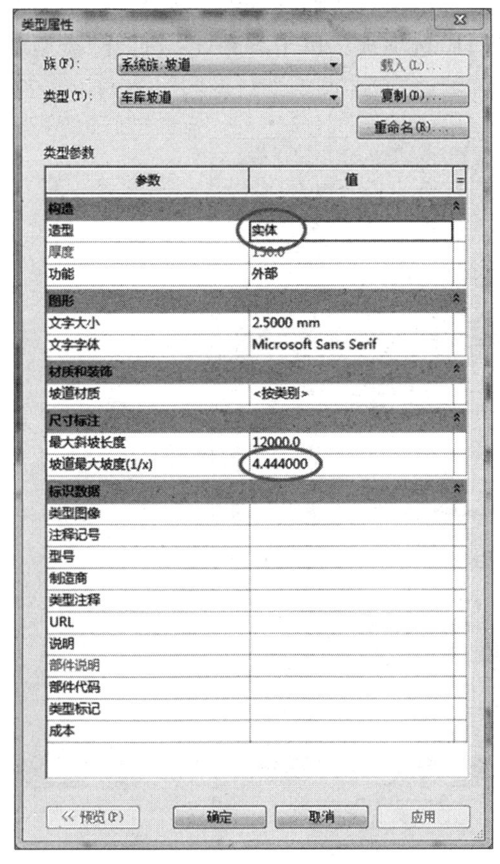

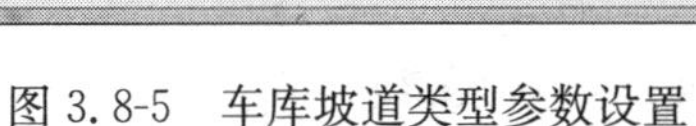
图 3.8-5　车库坡道类型参数设置

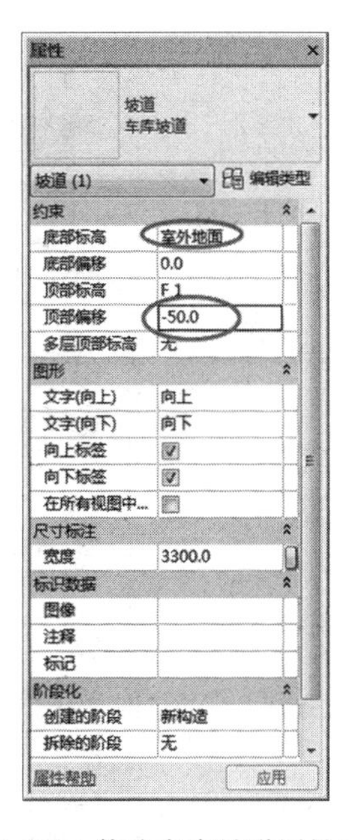

图 3.8-6　修改车库坡道属性参数

(3)在“修改|创建坡道草图”状态下,选择“绘制”→“梯段”,由下向上绘制坡道,单击✔。

(4)绘制的坡道自带栏杆扶手,由于本图纸中车库坡道没有栏杆扶手,故将其删除。创建完成后如图 3.8-7 所示。

注意:

①在坡道类型参数中的“造型”如果选择“结构板”,则绘制的坡道为具有一定厚度的坡度斜板。

②在“修改|创建坡道草图”状态下,绘制边界必须与绘制踢面配合,否则无法完成坡道的创建。

2)创建台阶

类似 3.8.1 用轮廓族文件通过“楼板边”创建台阶,也可以用板叠合的形式,一层层叠加创建台阶。由于这种叠加形式比较简单,这里不再叙述。

图 3.8-7　车库坡道

3.8.3　创建栏杆与扶手

创建栏杆与扶手有两种方法,一种是“绘制路径”,一种是“放置在楼梯/坡道上”。无论用哪一种方法创建栏杆与扶手,都要先设置好栏杆与扶手的类型。

1)设置栏杆与扶手的类型

(1)在楼层平面状态下,选择“建筑”→“楼梯坡道”→“栏杆扶手”,选择“绘制路径”或“放置在楼梯/坡道上”任一选项,激活“栏杆扶手属性”选项板。单击 编辑类型 ,打开“类型属性”对话框,如图 3.8-8 所示。

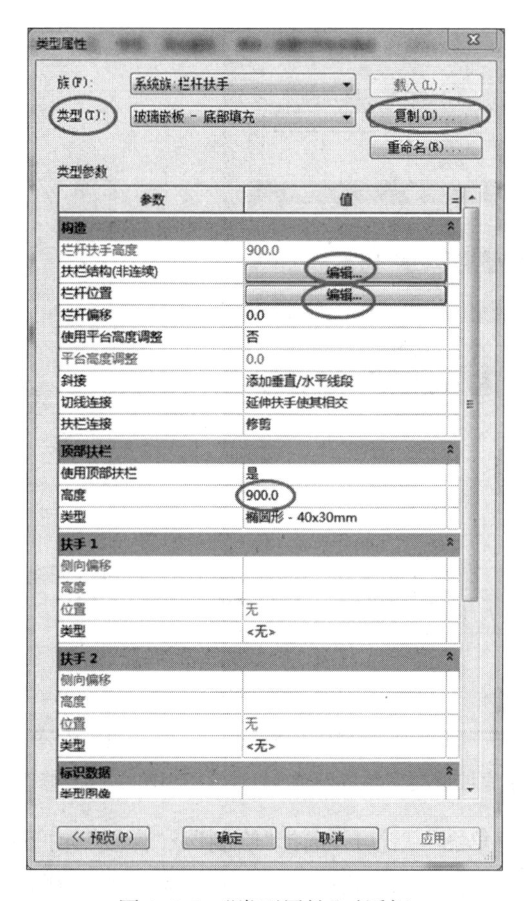

图 3.8-8 “类型属性”对话框

“类型”的下拉列表框中有四个选项:900 mm、900 mm 圆管、1 100 mm 和玻璃嵌板-底部填充。选择其中一个选项,如玻璃嵌板-底部填充。单击“复制”按钮,创建一个扶手栏杆类型,如创建“室内二层玻璃嵌板栏杆”用于二层小客厅与一层客厅挑高层之间栏杆。由于“室内二层玻璃嵌板栏杆”在楼板边沿,所以高度不低于 1 100 mm,这里将类型参数中的顶部扶栏里高度 900 改为 1 100。

(2)单击“扶栏结构(非连续)”后面的“编辑”按钮,打开“编辑扶手(非连续)”对话框,如图 3.8-9 所示。

单击 插入(I) ,在扶栏里增加两行扶栏,如扶栏 3、扶栏 4,并调整它们的“高度”值。单击“确定”按钮回到“类型属性”对话框。

(3)在“类型属性”对话框中,单击“栏杆位置”后面的“编辑”按钮,打开“编辑栏杆位置”对话框,如图 3.8-10 所示。

修改“主样式”中的几个数值,同时注意图 3.8-10 中方框圈定内容,第一个是将栏杆扶手用于创建楼梯时的用法,第二个是创建栏杆扶手时起点、转角、终点是否设置支柱和支柱使用的族类型、底部和顶部的位置以及偏移值等。单击“确定”按钮回到“类型属性”对话框。

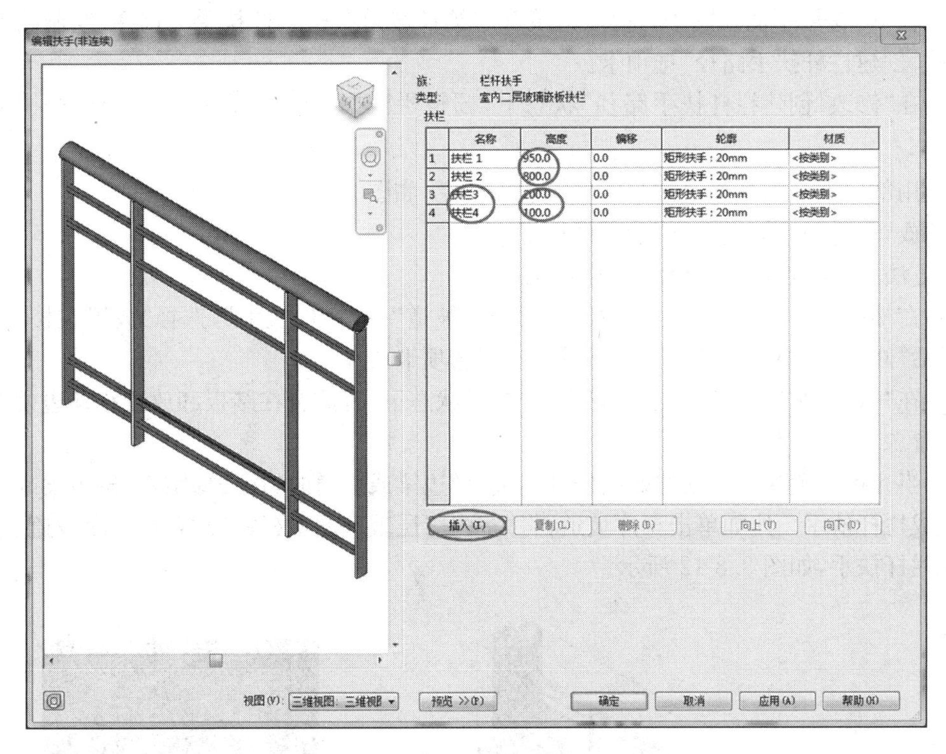

图 3.8-9　“编辑扶手(非连续)”对话框

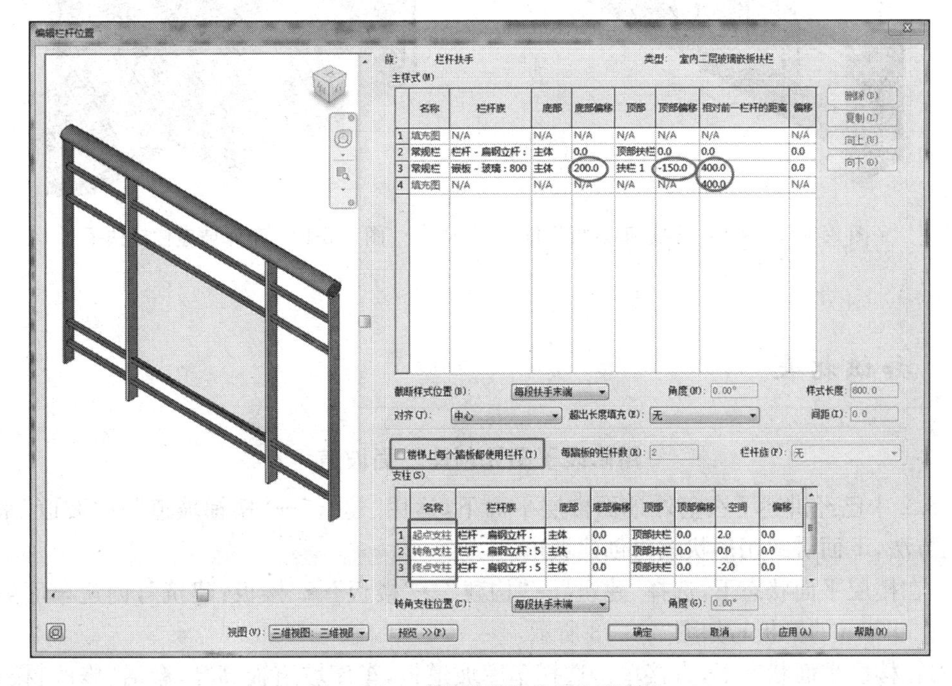

图 3.8-10　“编辑栏杆位置”对话框

(4)在“类型属性”对话框中修改相关参数，如果不需要修改，则单击“确定”按钮，回到“栏杆扶手属性”选项板。

2)“绘制路径”创建栏杆扶手

(1)在 F2 楼层平面视图中，选择“建筑”→“楼梯坡道”→“栏杆扶手”，选择“绘制路径”，激活“修改|创建栏杆扶手路径”选项卡。

(2)在“修改|创建栏杆扶手路径”状态下，调整栏杆扶手的底部标高，绘制栏杆扶手的路径，单击✔。

(3)用剖面框三维观察室内二层玻璃嵌板扶栏，如图 3.8-11 所示。

3)“放置在楼梯/坡道上”创建栏杆扶手

该方法用于将栏杆扶手放置在楼梯/坡道上。

(1)在楼层平面状态下，选择“建筑”→“楼梯坡道”→“栏杆扶手”，选择“放置在楼梯/坡道上”，激活“修改|在楼梯/坡道上放置栏杆扶手”选项卡。

(2)在“修改|在楼梯/坡道上放置栏杆扶手”状态下，有放置在踏板和放置在梯边梁上两种放置位置。

(3)当光标放置在已经创建好的楼梯踏板、梯边梁或坡道时，在楼梯踏板、梯边梁或坡道上自动生成栏杆扶手。比如单击车库坡道，将“室内二层玻璃嵌板栏杆”放置在车库坡道上，坡道上生成栏杆扶手，如图 3.8-12 所示。

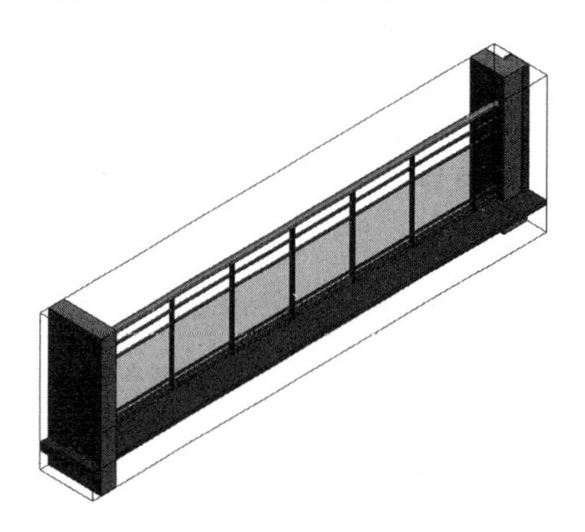

图 3.8-11　室内二层玻璃嵌板栏杆

图 3.8-12　车库坡道栏杆扶手

知识拓展

用修改子图元创建三面坡道

3.8.2 中已经讲述了在室外地面楼层平面下，运用“建筑”→“楼梯坡道”→“坡道”来创建坡道的方法，下面讲解用形状编辑创建坡道。

(1)在楼层平面状态下，选择“建筑”→“构建”→“楼板”→“楼板:建筑”，创建车库坡道板(厚度为 50 mm 的平板)，如图 3.8-13 所示。

(2)在楼层平面状态下，直接单击选择车库坡道板，车库坡道板高亮，激活“修改|楼板”选项卡，同时激活“楼板属性”选项板。

(3)在“修改|楼板”状态下，选择“形状编辑”→“添加分割线”，在车库坡道板上绘制两条线作为坡道坡面与侧面分界线，如图 3.8-14 中箭头所指的线。

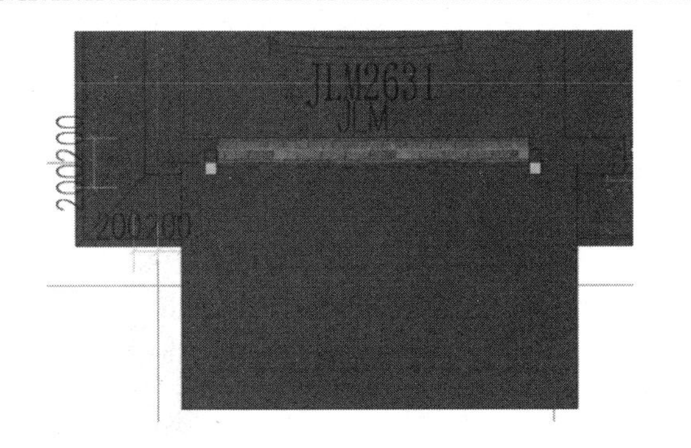

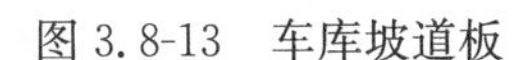
图 3.8-13　车库坡道板

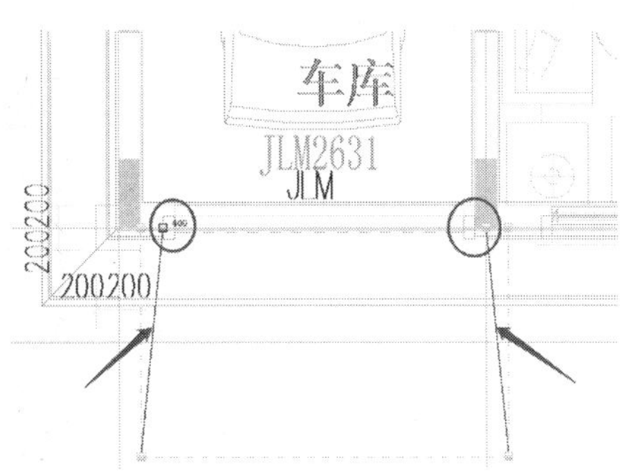

图 3.8-14　添加分割线

(4)在“修改|楼板”状态下，选择“形状编辑”→“修改子图元”，单击图 3.8-14 圆圈中的夹点，夹点附近出现夹点的高程，修改该高程点的值为 450。退出编辑，进入三维视图，如图 3.8-15 所示。

注意：(1)“修改子图元”是对选定板、屋顶或楼板上的点或线进行操作；

(2)“添加点”是指在选定板、屋顶或楼板上添加可操控的点；

(3)“添加分割线”是指在选定板、屋顶或楼板上添加直线，以增加板的线性边缘；

(4)“拾取支座”用于创建分割线，并在选择梁时为板创建恒定的承重线；

(5)“重设形状”用于放弃对图元形状进行的修改。

图 3.8-15　车库三面坡道

技能训练

创建三层别墅细部构造

1)创建室外台阶

利用 3.8.1 中的知识，通过“楼板边”创建建筑构造的方法，创建室外台阶。

(1)首先用创建楼板的方式创建室外台阶平台，板厚为 450 mm。

(2)在室外地面楼层平面下，选择“建筑”→“构建”→“楼板”→“楼板:楼板边”，激活“修改|放置楼板边沿”选项卡，用“室外台阶边缘”轮廓创建门前台阶，如图 3.8-16 所示。

(3)用同样方法创建三层别墅西墙门前台阶。

2)创建墙面壁柱

(1)用创建公制柱族的方法创建墙面壁柱族，如图 3.8-17 所示。

(2)由于三层壁柱只有柱头，没有柱墩，所以用同样方法创建一个上部壁柱族，如图 3.8-18 所示。

图 3.8-16　门前台阶

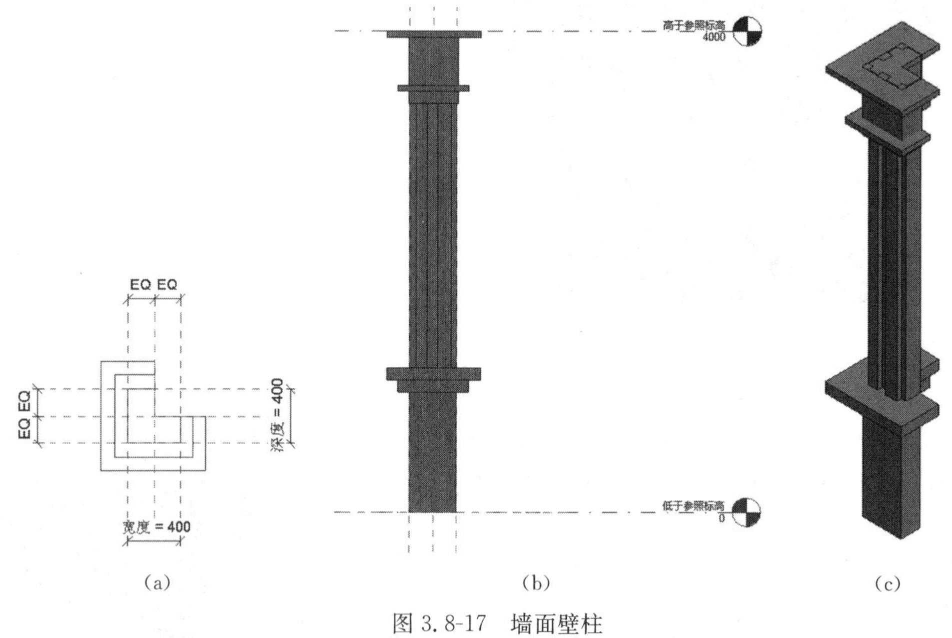

图 3.8-17　墙面壁柱

(a)柱截面;(b)柱立面;(c)三维柱

(3)在室外地面楼层平面下,选择“建筑”→“构建”→“柱”→“柱:建筑”,在室外地面层放置所有墙面壁柱,然后依次单击墙面壁柱,激活“修改|柱”选项卡,修改墙面壁柱的属性,设置“底部标高”为“室外地面”,“顶部标高”为“F3”,“底部偏移”和“顶部偏移”为“0”,创建出一、二层墙面壁柱。

(4)用同样方法创建三层上部壁柱,设置“底部标高”为“F3”,“顶部标高”为“屋顶”,“底部偏移”和“顶部偏移”为“0”。

创建完成后如图 3.8-19 所示。

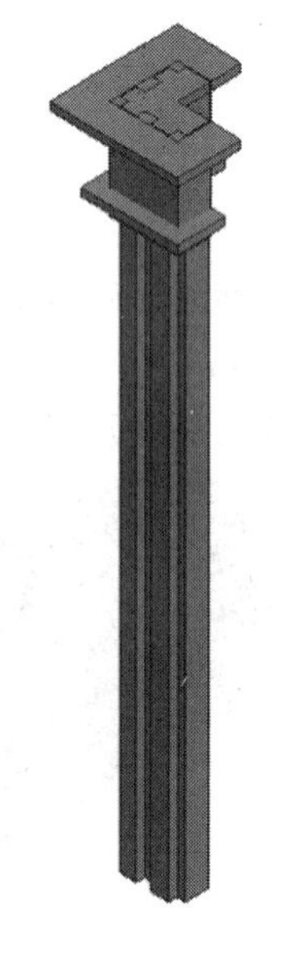

图 3.8-18　上部壁柱

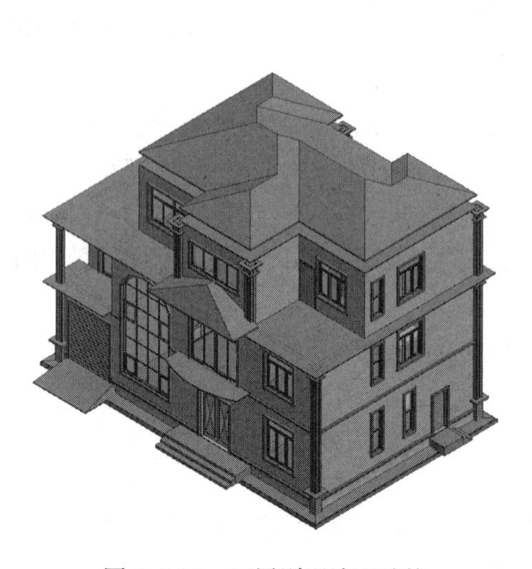

图 3.8-19　三层别墅墙面壁柱

注意:此处先将墙面壁柱延伸到上部板底,合模后,还需要调整柱的实际高度。

3)创建门楼建筑柱

用创建墙面壁柱方法创建门楼建筑柱,尺寸参考随书图纸。

门楼建筑柱比较复杂,分柱头、柱身和柱墩三部分。创建门楼建筑柱需要用到后面族的知识,这里不再讲解族的创建,直接载入随书自带的“门楼建筑柱”族,运用“建筑”→“构建”→“柱”→“柱:建筑”,创建门楼建筑柱。创建完成后如图 3.8-20 所示。

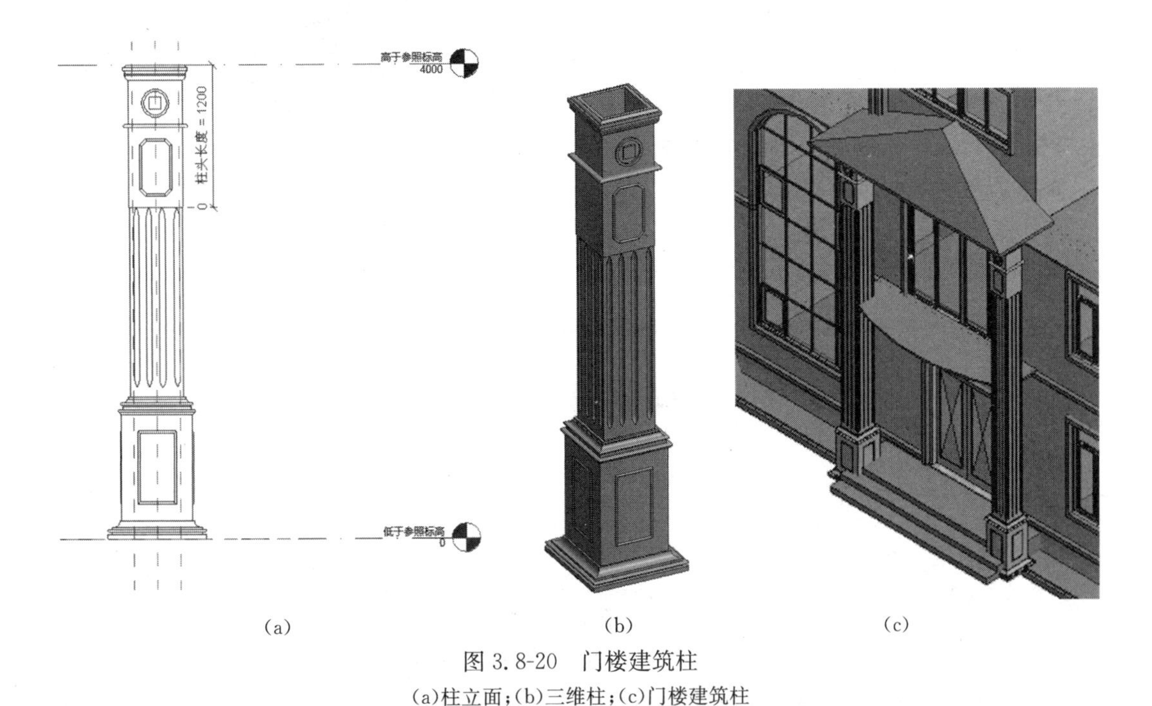

(a)　(b)　(c)

图 3.8-20　门楼建筑柱

(a)柱立面;(b)三维柱;(c)门楼建筑柱

4)创建门前花台与花盆

运用拉伸、旋转的方法创建门前花台体量,尺寸参考随书图纸。这里不讲体量的创建,直接载入随书自带的“门前花台”族,运用“建筑”→“构建”→“构件”→“放置构件”,选择载入的“门前花台”族,在室外地面楼层平面放置门前花台。创建完成后如图 3.8-21 所示。

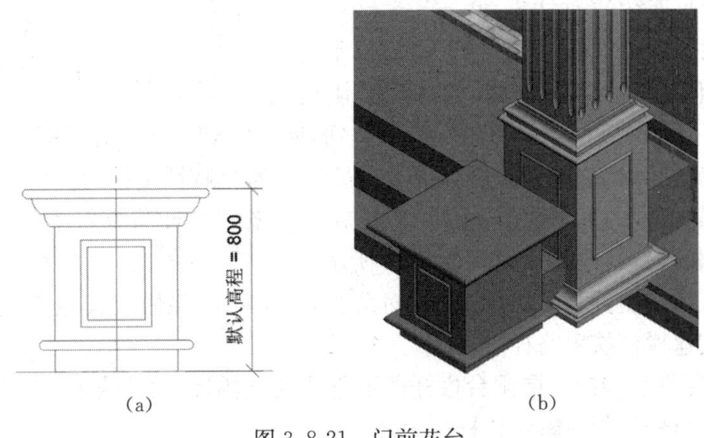

(a)　(b)

图 3.8-21　门前花台

(a)花台立面;(b)门前花台

在 3.8.1 中已经创建了花盆体量,直接载入随书自带的“门前花盆”族,运用“建筑”→“构建”→“构件”→“放置构件”,选择载入的“门前花盆”族,在室外地面楼层平面,将“属性”选项板里的“偏移”值修改为“800 mm”(花台高度),放置门前花盆。创建完成后如图 3.8-22 所示。

图 3.8-22　门前花盆

5)创建阳台栏杆扶手

(1)创建阳台栏杆扶手的顶部扶手轮廓族和底部平台轮廓族,截面如图 3.8-23 所示。

(2)在楼层平面状态下,选择“建筑”→“楼梯坡道”→“栏杆扶手”,选择“绘制路径”,激活“栏杆扶手属性”选项板。单击 编辑类型 ,打开“类型属性”对话框。

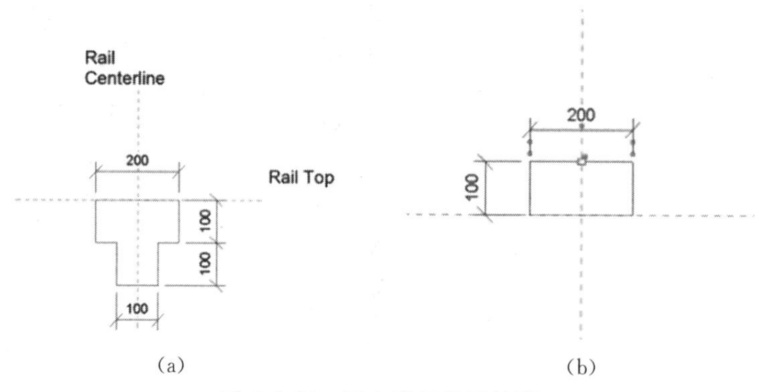

图 3.8-23　阳台栏杆扶手轮廓

(a)顶部扶手轮廓;(b)底部平台轮廓

(3)在“类型属性”对话框的“类型”下拉列表框中选择“1 100 mm”,通过单击“复制”按钮创建一个“阳台栏杆扶手”类型。

(4)在“类型属性”对话框中,在“使用顶部扶栏”后选择“是”,设置“高度”为“1 100”,“类型”为“阳台顶部扶手”,如图 3.8-24 所示。

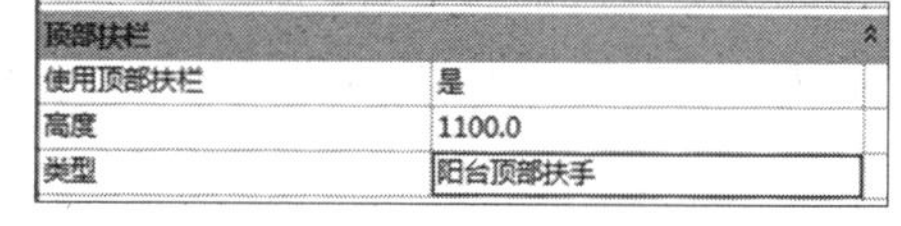

图 3.8-24　设置顶部扶栏

(5)单击“扶栏结构(非连续)”后面的“编辑”按钮,打开“编辑扶手(非连续)”对话框,单击 插入(I) ,在扶栏里增加一行扶栏,修改扶栏“名称”为“底部平台”,“高度”和“偏移”值均为“0”,并选择“轮廓”为“阳台底部平台轮廓”,如图 3.8-25 所示。单击“确定”按钮,回到“类型属性”对话框。

(6)在“类型属性”对话框中,单击“栏杆位置”后面的“编辑”按钮,打开“编辑栏杆位置”对话框。修改“主样式”中的几个数值:选择“栏杆族”为“欧式栏杆葫芦瓶系列 HFC8010”(这个族在系统中已经载入),其他参数如图 3.8-26 所示。

(7)单击“确定”按钮,回到“类型属性”对话框,如果不需要修改其他参数,单击“确定”按钮,进入“修改|创建栏杆扶手路径”选项卡。

(8)在 F2 楼层平面绘制二层阳台栏杆扶手路径,创建阳台栏杆扶手;在 F3 楼层平面绘制三层露台栏杆扶手路径,创建露台栏杆扶手。

(9)选择“建筑”→“构建”→“柱”→“柱:建筑”,运用随书自带的“阳台转角柱”族和“阳台中间柱”族，创建三层露台栏杆扶手的转角柱和中间柱。

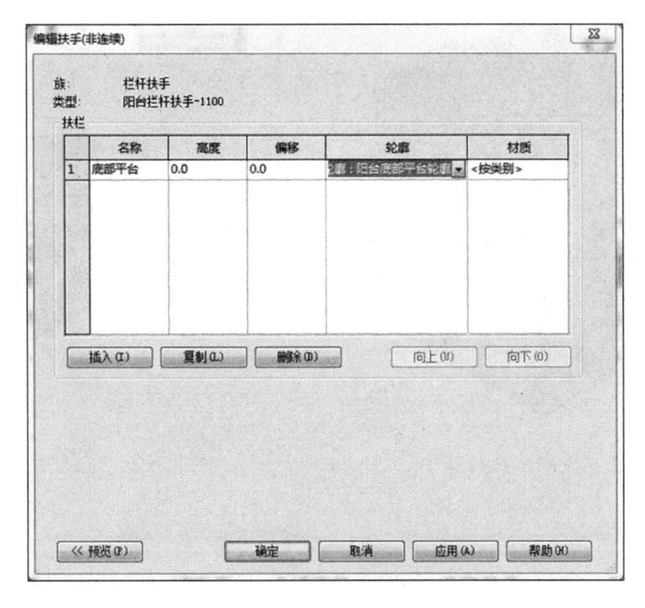

图 3.8-25 “编辑扶手(非连续)”对话框

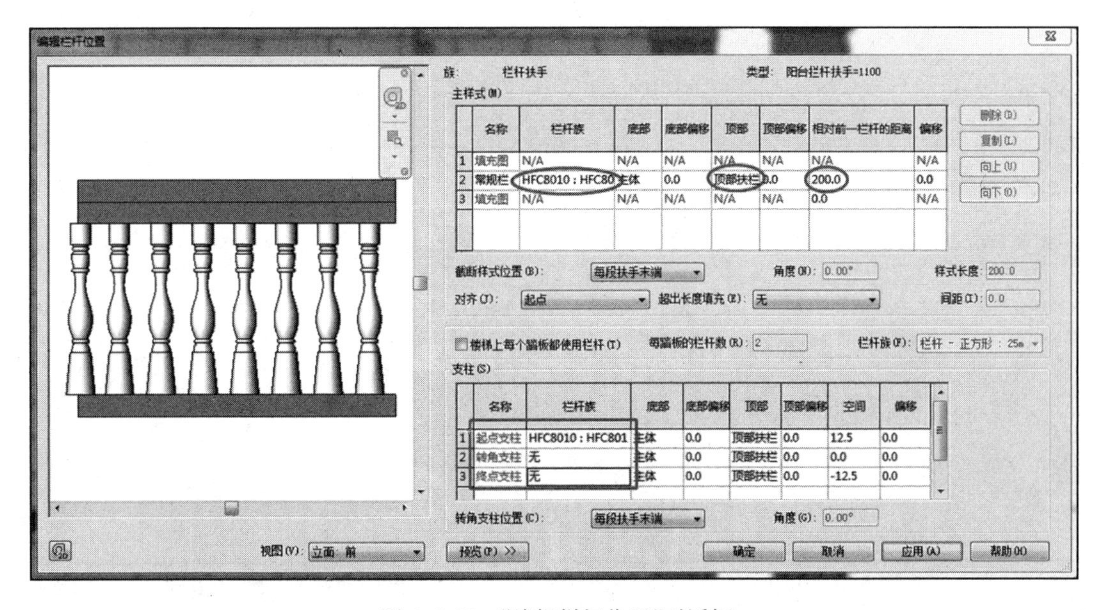

图 3.8-26 “编辑栏杆位置”对话框

创建完成后如图 3.8-27 所示。

6)创建室外花池

(1)在室外地面楼层平面状态下，选择“建筑”→“构建”→“墙”→“墙:建筑”，用“基础墙-240”类型创建花池墙，高度为 600 mm。

(2)在室外地面楼层平面状态下，选择“建筑”→“构建”→“楼板”→“楼板:建筑”，用“花池面板”类型创建花池面板(面板厚度为 50 mm)，自标高的高度偏移为 650 mm。

创建完成后如图 3.8-28 所示。

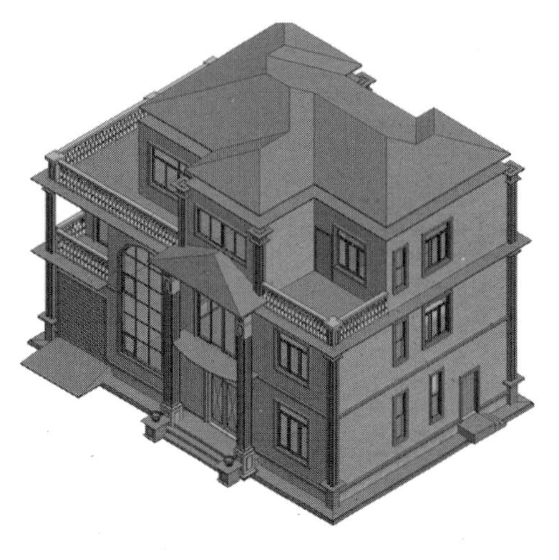

图 3.8-27　三层别墅阳台栏杆扶手

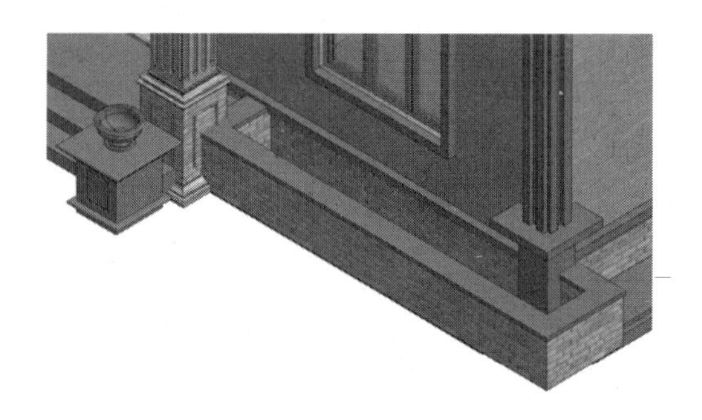

图 3.8-28　三层别墅室外花池

项目 4　建筑模型表现

任务 4.1　合并模型与创建场地模型

任务导入

项目 2 和项目 3 中分别创建了结构模型和建筑模型，要想完整表达一个建筑模型，还需将这两个模型合并。对建筑模型的表现大多是基于合并后的模型。项目 4 就是基于合并后的建筑模型进行表达。本任务是在合并模型后的建筑模型中创建场地，创建建筑物周边地形、地物和地貌。

学习目标

1. 了解建筑总平面图概念、作用以及表达内容等。
2. 掌握建筑总平面中建筑与周边环境的关系及表达方式。
3. 掌握结构模型与建筑模型合并的理论知识。
4. 会调整结构模型与建筑模型合并模型后的细部构造。
5. 能够运用场地建模理论创建建筑场地模型。

任务情境

一张建筑效果图除了建筑物外，还需要有场地构件进行衬托，如道路、停车场、树木、路灯等。所有这些都是基于室外地面，即建筑场地。在建筑场地上创建地形、树木、道路、停车场、路灯、游乐设施等，将构成一幅美丽的场景。

4.1.1　合并结构模型与建筑模型

1)合并结构模型与建筑模型

在前面讲述的结构模型和建筑模型，它们分别是基于建筑施工过程，同时也是基于建筑设计的程序创建的。要想完整表达一个建筑模型，还需要将这两个模型合并一起。

合并结构模型与建筑模型,可以基于结构模型合并建筑模型,但更多的是在建筑模型基础上合并结构模型。

合并模型的方法是链接 Revit 文件,具体操作如下。

(1)在建筑模型状态下,选择“插入”→“链接”→“链接 Revit”,在“导入/链接 RVT”对话框选择项目 2 中已经创建的结构模型。注意选择“定位”为“自动-原点到原点”,使导入的结构模型定位在建筑模型的原点上,如图 4.1-1 所示。

图 4.1-1　“导入/链接 RVT”对话框

(2)单击“打开”按钮,结构模型插入到建筑模型中。插入后的结构模型在项目中以一个整体出现,在项目中不能对这个整体中的图元进行其他操作,但可以对这个整体进行修改操作。

将光标放置在结构模型上,三维状态下结构模型外围将出现一个立方体控制线,在楼层平面或立面状态下,则出现一个矩形线框。单击结构模型,激活“修改|RVT 链接”选项卡,在该选项卡下的功能面板上可进行修改操作。

2)绑定链接与管理链接

在“修改|RVT 链接”状态下,“链接”面板有“绑定链接”与“管理链接”两个功能。

(1)绑定链接。

①单击“绑定链接”按钮,则出现如图 4.1-2 所示对话框。

②默认勾选“附着的详图”复选按钮,单击“确定”按钮,系统提示链接文件大于 10 MB,载入项目的文件过大,将会影响项目文件的性能,如图 4.1-3 所示。

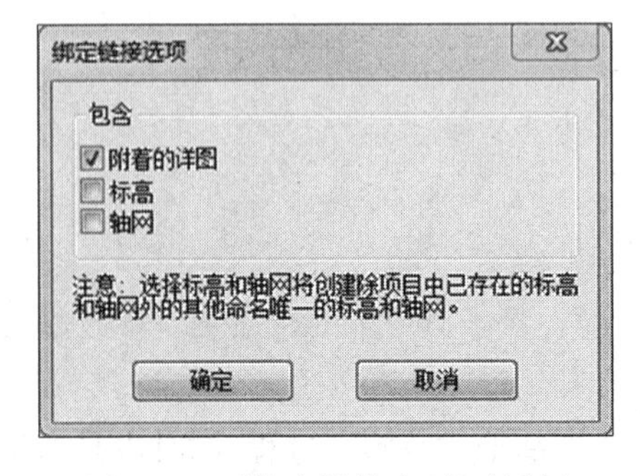

图 4.1-2　“绑定链接选项”对话框

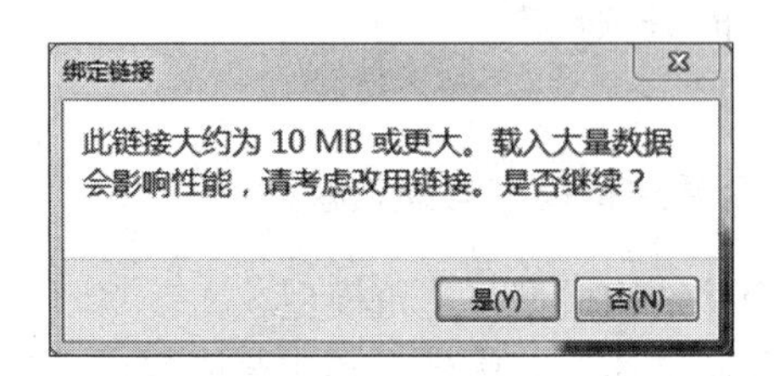

图 4.1-3　“绑定链接”对话框

③如果不想绑定载入的 RVT 链接文件，则退出绑定。如果选择绑定，则继续提示项目中有重复的类型，如图 4.1-4 所示，说明链接文件与项目文件中有相同的类型，继续则进行重新生成包含链接文件的新项目。

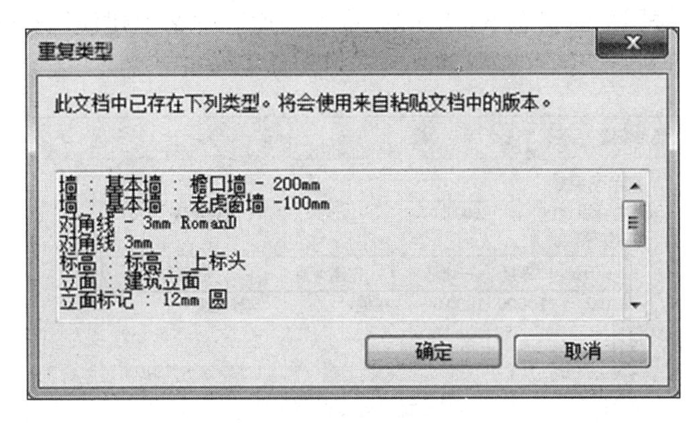

图 4.1-4　“重复类型”对话框

注意：生成新项目的过程较慢，此时不要进行其他操作，以免死机或绑定有误。

④绑定结束，系统提示如图 4.1-5 所示。单击“确定”按钮忽略，链接文件以一个组的形式与项目文件形成一个整体。再将光标放置在结构模型上，三维状态下结构模型外围将出现一个立方体控制虚线，在楼层平面或立面状态下，则出现一个矩形虚线框。

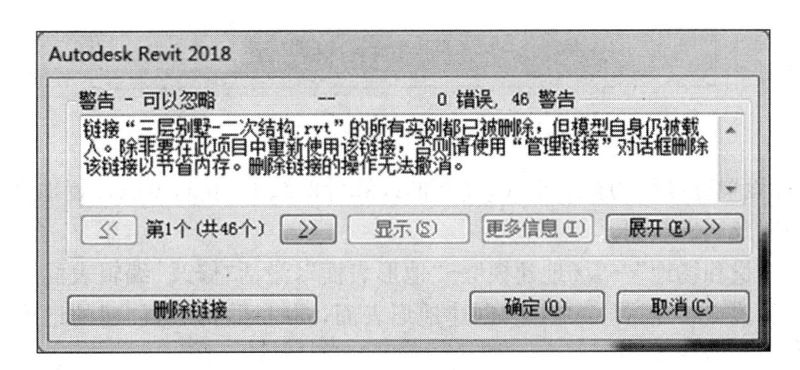

图 4.1-5　系统提示

⑤单击刚形成的结构模型组，激活“修改|模型组”选项卡，在“成组”面板进行“编辑组、解组和链接”操作。

(2)管理链接。

“管理链接”的知识见 3.1.2，对载入后的 RVT 链接文件进行“重新载入来自、重新载入、卸载、添加、删除”操作。

3)调整合并后的模型

由于创建结构模型和建筑模型时是在两个规程下进行的，创建时除了依据的规范不同外，更多的是依据的 CAD 图形不一致，导致合并后的模型需要进行调整。

一般情况下首先调整个别构件的建筑、结构规程，使其符合规程需要，其次调整个别构件尺寸、标高等使其达到在模型中的合适位置。有些时候，还需要对部分合并后的构件进行重塑。

4.1.2　创建场地模型

1)创建地形表面

(1)在室外地面楼层平面状态下,选择“体量和场地”→“场地建模”,打开“场地设置”对话框,如图 4.1-6 所示。

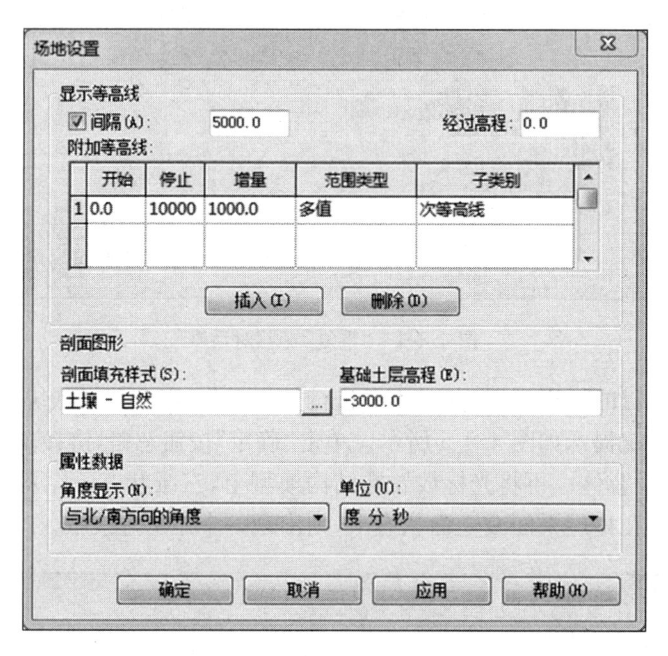

图 4.1-6　“场地设置”对话框

在此,可以设置等高线的显示形式,如首曲线和计曲线的间隔,可以设置地面的剖面图形、基础土层高程以及属性数据。

(2)选择“体量和场地”→“场地建模”→“地形表面”,激活“修改|编辑表面”选项卡,在“工具”面板通过“放置点”“通过导入创建”创建地形表面,同时还可以对创建的地形表面进行“简化表面”操作。

①“放置点”:通过输入点的高程,将带有高程的点放置在地面上。

注意:放置三个高程相同的点时,就形成一条闭合等高线。0 等高线是在建筑的±标高面上,即建筑室内地坪。正值高于室内地面,负值低于室内地面。

②“通过导入创建”:一是通过导入的 DWG、DXF、DGN 格式的三维等高线数据创建地形表面,二是通过其他软件生成的高程点数据创建地形表面。

③“简化表面”:减少地形表面点数,减少地形表面点数可以提高系统性能。

2)创建地坪

无论是创建结构模型还是建筑模型,在创建楼板时都未创建一楼地坪层,因为地坪层是建立在基础土层上的,与下部土层有关,所以地坪层在场地建模中完成。

(1)在室外地面楼层平面状态下,选择“体量和场地”→“场地建模”→“地形表面”,在激活的“修改|编辑表面”选项卡中,用“工具”面板中的工具创建一个建筑场地,标高为室外地面,包括室内和室外地坪。

(2)选择“体量和场地”→“场地建模”→“建筑地坪”,激活“修改|创建建筑地坪边界”选项

卡，同时用“绘制”面板中的“边界线”工具创建地坪边界线，用“坡度箭头”可以调整地坪的坡度。绘制完封闭的边界线后，单击“完成编辑模式”按钮 ✔。

注意：创建地坪必须先创建地形表面。创建地坪后，就将地形表面分成室内地坪和室外地坪两部分了。

(3)在楼层平面状态下，单击室内地坪，激活“修改|建筑地坪”选项卡，同时激活“建筑地坪属性”选项板，在此选项板可以对室内地坪进行属性修改和类型属性编辑，如创建别墅建筑地坪，如图 4.1-7 所示。

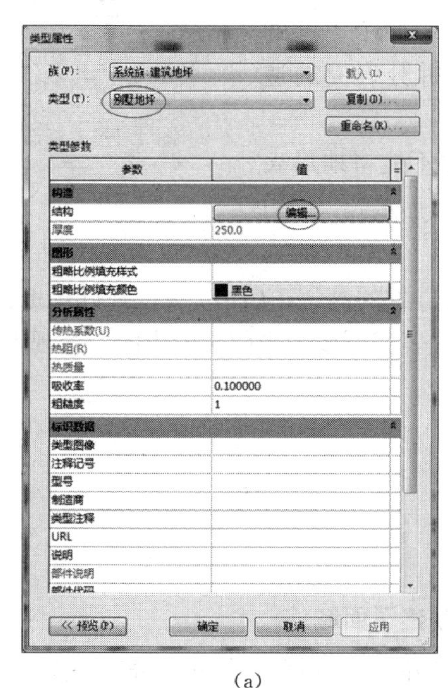

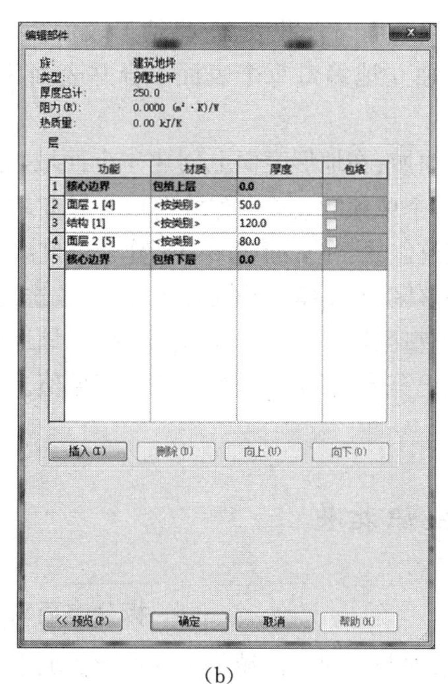

(a)　　　　　　　　(b)

图 4.1-7　别墅建筑地坪

(a)类型属性；(b)编辑部件

(4)在室外地面楼层平面状态下，单击室内地坪，在“建筑地坪属性”选项板中调整地坪的标高至 F1 楼层，将建筑地坪升至 F1 楼层。

3)创建场地构件

Revit 对环境渲染常用环境族，这些族文件大致分为：植物、人物、配景、汽车、场地设施等，这些族的制作大多是基于 RPC 渲染外观，然后在真实场景中予以呈现。

如在“配景”文件夹下的“RPC 甲虫.rfa”。当将这个族放置在项目中时，着色显示和真实显示如图 4.1-8 所示。

与创建建筑构件类似，在室外地坪上创建场地构件首先要载入相应的族文件，如树木、停车场、路灯、游乐设施等，这些构件在环境族文件里。

将环境族载入项目中，选择“体量和场地”→“场地建模”→“场地构件”，选择相应构件类型放置到场地中，完成场地景观配置。

(a)　　　　　　　　(b)

图 4.1-8　RPC 族着色显示和真实显示

(a)着色显示；(b)真实显示

注意:载入的场地构件族文件,既可以在场地建模中使用,也可以在“建筑”→“构建”→“构件”里使用,但在“建筑”→“构建”→“构件”里创建的门、窗等专用族文件在场地建模中不能使用。

4)修改场地

在室外地面楼层平面状态下,选择“体量和场地”→“修改场地”,如图 4.1-9 所示。在此对建筑场地可以进行拆分表面、合并表面、创建子面域、创建建筑红线、平整区域及标记等高线等操作。

拆分表面　合并表面　子面域　建筑红线　平整区域　标记等高线
修改场地

图 4.1-9　修改场地

(1)拆分表面与合并表面:将地形表面拆分为两个不同的表面,以便独立地编辑每个表面。合并表面为拆分表面的逆操作。

(2)子面域:在地形表面上创建一个面域,它不能将地形表面拆分为两个单独的表面。但它可以为该面域添加属性,如材质。

(3)建筑红线:在平面视图中创建建筑红线。

(4)平整区域:平整地形表面区域、更改选定点处的高程,从而进一步制订场地设计方案。若要创建平整区域,先选择一个地形表面,该地形表面应该为当前阶段中的一个现有表面。

(5)标记等高线:显示等高线的高程数值。

知识拓展

拆分表面与创建子面域

拆分表面与创建子面域都是在地形表面上创建一个区域,不同的是前者创建的是一个地形表面,后者是在地形表面上创建一个面积,它并没有将原来的地形表面拆分开来。

下面在一个地形表面上创建两个面来说明拆分表面与创建子面域的区别。

(1)在 F1 楼层平面状态下,选择“体量和场地”→“场地建模”→“地形表面”,激活“修改|编辑表面”选项卡,在“工具”面板通过“放置点”工具创建一个地形表面,如图 4.1-10 所示。

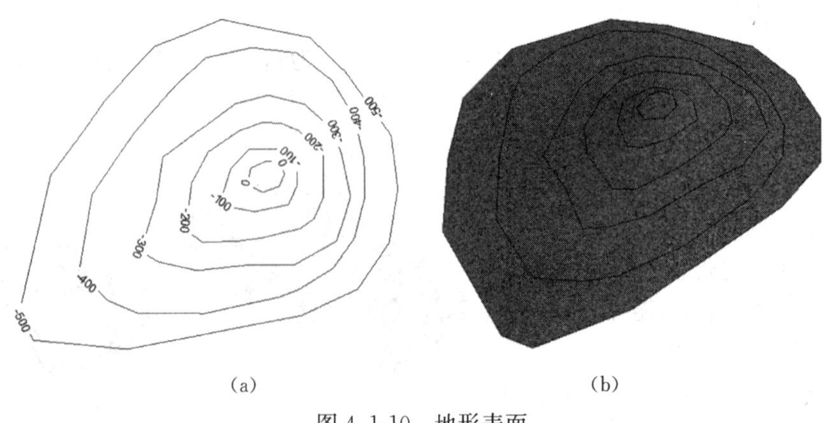

(a)　　(b)

图 4.1-10　地形表面

(a)地面等高线;(b)三维地形

(2)分别选择“体量和场地”→“修改场地”→“拆分表面”和“子面域”,分别创建两个面,拆分表面和子面域，如图 4.1-11 所示。

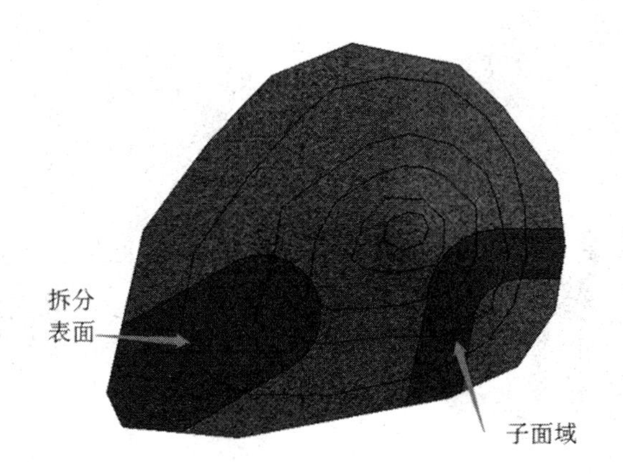

图 4.1-11 拆分表面和子面域

由创建拆分表面和子面域的过程可知以下四点。

①激活的选项卡不同，但都出现“绘制”面板，都需要绘制边界。

②创建拆分表面的边界可以不封闭，系统会自动与等高线组成封闭边界，创建子面域的边界必须是自身封闭的。

③创建拆分表面时拆分边界只能将地形表面分成两个部分，创建子面域时可以创建多个子面域的边界。

(3)在平面视图状态下，单击“拆分表面”按钮编辑的是地形表面，编辑表面时修改的是表面上的高程点；单击“子面域”按钮编辑的子面域的边界，编辑边界时修改的是组成边界的边界线。

(4)若移动或删除“拆分表面”，则原位置失去拆分表面；若移动或删除“子面域”，则原位置还原原地形表面。

技能训练

创建三层别墅室外地面、室内地坪及场地构件

1)合并结构模型和建筑模型

(1)在建筑模型状态下，选择“插入”→“链接”→“链接 Revit”，在“导入/链接 RVT”对话框选择项目 2 中已经创建的结构模型，将结构模型链接到建筑模型中。

(2)调整合并模型后壁柱的标高，将柱头顶部标高调至楼层板边装饰线底。

(3)合并模型后，在建筑模型上创建老虎窗洞，同时创建老虎窗建筑顶。

创建完成后如图 4.1-12 所示。

2)创建地形表面

在室外地面楼层平面状态下，选择“体量和场地”→“场地建模”→“地形表面”，在激活的“修改|编辑表面”选项卡中，用“工具”面板中的“放置点”工具创建一个建筑场地，标高为室外地面(−0.500)，设置建筑场地的“材质”为“草”，创建完成后如图 4.1-13 所示。

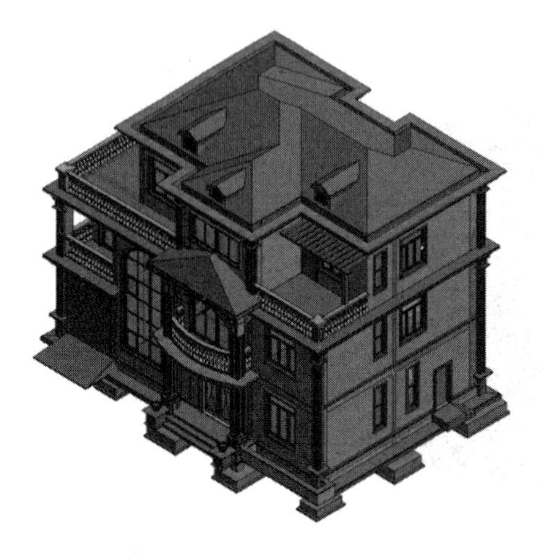

图 4.1-12　建筑模型合并

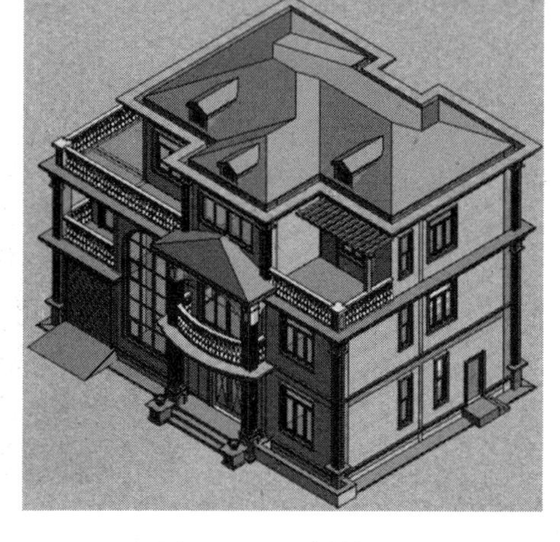

图 4.1-13　建筑场地

3)创建室内地坪

(1)选择“体量和场地”→“场地建模”→“建筑地坪”,激活“修改|创建建筑地坪边界”选项卡,在“绘制”面板中,用“边界线”中的“拾取墙”工具创建室内地坪边界线,单击“完成编辑模式”按钮。

注意:在拾取墙时,绕开一楼楼梯间墙,因为楼梯间地面标高为－500。

(2)单击刚创建的建筑地坪(系统默认“建筑地坪 1”),在“属性”选项板中通过类型编辑,创建一个名为“别墅地坪”的建筑地坪作为本项目地坪。在“编辑部件”对话框中对别墅地坪的结构进行设置,如图 4.1-14 所示。

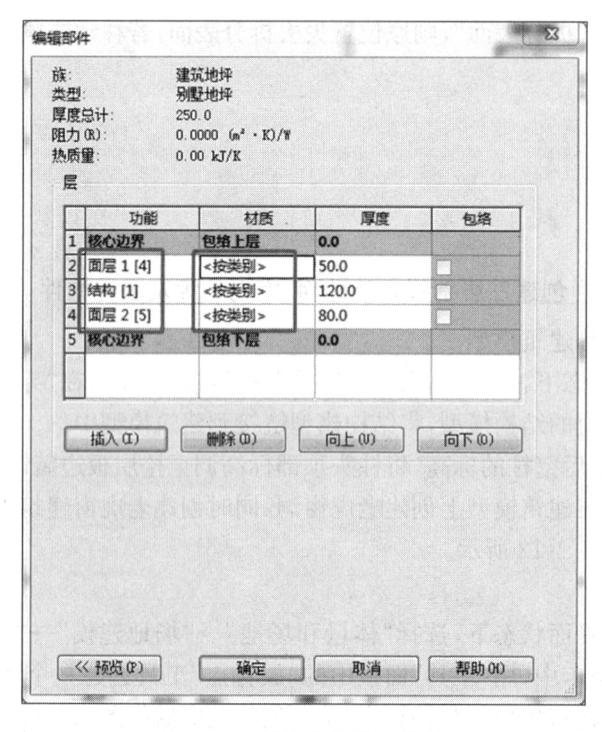

	功能	材质	厚度	包络
1	核心边界	包络上层	0.0	
2	面层 1 [4]	<按类别>	50.0	☐
3	结构 [1]	<按类别>	120.0	☐
4	面层 2 [5]	<按类别>	80.0	☐
5	核心边界	包络下层	0.0	

图 4.1-14　“编辑部件”对话框

(3)在室外地面楼层平面视图状态下,单击别墅地坪,将“建筑地坪属性”选项板中“自标高的高度偏移”调整为“500”,别墅地坪的表面由室外地面升到 F1 楼层。

4)创建道路

(1)在室外地面楼层平面视图状态下,对“楼层平面属性”选项板中的“可见性与图形替换”进行编辑,打开“楼层平面:室外地面的可见性/图形替换”对话框,关闭导入的首层平面图,如图 4.1-15 所示。

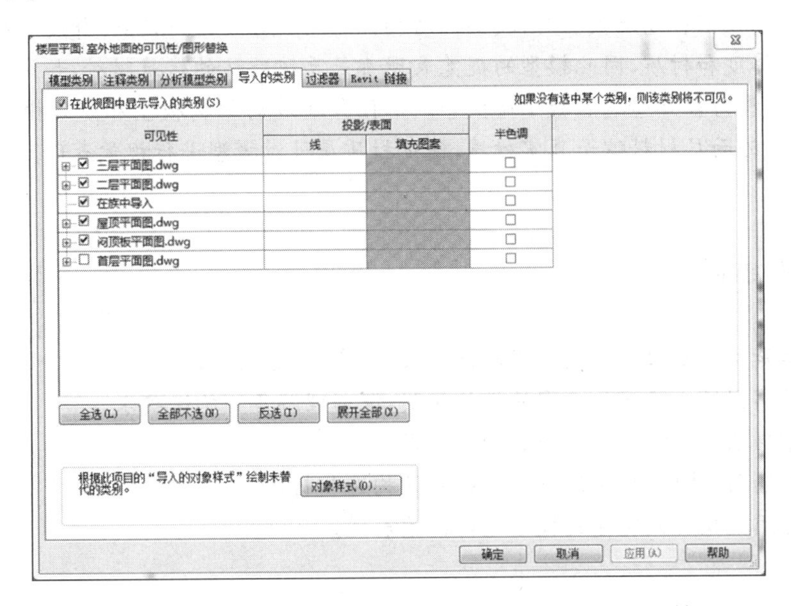

图 4.1-15　“楼层平面:室外地面的可见性/图形替换”对话框

(2)在室外地面楼层平面视图状态下,选择“体量和场地”→“修改场地”→“子面域”,创建门前道路,如图 4.1-16 所示。

5)创建路灯、树木及其他配景

(1)载入路灯、树木及其他配景族文件。

(2)选择“体量和场地”→“场地建模”→“场地构件”或选择“建筑”→“构建”→“构件”→“放置构件”,将载入的路灯、树木及其他配景放置在室外地面上,如图 4.1-17 所示。

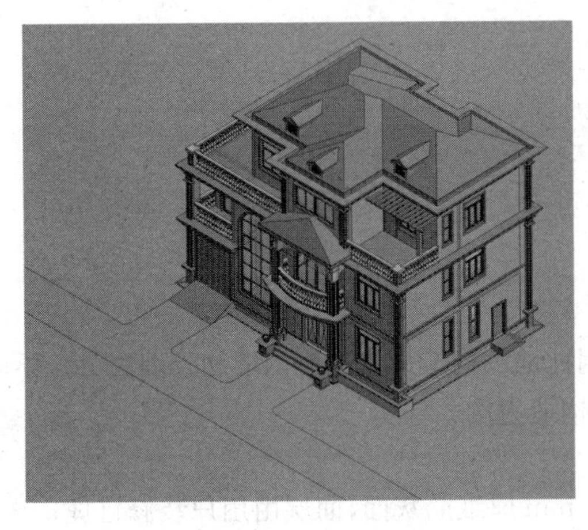

图 4.1-16　门前道路

图 4.1-17　室外场地配景

任务 4.2 设置建筑构造与使用视觉表现

任务导入

在创建结构模型和建筑模型时,我们只对构件的结构厚度进行设置,并没有按照建筑构造层次分层设置厚度和材质,因此模型的视觉表现都是系统默认的建筑材料,如结构模型为现浇混凝土、建筑模型为黏土砖或混凝土砌块等。本任务通过对结构模型和建筑模型的构造层次进行设计,同时给面层材料赋予真实材质,使用材质属性对模型进行视觉表现。

学习目标

1. 掌握建筑构造层次的构造要求与建筑装饰材料的选用方法。
2. 熟悉随书图纸中建筑施工图的设计说明,深刻理解各种构造要求。
3. 重点掌握墙面、楼地面、屋顶的构造要求。
4. 会设置墙面、楼地面、屋顶及有关构件的构造和材质。
5. 能够运用视觉样式对建筑模型进行视觉表现。

任务情境

在对前面创建的结构模型和建筑模型进行真实性视觉表达时,都是黑色或深色的,没有建筑物真实的色彩、美感差,原因是我们在创建模型时没有对模型进行材质设置。如果给模型设置真实的材质特性,模型的视觉效果将是很美的。能将模型材质表现出来的构件一般是墙面、楼地面、屋顶及有关构件,因此本任务重点讲述墙面、楼地面、屋顶及有关构件材质的设置,并不是对模型中所有构件的材质进行设置。

相关知识

4.2.1 设置墙构造

1)墙面构造要求

根据位置和作用不同,墙分为内墙和外墙,因此墙的构造设计也有内墙和外墙之分。不同墙的构造要求也不一样,以随书三层别墅建筑墙构造为例。

内墙构造(由内而外):

(1)16 mm 厚 1∶1∶4 混合砂浆分层赶平,2 mm 厚纸筋灰面,面层由用户装修自理;

(2)20 mm 厚 1∶3 水泥砂浆打底扫毛到板底,面层由用户装修自理(仅用于厨房,卫生间)。

外墙构造(由内而外):

(1)16 mm 厚 1∶1∶4 混合砂浆分层赶平,2 mm 厚纸筋灰面,面贴外墙砖(位置与样式详见效果图)。

(2)16 mm 厚 1∶1∶4 混合砂浆分层赶平,2 mm 厚纸筋灰面,满刮腻子两道,外墙漆两遍(位置与样式详见效果图)。

2)设置墙面结构

(1)在楼层平面下,选择“建筑”→“构建”→“墙”→“墙:建筑”,激活“墙属性”选项板。

(2)在“墙属性”选项板中选择一种墙类型,在类型属性中对墙结构进行设置。

(3)以此设置所有楼层内墙、厨房、卫生间墙构造。

(4)重复上述步骤,设置外墙构造。

4.2.2 设置楼地面构造

1)楼地面构造要求

楼地面是建筑物一楼地坪和二楼以上的楼面,简称楼地面。楼地面的装饰效果体现在楼地面面层上,不同房间的楼地面作用不同,因此楼地面面层构造也不相同。以随书三层别墅的楼地面构造为例,具体到不同房间,唯有面层区别,其他层次大同小异。

地面构造(由上而下)如下。

(1)20 mm 厚 1∶2.5 水泥砂浆面层,压实抹光;80 mm 厚 C20 混凝土垫层;60 mm 厚碎石垫层;素土夯实。

(2)20 mm 厚 1∶2.5 水泥防水砂浆找平并向地漏找 1%坡;80 mm 厚 C15 混凝土垫层;60 mm厚碎石垫层;素土夯实;(用于卫生间、厨房地面)。

楼面构造(由上而下)如下。

(1)20 mm 厚 1∶2.5 水泥砂浆压实拉毛;现浇钢筋混凝土板。

(2)20 mm 厚 1∶2.5 水泥防水砂浆找平并向地漏找 1%坡;现浇钢筋混凝土板(用于卫生间)。

卫生间的楼地面比所在楼地面低 20 mm,找平层向地漏方向找 1%坡度。卫生间及独立厨房楼面四周墙面须做 C20 混凝土翻边(高 200 mm×宽同墙,门洞处除外)。除卫生间外,其余墙体均做 1∶2 水泥砂浆暗踢脚(高 120 mm)。

2)设置楼地面结构

(1)在楼层平面下,选择“建筑”→“构建”→“楼板”→“楼板:建筑”,激活“楼板属性”选项板。

(2)在“楼板属性”选项板中选择一种楼板类型,在类型属性中对楼板结构进行设置。

(3)以此设置所有楼层楼面构造。

注意:由于在结构模型中已经做了楼板的结构层(承重层),设置楼面结构只在建筑楼板(扣除结构层厚度)中设置。地坪层也是在地坪面层上设置构造。

4.2.3 设置屋顶构造

1)屋顶构造要求

屋顶分平屋顶和坡屋顶,平屋顶防水以堵为主,坡屋顶防水以排为主。平屋顶常为上人混凝土屋顶,坡屋顶常为不上人瓦屋顶。因此平屋顶和坡屋顶的构造要求有所不同。以随书三层别墅的屋顶构造为例,具体到其他屋顶,具体解决。

平屋顶[细石混凝土屋顶(上人平屋顶无保温)采用倒置式](由上而下):

(1)20 mm 厚 1∶2.5 或 M15 水泥砂浆保护层;

(2)防水层(上设隔离层);

(3)20 mm 厚 1∶3 水泥砂浆找平层;

(4)1.2 mm 厚聚氨酯防水涂料隔汽层;

(5)20 mm 厚(最薄处)1∶3 水泥砂浆找平层;

(6)钢筋混凝土屋面板。

坡屋顶:(由上而下):

(1)瓦面;

(2)1∶3 水泥砂浆卧瓦层,最薄处 20 mm 厚;

(3)配 ϕ3 mm 钢筋网,横向 250 mm,纵向间距按瓦材规格定;

(4)20 mm 厚 1∶3 水泥砂浆保护层;

(5)卷材或涂膜防水层,厚度 4 mm;

(6)20 mm 厚 1∶3 水泥砂浆找平层;

(7)钢筋混凝土屋面板,表面清扫干净。

2)设置屋顶结构

(1)在楼层平面下,选择“建筑”→“构建”→“屋顶”→“迹线屋顶”,激活“屋顶属性”选项板。

(2)在“屋顶属性”选项板中选择一种基本屋顶类型,在类型属性中对屋顶结构进行设置。

(3)以此设置其他屋顶构造。

4.2.4 视觉样式表现

在屏幕左下方的显示工具栏,有一个视觉样式工具,单击出现一个下拉菜单,如图 4.2-1 所示。

图 4.2-1　视觉样式下拉菜单

(1)线框:显示的是模型的所有线,模型复杂时将分辨不清线的属性。不常用。

(2)隐藏线:被遮挡的线不显示,只显示可见线。常用来二维观察或辨析线。

(3)着色:显示设置材质时构件的颜色,因受光源位置影响会产生阴影。

(4)一致的颜色:在对构件进行着色显示时,不受光源位置的影响,构件颜色完全是材质中设置的颜色。

(5)真实:按照设置的材质显示真实的样式。

设置材质

前面讲了墙面、楼地面、屋顶的构造层次,每一层次都有相应的建筑材料。要想对建筑模型进行视觉表现,必须对建筑构件赋予材质。

Revit 自带有材质库,能够对常规构件赋予材质。但对于像建筑模型这样复杂的结构,材质库里的材质就不够用了,需要重新设置材质。

(1)选择“管理”→“设置”→“材质”,打开材质浏览器,如图 4.2-2 所示。

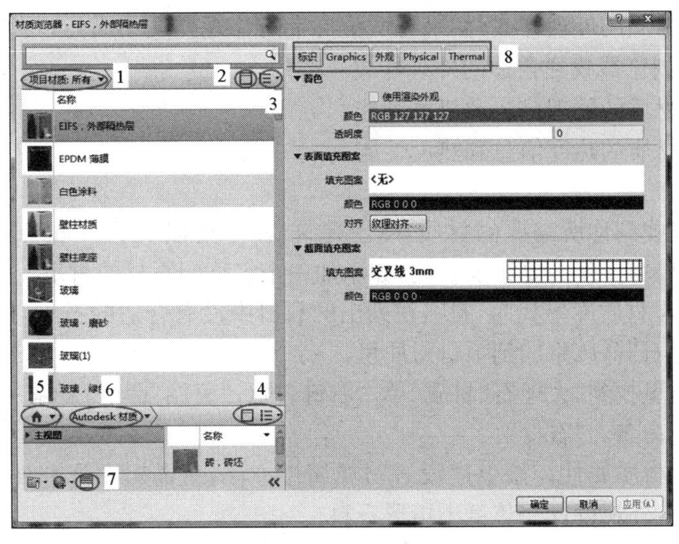

图 4.2-2 材质浏览器

①项目材质：按类别列出项目中所有的材质。

②显示/隐藏库面板：显示/隐藏 Atuodesk 和 AEC 材质库，即⑤、⑥中的内容。

③更改视图：单击出现如图 4.2-3 所示的内容，显示文档材质、查看类型、排序和缩略图大小。

④内容同②③。

⑤和⑥的内容均显示 Atuodesk 和 AEC 材质库。

⑦打开/关闭资源浏览器：打开资源浏览器，如图 4.2-4 所示。

⑧此处设置材质属性。

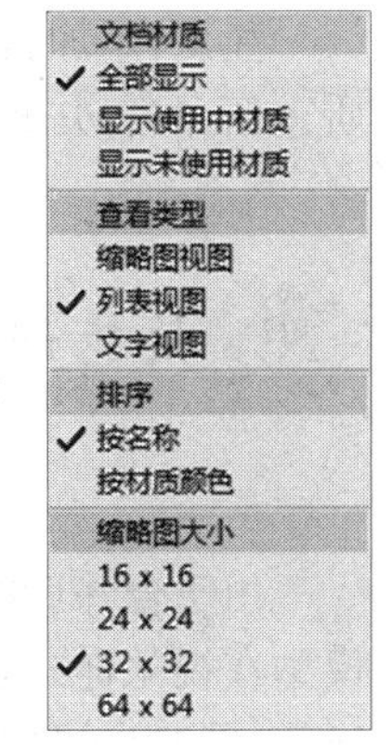

图 4.2-3 更改视图

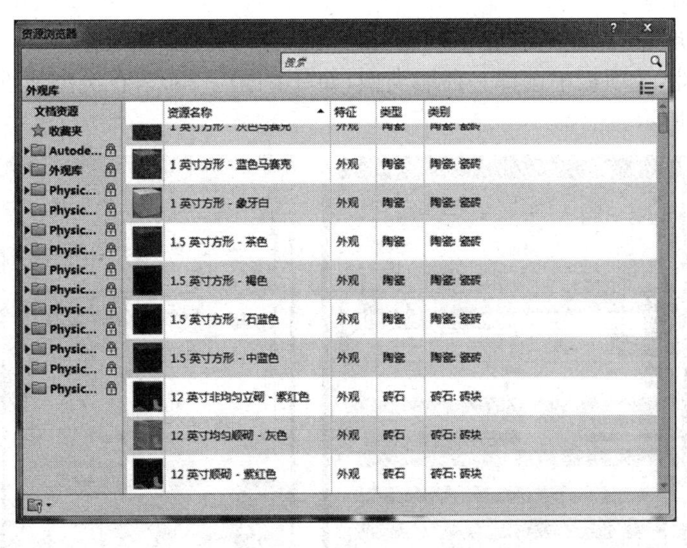

图 4.2-4 资源浏览器

(2)设置材质属性。

①标识：显示材质名称、说明信息、产品信息和 Revit 注释信息。

②图形：设置材质着色、表面填充图案和截面填充图案。

③外观:设置材质的外观样式,如果对系统自带的外观样式不满意,可以单击替换此资源按钮,打开资源浏览器找到合适的外观样式。

④物理:记录材质的物理信息和机械性能。

⑤热度:记录材质的热度信息和热度性能。

(3)添加材质。

在材质类型里找到你所需要的材质,赋予建筑构件,可以从 Atuodesk 或 AEC 材质库中找。如果材质库里没有,就需要添加材质,如添加一个名称叫石材的材质。

①在 Atuodesk 材质库里找“石料”,在列出的石料中没有合适的石材,但有一个“大理石”比较接近,将“大理石”材质添加到项目材质里。

②在项目材质里找到“大理石”材质,单击右键,执行“复制”命令,复制一个“大理石”材质,然后将这个材质重命名为“石材”。

③设置“石材”材质属性。按上述设置材质属性方法,只需对图形和外观进行设置即可。如颜色设置为青色,外观设置为灰色小矩形石料。

注意:添加材质时,不要在原材质上修改,要选择一个接近的材质进行复制,对复制后的材质重新命名,并赋予材质属性。

技能训练

对合并后的三层别墅进行视觉表现

由于合并后的三层别墅是基于结构模型和建筑模型的,所以要综合考虑结构模型和建筑模型在视觉样式表现时哪些构件需要设置材质属性。有些构件可以不分层设材质,以减少工作量,同时也可以提高渲染速度。

1)设置墙面结构

(1)选择“建筑”→“构建”→“墙”→“建筑墙”,激活“墙属性”选项板。

(2)在“墙属性”选项板中选择一种墙类型,如“F1 内墙-200”,在类型属性中对墙结构进行设置,如图 4.2-5 所示。

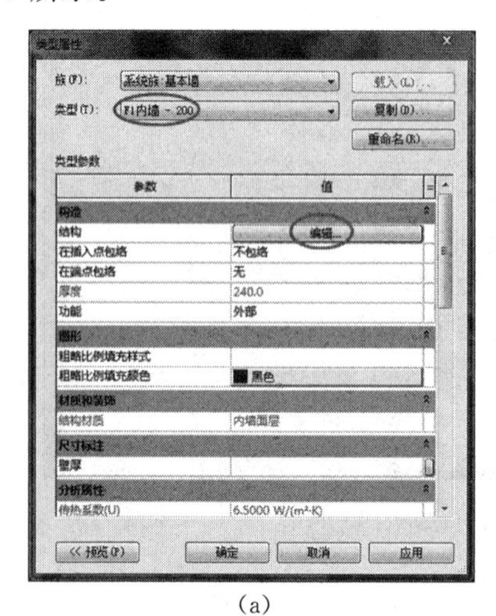

(a)

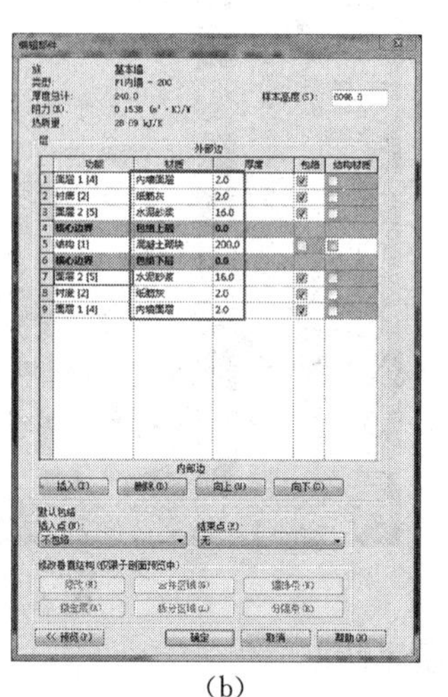

(b)

图 4.2-5 设置 F1 内墙-200 结构

(a)类型属性;(b)编辑部件

(3)重复上述步骤,设置外墙结构,以 F1 外墙-200 为例,如图 4.2-6 所示。

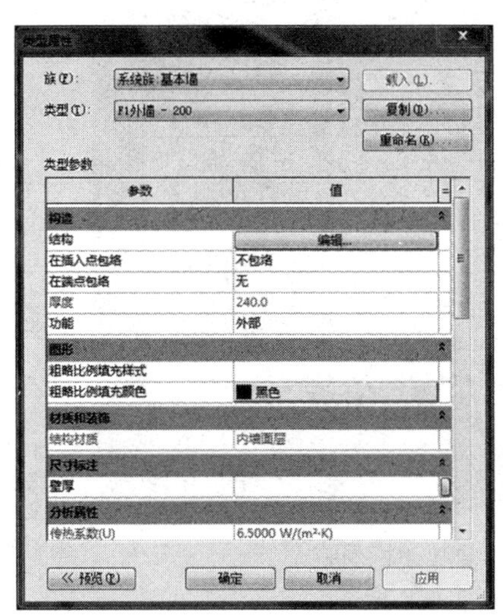

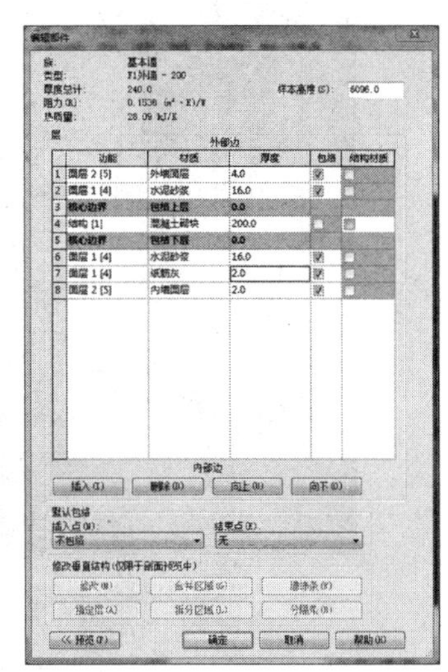

(a)　(b)

图 4.2-6　设置 F1 外墙-200 结构

(a)类型属性;(b)编辑部件

(4)以此设置所有楼层内墙、外墙、厨房、卫生间墙构造。

2)设置楼地面结构

(1)在楼层平面状态下,选择“建筑”→“构建”→“楼板”→“楼板:建筑”,激活“楼板属性”选项板。

(2)在“楼板属性”选项板中选择一种楼板类型,如“F1 客厅地面-50 mm”,在类型属性中对 F1 客厅地面楼板结构进行设置,如图 4.2-7 所示。

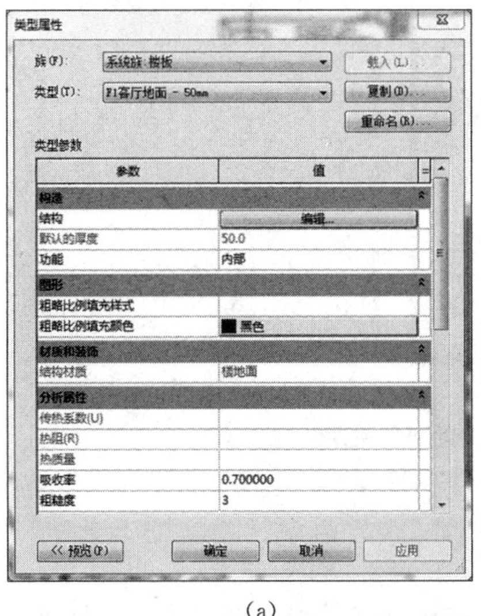

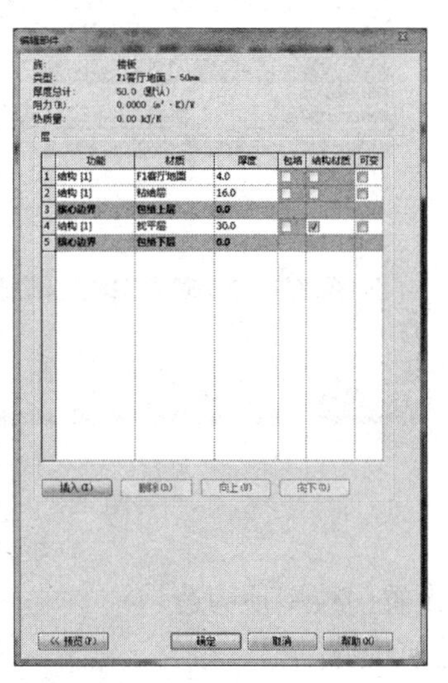

(a)　(b)

图 4.2-7　设置 F1 客厅地面结构

(a)类型属性;(b)编辑部件

(3)以此设置其他房间和所有楼层楼面构造。

(4)在“真实”视觉样式下显示 F1 楼面,如图 4.2-8 所示。

图 4.2-8　别墅 F1 楼面

3)设置屋顶结构

(1)在楼层平面状态下,选择“建筑”→“构建”→“屋顶”→“迹线屋顶”,激活“屋顶属性”选项板。

(2)在“屋顶属性”选项板中选择一种基本屋顶类型,如“别墅屋顶-70 mm”,在类型属性中对屋顶结构进行设置,如图 4.2-9 所示。

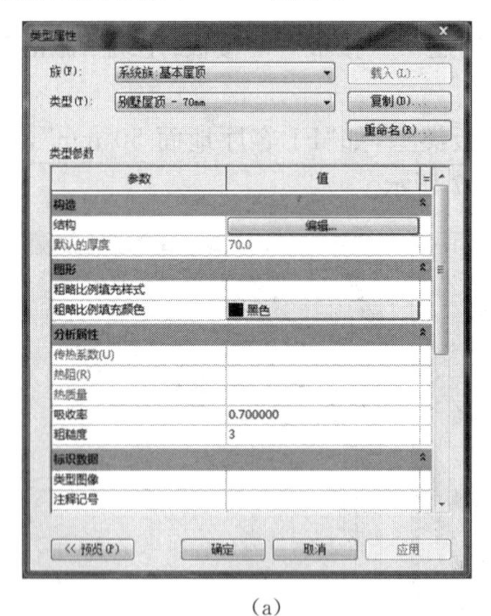

(a)

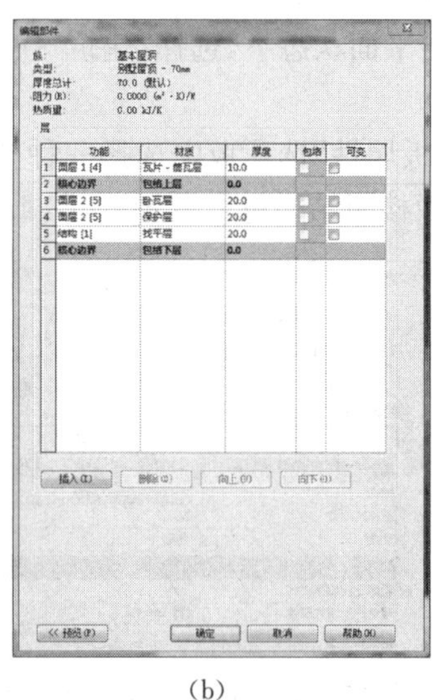

(b)

图 4.2-9　设置别墅屋顶结构

(a)类型属性;(b)编辑部件

(3)以此设置门楼屋顶构造。

4)设置建筑构件结构

(1)设置墙饰条、壁柱、阳台露顶部扶手、露台柱墩等墙上细部构造的材质。

(2)设置散水、车库台阶、门前花池、门前台阶等墙脚处细部构造材质。

(3)设置门楼柱、门前花台等构件材质。

5)设置楼梯结构

(1)在 F1 楼层平面状态下,选择一层楼梯,激活“楼梯属性”选项板。

(2)在“楼梯属性”选项板中,单击“编辑类型”按钮,在“类型属性”对话框中对楼梯构造进行设置,如图 4.2-10 所示。

(3)单击楼梯类型属性中的梯段类型,如“F1 整体浇筑楼梯”,对 110 mm 结构深度梯段进行梯段类型属性设置,这里着重设置“材质和装饰”,如图 4.2-11 所示。

同时勾选踏板和踢面,对踏板和踢面进行厚度与材质的设置,这里需要用到设置材质的知识。

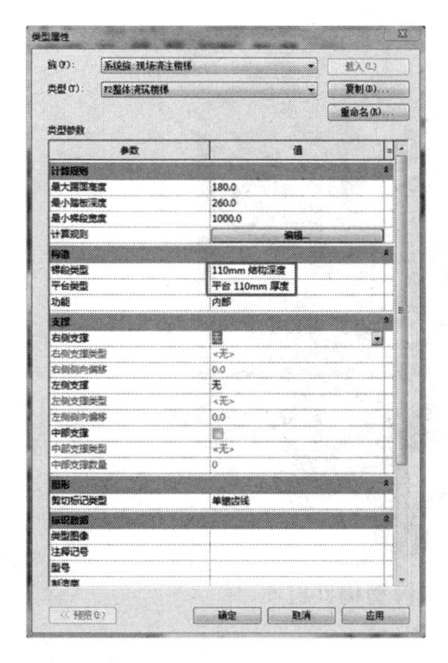

图 4.2-10　楼梯类型属性

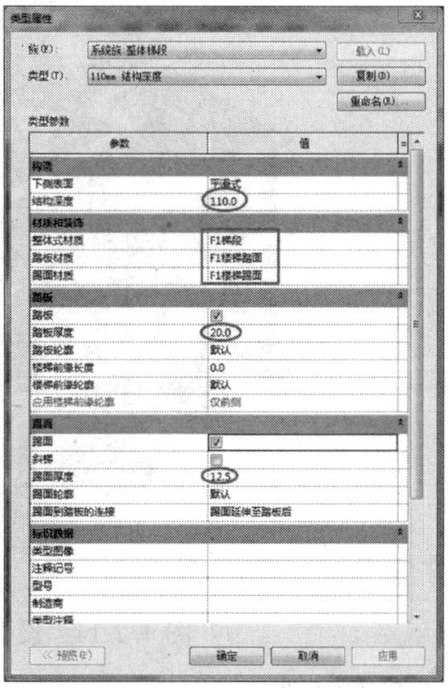

图 4.2-11　梯段类型属性

(4)在 F1 整体浇筑楼梯类型属性中,对 110 mm 厚度平台进行平台类型属性设置,方法同梯段类型属性设置,如图 4.2-12 所示。

(5)再设置 F1 整体浇筑楼梯类型属性,视觉表现如图 4.2-13 所示。

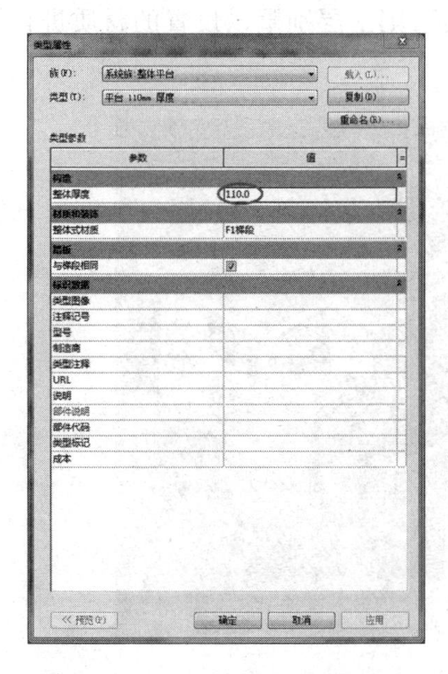

图 4.2-12　楼梯平台类型属性

图 4.2-13　楼梯视觉表现

6)设置结构模型构件结构

设置完建筑构件结构后,保存项目文件,退出项目文件。

打开结构模型,在结构模型中设置檐口装饰线、二三层板边装饰线、门楼装饰线、门楼装饰檐板、老虎窗墙、花棚等构件表面材质,设置完成后如图 4.2-14 所示。

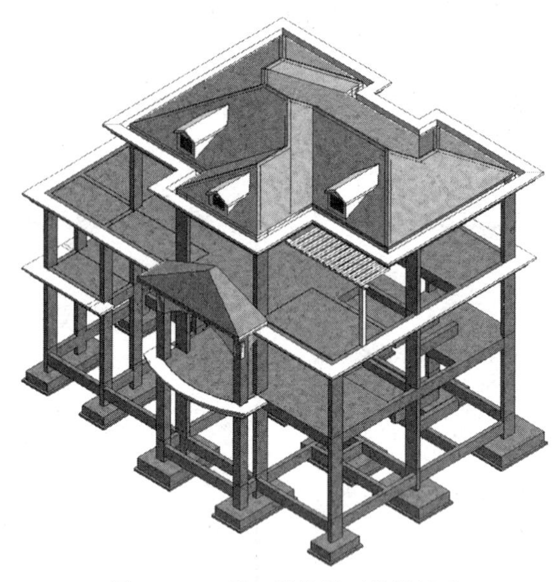

图 4.2-14　设置结构模型构件材质

7)重新载入结构模型

保存并退出结构模型,再次打开合并后的别墅模型。

选择“管理”→“管理链接”,打开“管理链接”对话框,在 Revit 选项中选择载入的结构模型,激活“重新载入”按钮,单击“重新载入”按钮,在结构模型中设置的结构材质在这里得以运用。

8)对三层别墅进行视觉表现

在显示控制栏,选择“视觉样式”→“真实”,则三层别墅以设置的材质进行视觉表现,如图 4.2-15 所示。

图 4.2-15　三层别墅真实视觉表现

任务 4.3 创建室内外构件

任务导入

将结构模型和建筑模型合并后就完成了一个模型的创建。对创建后的模型进行表现，有多种方法，任务 4.2 就是利用构件材质对模型进行表现的，本任务是给模型添加构件族和文字图片对模型进行表现。

学习目标

1. 掌握族文件的选用与管理。
2. 了解室外构件在室外配景中的搭配与审美。
3. 了解室内构件在室内配置的作用与功能。
4. 会用配景族、文字图片对地面与墙面进行配景。
5. 能够利用室内构件族对室内房间进行场景布设。

任务情境

Revit 拥有强大的族文件，可以对完成后的模型进行场景布设。如任务 4.1 中在室外场地布设停车场、路灯等。无论室外场景还是室内场景的布设，都不是构件的堆砌，而是要符合实际需要以及美感，脱离实际场地布设场景都是失败的。本任务通过对 Revit 自带族文件的选用，有针对性地对三层别墅进行室内外场景布设。

相关知识

4.3.1 布设室外场景

室外场景布设就是利用环境族对环境渲染，有植物、人物、配景、汽车、场地设施等，这些构件借用 RPC 渲染外观，在场景中真实呈现。

可以选择“体量和场地”→“场地建模”→“场地构件”直接放置场地构件。这些构件均依赖于项目中载入的构件族，所以必须先将构件族载入到项目中才能使用这些构件。

1)载入构件族

室外构件族一般在“建筑”→“场地”“配景”“植物”“照明设备”(室外照明)文件夹中。

载入族的方式有从库中载入和从模式中载入，它们载入的路径是一样的，载入的族文件在调用时也一样。

室外场景布设需要从族库中载入场地构件:树木、停车场、安全岛、消火栓等,配景构件:喷泉、水池、路灯、游乐设施、人物、汽车等。

载入的 2D、3D 族在显示时效果不同。载入的 2D 族文件是平面的,没有立体感,如停车场路标。载入的 2D-3D 族文件在平面图和立面图上可以显示二维图形,在三维中不能显示,如"小汽车停车位 2D-3D",如图 4.3-1 所示。

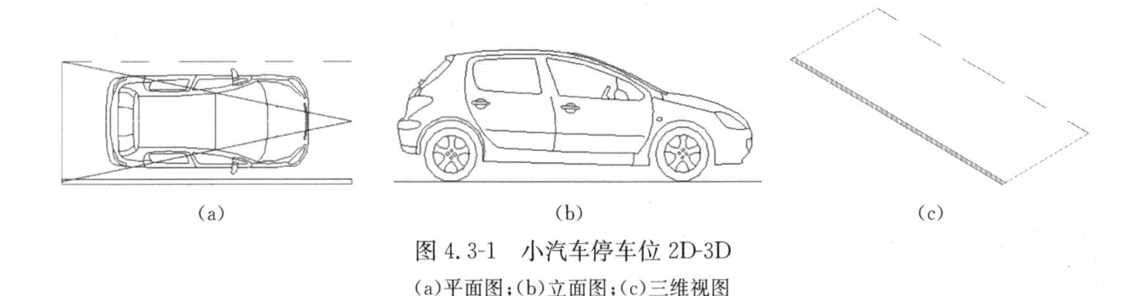

(a)　　(b)　　(c)

图 4.3-1　小汽车停车位 2D-3D

(a)平面图;(b)立面图;(c)三维视图

载入的 RPC 族文件是基于 RPC 渲染外观创建的族,它在创建构件时无须进行复杂的三维建模就可以在渲染时获得非常真实的渲染效果。这样的特点非常适用于建筑环境渲染时所需要的一些环境配景和植物。它与 2D、3D 族文件相比更具有真实感。如载入的"棕榈树 2D -3D"和"RPC 树-落叶树-钻天杨",前者有立体感但没真实感,后者既有立体感也有真实感,如图 4.3-2 所示。

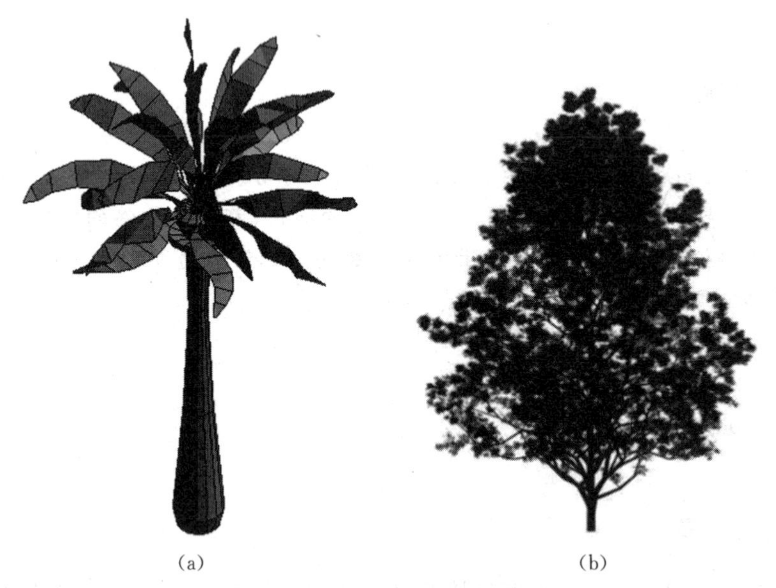

(a)　　(b)

图 4.3-2　3D、RPC 植物

(a)棕榈树 2D-3D;(b)RPC 树-落叶树-钻天杨

2)放置室外构件

放置室外构件可以采用"体量和场地"→"场地建模"→"场地构件"和"建筑"→"构建"→"构件"→"放置构件"两种方法,从"构件属性"选项板中选择一种构件类型,放置在场地中。

最好在平面图中放置构件,相同排列的构件应用"阵列"命令,如路灯,按一行多列定距或定数排列。

放置构件时,注意方向,可以通过按〈空格〉键或执行"旋转"命令调整构件的朝向。

4.3.2　布设室内场景

1)布置卫生设备

(1)选择“建筑”→“卫生器具”,配合“族库”→“建筑”→“专用设备”→“卫浴附件”,载入常规卫浴及配件,如图 4.3-3 所示。

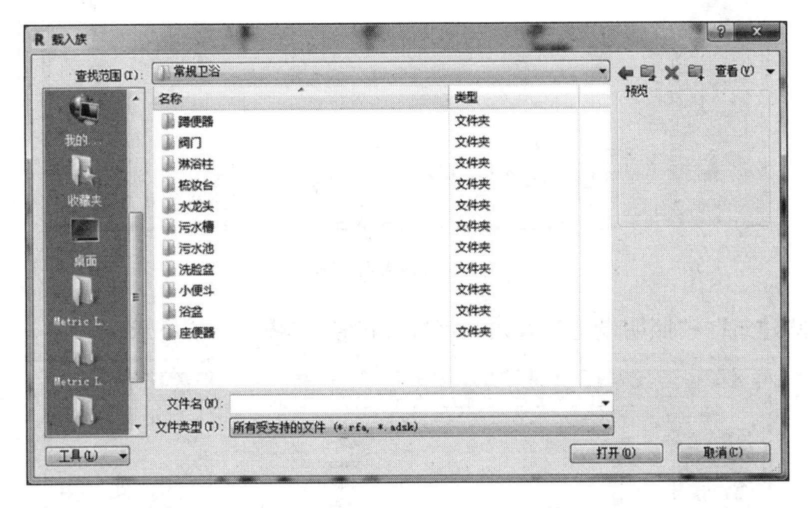

图 4.3-3　载入常规卫浴及配件

(2)选择“建筑”→“构建”→“构件”→“放置构件”,将选定构件放置在合适位置。

注意:卫浴设备都是放置在地面上的,有些是放置在某些台面上的。

2)布置厨房设备

(1)选择“建筑”→“橱柜”,载入厨房和浴室设备,如图 4.3-4 所示。

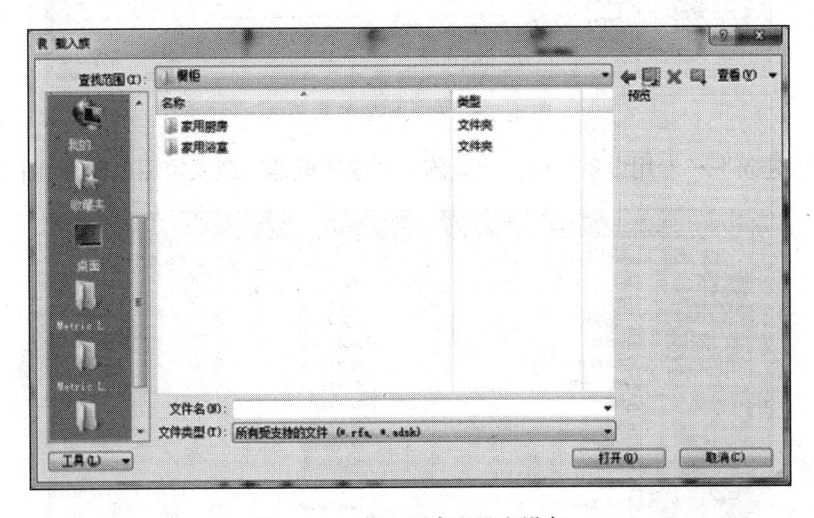

图 4.3-4　载入厨房和浴室设备

(2)选择“建筑”→“构建”→“构件”→“放置构件”,将选定构件放置在合适位置。

注意:厨房设备是将柜子与台面分开的,柜子放置好后再放置台面。

3)布设卧室设备

(1)选择“建筑”→“家具”,载入床、柜子、装饰等卧室家具,如图 4.3-5 所示。

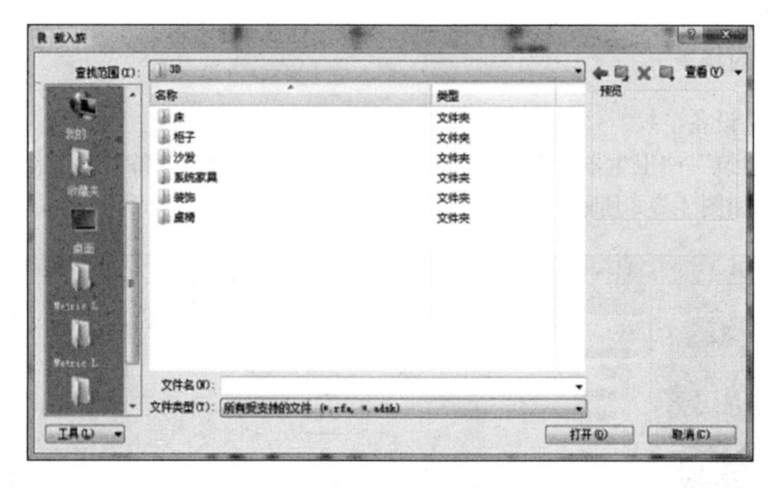

图 4.3-5　载入卧室家具

(2)选择“建筑”→“照明设备”,载入卧室灯具设备,如图 4.3-6 所示。

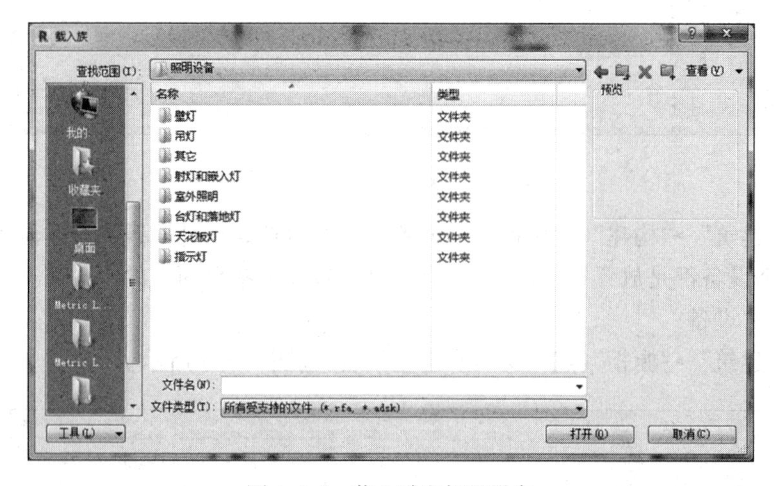

图 4.3-6　载入卧室灯具设备

(3)选择“建筑”→“专用设备”→“住宅设施”→“家用电器”,载入家用电器,如图 4.3-7 所示。

图 4.3-7　载入家用电器

(4)选择"建筑"→"构建"→"构件"→"放置构件",将选定构件放置在合适位置。

4)布设客厅、书房等公共区域设备

(1)选择"建筑"→"专用设备"→"住宅设施",载入办公设备、运动器材、家用电器等,如图 4.3-8 所示。

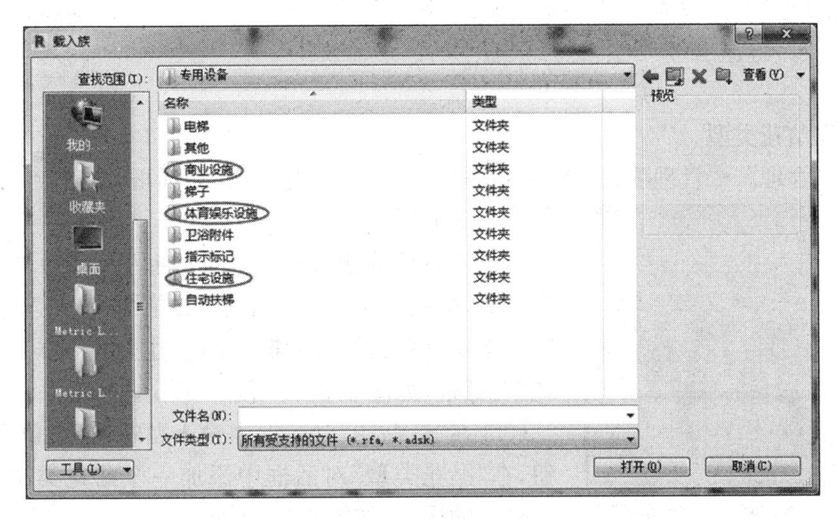

图 4.3-8　载入住宅设施

(2)选择"建筑"→"家具""照明设备",载入客厅沙发、办公桌椅、照明灯具等公共区域设备。

(3)选择"建筑"→"构建"→"构件"→"放置构件",将选定构件放置在合适位置。

4.3.3　创建墙面文字和图片

1)创建墙面文字

(1)选择"建筑"→"工作平面"→"设置",在模型上选择一个平面作为放置文字的面,如图 4.3-9 所示选择"基本墙:F3 外墙-200"。

(2)选择"建筑"→"模型"→"模型文字",打开"编辑文字"对话框,如图 4.3-10 所示。在"编辑文字"对话框里输入汉字、数字或字母。

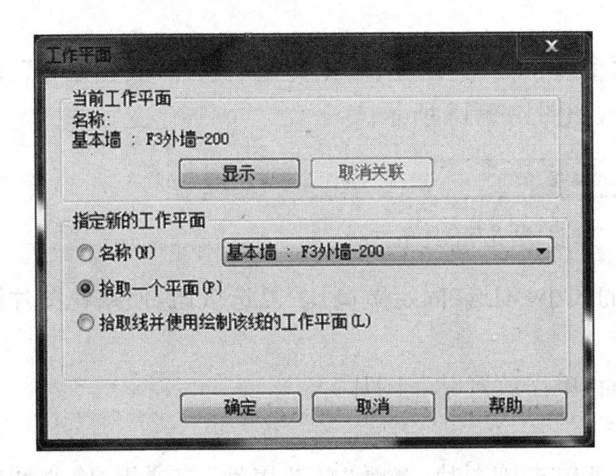

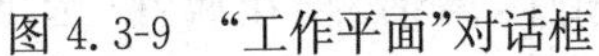

图 4.3-9　"工作平面"对话框

图 4.3-10　"编辑文字"对话框

(3)单击“确定”按钮，光标处为输入的文字，移动光标到合适位置，单击放置文字。

(4)通常第一次放置的文字为系统默认的参数，与理想中的文字并不一致。单击文字激活“模型文字”选项板，修改里面的文字内容、水平对齐、材质、深度参数，如图 4.3-11 所示，使文字符合要求。

(5)按〈Esc〉键退出。

2)贴花

(1)创建贴花类型

①选择“管理”→“管理项目”→“贴花类型”，打开“贴花类型”对话框，如图 4.3-12 所示。

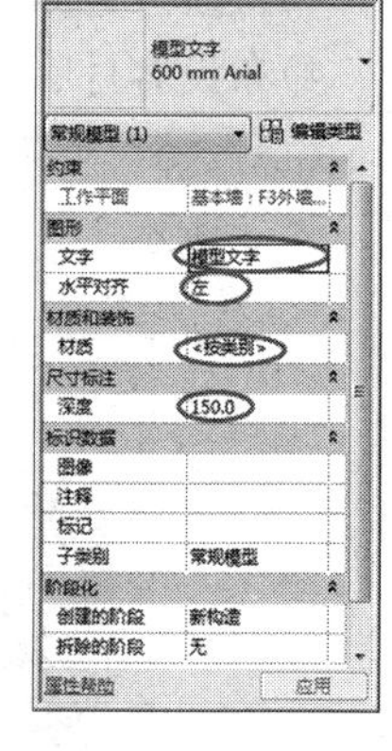

图 4.3-11　修改文字属性

图 4.3-12　贴花类型“对话框”

②新打开的“贴花类型”对话框里是没有贴花内容的，需要添加贴花图片。单击贴花类型对话框中的新建贴花“ ”，打开“新贴花”对话框，如图 4.3-13 所示。

③在“新贴花”对话框中输入贴花名称，单击“确定”按钮，在“贴花类型”对话框中添加一个贴花类型，同时激活新贴花的属性，如图 4.3-14 所示。

图 4.3-13　“新贴花”对话框

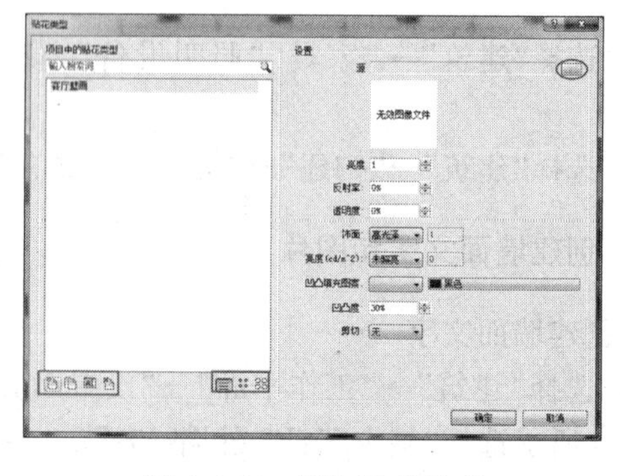

图 4.3-14　添加贴花类型

④在“贴花类型”对话框中载入贴花图片，并对图片进行参数设置。

(2)插入贴花

①选择“插入”→“链接”→“贴花”，有两个选项：放置贴花、贴花类型。选择“放置贴花”，激活“贴花属性”选项板和“修改|贴花”工具条，如图 4.3-15 所示。

图 4.3-15　“修改|贴花”工具条

②修改“宽度”“高度”值改变贴花图片的大小，勾选“固定宽高比”复选按钮，使贴花图片同比例放大或缩小。

③移动光标到需要放置贴花图片的平面，单击放置贴花图片。

④按〈Esc〉键退出。

如果要对放置好的贴花图片进行修改，则单击该图片，激活“贴花属性”选项板，修改贴花的“宽度”“高度”值，也可以在选项板上方的“修改|常规模型”工具条中修改。单击“编辑类型”

按钮，对选定贴花进行属性修改。

注意：放置贴花前必须设置贴花类型。

知识拓展

RPC 构件族

从 Revit 2009 开始，Revit 就提供了可以使用 RPC 文件创建族的新功能。

RPC 族文件是基于 RPC 渲染外观创建的，它无须三维建模，只需要在创建族文件时进行二维表达即可，然后利用第三方提供的渲染外观实现真实的渲染效果。它比较多地用在环境配景和植物。

1)将 RPC 文件添加到 Revit 的渲染外观库

Revit 软件默认安装 114 个 RPC 渲染外观，均由 ArchVision 公司提供。可到官方网站下载更多的 RPC 渲染外观。

如果我们要把从网上下载的一些 RPC 文件导入到 Revit 的渲染外观库，只需要将要添加的 RPC 文件复制到 Revit 安装目录下的文件夹(如 C:\\ProgramData\\Autodesk\\RVT 2018\\Libraries\\China\\建筑\\植物\\RPC)即可。这样我们就能在渲染外观库中选择我们自己添加的 RPC 文件了。

2)创建 RPC 族文件

(1)选择“新建”→“族”，选择“公制 RPC 族. rft”“公制环境. rft”或者“公制植物. rft”族样板之一。

(2)在绘图区域中，绘制几何图形以代表二维和三维视图中的环境，或者导入包含该几何图形的 CAD 文件。

(3)选择“创建”→“属性”→“族类别和族参数”，在“族类别和族参数”对话框中的“渲染外观源”中选择“第三方”，单击“确定”按钮，如图 4. 3-16 所示。

(4)选择“创建”→“属性”→“族类型”，在“族类型”对话框中添加一个类型名称，如“杨树”，单击“确定”按钮，如图 4. 3-17 所示。

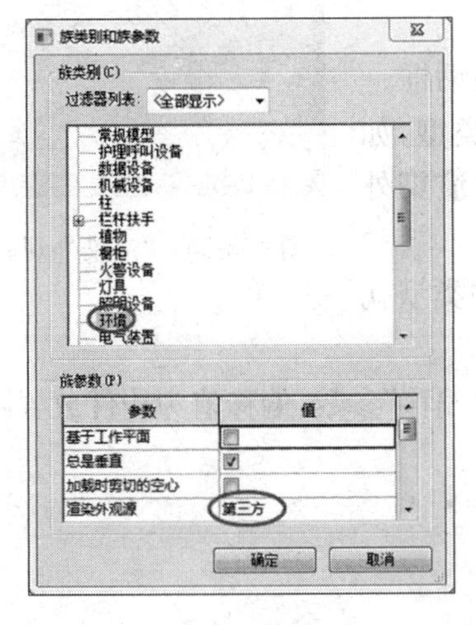

图 4. 3-16　“族类别和族参数”对话框

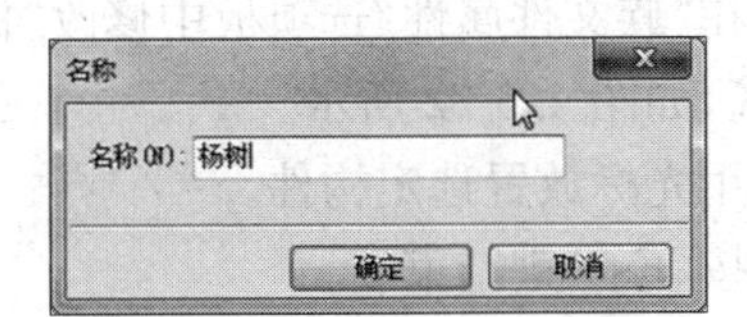

图 4. 3-17　添加类型名称

(5)在“族类型”对话框中,单击“标识数据”标题以显示其参数,如图 4.3-18 所示。

(6)单击“渲染外观”后面的按钮会打开“渲染外观库”对话框,如图 4.3-19 所示。

图 4.3-18　“族类型”对话框

图 4.3-19　“渲染外观库”对话框

(7)在渲染外观库中找到所需的渲染外观,选择它,然后单击“确定”按钮。

(8)在“族类型”对话框中,单击“渲染外观属性”后面的“编辑”按钮,打开“渲染外观属性”对话框,如图 4.3-20 所示。

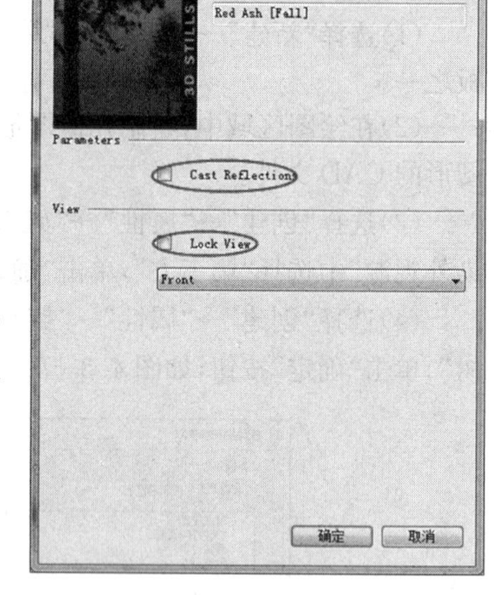

图 4.3-20　“渲染外观属性”对话框

(9)为渲染外观指定参数,然后单击“确定”按钮。

(10)在“族类型”对话框中,单击“确定”按钮。

(11)保存对 RPC 族的修改,并对族文件命名。

(12)将创建的 RPC 族文件载入到项目。

3)使用 RPC 族文件

(1)在项目中,载入一个 RPC 族文件,如上述创建的“杨树”。

(2)选择“体量和场地”→“场地建模”→“场地构件”或“建筑”→“构建”→“构件”→“放置构件”,激活“族文件属性”选项板,在族文件中选择“杨树”。

(3)单击“编辑类型”按钮,打开“类型属性”对话框。

(4)在“类型属性”对话框中复制一个构件类型,如“毛白杨树-6000”,并修改类型参数,如“高度”“渲染外观”和“渲染外观属性”,如图 4.3-21 所示。

(5)单击“确定”按钮,“族文件属性”选项板中类型就改成了“毛白杨树-6000”。

(6)在“族文件属性”选项板中修改“标高”和“偏移”参数,偏移值为构件放置距选定标高之间的距离,如图 4.3-22 所示。

(7)用光标放置选定构件。

(8)按〈Esc〉键结束。

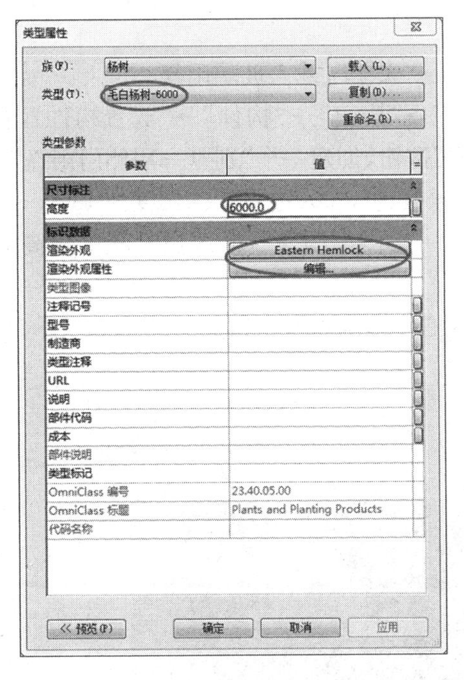

图 4.3-21　“类型属性”对话框

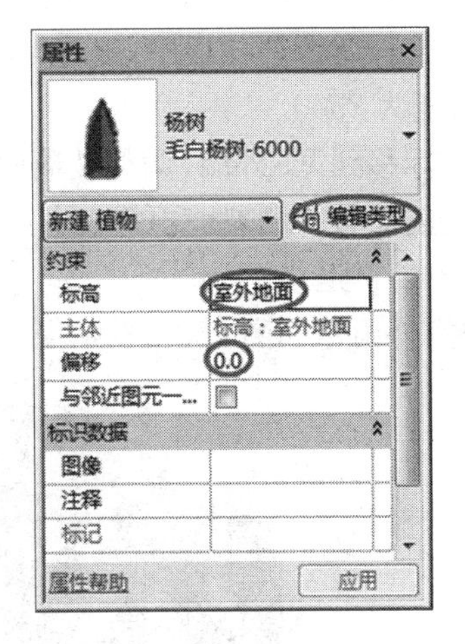

图 4.3-22　修改参数

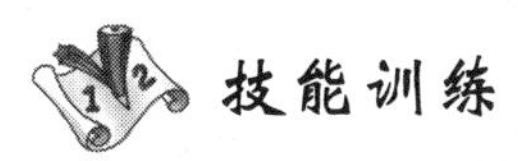

技能训练

布置三层别墅构件

基于上述理论，现对三层别墅进行构件布置。

1)布设室外场景

(1)在室外地面楼层平面状态下，从场地、配景、植物、照明设备(室外照明)族库文件夹中载入树木、停车场、喷泉、水池、路灯、游乐设施、人物、汽车等族文件。

(2)选择“体量和场地”→“场地建模”→“场地构件”，将树木、停车场、喷泉、水池、路灯、游乐设施、人物、汽车等构件放置在室外地面上，如图 4.3-23 所示。

图 4.3-23　室外场景

2)创建室外雨篷

(1)选择“建筑”→“场地”→“附属设施”→“天棚”,载入玻璃雨篷。

(2)在 F1 楼层平面状态下,选择“建筑”→“构建”→“构件”→“放置构件”,在“族文件属性”选项板里找到玻璃雨篷,单击“编辑类型”按钮,创建一个“别墅一层侧门雨篷”的雨篷类型,修改它的参数:护顶宽度为 1500、护顶悬挑长度为 1000、边界悬挑长度为 190。

(3)在族文件属性选项板中,选择“别墅一层侧门雨篷”,修改属性里的标高为“F1”,偏移为 0,放置高度为 2300。

(4)将光标移到 F1 外墙,调整玻璃雨篷直至覆盖室外台阶。

(5)重复创建另一侧玻璃雨篷。

(6)按〈Esc〉键退出。

创建的室外雨篷如图 4.3-24 所示。

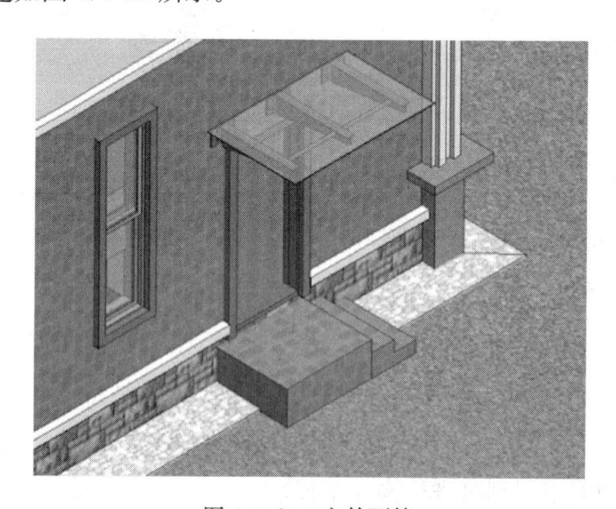

图 4.3-24　室外雨篷

3)创建室外墙面文字

过程从简。

(1)在门楼项部前梁创建别墅名称为“岳麓山庄”,如图 4.3-25 所示。

文字参数:字体隶书,大小 330 mm,粗体,材质大理石棕红色,厚度 50 mm。

(2)在别墅三层东墙创建别墅英文名称为“Yuelu Villa”,如图 4.3-26 所示。

文字参数:字体 Palace Script MT,大小 400 mm,粗体,材质棕红色,厚度 50 mm。

图 4.3-25　墙面汉字

图 4.3-26　墙面英文

4)布设室内构件

以布设别墅一层室内构件为例,过程从简。

(1)在F1楼层平面状态下,调整导入的首层平面图(CAD图)可见。

(2)选择“建筑”→“卫生器具”,配合“建筑”→“专用设备”→“卫浴附件”,载入常规卫浴及配件。

(3)选择“建筑”→“橱柜”,载入厨房设备。

(4)选择“建筑”→“家具”,载入床、柜子、装饰等卧室家具。

(5)选择“建筑”→“照明设备”,载入卧室灯具设备。

(6)选择“建筑”→“专用设备”→“住宅设施”→“家用电器”,载入家用电器。

(7)选择“建筑”→“专用设备”→“住宅设施”,载入办公设备、运动器材等。

(8)选择“建筑”→“家具”“照明设备”,载入客厅沙发、办公桌椅、照明灯具等。

(9)选择“建筑”→“构建”→“构件”→“放置构件”,根据首层平面图(CAD图)中设计的室内构件,一一放置。结果如图4.3-27所示。

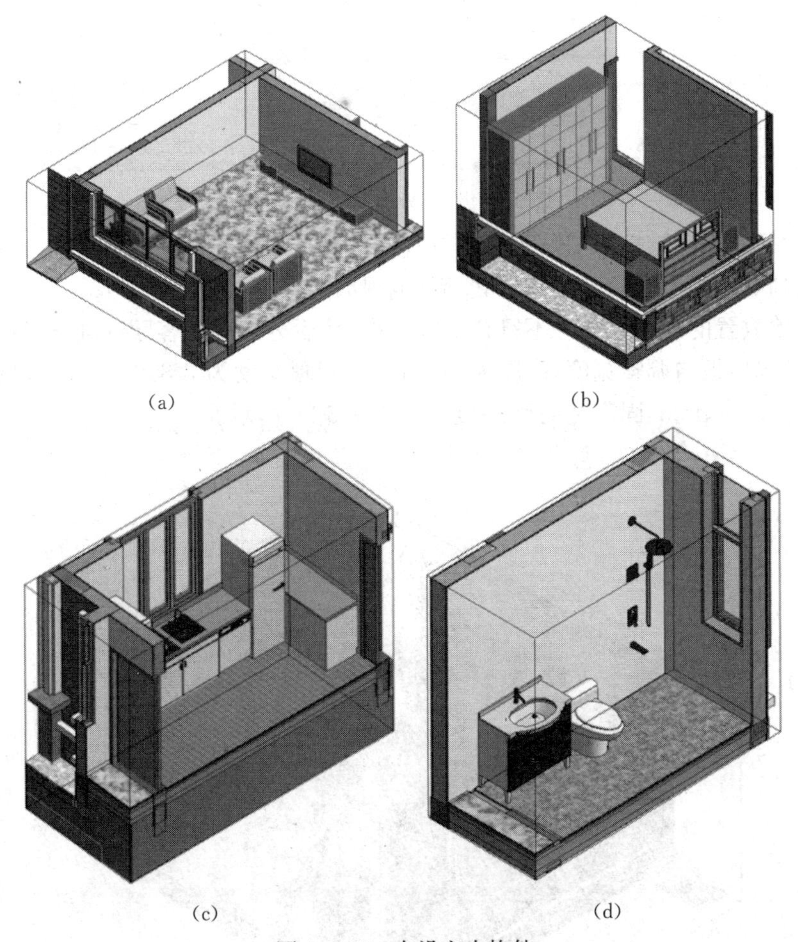

(a)　(b)　(c)　(d)

图4.3-27　布设室内构件

(a)客厅设备布设;(b)卧室设备布设;(c)厨房设备布设;(d)卫生间设备布设

5)创建室内贴画

(1)在F1楼层平面状态下,选择客厅西墙,激活“修改|墙”选项卡,选择“视图”→“选择框”(剖面框),局部三维显示客厅。

(2)通过剖面框的控制按钮,调整剖面框的大小,直至能够尽可能多的显示客厅内部结构。

(3)选择“管理”→“管理项目”→“贴花类型”,打开“贴花类型”对话框,在“贴花类型”对话框内创建两个贴花:客厅壁画、电视背景画,如图 4.3-28 所示。

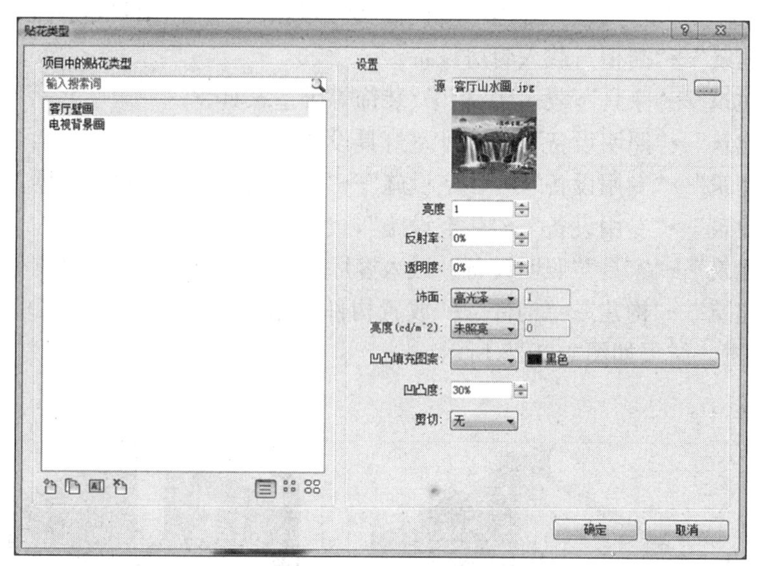

图 4.3-28　“贴花类型”对话框

(4)选择“插入”→“链接”→“贴花”→“放置贴花”,在“贴花属性”选项板内分别选择客厅壁画、电视背景画贴花类型,在客厅西墙和北墙(电视墙)上放置贴花。

(5)刚开始放置的贴花尺寸并不符合实际大小,然后分别选择客厅壁画、电视背景画贴花,在“贴花属性”选项板内调整宽度、高度大小,如客厅壁画宽度为 2 800 mm,固定宽高比;电视背景画宽度为 2 500 mm,固定宽高比。结果如图 4.3-29 所示。

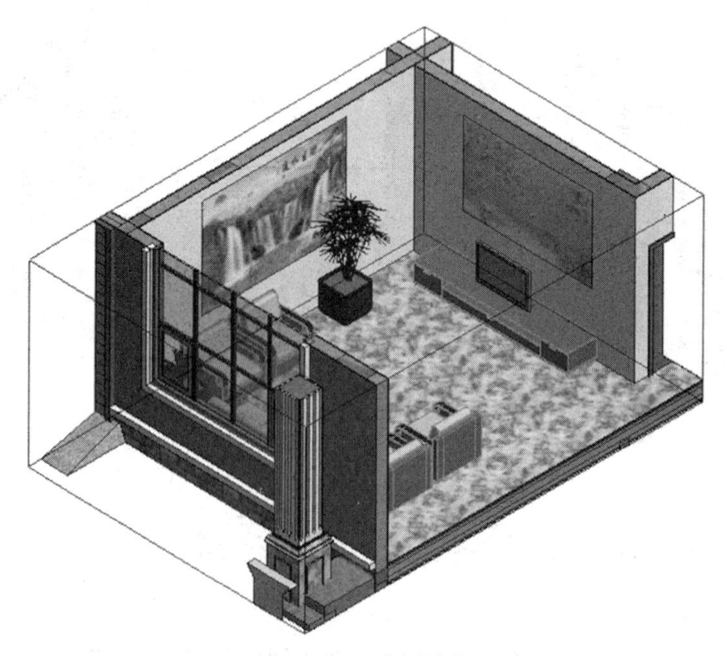

图 4.3-29　客厅贴花

任务 4.4　创建阴影与相机视图

任务导入

给放置在建筑场地中的建筑模型进行配景，场景都没有阴影，缺少在自然环境中的真实感。为了增强建筑模型在自然空间里的真实感，我们在本任务里介绍给建筑模型添加阴影。同时，我们对添加了配景和阴影的建筑模型进行相机拍照，创建相机视图。

学习目标

1. 掌握项目地理位置的配置方法。
2. 了解日光路径的设置理论。
3. 了解相机放置位置与相机视图效果的关系。
4. 会设置日光路径和日照分析。
5. 会用“相机”命令创建三维透视图。

任务情境

Revit 提供了模拟自然环境的日照阴影，用于真实反映外部自然光和阴影对室内外空间和场地的影响。这种模拟的自然光和阴影是以项目的真实地理位置为基础的，所以日光显示是真实的，并且还可以动态输出。而创建的相机视图则只是对项目模型进行三维视图表达，类似对模型拍照。

相关知识

4.4.1　创建阴影

1)设定项目位置

Revit 创建的项目是放置在上、下、左、右四个方位里的，分别代表建筑物的北、南、西、东，这四个方位是项目方位，而不是项目真实的地理方位。

打开日光路径，显示地理方位罗盘，在地理方位罗盘上也显示北、南、西、东四个方位，这四个方位是项目的真实地理方位。如果项目方位北与地理方位北重合，说明项目方位与地理方位同向，如图 4.4-1 所示。

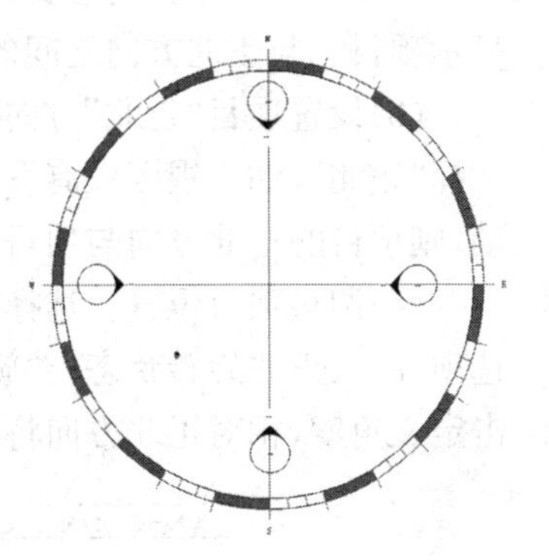

图 4.4-1　项目方位与地理方位

确定项目方位常以方向北为基础，因此有项目方位北(项目北)和地理方位北(正北)。项目北与地理方位无关，它只是绘图时项目的一个视图方位；正北是项目的真实地理方位，如果项目的地理方位不是正南正北，则项目北与正北方向有一个夹角。

在“视图属性”选项板可以通过“方向”在项目北与正北之间转换。

(1)在室外地面楼层平面视图状态下，选择“管理”→“项目位置”→“地点”，打开“位置、气候和场地”对话框，如图 4.4-2 所示。

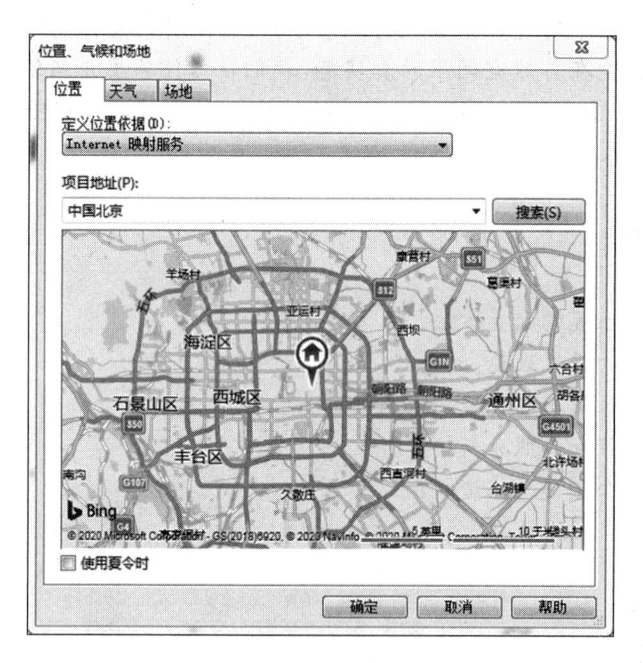

图 4.4-2　“位置、气候和场地”对话框

(2)设置地理位置。在“位置、气候和场地”对话框中，选择“位置”选项卡，在“定义位置依据”下拉列表框中有两个选项，选择“默认城市列表”选项，可以为当前项目选择一个城市以确定项目在世界上的位置，如选择“中国北京”，将自动显示北京的经度和纬度。若选择“Internet 映射服务”选项，在联网状态下将在窗口显示 Google 地图，并在地图上标记该项目地理位置。也可以在地图上拖动该标记调整项目地理位置。

注意：必须在联网状态下，才能使用“Internet 映射服务”选项。

一旦确定了项目的位置，可以在“天气”选项卡里显示项目当地的温度，在“场地”选项卡里显示项目北与正北方向之间的角度。

(3)设置项目“正北”方向。在楼层平面视图状态下，切换“视图属性”选项板里的“方向”，选择“正北”，如果视图没有发生变化，说明项目的正北方向与项目北方向相同，如果视图有变动，则项目的正北方向与项目北方向之间有一个夹角。

(4)调整项目位置。选择“管理”→“项目位置”→“位置”，在下拉列表框中选择“旋转正北”选项，进入正北旋转状态。“旋转正北”可以通过在选项栏中输入一个角度或直接在视图中单击定义角度，相对正北方向将项目北旋转一个角度，如图 4.4-3 所示。

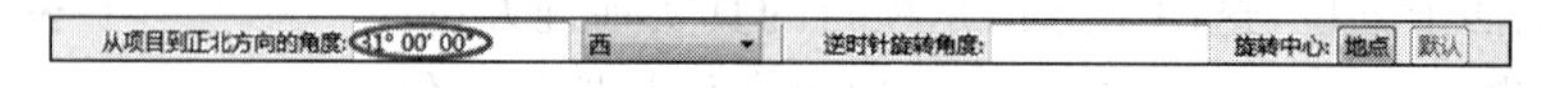

图 4.4-3　选项栏

(5)察看项目北与正北。在楼层平面视图中,切换“视图属性”选项板里的“方向”,选择“项目北”和“正北”,结果如图 4.4-4 所示。

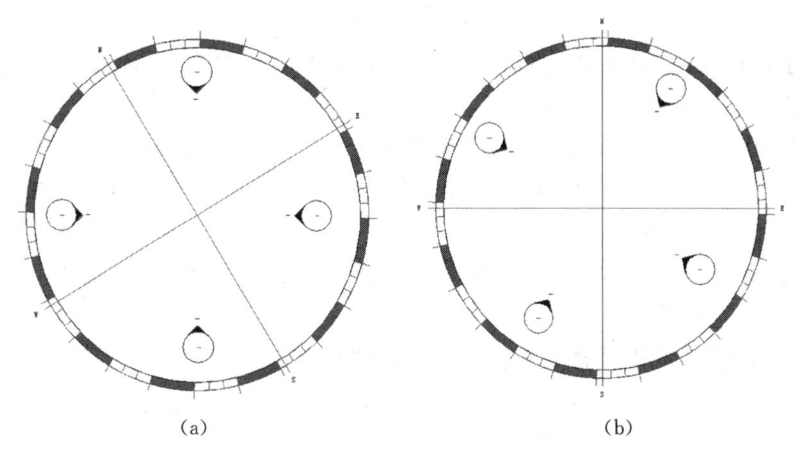

(a)　　(b)

图 4.4-4　项目北与正北

(a)项目北;(b)正北

2)设置日光与阴影

创建项目地理位置,主要是为了给项目设置符合当前位置的日光。在 Revit 里通过设置太阳位置和时刻,就可以在当前时刻下为项目创建阴影。

在 Revit 里还可以设置多个太阳位置与时刻,为项目创建不同时刻的阴影。

(1)三维状态下,在视图控制栏单击“日光”按钮,选择“日光设置”选项,打开“日光设置”对话框(也可以从“管理”→“设置”→“其他设置”→“日光设置”中打开),如图 4.4-5 所示。

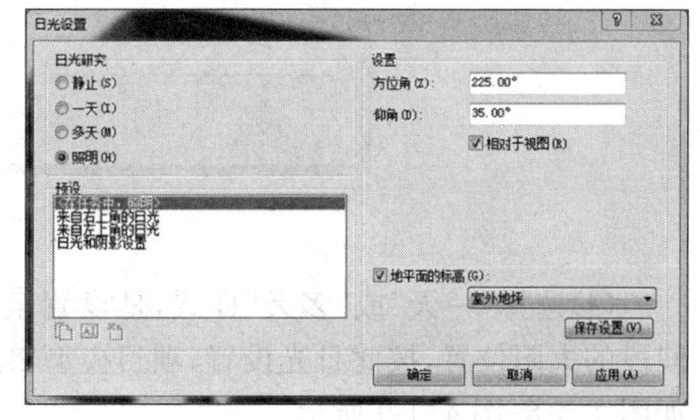

图 4.4-5　“日光设置”对话框

在“日光设置”对话框里有“静止”“一天”“多天”和“照明”四种日光设置样式,前三种样式分别用于模拟分析指定地理位置的某一时刻、某一天内动态和多天内动态日照和阴影情况,“照明”样式用于基于方位角和仰角的日光设置。

“方位角”是相对于正北的角度(单位为度)。方位角的角度范围从 0°(北)到 90°(东)、180°(南)、270°(西)直至 360°(回到北)。

“仰角”是指相对地平线测量的地平线与太阳之间的垂直角度。仰角角度的范围从 0°(地平线)到 90°(顶点)。

(2)选择“照明”样式,在“预设”选项里可以确定日光来自的方向,如“来自右上角的日光”,在“日光设置”对话框右侧的“设置”选项里“方位角”和“仰角”按默认值发生变化(方位角 135°,仰角 35°)。按此预设日光选项,项目模型将通过这一位置的太阳照射在地面上产生阴影,如图 4.4-6 所示。也可以在“设置”选项里输入方位角和仰角调整太阳的位置,以得到不同方向的日光照射,产生阴影。

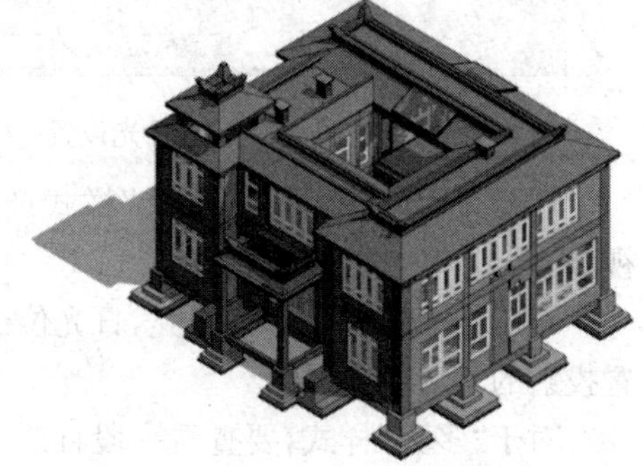

图 4.4-6　“照明”样式模型阴影

注意:勾选“地平面的标高”复选按钮时,系统会在二维和三维着色视图中指定的标高面上投射阴影;取消勾选“地平面的标高”复选按钮时,系统会在地形表面(如果存在)上投射阴影。

若要相对于视图的方向来确定日光方向,请勾选“相对于视图”复选按钮;若要相对于模型的方向来确定日光方向,请取消勾选“相对于视图”复选按钮。

(3)选择“静止”样式,则“设置”选项出现“地点”、“日期”和“时间”。单击“地点”后的“浏览”按钮[...],打开“位置、气候和场地”对话框,在此可以重新设置项目地理位置。设置好项目地理位置后,再设置某一日期的某一时刻,如“武汉,中国;2020/7/21;21:49”,如图 4.4-7 所示,就确定了某地、某日、某一时刻的太阳位置,按此日光设置,项目模型将通过这一位置的太阳照射在地面上产生阴影。

也可以在“预设”选项里选择某一特定时间,如“夏至”。

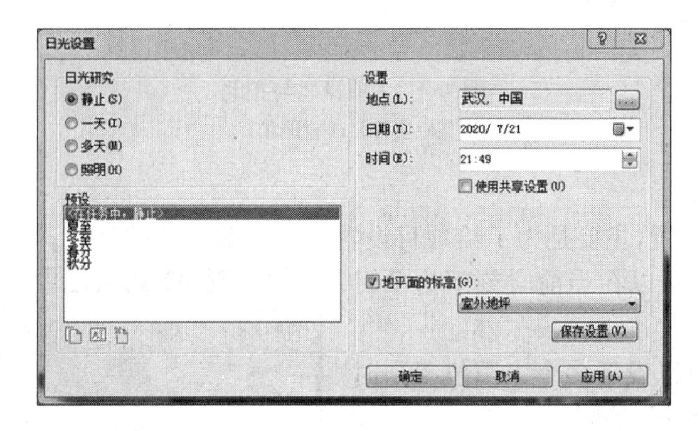

图 4.4-7　“静止”日光设置

(4)选择“一天”或“多天”样式,是设置某地、某日、某一时间段或某地、某几日、某一时间段的太阳位置,按此日光设置,项目模型将通过这一位置的太阳照射在地面上产生阴影,如图 4.4-8、图 4.4-9 所示。

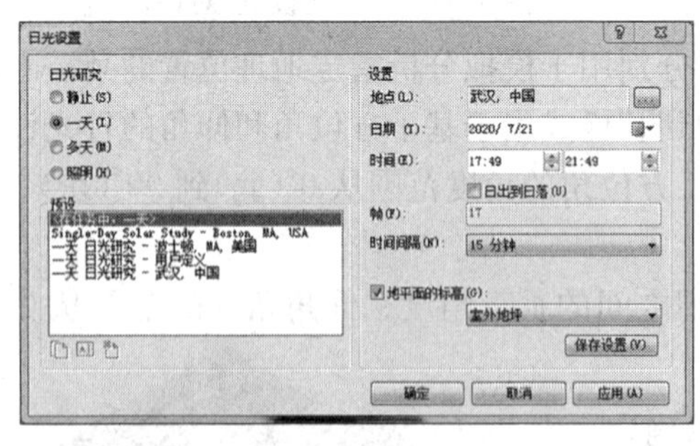

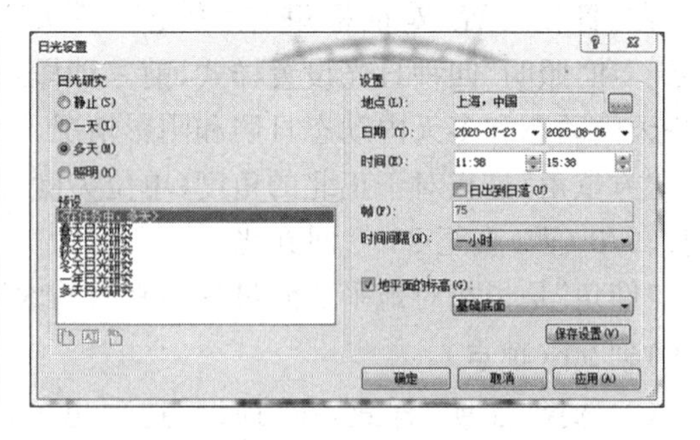

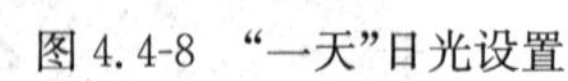

图 4.4-8　“一天”日光设置　　　　图 4.4-9　“多天”日光设置

注意:选择“一天”或“多天”样式产生的阴影是按照设置好的“时间间隔”为一帧的一段视频。

对于“一天”和“多天”研究,日光位于动画的第一帧。在视图中看到的阴影是从该日光位置投射的。

对于“多天”样式,要查看一段日期范围内同一时间点的日光和阴影样式,需要为开始时间和结束时间输入相同的值,也可以通过将“时间间隔”指定为“一天”来实现这一目的。

2)设置日光路径

按照上述方式,设置日光位置,设置好的日光就应用到三维视图中。

(1)三维状态下,在视图控制栏单击“日光”按钮,选择“打开日光路径”选项,当日光路径被打开后,我们就可以在视图中看到项目中预先设置好的日光路径,如图 4.4-10 所示。

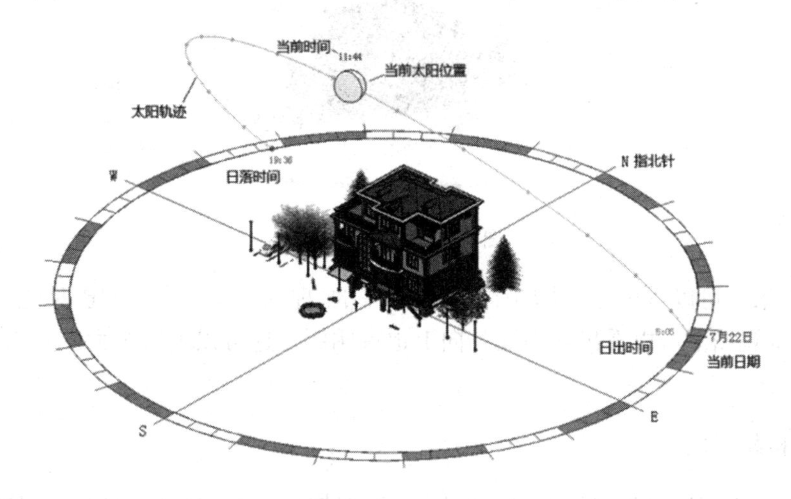

图 4.4-10　日光路径

日光路径主要是用于显示自然光和阴影对建筑和场地产生的影响。

(2)我们可以通过直接拖动太阳,也可以通过修改时间来模拟不同时间段的光照情况,如图 4.4-11 所示,也可以在“日光设置”对话框中进行设置并保存。

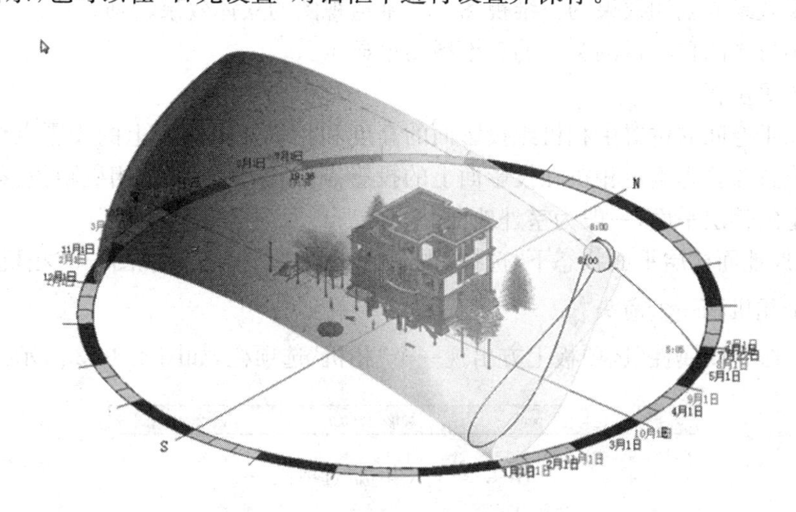

图 4.4-11　“多日”日光路径

3)创建阴影

(1)根据上述过程,我们创建一个日光样式,进行日光设置,如“静止”样式,“地点”为“中国北京”,“日期”为“2020-7-22”,“时间”为“16:02”。

(2)三维状态下,在视图控制栏单击“阴影”按钮,由“关闭阴影”状态转换为“打开阴影”状态,项目模型在地平面上产生阴影。

(3)调整项目模型的三维姿态,使阴影显示更充分,如图 4.4-12 所示。

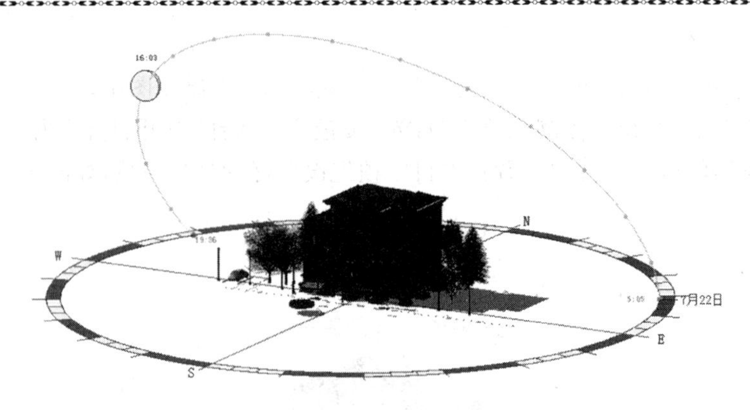

图 4.4-12　打开阴影

从阴影效果中可以看出,此时太阳是自西向东的,理论上项目中的阴影只能是左右的水平阴影,但是三维视图下可以看出在南北朝向上也有阴影。这可以理解为太阳是点光源,放射照射模型的结果。

4.4.2　创建相机视图

对项目模型进行地理位置设置、日光设置、日光路径设置的目的就是获得阴影而对太阳位置的设置。确定了太阳的位置,开启阴影功能,项目模型就能在地平面上产生阴影,进而使项目模型更具有真实感。

相机视图实质上就是模拟真实相机对具有真实感(具有材质、阴影效果)的模型进行拍照,产生具有透视效果或轴测效果的三维视图。三维透视图的立体效果较强。

创建的相机视图在项目浏览器的三维视图里显示。

1)设置相机位置

相机在三维空间的位置由相机距投影面的高度和相机在投影面上的投影点位置决定,因此设置相机位置需要先确定相机在投影面上的投影点位置,其次确定相机距投影面高度。投影面就是选定的楼层平面,一般为室外地面。

(1)在室外地面楼层平面状态下,选择"视图"→"创建"→"三维视图"→"相机",绘图区光标则变成一个相机和一个箭头。

(2)在"三维视图属性"选项板上方出现一个"相机"选项栏,如图 4.4-13 所示。

图 4.4-13　"相机"选项栏

在此勾选"透视图"复选按钮,则创建的是三维透视图,若取消勾选,则创建的是三维轴测图。"偏移"值为相机距基准投影面的距离,也就是相机高度。"自"后面的选项为项目模型中的楼层平面,从中选择一个楼层平面作为基准投影面。

(3)在合适位置单击放置相机,移动鼠标到第二点目标点,如图 4.4-14 所示,单击则系统自动切换到三维状态,在绘图区显示一个三维视图,即相机视图。同时在项目浏览器中的三维视图增加了一个三维视图样式。

2)创建相机视图

事实上在放置相机位置和目标位置时,就创建了一个相机视图,如图 4.4-15 所示。

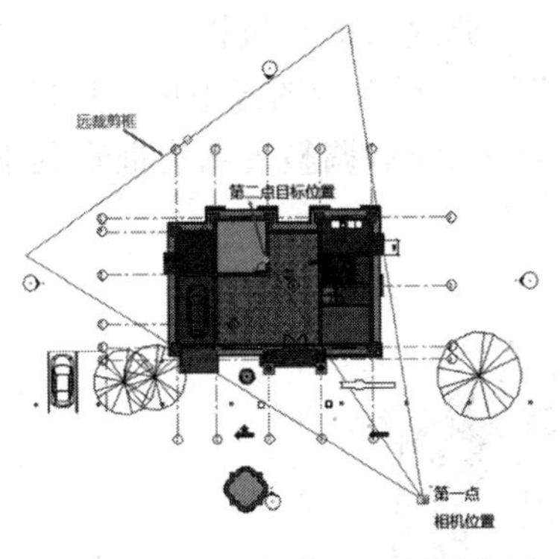

图 4.4-14　相机位置和目标位置

图 4.4-15　相机视图

除非你事前设计好了相机位置，否则创建的相机视图并不理想，如图 4.4-15 所示。因此我们要对相机视图进行调整。

(1)选择室外地面楼层平面，进入室外地面楼层平面状态。在项目浏览器里找到刚才创建的三维视图，如三维视图 1，单击选中它，然后右击，在出现的即时菜单里执行“显示相机”命令，如图 4.4-16所示。在室外地面楼层平面中就添加了相机、目标点和裁剪框，如图 4.4-14 所示。

(2)在“三维视图属性”选项板里，修改“远裁剪偏移”值，或拖动远裁剪边框上的拖动点，调整远裁剪边框距相机的距离，以达到取景深度；修改“视点高度”和“目标高度”值，以达到相机仰视取景或俯视取景的效果，如图 4.4-17 所示。

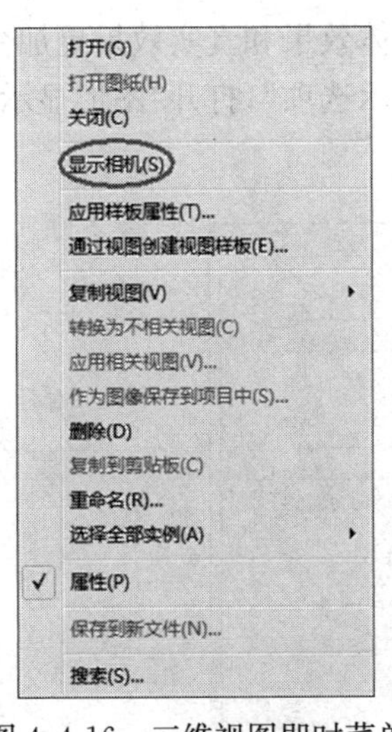

图 4.4-16　三维视图即时菜单

图 4.4-17　“三维视图属性”选项板

注意：此处的“视点高度”和“目标高度”值是指相机距项目±0.000 标高的值，不是距室外地面的值。

(3)在“三维视图属性”选项板里调整“远裁剪偏移”、“视点高度”和“目标高度”值，解决了相机视图的取景问题，但有时景物并不一定完全在视图范围内，这时还需要调整视图范围。

双击项目浏览器里刚创建的三维视图,在绘图区显示调整后的相机视图。再在这个三维视图名称上右击,在出现的即时菜单里执行“显示相机”命令;或在绘图区中单击相机视图的边框,在相机视图的每个边框中间上产生一个控制柄,拖动控制柄,调整视图边框直到景物在视图框内合适为止。调整完成后如图 4.4-18 所示。

图 4.4-18　调整视图范围后的相机视图

相机视图的视觉表现

相机视图只是对项目模型的一种表现形式,它主要通过三维视图达到模型的立体感。通过日光设置和添加阴影能让相机视图更具有真实感。

通过选择合适的视觉样式,可以让相机视图的立体效果和真实效果更加令人满意。

(1)在视图控制栏中,选择“视觉样式”→“图形显示选项”,打开“图形显示选项”对话框,如图 4.4-19 所示。

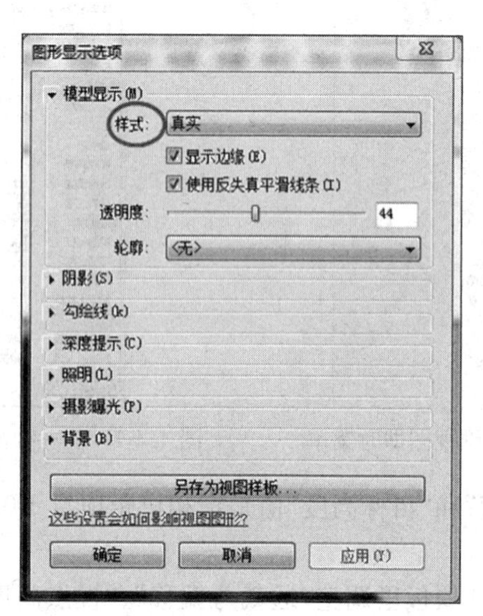

图 4.4-19　“图形显示选项”对话框

(2)在“模型显示”下的“样式”下拉列表框中有线框、隐藏线、着色、一致的颜色和真实五种显示样式，在任务4.2中对这五种显示样式已有介绍。

“显示边缘”和“使用反失真平滑线条”可以调整模型轮廓线的光滑度；“透明度”用来调整模型图元的透明程度；“轮廓”的下拉列表框中有轮廓线宽的几种选项。

(3)展开“阴影”下拉选项，里面有“投射阴影”和“显示环境阴影”两个复选按钮，勾选这两个复选按钮，给项目模型添加阴影。这种显示在隐藏线、着色两种显示样式中效果最好。

(4)展开“勾绘线”下拉选项，勾选“启用勾绘线”复选按钮给模型添加勾绘线，可以达到素描的效果。

(5)展开“深度提示”下拉选项，勾选“显示深度”复选按钮给模型添加淡入、淡出效果。

(6)展开“照明”下拉选项，显示的是“日光设置”里的“照明”样式，也可以在此重新进行“日光设置”。在这里可以调节“日光”、“环境光”和“阴影”的强弱。

(7)展开“摄影曝光”下拉选项，“启用摄影曝光”可以模拟相机设置曝光值。

(8)展开“背景”下拉选项，首先选择“背景样式”，出现四个选项：无、天空、渐变、图像。若选择“天空”，则背景是单色的；若选择“渐变”，则背景由天空颜色、地平线颜色和地面颜色三色过渡而成；若选择图像，选项需要载入一张图片作为背景图。

在对相机视图进行表现时，上述八个选项不一定都要选用，针对不同需求进行设置。一般用到“样式”“阴影”“照明”“背景”这几项，如图4.4-20所示，选择了“隐藏线”样式，使用了“投射阴影”、“显示环境阴影”和“渐变色”功能。

图4.4-20　相机视图的“隐藏线”样式

注意：若“模型显示”里选择了“透明”，则“阴影”里“投射阴影”和“显示环境阴影”两个选项不可用，也就是说模型透明了，则无阴影。

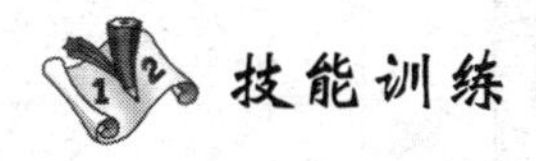

技能训练

创建三层别墅的相机视图

1)设置三层别墅的地理位置

在室外地面楼层平面视图状态下，选择“管理”→“项目位置”→“地点”，打开“位置、气候和场地”对话框，使用“Internet映射服务”打开地图，在“项目地址”文本框里输入“河南省郑州市”，地图自动找到郑州市，如图4.4-21所示。

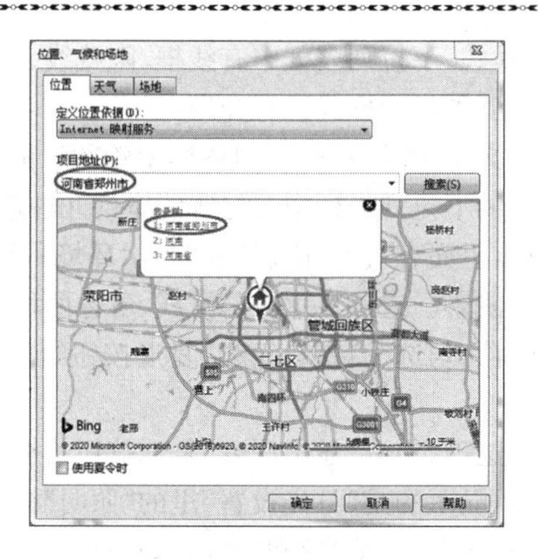

图 4.4-21 设置三层别墅的地理位置

2)设置三层别墅的太阳位置

(1)三维状态下,在视图控制栏单击“日光”按钮,在“日光设置”对话框里选择“照明”样式,在“预设”选项里选择“来自左上角的日光”,即方位角 225°,仰角 35°。

(2)在视图控制栏单击 打开日光路径 和“阴影”按钮,如图 4.4-22 所示。

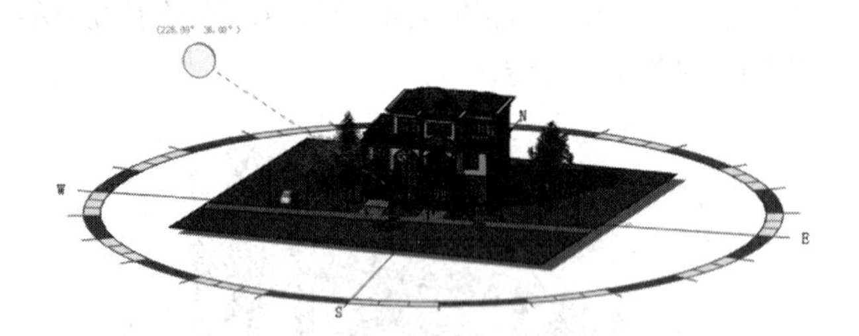

图 4.4-22 设置三层别墅的太阳位置

3)创建三层别墅的相机视图

(1)在室外地面楼层平面状态下,选择“视图”→“创建”→“三维视图”→“相机”,在“三维视图属性”选项板上方的相机选项栏中,勾选“透视图”复选按钮,将“偏移”值修改为“5000”。

(2)在合适位置单击放置相机,移动鼠标到第二点目标点单击,在绘图区显示一个三维视图,即相机视图,如图 4.4-23 所示。

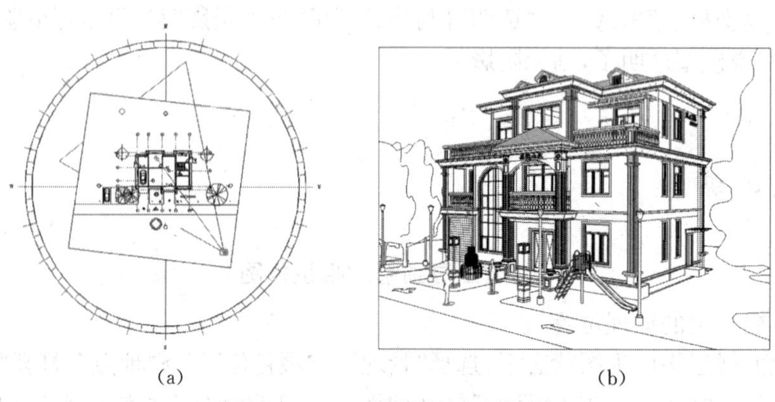

(a) (b)

图 4.4-23 三层别墅的相机视图

(a)相机位置;(b)三维透视图

4)对三层别墅的相机视图进行视觉表现

在视图控制栏中,选择“视觉样式”→“图形显示选项”,打开的“图形显示选项”对话框,在“模型显示”下的“样式”下拉列表框中,对三层别墅进行“隐藏线”、“着色”和“真实”视觉表现。

(1)隐藏线表现。

图 4.4-23 即为三层别墅运用了“隐藏线”样式的相机视图。勾选“使用反失真平滑线条”、“投射阴影”和“显示环境阴影”复选按钮,并选择“渐变色”后,“隐藏线”样式的相机视图效果更加光滑细腻,如图 4.4-24 所示。

图 4.4-24 三层别墅的“隐藏线”相机视图

(2)着色表现。

如果选择“来自左上角的日光”,即方位角 225°,仰角 35°,设置太阳位置,勾选“使用反失真平滑线条”、“投射阴影”和“显示环境阴影”复选按钮,并选择“渐变色”后,“着色”样式的相机视图效果并不好,特别是迎着阳光的玻璃面一片黑,读者可以一试。

如果选择“来自右上角的日光”,即方位角 135°,仰角 35°,设置太阳位置,再进行“着色”样式进行显示,效果则好很多,如图 4.4-25 所示。

由此可见,设置不同的太阳位置和相机视图,对模型的表现效果也不相同。

(3)真实表现。

还是选择“来自左上角的日光”,即方位角 225°,仰角 35°,设置太阳位置,勾选“使用反失真平滑线条”、“投射阴影”和“显示环境阴影”复选按钮,并选择“渐变色”,对三层别墅进行“真实”样式表现的相机视图,如图 4.4-26 所示。

图 4.4-25 三层别墅的“着色”相机视图

图 4.4-26 三层别墅的“真实”相机视图

任务 4.5 创建渲染与漫游

给项目模型赋予材质、添加阴影等都是为了得到三维可视化的逼真效果。相机视图实现了模型三维逼真的效果。但在实际项目中,我们往往需要更加逼真的三维可视化图片。Revit 提供的渲染功能能让模型的可视化达到更加真实的效果。本任务就是讲解渲染模型的方法,同时为了对模型有一个全方位的了解,本任务还讲解如何创建漫游动画。

学习目标

1. 掌握对模型渲染的几种方法。
2. 了解漫游路径的创建与漫游动画之间的关系。
3. 了解相机视图与漫游动画的区别与联系。
4. 会用日光、人造光对模型室外、室内渲染。
5. 能够将创建的漫游动画导出为视频文件。

对模型的表现更细腻、更逼真、更完整是人们对项目模型可视化的理想追求。Revit 提供的渲染功能能让模型的相机视图达到更高像素,让图片更加清晰逼真。它能模仿日光和人造光对图片进行渲染,达到白天和夜晚的渲染效果。漫游动画则是对模型完整性表达的最好方法,它可以全貌地观察模型外观,还能模仿人的行走,由外而内地观察模型内部结构。本任务就是创建渲染图片和漫游动画,实现人们对项目模型可视化的理想。

4.5.1 创建渲染

渲染是对三维可视化图片更加逼真的表达,因此创建渲染必须先创建要渲染的三维相机视图。

创建三维相机视图在任务 4.4 中已经讲解过了,这里讲解渲染需要用到相机视图时直接引入,不再叙述相机视图的创建。

1)创建室外日光渲染

(1)打开一个相机视图,调整视图范围,直到模型视图在合适位置为止,如图 4.5-1 所示。

(2)选择“视图”→“演示视图”→“渲染”,打开“渲染”对话框,如图 4.5-2 所示。

图 4.5-1　相机视图

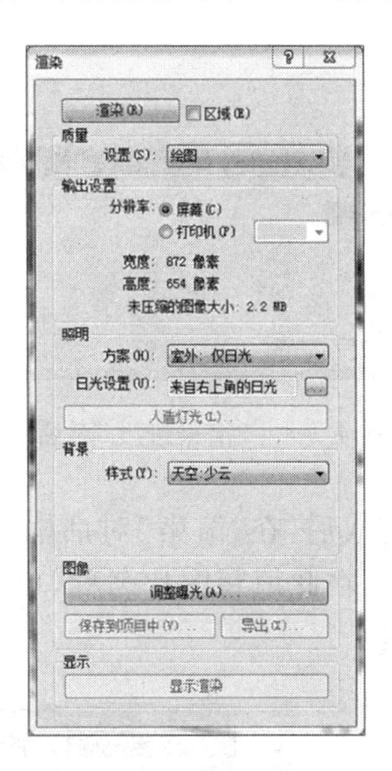

图 4.5-2　“渲染”对话框

“渲染”对话框中的“渲染”按钮[渲染(R)],是在对下面选项内容设置完成后,对相机视图进行渲染的开始键。

①“质量”设置,是图片渲染的质量级别,分绘图、中、高、最佳、自定义(视图专用)。“绘图”级别最低,“最佳”质量最好。除非特殊需要或计算机配置很高,一般情况不要选择“最佳”质量级别渲染,它占用计算机内存很大,渲染很慢,让计算机发热,甚至让计算机死机。作者尝试用“最佳”级别、600 DPI 分辨率、普通办公计算机、未压缩图像大小 35.9 MB,对本书项目模型进行渲染,用时 15 小时 35 分 50 秒。

②“输出设置”的“分辨率”有“屏幕”和“打印机”两种选项。“屏幕”是当前打开的相机视图,“打印机”是根据像素输出的图片,有 75、150、300、600 DPI 四种选择。在相同大小的图片情况下,像素越大,图像越清晰,图片所占的空间也就越大。

③“照明”分室外、室内照明,共有六种方案,就是日光和人造光的单独选择和组合选择,如图 4.5-3 所示。“照明”里的“日光设置”同前面讲的“日光设置”是一样的。如果选择“人造光”,激活下面的“人造光”按钮,可以对人造光进行分组,根据灯光分组情况有计划地控制灯光的亮与不亮。

④“背景”与前面“图形显示选项”里讲的背景有所不同,虽然都是对相机视图的渲染,但这里更注重“天空”的表达。

⑤“图像”也就是成像结果,通过“调整曝光”可以控制图片亮度、饱和度等。

室外：仅日光
室外：仅日光
室外：日光和人造光
室外：仅人造光
室内：仅日光
室内：日光和人造光
室内：仅人造光

图 4.5-3　照明方案

(3)如果进行室外日光渲染,照明方案则选择“仅日光”,再设置太阳位置,也就是进行日光设置,给背景添加“天空”,调整好白天的曝光值。

(4)做好上述设置后,单击“渲染”对话框中的“渲染”按钮[渲染(R)],激活“渲染进度”对话框,显示渲染进度,如图 4.5-4 所示。渲染完毕后,相机视图转换成比较满意的渲染图片,如图 4.5-5 所示。

如果选择的渲染质量级别为“绘图”,计算机很快就能将图片渲染完成。

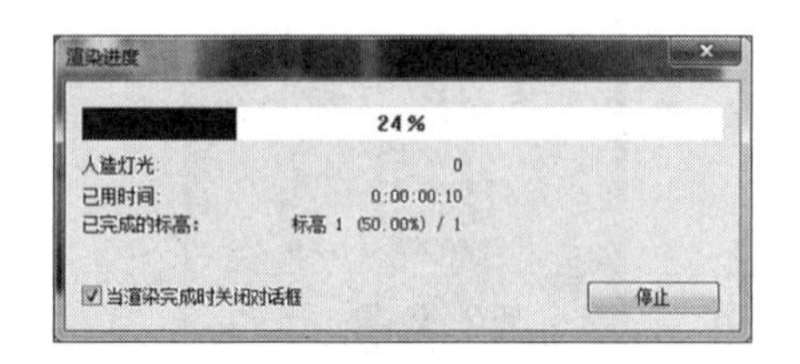

图 4.5-4　“渲染进度”对话框

图 4.5-5　渲染图片

(5)渲染完成后,在“渲染”对话框中单击　　　,则出现“保存到项目中”对话框,如图 4.5-6 所示。在此填写图片名称,单击“确定”按钮,在项目浏览器的“渲染”分支中添加了一个渲染视图。

图 4.5-6　“保存到项目中”对话框

(6)在“渲染”对话框中单击　　　,则出现“保存图像”对话框,在此选择图片保存路径,给图片命名,选择图片文件类型,如图 4.5-7 所示,单击“保存”按钮,渲染图片则保存起来。

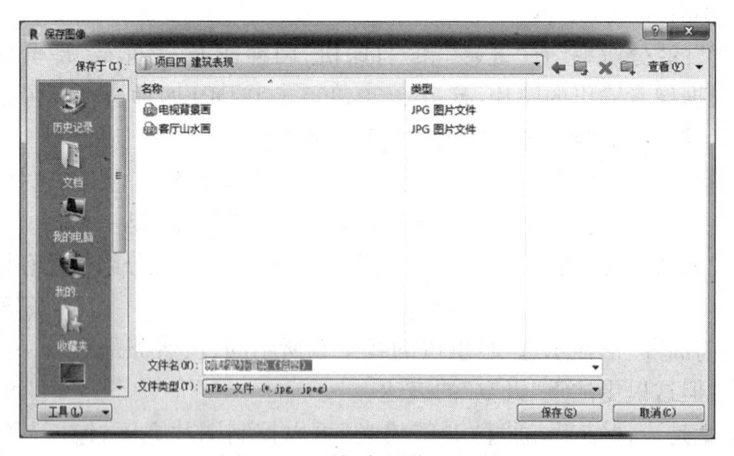

图 4.5-7　“保存图像”对话框

(7)在“渲染”对话框中单击　　　,则在绘图区中的渲染视图自动转换为相机视图,再单击　　　,则在绘图区中的相机视图自动转换为渲染视图。

注意:渲染视图的渲染效果是以真实材质和阴影表现的,所以效果更加逼真。清晰度则是靠渲染的质量级别和图片像素决定的。

渲染质量还可以自定义。在“渲染”对话框,“质量”设置中选择“编辑”,打开“渲染质量设置”对话框,如图 4.5-8 所示。在“质量设置”中选择“自定义(视图专用)”,则可以对光线和材质精度进行设置。如果选择绘图、中、高、最佳级别渲染，则其他选项不可用，同时激活“复制到自定义”按钮，单击“复制到自定义”按钮则将选定的渲染级别复制到了自定义设置中。

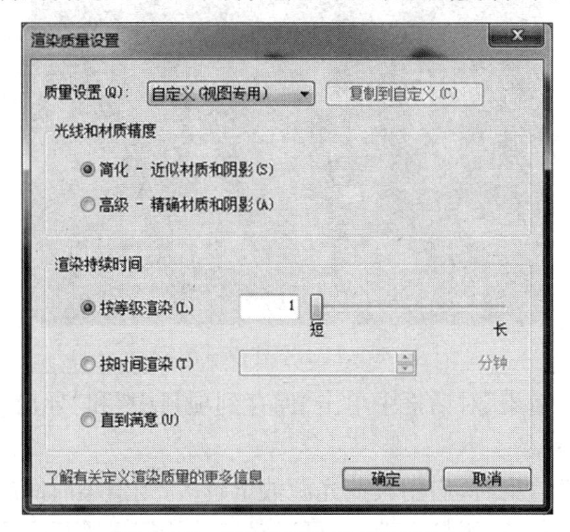

图 4.5-8　“渲染质量设置”对话框

2)创建室外夜景渲染

创建室外夜景渲染，过程同创建室外日光渲染一样，只是在选择照明方案上有所不同。

要实现夜景渲染，必须在项目模型中添加灯光族。如在三层别墅室外添加景观灯柱、街灯 1∶400 W 卤素灯等，可以在路灯“类型属性”对话框中设置路灯高度、亮度等参数。

(1)选择“视图”→“演示视图”→“渲染”，打开“渲染”对话框，“渲染”对话框中“照明”方案里选择“室外：仅人造光”，此时“日光设置”不可用，“人造灯光”激活。

(2)单击 人造灯光(L)... ，打开“人造灯光”对话框，如图 4.5-9 所示，在此可以指定项目中已放置灯光图元是否在渲染时产生光线，并设置该光源在渲染时按灯光族中定义的亮度参数的发光产生实际的发光暗显亮度。

(3)在“人造灯光”对话框中对灯光进行分组，也可以在放置“构件”时设置灯光分组，以方便对灯光进行整体控制，如图 4.5-10 所示。

图 4.5-9　“人造灯光”对话框

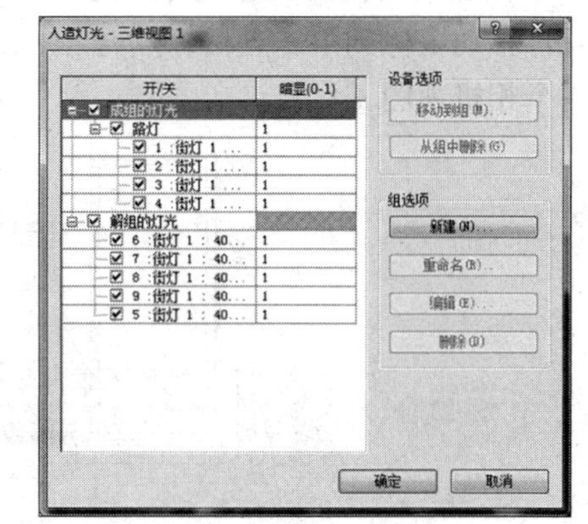

图 4.5-10　设置灯光分组

(4)设置完成后，单击“渲染”对话框中的“渲染”按钮，系统进入渲染过程。完成渲染后如图 4.5-11 所示。

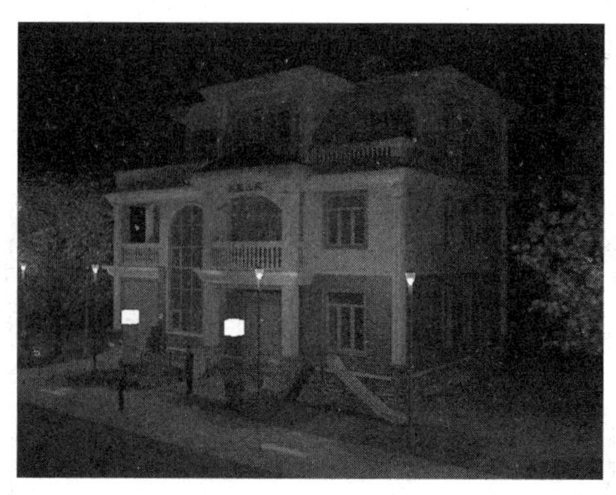

图 4.5-11　室外夜景渲染

(5)渲染完成后,在“渲染”对话框中单击“保存到项目中”和“导出”按钮,在项目中保存为渲染视图和输出夜景图片。

注意:使用人造灯光渲染时,启用人造光源数量越多,则渲染时间越长。因此,在夜景渲染时要控制人造光源的数量。利用灯光编组,可以对组中的灯光进行启用与关闭。

在 Revit 灯光族类型属性中,可以对灯光的初始亮度、初始颜色等进行设置,如图 4.5-12 所示。

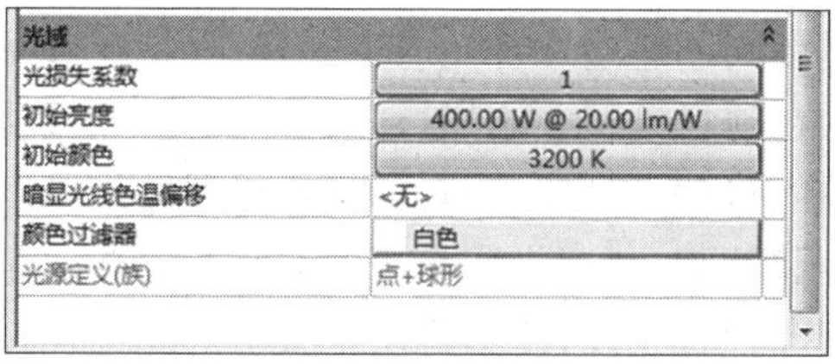

光域
光损失系数
1
初始亮度
400.00 W @ 20.00 lm/W
初始颜色
3200 K
暗显光线色温偏移
<无>
颜色过滤器
白色
光源定义(族)
点+球形

图 4.5-12　灯光类型属性——光域

3)创建室内日光渲染

室内日光渲染和室外日光渲染基本一致,只不过创建的三维相机视图和选择的照明方案不同。

(1)创建室内相机视图。

①在 F2 楼层平面视图状态,选择“视图”→“创建”→“三维视图”→“相机”,在合适位置单击放置相机,移动鼠标到第二点目标点,如图 4.5-13 所示,单击鼠标则系统自动切换到三维状态,创建一个相机视图。

M1821
M0921
M0921
E
D
C
M1828
M3026
M3026
C1819

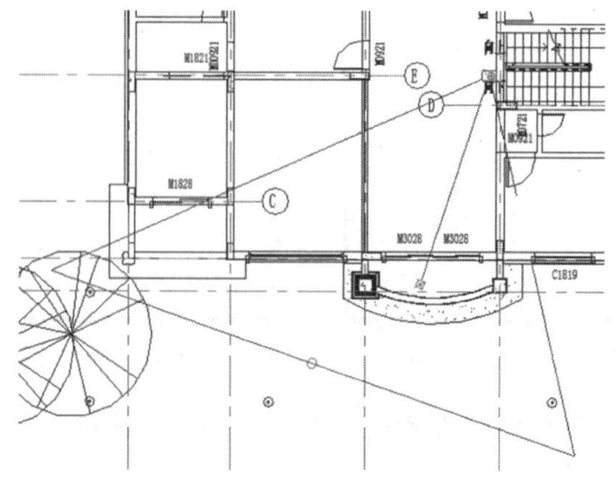

图 4.5-13　相机位置和目标位置

②在绘图区中单击相机视图的边框，拖动控制柄，调整视图边框直到景物在视图框内合适为止，如图 4.5-14 所示。

图 4.5-14　室内相机视图

(2)渲染室内相机视图

①选择“视图”→“演示视图”→“渲染”，打开“渲染”对话框，“质量”设置为“中”，“渲染”对话框中“照明”方案里选择“室内：仅日光”，“日光设置”为“来自右上角的日光”，“背景”为“天空：少云”，如图 4.5-15 所示。

②在“渲染”对话框中，单击“图像”中的“调整曝光”按钮，拖动滑块调整各参数的值，如图 4.5-16 所示。

③单击“应用”按钮，观察效果，直至达到满意，单击“确定”按钮。

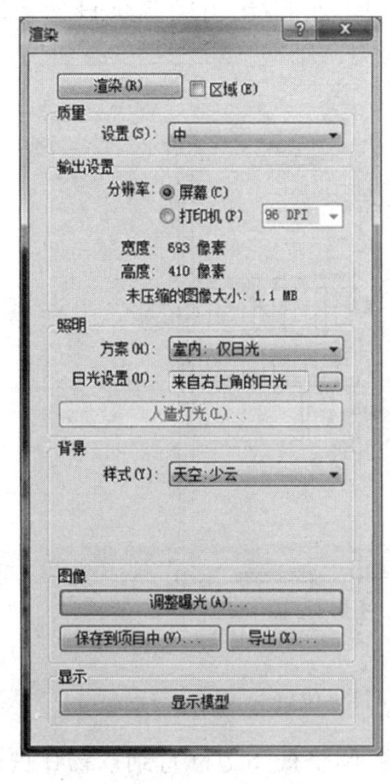

图 4.5-15　渲染设置

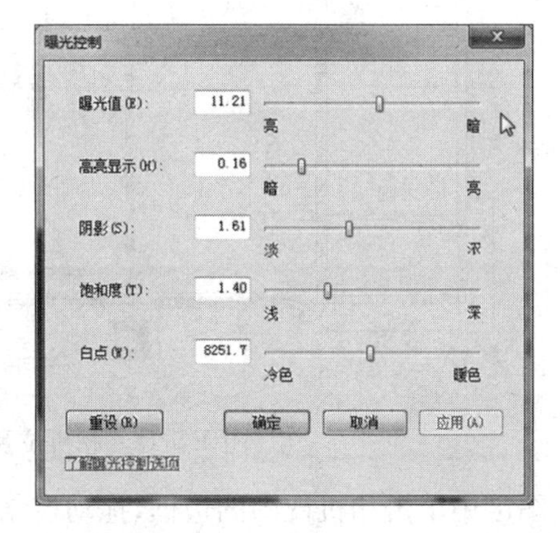

图 4.5-16　曝光控制

④设置完成后,单击“渲染”对话框中的“渲染”按钮,系统进入渲染过程。完成渲染后如图 4.5-17 所示。

⑤渲染完成后,在“渲染”对话框中单击“保存到项目中”和“导出”按钮,在项目中保存为渲染视图和输出室内日光渲染图片。

图 4.5-17　室内日光渲染

4)创建室内灯光渲染

对于无法直接使用日光作为光源的室内场景,如无采光口的房间,或室内日光不好的房间,可以采用室内灯光作为光源,在“照明”方案里选择“室内:仅人造光”。

(1)创建室内相机视图。

①在 F2 楼层平面视图状态下,选择“视图”→“创建”→“三维视图”→“相机”,在合适位置单击放置相机,移动鼠标到第二点目标点,如图 4.5-18 所示,单击则系统自动切换到三维状态,创建一个相机视图。

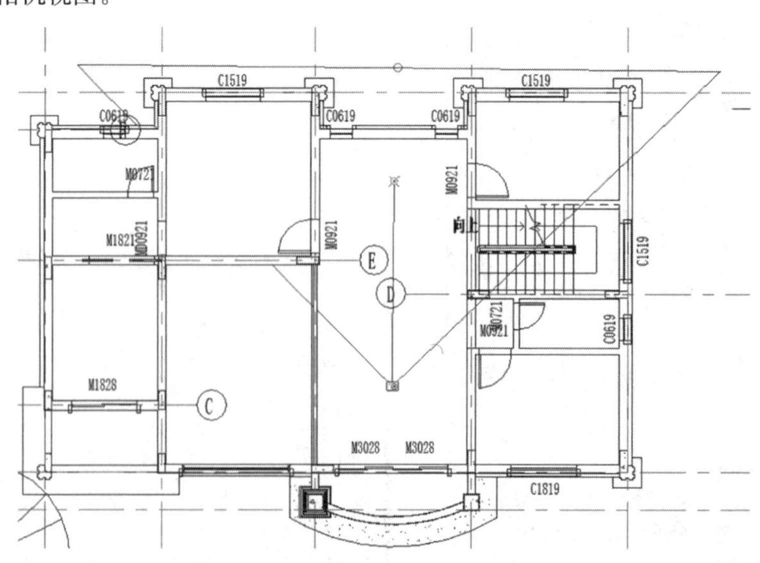

图 4.5-18　相机位置和目标位置

②在绘图区中单击相机视图的边框,拖动控制柄,调整视图边框直到景物在视图框内合适为止,如图 4.5-19 所示。

图 4.5-19　相机视图

(2)给室内布设灯具。

①在二层客厅创建顶棚,因为安装吊灯必须安装在顶棚上。

②在楼梯口、北墙面和西侧墙面安装壁灯,同时在北墙地面放置一个落地灯,如图 4.5-20 所示。

图 4.5-20　布设室内灯具

(3)渲染室内灯光视图

①选择“视图”→“演示视图”→“渲染”,打开“渲染”对话框,“质量”设置为“中”,“渲染”对话框中“照明”方案里选择“室内:仅人造光”,如图 4.5-21 所示。

②在“渲染”对话框,单击“图像”中的“调整曝光”按钮,拖动滑块调整各参数的值,如图 4.5-22 所示。

③单击“应用”按钮,观察效果,直至达到满意,单击“确定”按钮。

④设置完成后,单击“渲染”对话框中的“渲染”按钮,系统进入渲染过程。完成渲染后如图 4.5-23 所示。

⑤渲染完成后,在“渲染”对话框中单击“保存到项目中”和“导出”按钮,在项目中保存为渲

染视图和输出室内灯光渲染图片。

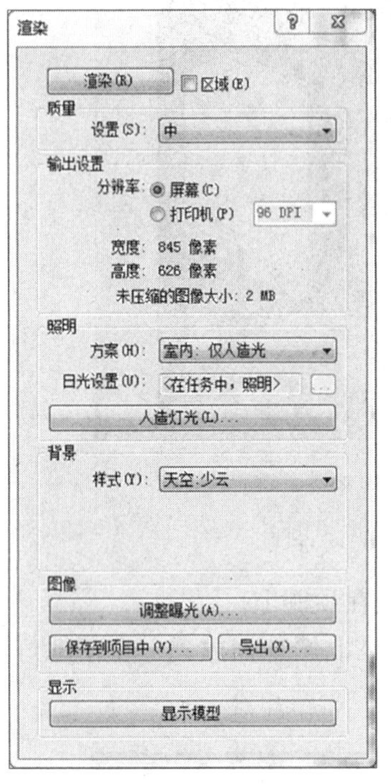

图 4.5-21　渲染设置

图 4.5-22　曝光控制

图 4.5-23　室内灯光渲染

4.5.2　创建漫游动画

渲染是对相机视图进行真实化表现,得到的是图片。而漫游则是用相机沿着定义的路径移动,拍下一幅幅相机视图,再将这一幅幅相机视图连续播放,就成了漫游动画。

相机在移动过程中每拍一幅视图就叫一帧,路径由一系列帧和关键帧组成,关键帧是指可以修改相机方向和位置的帧。

1)设置相机位置,创建漫游路径

(1)在室外地面楼层平面状态下,选择“视图”→“创建”→“三维视图”→“漫游”,在“漫游属性”选项板上方出现一个“漫游”选项栏,如图 4.5-24 所示。

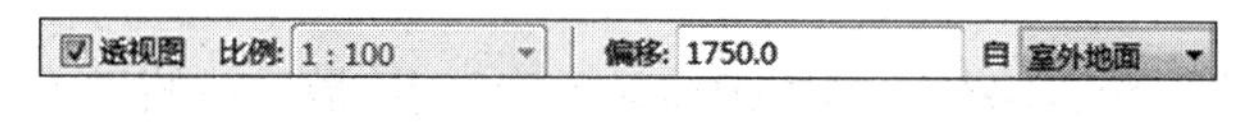

图 4.5-24　“漫游”选项栏

此处漫游属性内容完全同相机属性内容。

(2)在合适位置单击放置相机,连续放置相机,在平面视图中绘制漫游路径。每次单击放置得到的相机视图即为一个关键帧。

(3)选择“修改|漫游”→“漫游”→“完成漫游”,完成漫游路径的创建,如图 4.5-25 所示。同时在“项目浏览器”→“漫游”目录下添加一个漫游分支,如漫游 1。

2)编辑漫游

双击项目浏览器下的漫游 1(刚才创建的漫游),如果在绘图区出现的相机视图不完整或裁剪框内没有显示内容,这是因为相机位置没有放置合适,放置的相机没有指向建筑物,需要对漫游路径上的相机进行调整。

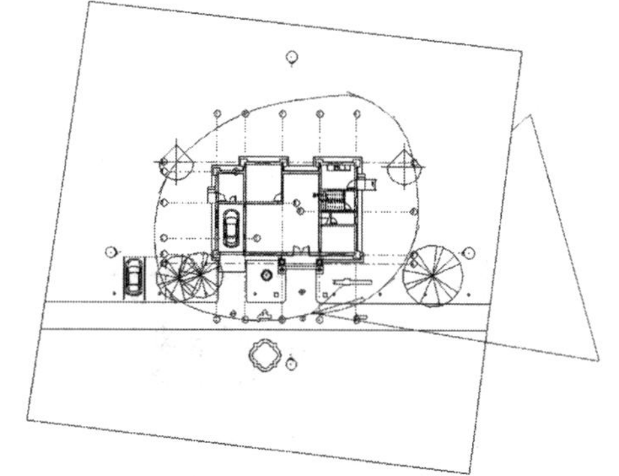

图 4.5-25　创建漫游路径

(1)选择“视图”→“窗口”→“平铺”,将室外地面楼层平面和漫游 1 视图在绘图区中平铺,如图 4.5-26 所示。

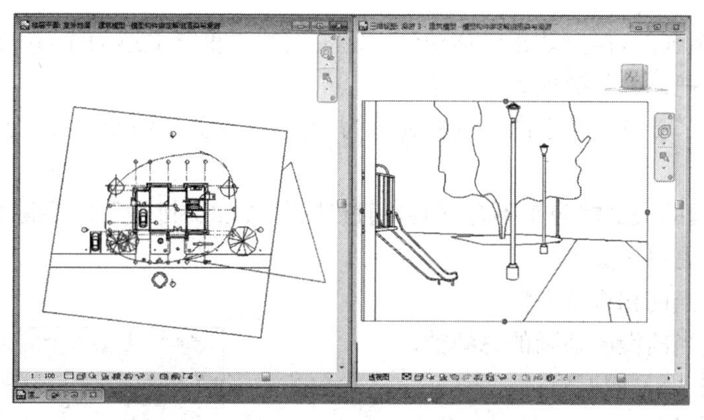

图 4.5-26　平铺窗口

(2)激活室外地面楼层平面视图,单击项目浏览器下的漫游 1,在漫游 1 上右击,在即时菜单中执行“显示相机”命令,激活“修改|相机”选项卡。

(3)选择“修改|相机”→“漫游”→“编辑漫游”,激活“编辑漫游”面板,如图 4.5-27 所示。

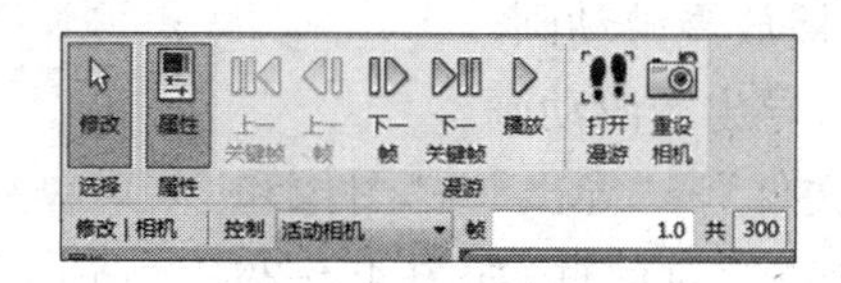

图 4.5-27　“编辑漫游”面板

(4)在“编辑漫游”面板下方,激活“修改|相机”工具条中的几个选项。

“控制”选项中有活动相机、路径、添加关键帧、删除关键帧四个选项。选择“活动相机”只能对相机的朝向和位置编辑,选择“路径”只能调整路径迹线,“添加关键帧”和“删除关键帧”用来增减关键帧。

①选择“活动相机”,漫游路径上的关键帧显示为红点,最后一帧显示为相机。移动相机到第一关键帧,拖动目标点,调整相机方向,移动到建筑物上。此时如果漫游视图裁剪框里画面不合适,则拖动裁剪框四周的控制柄直至漫游视图裁剪框里的画面合适,如图 4.5-28 所示。

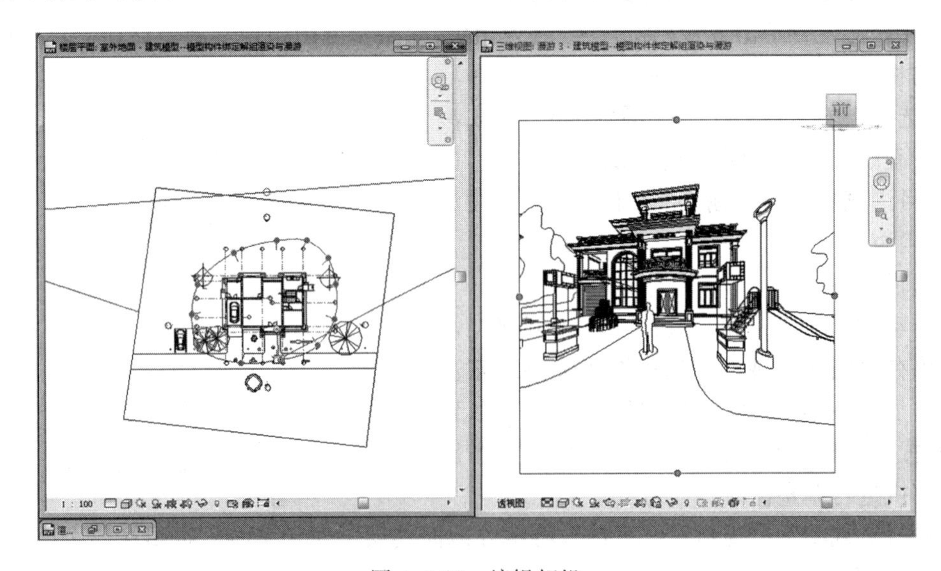

图 4.5-28　编辑相机

调整完第一帧画面,再拖动相机移动到下一关键帧。重复上述动作,调整第二关键帧相机方向和画面,直至把每一关键帧画面调整合理。

②选择“路径”,漫游路径上的关键帧显示为蓝点,拖动关键帧蓝点,改变路径迹线,使路径迹线更加光滑。

③当路径迹线的关键帧分布不合理时,通过选择“添加关键帧”和“删除关键帧”来增减关键帧,使漫游画面更趋完美。

(5)“帧”显示当前相机所在帧。

(6)“共”设置当前漫游动画的总帧数。

(7)完成后按〈Esc〉键退出。

3)输出漫游动画

(1)在楼层平面状态,右击刚创建的漫游,执行“显示相机”命令,选择“编辑漫游”→“漫游”→“播放”,激活室外地面楼层平面视图,则相机沿路径运动;激活漫游视图,则在相机视图框内滚动播放漫游动画。

(2)调试播放没有问题后,导出漫游动画。

①在漫游视图下,选择“文件”→“导出”→“图像和动画”→“漫游”,打开“长度/格式”对话框,如图 4.5-29 所示。

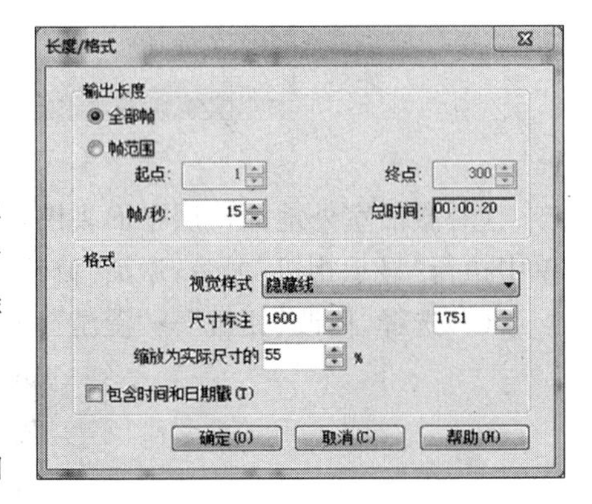

图 4.5-29　“长度/格式”对话框

输出长度：设置每帧时间后，选定播放帧数来确定。

格式：选择输出视觉样式、播放画面大小（有长、宽尺寸和缩放为实际尺寸的百分比两种）。

包含时间和日期戳：在画面上是否显示时长和日期。

②设置好输出选项后，单击"确定"按钮。在"导出漫游"对话框内选择保存路径，输入漫游文件名，选择文件类型，单击"确定"按钮，就导出了漫游动画。

注意：在保存漫游动画时，需要按帧压缩文件，过程较慢，帧数越多，时间越长。

知识拓展

使漫游动画中的相机爬楼梯

前面创建的漫游动画在播放过程中，视线一直保持在一定高度，即录制过程中的相机的高度是保持不变的。

如果楼层平面高度在变化，相机还保持不变，录制的漫游画面就可能不是我们所需要的画面。如录制从一楼到二楼上楼梯这一过程，若相机高度不变，录制的漫游画面就上不了二楼。

这就需要漫游爬楼梯。

漫游爬楼梯实质上就是在创建漫游路径时，实时改变放置关键帧的相机高度，即

H(相机高度)$=h$(相机初始高度)$+\Delta H$(相机抬升高度)

如果从一楼漫游到二楼，最后一帧相机高度＝相机初始高度＋层高。如从一楼上至二楼，在一楼时的相机初始高度为1 750 mm，二楼层高为 3 800 mm，相机到二楼后的位置高度为 5 550 mm，如图 4.5-30 所示。

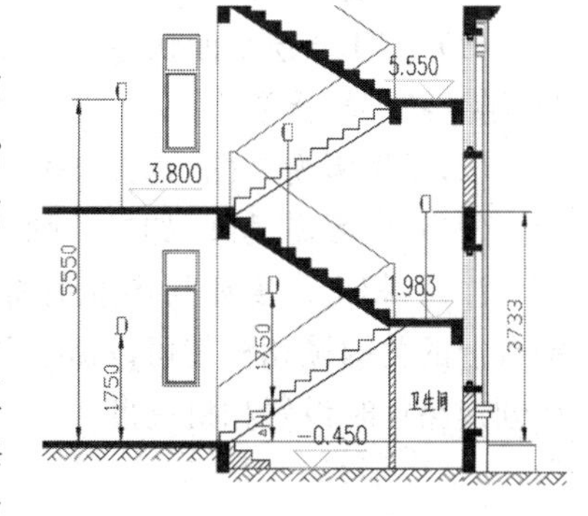

图 4.5-30　相机高度

1）创建漫游路径

（1）在 F1 楼层平面状态下，选择"视图"→"创建"→"三维视图"→"漫游"，在"漫游属性"选项板上方出现一个"修改|漫游"工具条，此时"偏移"选项里显示相机初始高度相对 F1 楼层平面为 1 750 mm。

（2）在一层楼梯入口处放置第一个关键帧，高度为 1 750 mm，在一楼第一跑梯段第七踏面处放置第二关键帧，相机高度为 2 742 mm。

（3）在休息平台左侧放置第三关键帧，高度为 3 733 mm，休息平台右侧放置第四关键帧，高度为 3 733 mm。

（4）在一楼第二跑梯段第七踏面处放置第五关键帧，相机高度为 4 725 mm，在二楼平面放置第六帧，高度为 5 550 mm。

（5）单击完成漫游。

创建漫游路径完成后如图 4.5-31 所示。

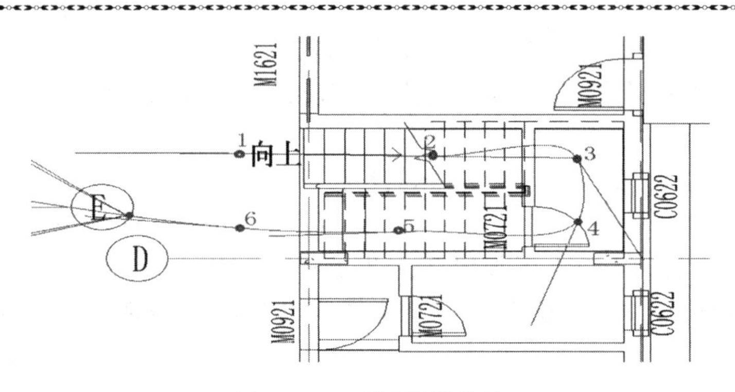

图 4.5-31 创建漫游路径

2)编辑漫游

(1)在 F1 楼层平面状态,右击刚创建的漫游,执行“显示相机”命令,选择“修改|相机”→“漫游”→“编辑漫游”。

(2)在“修改|相机”选项卡中,选择“控制”选项中的“活动相机”,修改漫游路径中关键帧相机的方向,使相机方向沿楼梯前进方向,调整相机深度和相机视图的大小,尽量让楼梯在相机视图中显示完整。

(3)在“修改|相机”选项卡中,选择“控制”选项中的“路径”,修改漫游路径中关键帧蓝点,使路径曲线光滑顺畅。

(4)按〈Esc〉键退出。

3)调试漫游动画

(1)在 F1 楼层平面状态下,右击刚创建的漫游,执行“显示相机”命令,选择“修改|相机”→“漫游”→“编辑漫游”。

(2)激活漫游视图,选择“编辑漫游”→“漫游”→“播放”。

(3)观察漫游动画,如果动画不理想,重复上述编辑漫游。

注意:相机高度还与场景距离有关,当场景离相机很近时,可以适当降低相机高度,如楼梯平台上的关键帧相机就可以适当降低。漫游动画里的相机视图不能修改目标点的高度,只能在创建路径时设置相机高度。

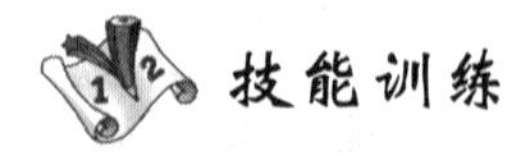

技能训练

渲染三层别墅的室外夜景和创建室内漫游动画

1)渲染三层别墅的室外夜景

(1)打开三层别墅项目,选择室外地面楼层平面,创建一个相机视图,调整视图范围,直到模型视图在合适位置,如图 4.5-32 所示。

(2)选择“视图”→“演示视图”→“渲染”,打开“渲染”对话框,“渲染”对话框中“质量”设置为“中”,“照明”方案里选择“室外:仅人造光”,如图 4.5-33 所示。

(3)在“渲染”对话框中,单击“图像”中的“调整曝光”按钮,如图 4.5-34 所示。

图 4.5-32　相机视图

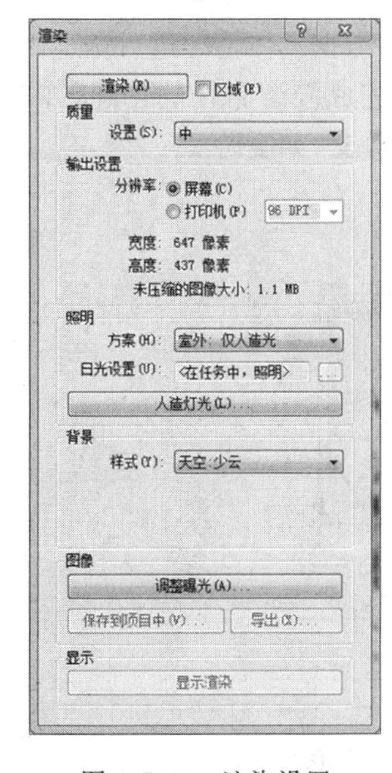

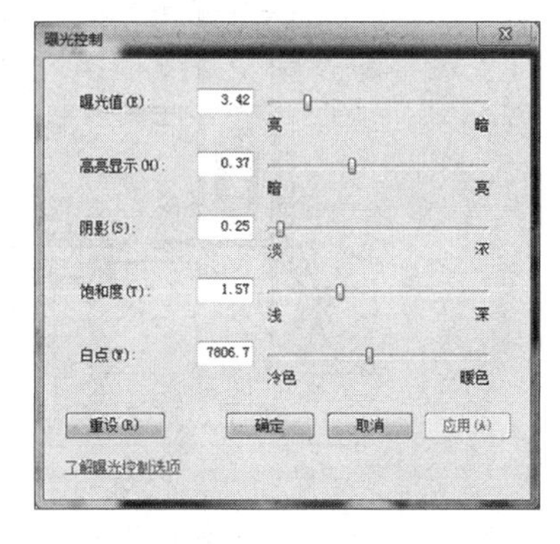

图 4.5-33　渲染设置　　　　　　　　图 4.5-34　曝光控制

(4)设置完成后，单击“渲染”对话框中的“渲染”按钮，系统进入渲染过程。完成渲染后如图 4.5-35 所示。

图 4.5-35　夜景渲染

(5)渲染完成后,在“渲染”对话框中单击“保存到项目中”和“导出”按钮,在项目中保存为渲染视图和输出夜景图片。

2)创建三层别墅的室内漫游动画

(1)打开三层别墅项目,选择室外地面楼层平面,选择“视图”→“创建”→“三维视图”→“漫游”。

(2)在合适位置单击鼠标放置相机,连续放置相机,在平面视图中绘制漫游路径。

注意:由于在室内创建路径时要上楼,放置相机时,要在上楼前设置一关键帧,为了使漫游更加逼真,在每跑楼梯中间设置一关键帧,楼梯平台左右各设置一关键帧,上二楼后,设置一关键帧。上楼前到上二楼后,每一关键帧的相机高度要有变化,比如上楼前相机高度 1 750 mm,随梯段升高,相机高度要增加相应高度,平台左右关键帧高度相同,为平台高度加 1 750 mm。最好上二层后设置两个关键帧,高度相同,这样漫游效果更佳。

相机高度只能在创建漫游路径时设置,编辑路径时只能调整相机位置和朝向,高度就不能修改了。在随相机升高的过程中,相机的位置高度要根据具体情况进行调整。

(3)选择“修改|漫游”→“漫游”→“完成漫游”,完成漫游路径的创建,如图 4.5-36 所示。同时在“项目浏览器”→“漫游”目录下添加一个漫游分支,如漫游 2。

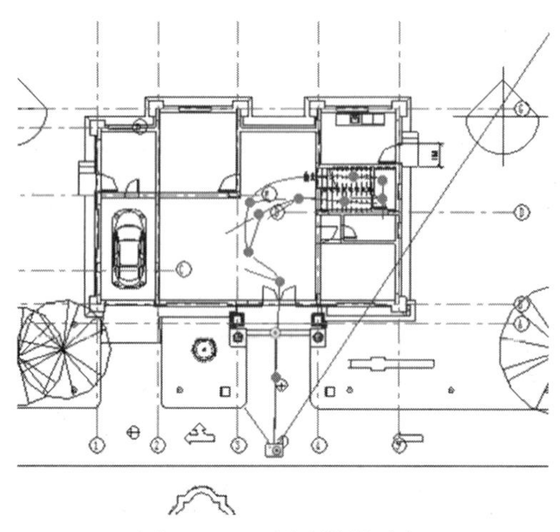

图 4.5-36 创建漫游路径

(4)选择“视图”→“窗口”→“平铺”,将室外地面楼层平面和漫游 2 视图在绘图区中平铺,如图 4.5-37 所示。

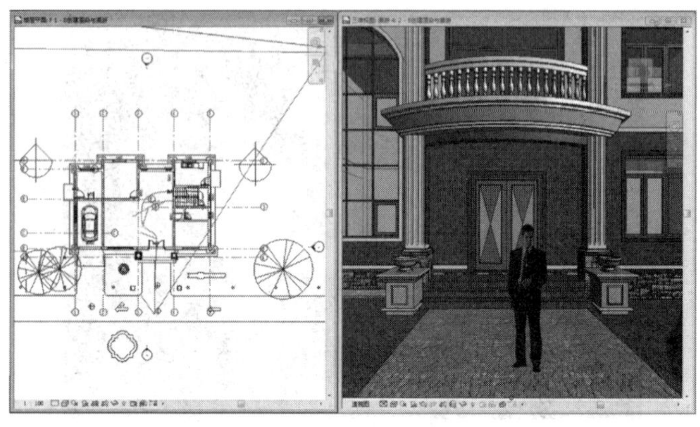

图 4.5-37 平铺窗口

(5)在室外地面楼层平面视图,单击项目浏览器下的漫游 2,在漫游 2 上右击,在即时菜单中执行“显示相机”命令,激活“修改|相机”选项卡。

(6)选择“修改|相机”→“漫游”→“编辑漫游”,激活“编辑漫游”面板。

(7)选择“活动相机”,拖动目标点,调整相机方向,移动到建筑物上,拖动裁剪框四周的控制柄直至漫游视图裁剪框里的画面合适。

(8)调整完第一帧画面,再拖动相机移动到下一关键帧。重复上述动作,调整第二关键帧相机方向和画面,直至把每一关键帧画面调整合理。

(9)选择“路径”,拖动关键帧蓝点,改变路径迹线,使路径迹线更加光滑。

(10)选择“添加关键帧”和“删除关键帧”来增减关键帧,使漫游画面更趋完美。

(11)完成后按〈Esc〉键退出。

(12)选择“编辑漫游”→“漫游”→“播放”,调试播放,没有问题后,导出漫游动画。

(13)在漫游视图下,选择“文件”→“导出”→“图像和动画”→“漫游”,打开“长度/格式”对话框,在对话框中设置好输出选项后,单击“确定”按钮。

(14)在“导出漫游”对话框内选择保存路径,输入漫游文件名,选择文件类型,单击“确定”按钮,导出漫游动画。

项目5　建筑模型应用

任务5.1　创建房间

任务导入

结构模型和建筑模型创建完成后，各个房间的建模也已经完成。为方便识图，并更好地统计建筑物房间的类型、使用功能和面积等相关信息，需要对房间进行标记。本次任务是对项目模型添加房间和标识房间图例。

学习目标

1. 掌握添加房间的方法。
2. 掌握标识房间图例的方法。
3. 能够运用“建筑”→“房间和面积”→“面积”“面积平面”的知识创建面积平面。
4. 会运用“建筑”→“房间和面积”→“房间”的知识创建项目模型的房间和房间图例。

任务情境

项目模型创建完成后，为了能一目了然地读懂房间的作用，查看房间分布、面积大小及统计房间信息，需要对房间进行命名、标识，在对房间进行标记时，常采用不同颜色进行区分。

相关知识

房间是基于图元（例如墙、楼板、屋顶和天花板等）对建筑模型中的空间进行细分的部分，只可在平面视图中放置房间。在添加房间的同时可以创建房间标记，以在视图中显示房间的信息，如房间名称、面积、体积等。只有具有封闭边界的区域才能创建房间对象，墙、结构柱、建筑柱、楼板、幕墙、房间分隔线等图元对象均可作为房间边界。

5.1.1　添加房间

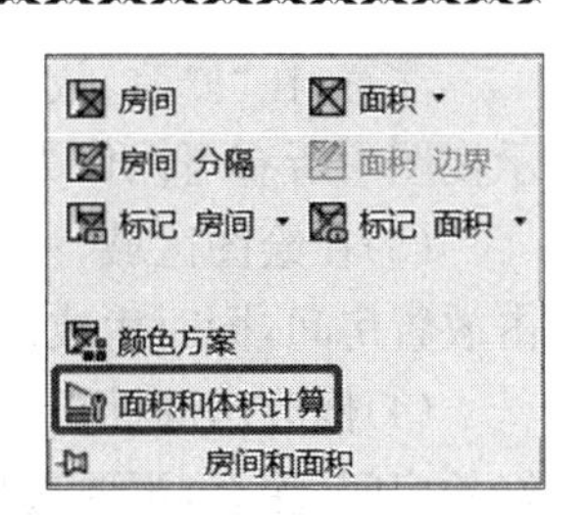

图 5.1-1　面积和体积计算

1)设置房间面积计算规则

(1)选择“建筑”→“房间和面积”→“面积和体积计算”,如图 5.1-1 所示。

(2)系统弹出“面积和体积计算”对话框,如图 5.1-2 所示。

在“面积和体积计算”对话框中,设置房间面积的计算规则,即根据国家规范规定的墙面位置作为房间边界线计算面积,共有四个选项:在墙面面层、在墙中心、在墙核心层和在墙核心层中心。完成后单击“确定”按钮,退出“面积和体积计算”对话框。

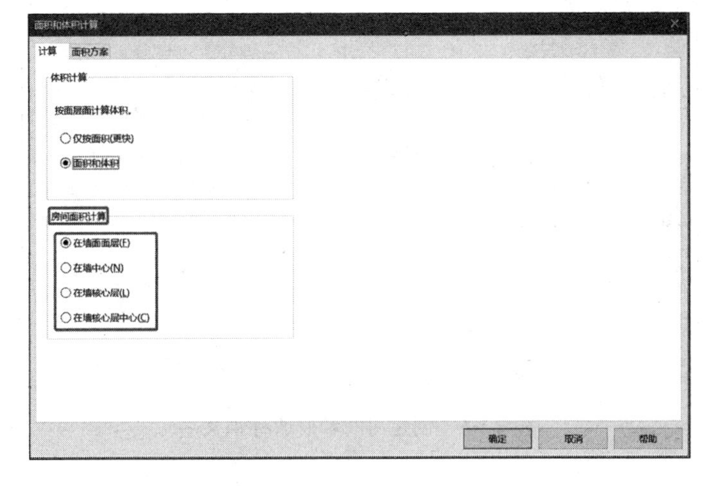

图 5.1-2　“面积和体积计算”对话框

2)创建房间

(1)在楼层平面视图状态下,选择“建筑”→“房间和面积”→“房间”,激活“修改|放置 房间”选项卡,如图 5.1-3 所示。

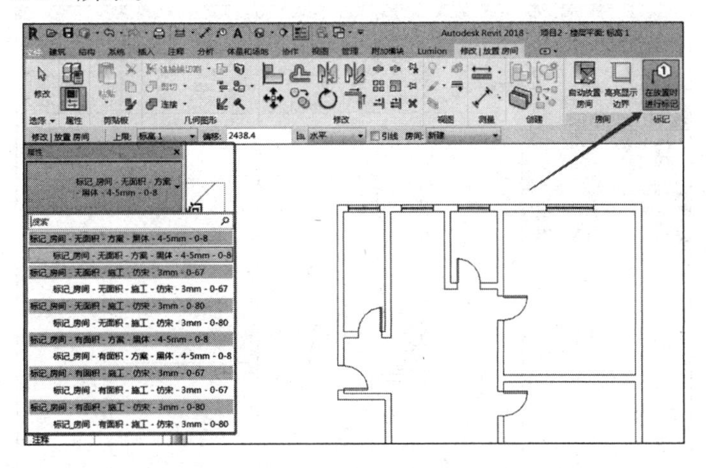

图 5.1-3　“修改|放置 房间”选项卡

(2)在“修改|放置 房间”选项卡中,选择“标记”面板下“在放置时进行标记”工具,然后在“房间属性”选项板的类型选择器中选择标记房间的类型。

注意:在“修改|放置房间”选项卡中,选择“房间”面板下“高亮显示边界”工具,可以高亮显示视图中所有可以作为房间边界的图元。

(3)在绘图区域,移动鼠标至任意房间内,Revit 将以蓝色显示自动搜索到的房间边界,单击放置房间,同时生成房间标记。按两次〈Esc〉键退出放置房间模式。

(4)修改房间标识文字。修改房间标识文字有两种方法:一种是在绘图区域选择已经创建好的房间(注意,不要选择房间标记),在“房间属性”选项板上修改“名称”;另一种是双击标记中的房间名称,进入标记文字编辑状态修改房间名称。同时房间标记还可以进行删除、移动等操作,如图 5.1-4 所示。

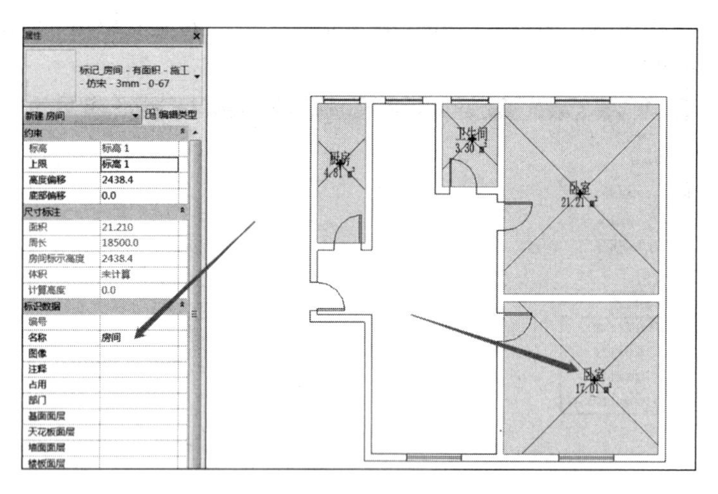

图 5.1-4　创建房间和修改标识文字

3)房间分隔

对于有些未形成正确封闭区域的房间,可以用添加房间分隔线的方法来进行房间分隔。

选择“建筑”→“房间和面积”→“房间分隔”,激活“修改|放置 房间分隔”选项卡,在“绘制”面板下可以选择相应的绘制工具给房间添加上分隔线,如图 5.1-5 所示。

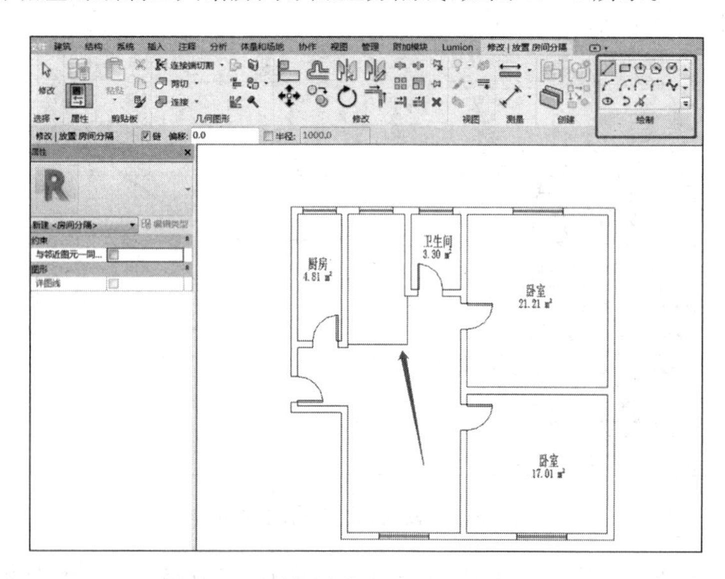

图 5.1-5　“修改|放置 房间分隔”选项卡

5.1.2　标识房间图例

房间创建完成后，可以在视图中对房间进行图例的添加，并采用颜色块等方式，用于更清晰地表现房间范围、分布等。

1）设置房间图例方案

（1）选择“建筑”→“房间和面积”→“颜色方案”，弹出“编辑颜色方案”对话框，如图 5.1-6 所示。

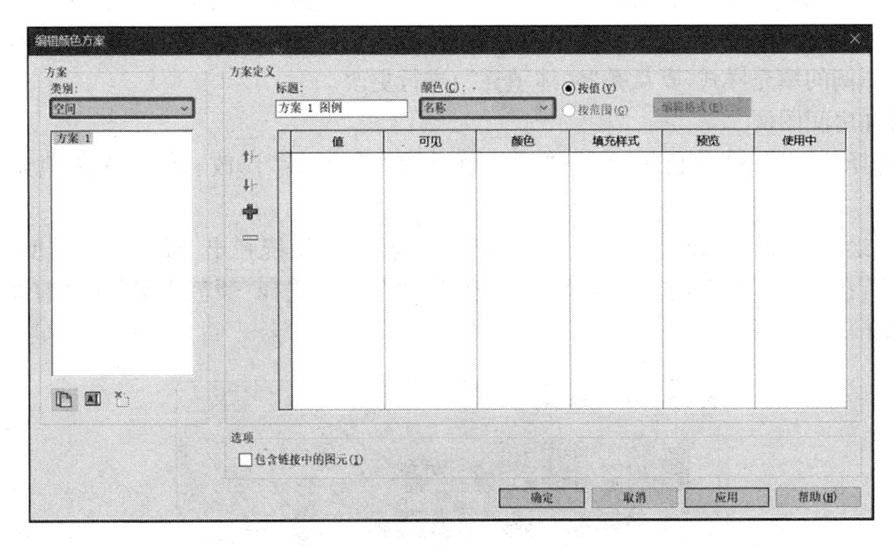

图 5.1-6　“编辑颜色方案”对话框

（2）在“编辑颜色方案”对话框中，在“类别”的下拉列表框中选择“房间”，如图 5.1-7 所示；在“颜色”的下拉列表框中选择“名称”，即按房间名称定义颜色，如图 5.1-8 所示。这时系统弹出“不保留颜色”对话框，提示用户如果修改颜色方案定义将清除当前已定义颜色，单击“确定”按钮确认。在颜色定义列表中自动为项目中所有房间名称生成颜色定义，完成后单击“确定”按钮，完成颜色方案设置。

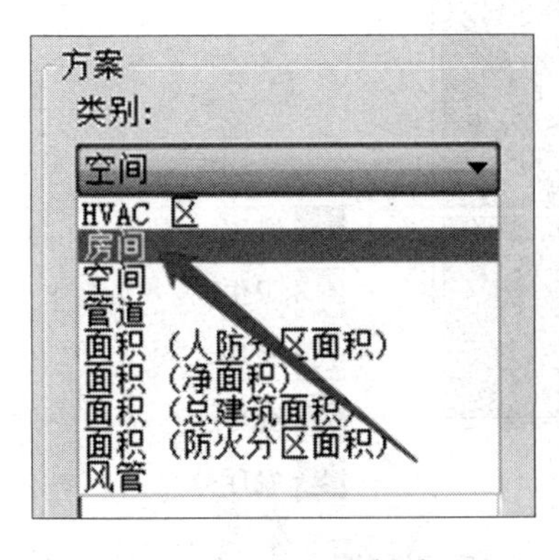

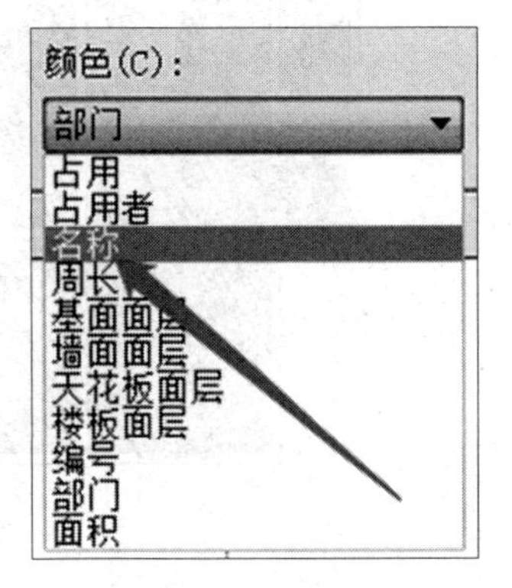

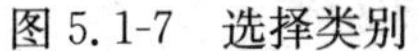
图 5.1-7　选择类别　　图 5.1-8　选择颜色

当然也可以将参数改为其他名称，并将“方案 1”进行重新命名。最终对图 5.1-5 中的房间颜色划分如图 5.1-9 所示。

方案定义

标题: 方案 1 图例　　颜色(C): 名称　　◉ 按值(V)　○ 按范围(C)　　编辑格式(E)...

	值	可见	颜色	填充样式	预览	使用中
1	卧室	☑	RGB 156-185-	实体填充		是
2	卫生间	☑	PANTONE 32	实体填充		是
3	厨房	☑	PANTONE 62	实体填充		是
4	客厅	☑	RGB 139-166-	实体填充		是
5	房间	☑	PANTONE 61	实体填充		是
6	餐厅	☑	RGB 096-175-	实体填充		是

图 5.1-9　房间颜色划分

注意:在“编辑颜色方案”对话框中,单击“方案定义”左侧的“向上”、“向下”按钮可调整房间名称顺序。同时,在“颜色”列中可以对自动生成的图例颜色进行更改,在“填充样式”列中可以对图例的填充样式(默认是“实体填充”)进行更改。

2)添加房间图例

(1)选择“注释”→“颜色填充”→“颜色填充图例”,激活“修改|放置 颜色填充图例”选项卡。

(2)在绘图区域空白位置处单击,放置颜色填充图例,系统弹出“选择空间类型和颜色方案”对话框,在该对话框中,选择“空间类型”为“房间”,然后选择“颜色方案”为之前设定的“方案 1”,如图 5.1-10 所示。

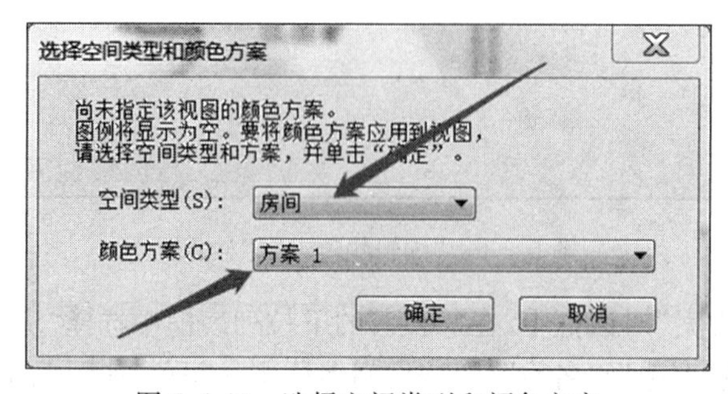

图 5.1-10　选择空间类型和颜色方案

(3)单击“确定”按钮,房间图例添加成功,如图 5.1-11 所示。

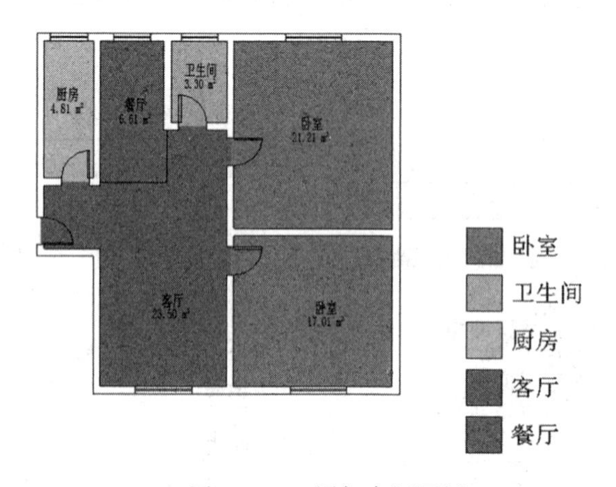

图 5.1-11　添加房间图例

(4)在绘图区域,选择“房间图例”图元,激活“房间图例属性”选项板,单击“编辑类型”按钮,打开“类型属性”对话框,在“类型属性”对话框中,修改图形、文字和标题文字,对房间图例进行编辑,如图 5.1-12 所示。

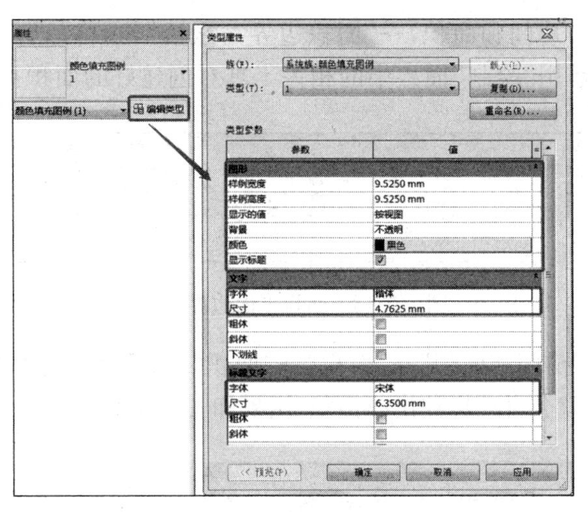

图 5.1-12　房间图例编辑

知识拓展

创建面积平面

在某些建筑项目中，有时会用到楼层平面面积、净面积和占地面积等建筑信息，这就需要在项目中进行面积平面的创建。

(1)选择“建筑”→“房间和面积”→“面积”→“面积平面”，弹出“新建面积平面”对话框，在该对话框中，在“类型”下拉列表框中选择“净面积”，取消勾选“不复制现有视图”复选按钮，如图 5.1-13 所示。

(2)单击“确定”按钮，弹出对话框，询问用户是否要自动创建与所有外墙关联的面积边界线，单击“是”按钮，系统在楼层平面中生成一圈亮显的线条，亮显线条围成的区域就是房间的净面积，如图 5.1-14 所示。

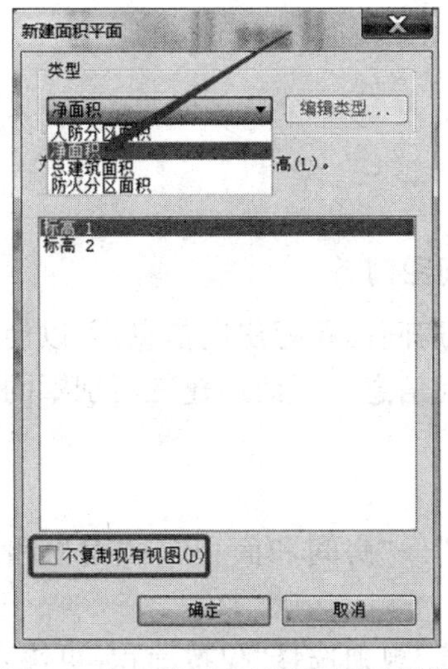

图 5.1-13　“新建面积平面”对话框

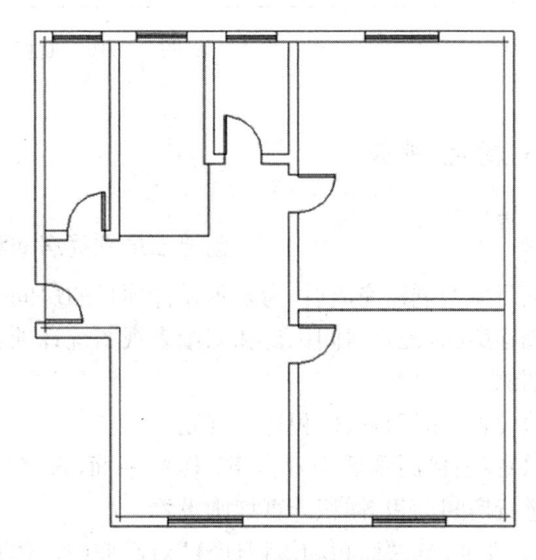

图 5.1-14　创建面积平面

(3)选择“建筑”→“房间和面积”→“面积边界”，激活“修改|放置 面积边界”选项卡，如图 5.1-15 所示，可以运用“绘制”面板中的相关工具对创建好的面积平面边界进行编辑。

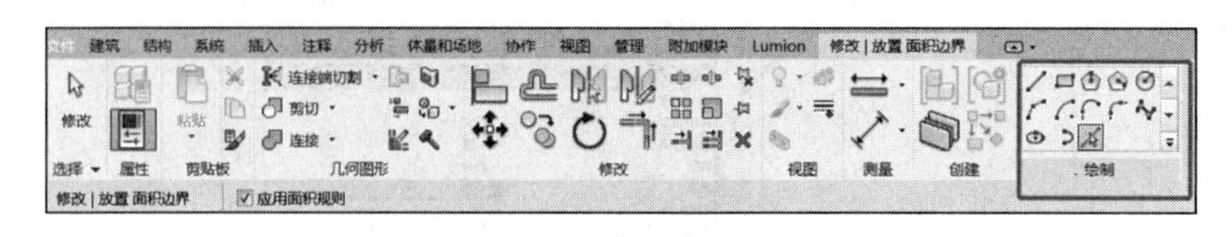

图 5.1-15　面积平面边界编辑

(4)选择“建筑”→“房间和面积”→“面积”→“面积”，然后将鼠标移动至图 5.1-14 平面图中相应位置单击，系统就会自动标注出净面积，结果如图 5.1-16 所示。

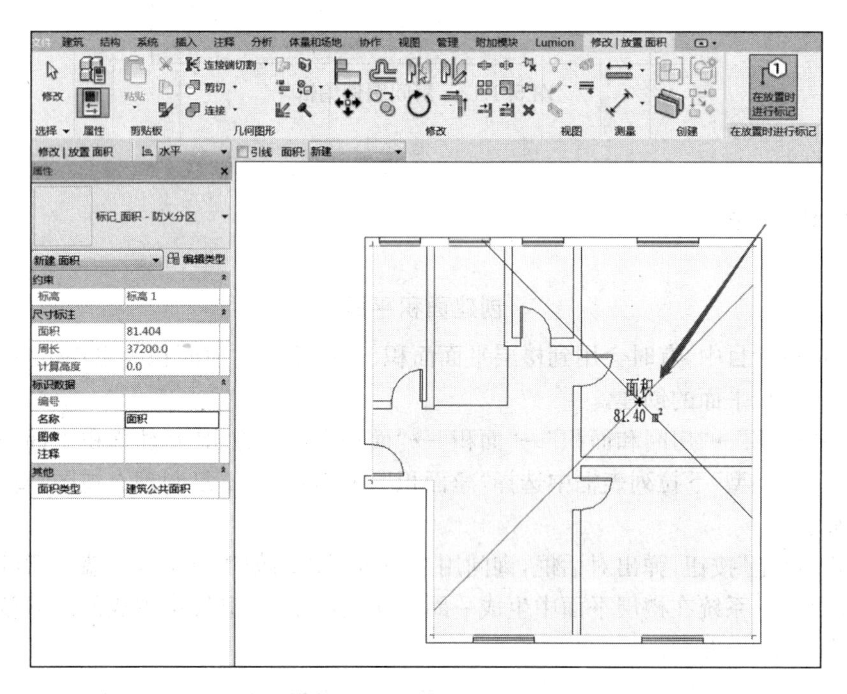

图 5.1-16　面积平面标注

技能训练

创建三层别墅房间和房间图例

项目模型创建完成后，为表示设计项目的房间分布、房间面积等房间信息，可以使用房间工具创建房间，配合房间标记和明细表视图统计项目房间信息。下面创建三层别墅的房间和房间图例。

1)设置房间面积、体积计算规则

(1)在项目浏览器中双击 F1 楼层平面，选择“建筑”→“房间和面积”→“面积和体积计算”，进行房间面积、体积计算规则设置。

(2)在弹出的“面积和体积计算”对话框中，“体积计算”规则选择“仅按面积(更快)”，即仅计算面积而不计算房间体积。“房间面积计算”规则选择“在墙核心层”，即按国内规定的墙面位置作为房间边界线计算面积。

2)创建房间

根据上述知识结合三层别墅的首层平面图、二层平面图和三层平面图，进行各层各个房间的创建。

(1)选择“建筑”→“房间和面积”→“房间”。

(2)在“房间属性”选项板的类型选择器中选择房间标记类型为“标记_房间-有面积-方案-黑体-4-5 mm-0-8”。

(3)确认激活“在放置时进行标记”选项。

(4)将光标放置在闭合的房间区域，系统自动添加房间信息。

(5)修改房间标识文字，如首层平面图中的房间分别有卧室、客厅、厨房、餐厅、车库等。

注意：只有具有封闭边界的区域才能创建房间对象。对于F1楼层平面，可以用添加分隔线的方法将客厅和餐厅分隔开来。

F1楼层平面中创建的房间如图5.1-17所示。

图5.1-17　创建F1楼层平面房间

(6)同理创建其他楼层平面的房间并依次重新命名各房间名称。

3)标识房间图例

下面以F1楼层平面为例，在视图中添加房间图例。

(1)在项目浏览器中双击F1楼层平面，选择“建筑”→“房间和面积”→“颜色方案”，进行房间图例方案设置。

(2)在弹出的“编辑颜色方案”对话框中，在“类别”下拉列表框中选择“房间”，在方案定义中，修改“标题”为“F1层房间图例”，在“颜色”下拉列表框中选择“名称”，弹出“不保留颜色”对话框，单击“确定”按钮。

(3)选择“注释”→“颜色填充”→“颜色填充图例”，在绘图区域空白位置处单击放置颜色填充图例，在弹出的“选择空间类型和颜色方案”对话框中，选择“空间类型”为“房间”，选择“颜色方案”为“方案1”。添加完成后如图5.1-18所示。

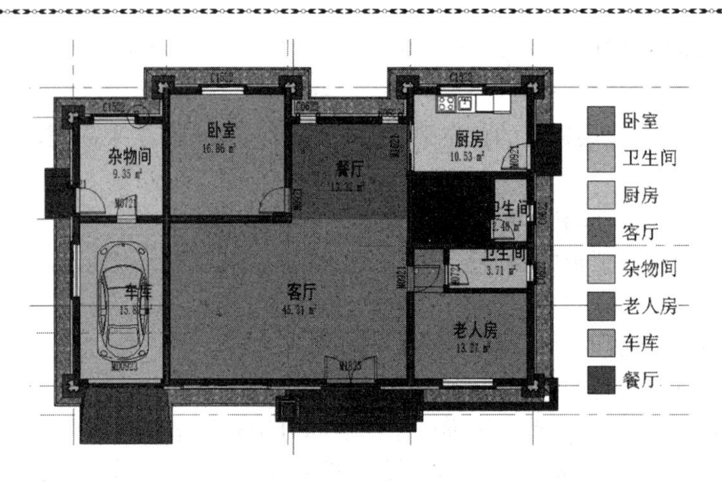

图 5.1-18　添加 F1 楼层平面房间图例

(4)同理添加其他楼层平面房间图例。

任务 5.2　创建天花板

任务导入

前面已经对项目进行了主体建模,并且对坡道、台阶、花池、阳台扶栏、墙面壁柱、门楼建筑柱、门前花台、门前花盆等细部构造也进行了创建。本任务通过自动或手动方式创建天花板。

学习目标

1. 掌握自动绘制天花板的方法。
2. 掌握手动绘制天花板的方法。
3. 能用坡度创建倾斜天花板。
4. 会创建建筑模型的天花板。

任务情境

天花板是建筑物室内顶部表面的装饰部分,是室内装饰工程的一个重要组成部分,具有保温、隔热、隔声、吸音作用,也是安装照明、暖卫、通风空调、防火等设备管线的隐蔽层。其形式有直接式和悬吊式两种,悬吊式天花板也叫吊顶。本次任务主要讲解创建天花板。

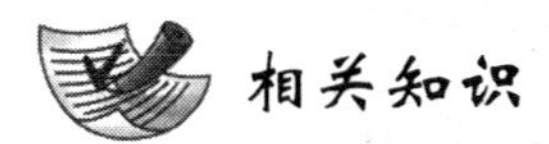

相关知识

使用天花板工具,可以快速创建室内天花板。在 Revit 中创建天花板的过程与楼板、屋顶的绘制过程类似。但 Revit 为天花板工具提供了更为智能的自动查找房间边界的功能。

5.2.1　自动绘制天花板

1)天花板位置和结构构造

创建天花板是在其所在标高以上指定距离处进行的,而且天花板是以底面作为定位位置,所以在创建天花板之前要先确定其位置。

(1)天花板位置确定

①选择“建筑”→“构建”→“天花板”,激活“天花板属性”选项板和“修改|放置 天花板”选项卡,如图 5.2-1 所示。

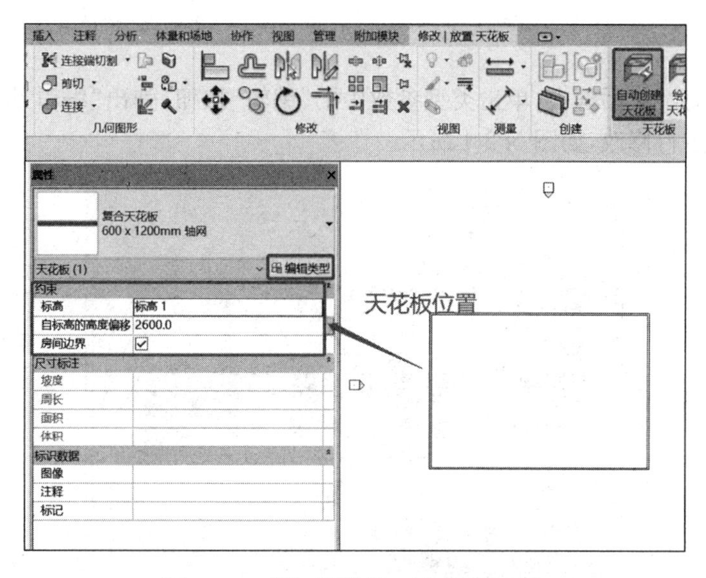

图 5.2-1　“修改|放置 天花板”选项卡

②在“天花板属性”选项板的类型选择器中,系统默认的有两种类型的天花板:基本天花板和复合天花板。基本天花板为没有厚度的平面图元,表面材料样式可应用于基本天花板平面。复合天花板由已定义各层材料厚度的图层构成。从中选择一种,如选择“复合天花板-光面”,如图 5.2-2 所示。除了选择系统默认的这四种类型外,还可以根据项目的具体要求创建新的类型。

③在“天花板属性”选项板中,“标高”是指创建天花板时参照的基准平面;“自标高的高度偏移”是指放置天花板的位置距基准平面的偏移距离,如偏移值为 2 600,是指将天花板放置在基准平面上方 2 600 mm 的位置。

(2)天花板的结构构造。

①在“修改|放置 天花板”选项卡中,单击“天花板属性”选项板中的“编辑类型”按钮,打开“类型属性”对话框,如图 5.2-3 所示。在这个对话框中,通过单击“复制”按钮创建一个新的天花板类型。

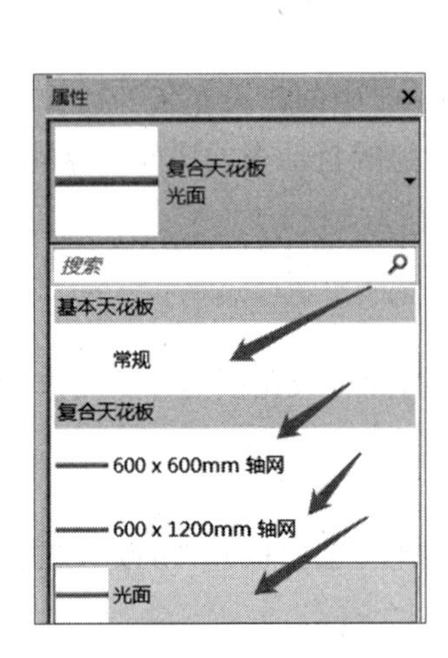

图 5.2-2　天花板类型

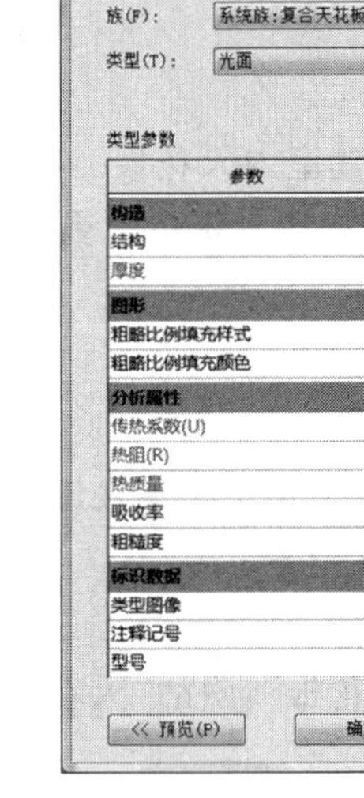

图 5.2-3　“类型属性”对话框

②在“类型属性”对话框中,单击类型参数中的“编辑”按钮,弹出“编辑部件”对话框,在其中对天花板结构进行修改,如图 5.2-4 所示。

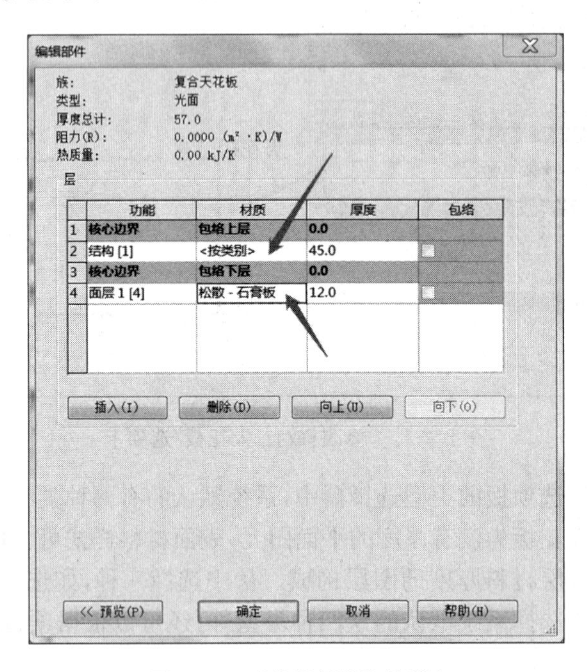

图 5.2-4　“编辑部件”对话框

2)自动绘制天花板

(1)在项目浏览器中,选择“天花板平面”→“标高 1”,进入标高 1 天花板平面视图。

(2)选择“建筑”→“构建”→“天花板”,按上述方法设置天花板的位置和结构构造。

(3)默认情况下,“自动创建天花板”工具处于激活状态,该方式将自动搜索房间边界,生成指定类型的天花板图元。

(4)在绘图区域将光标放至要绘制天花板的房间内,单击完成绘制,如图 5.2-5 所示。

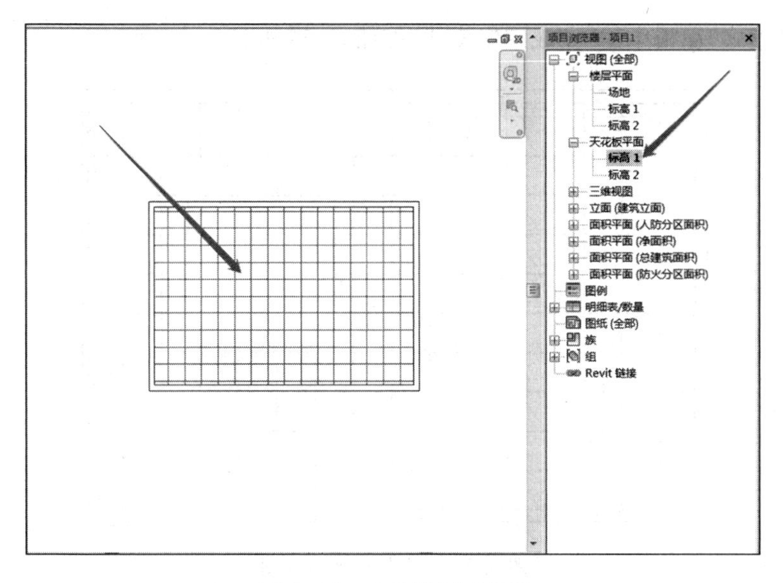

图 5.2-5　自动绘制天花板

注意：自动绘制天花板必须在闭合的房间才能完成创建任务，并且在单击构成闭合环的内墙时，会在这些边界内部放置一个天花板，而忽略房间分隔线。

5.2.2　手动绘制天花板

1）天花板位置和结构构造

手动绘制天花板时，天花板的位置和结构构造与自动绘制天花板相同。

2）手动绘制天花板

（1）在项目浏览器中，选择“天花板平面”→“标高 1”，进入标高 1 天花板平面视图。

（2）选择“建筑”→“构建”→“天花板”→“天花板”→“绘制天花板”，激活“修改|创建天花板边界”选项卡，如图 5.2-6 所示。

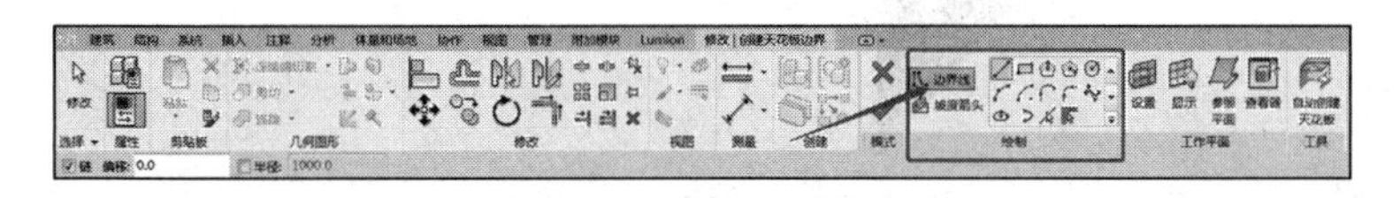

图 5.2-6　“修改|创建天花板边界”选项卡

（3）在“修改|创建天花板边界”选项卡中，按上述方法设置天花板的位置和结构构造。

（4）选择“绘制”面板下的“矩形”工具，如在图 5.2-7 中绘制天花板，并作一矩形孔，具体如图 5.2-8 所示。

图 5.2-7　未闭合的房间

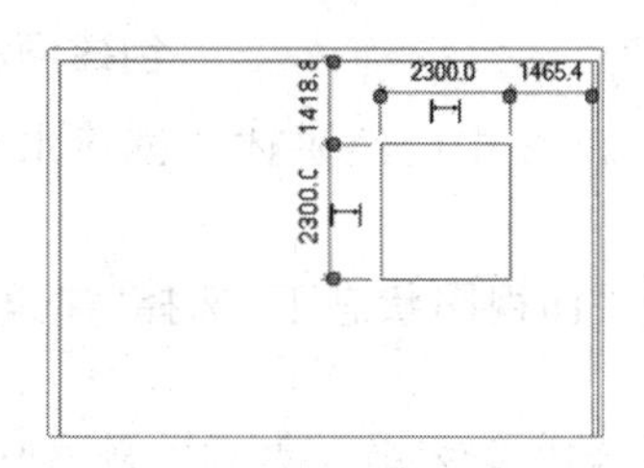

图 5.2-8　绘制天花板和孔

(5)单击“模式”面板中的“完成编辑模式”按钮,结果如图 5.2-9 所示。

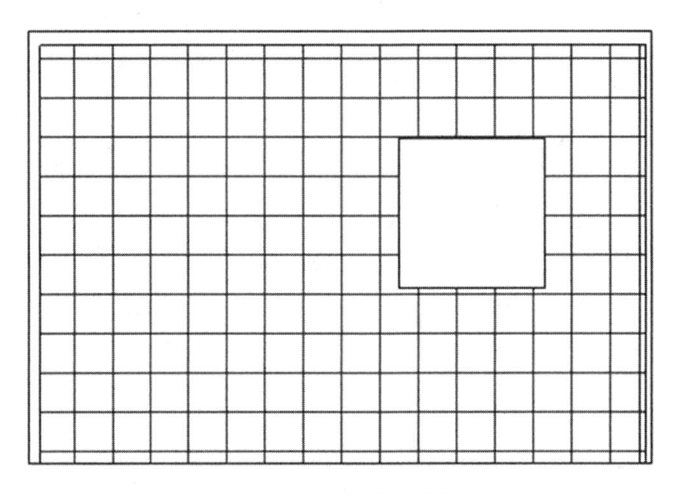

图 5.2-9　天花板平面视图

注意:手动绘制天花板不仅适用于闭合房间,同时也适用于未闭合的房间。

(6)切换至三维视图,即可查看创建好的天花板,如图 5.2-10 所示。

图 5.2-10　天花板三维视图

知识拓展

创建倾斜天花板

在 5.2.1 和 5.2.2 中已经讲述了创建水平天花板的方法,下面介绍创建倾斜天花板的方法。

(1)在天花板平面视图状态下,选择“建筑”→“构建”→“天花板”,激活“修改|放置 天花板”选项卡。

(2)选择“天花板”→“绘制天花板”,激活“修改|创建天花板边界”选项卡,在“天花板属性”选项板上,选择天花板类型,并设置标高、偏移等参数。

(3)选择“绘制”面板下的“矩形”工具,绘制一个矩形天花板。

(4)选择“绘制”面板下的“坡度箭头”工具,从左向右绘制一个箭头,如图 5.2-11 所示。

(5)在画坡度箭头的同时,激活“箭头属性”选项板,如图 5.2-12 所示。

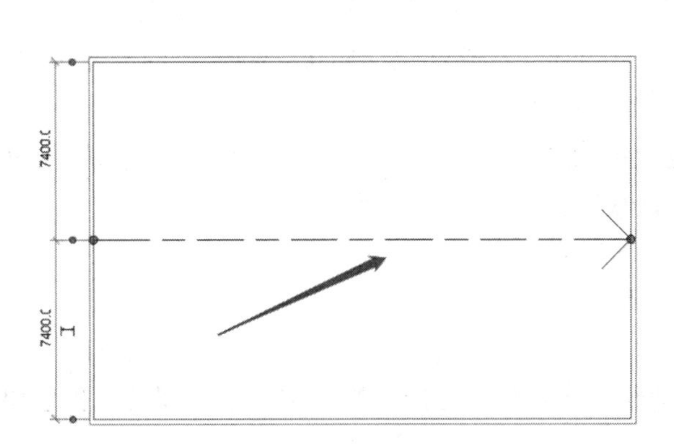

图 5.2-11　绘制坡度箭头

图 5.2-12　“箭头属性”选项板

(6)在“箭头属性”选项板中,可以指定“尾高”和“坡度”。指定“尾高”时,可以调节“最低处标高”、“尾高度偏移”、“最高处标高”和“头高度偏移”;指定“坡度”时,可以调节“坡度”和“尾高度偏移”。

(7)在“箭头属性”选项板中,修改参数后如图 5.2-13 所示,创建完成后如图 5.2-14 所示。

图 5.2-13　修改箭头属性参数

图 5.2-14　倾斜天花板

技能训练

创建三层别墅天花板

使用天花板工具可以快速创建室内天花板,下面将利用自动创建天花板的方法创建三层别墅各楼层的天花板。

1)设置天花板位置和结构构造

(1)在项目浏览器中,选择“天花板平面”→“F1”,进入 F1 天花板平面视图。

(2)选择“建筑”→“构建”→“天花板”,在“天花板属性”选项板中,选择天花板类型为“复合天花板:600×600 mm 轴网”,在“类型属性”对话框中,通过“复制”按钮创建新的天花板类型,并在“天花板属性”选项板中,设置“目标高的高度偏移”。

(3)在“编辑部件”对话框中设置天花板结构,“结构[1]”的“材质”和“厚度”为默认值,修改第四层“面层 2[5]”的“材质”为 “首层-石膏板”,如图 5.2-15 所示。

2)自动创建天花板

(1)设置天花板创建方式为“自动创建天花板”。

(2)移动鼠标至三层别墅内部任意房间,单击放置天花板。注意:对于未形成正确闭合空间的房间,可采用“绘制天花板”工具,手动绘制天花板。三层别墅首层各个房间天花板创建完成后,如图 5.2-16 所示。

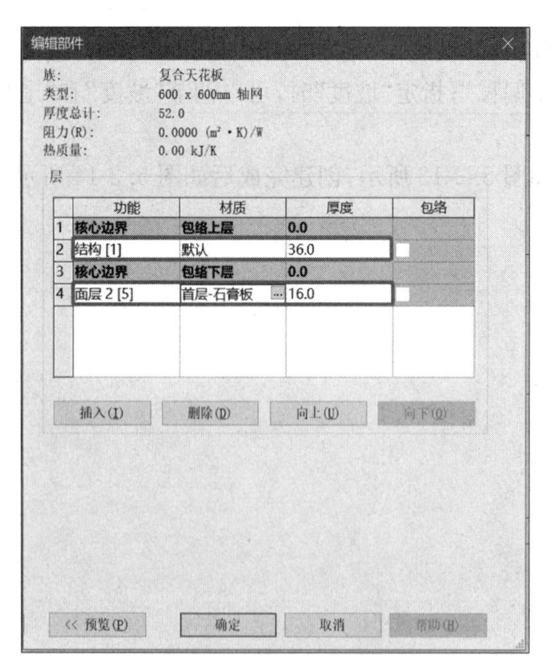

图 5.2-15 设置天花板结构

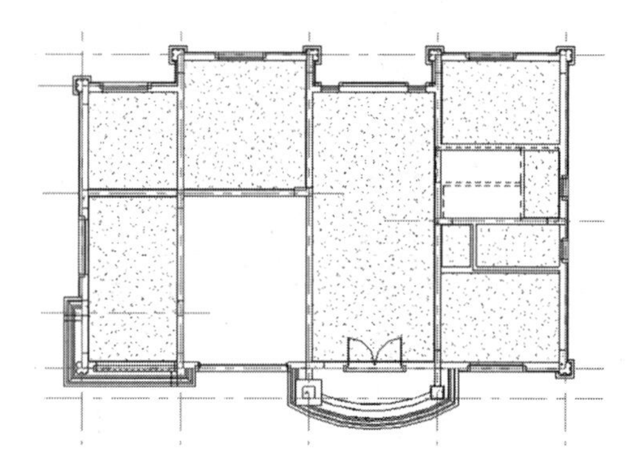
图 5.2-16 创建天花板

(3)同理完成三层别墅其他楼层各个房间的天花板创建。

任务5.3　创建明细表

任务导入

明细表的作用是将项目中的图元属性，以表格的形式统计并展现出来。修改项目时，所有明细表都会自动更新。通过创建明细表、数量和材质提取，用来确定并分析在项目中使用的构件和材质。还可以将明细表导出到其他软件程序中，如电子表格程序。本次任务讲解明细表的创建。

学习目标

1. 熟悉建筑构件明细表的作用。
2. 掌握创建明细表的一般方法。
3. 能够运用“视图”→“创建”→“明细表”，设置构件明细表属性。
4. 会运用“明细表/数量”“导出明细表”等工具创建建筑构件明细表。

任务情境

明细表是模型的另一种视图，使用明细表视图可以统计项目中各类图元对象，生成各种样式的表格。Revit 可以用明细表分别统计模型图元数量、材质数量、图纸列表、视图列表和注释块列表。在进行施工图设计时，最常用的明细表是门窗统计表和图纸列表。本任务主要讲解如何创建门窗明细表。

相关知识

5.3.1　创建建筑构件明细表

项目模型创建完成后，可以对模型进行简单的图元明细表统计。下面以“门”构件为例讲解明细表的创建方法。

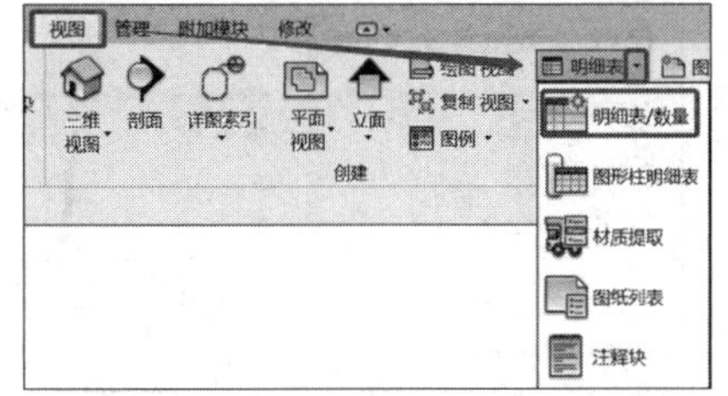

图 5.3-1　明细表/数量

(1)选择“视图”→“创建”→“明细表”→“明细表/数量”，如图 5.3-1 所示。

(2)弹出“新建明细表”对话框，在“类别”列表中选择构件，右侧“名称(N)”文本框中会显示默认名称，可以根据需要修改该名称。以“门”构件为例，在“类别”列表中选择“门”对象类型，即本明细表将统计项目中门对象类别的图元信息，明细表名称默认为“门明细表”，确认明细表类型为“建筑构件明细表”，其他参数默认，单击“确定”按钮,如图 5.3-2 所示。

(3)弹出“明细表属性”对话框,在其中指定明细表属性,如字段、过滤器、排序/成组、格式及外观等。

(4)单击“确定”按钮,完成建筑构件明细表的创建,如图 5.3-3 所示。

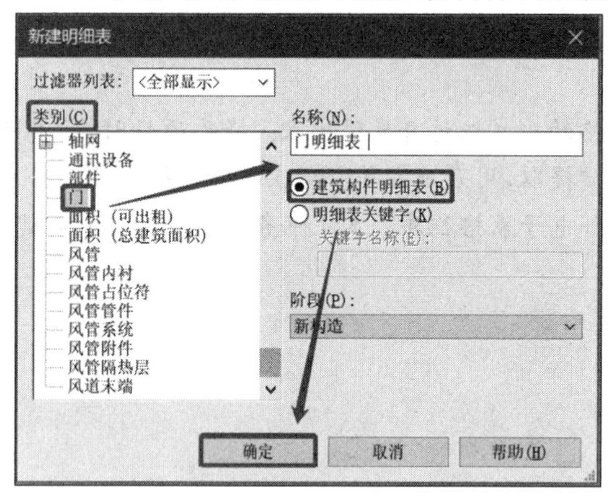

图 5.3-2 “新建明细表”对话框

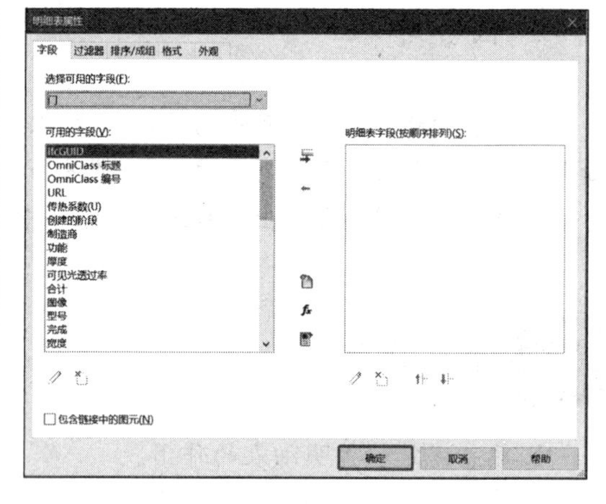

图 5.3-3 “明细表属性”对话框

5.3.2 编辑建筑构件明细表

在“明细表属性”对话框中,编辑明细表属性。

1)字段

“字段”是用来提取建筑构件相关信息的。在“明细表属性”对话框中,“字段”选项卡中的“可用的字段”列表中显示构件对象类别中所有可以在明细表中显示的实例参数和类型参数。依次在列表中选择“类型、宽度、高度、合计”参数,单击“添加参数”按钮,添加到右侧的“明细表字段”列表中。

在“明细表字段”列表中选择各参数,单击“上移参数”按钮或“下移参数”按钮,可调节字段的顺序,按图 5.3-4 中所示顺序调节字段顺序,该列表中从上至下顺序反映了后期生成的明细表从左至右各列的显示顺序。

2)过滤器

切换至“过滤器”选项卡,指定“过滤条件”,用来提取建筑构件相关信息,如图 5.3-5 所示。

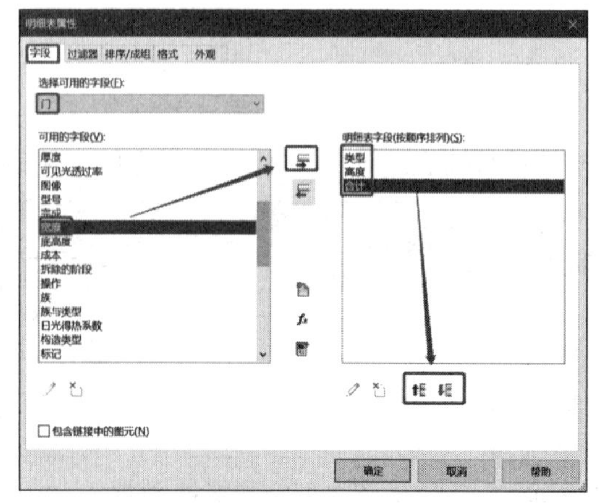

图 5.3-4 “字段”选项卡

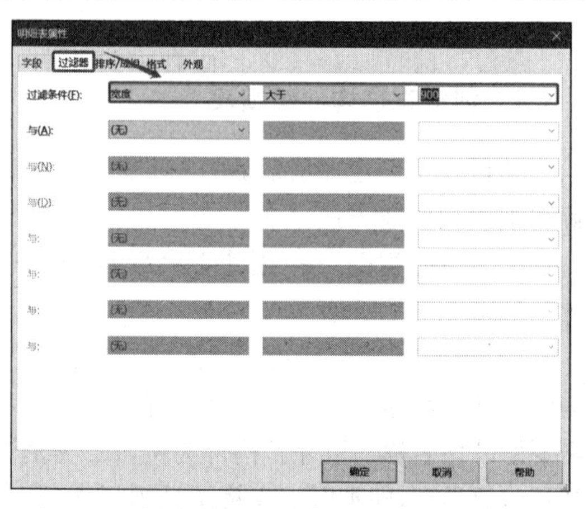

图 5.3-5 “过滤器”选项卡

3)排序/成组

切换至“排序/成组”选项卡,可以指定明细表中行的排序选项,也可以选择显示某个图元类型的每个实例,或将多个实例层叠在单行上。

设置“排列方式”为“类型”,排列顺序为“升序”,勾选“总计”复选按钮,取消勾选“逐项列举每个实例”复选按钮,此时将按门“类型”参数值在明细表中汇总显示已选字段,如图 5.3-6 所示。

注意:在明细表中可以按任意字段进行排序,但“合计”除外。

4)格式

切换至“格式”选项卡,“字段”列表中选择“合计”,“字段格式”下拉列表框中选择“计算总数”,如图 5.3-7 所示。

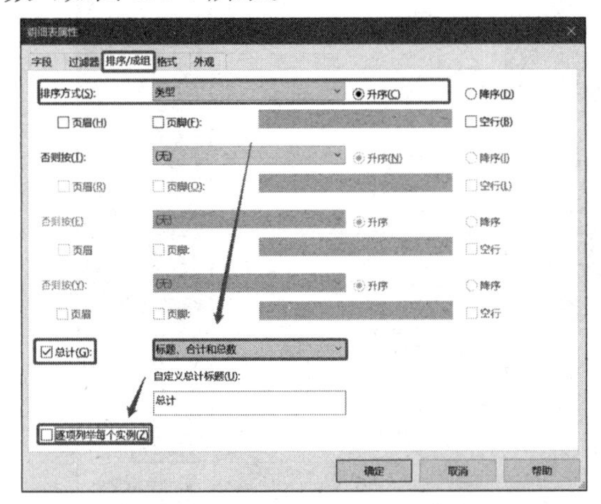

图 5.3-6　“排序/成组”选项卡

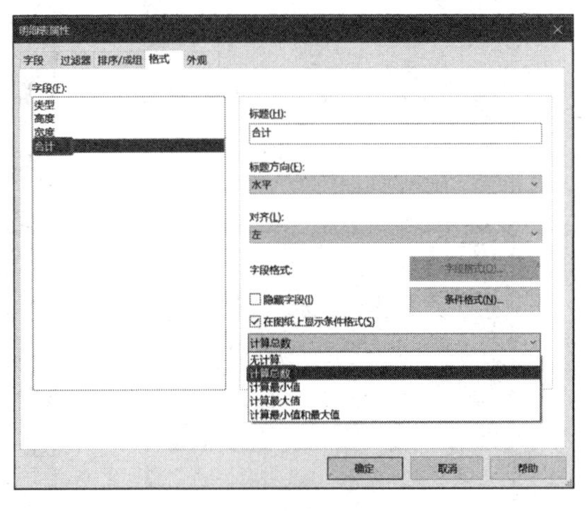

图 5.3-7　“格式”选项卡

5)外观

切换至“外观”选项卡,可以将页眉、页脚及空行添加到排序后的行中。确认勾选“网格线”复选按钮,设置网格线样式为“细线”;勾选“轮廓”复选按钮,设置轮廓线样式为“中粗线”;取消勾选“数据前的空行”复选按钮;确认勾选“显示标题”和显示“显示页眉”复选按钮,其他按默认,单击“确定”按钮,完成明细表属性设置,如图 5.3-8 所示。

Revit 软件自动按照指定字段建立名称为“门明细表”的新明细表视图,并自动激活“修改明细表/数量”选项卡,如图 5.3-9 所示。

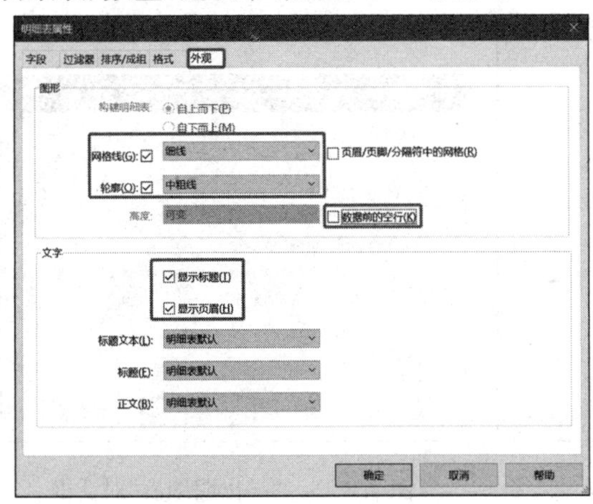

图 5.3-8　“外观”选项卡

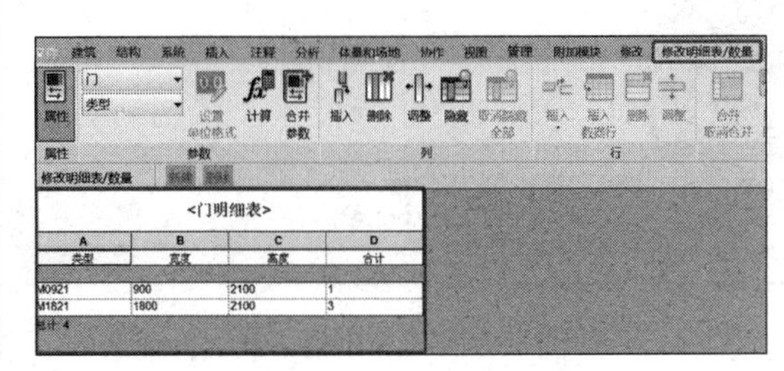

图 5.3-9　门明细表视图

如有需要还可以继续在“明细表属性”选项板中进行相应的修改设置,如图 5.3-10 所示。

5.3.3 导出建筑构件明细表

(1)选择“文件”→“导出”→“报告”→“明细表”,如图 5.3-11 所示 。

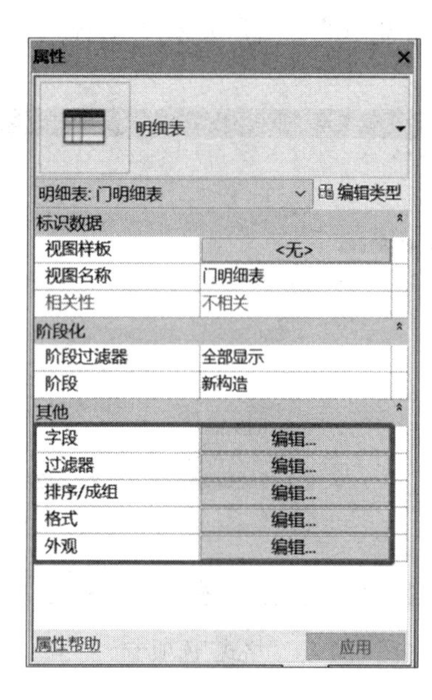

图 5.3-10　“明细表属性”选项板

图 5.3-11　导出

(2)弹出“导出明细表”对话框,指定保存路径,命名为“项目-门明细表”,默认文件类型为“.txt”格式,单击“保存”按钮,如图 5.3-12 所示 。

(3)弹出“导出明细表”对话框,如图 5.3-13 所示,默认设置即可,单击“确定”按钮,“项目-门明细表”导出完成。

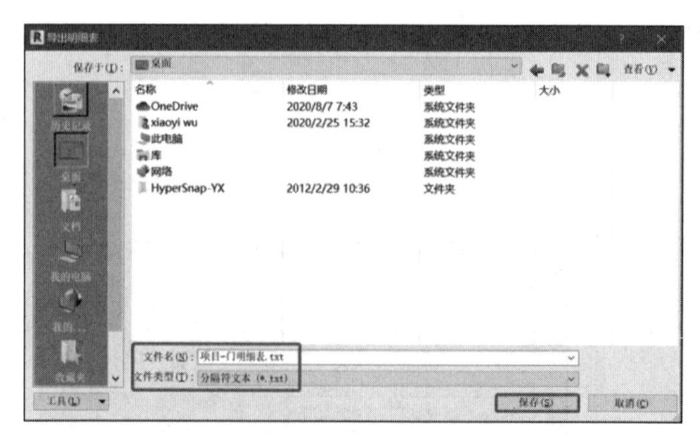

图 5.3-12　导出格式和文件命名

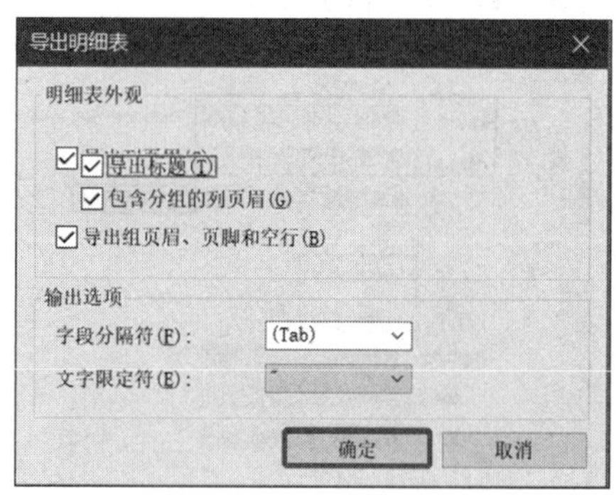

图 5.3-13　“导出明细表”对话框

知识拓展

提取材质明细表

材料的数量是项目施工采购的依据，Revit 提供了“材质提取”工具，用于统计项目中各对象材质生成材质明细表。下面讲解如何创建材质明细表。

(1)在“视图”选项卡中，选择“创建”面板中的“明细表”下拉列表框中的“材质提取”工具，如图 5.3-14 所示，弹出“新建材质提取”对话框。

(2)在“新建材质提取”对话框中，在“类别”列表中选择构件类型，如“墙”，然后单击“确定”按钮，如图 5.3-15 所示。

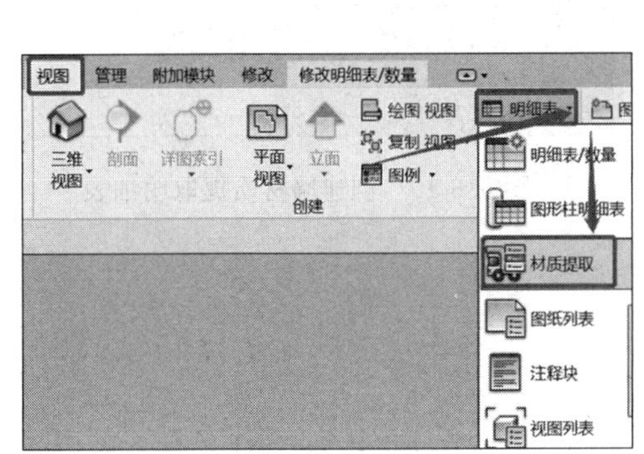

图 5.3-14 材质提取

图 5.3-15 “新建材质提取”对话框

(3)在“材质提取属性”对话框中，为“明细表字段”选择材质特性，如图 5.3-16 所示。

切换至“排序/成组”选项卡并进行相关设置，如图 5.3-17 所示。

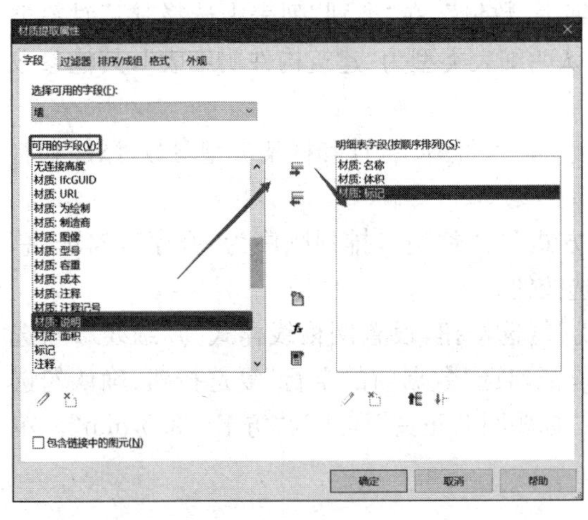

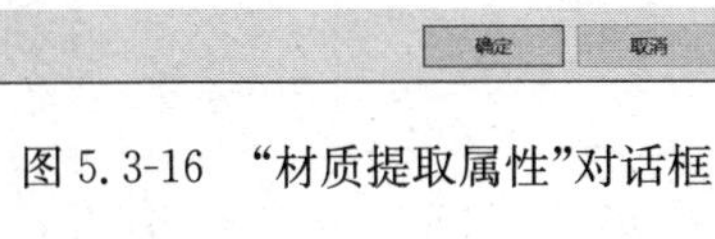

图 5.3-16 “材质提取属性”对话框

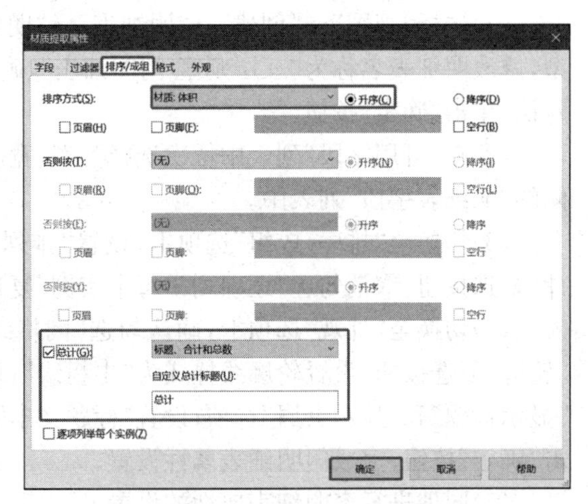

图 5.3-17 “排序/成组”选项卡

切换至“格式”选项卡，在“字段”列表中选择“材质:体积”，“字段格式”下拉列表框中选择

“计算总数”,如图5.3-18所示。

(4)单击“确定”按钮,创建材质提取明细表。

此时在绘图区域显示墙材质提取明细表,并且该视图将在项目浏览器中“明细表/数量”类别下列出,如图5.3-19所示。

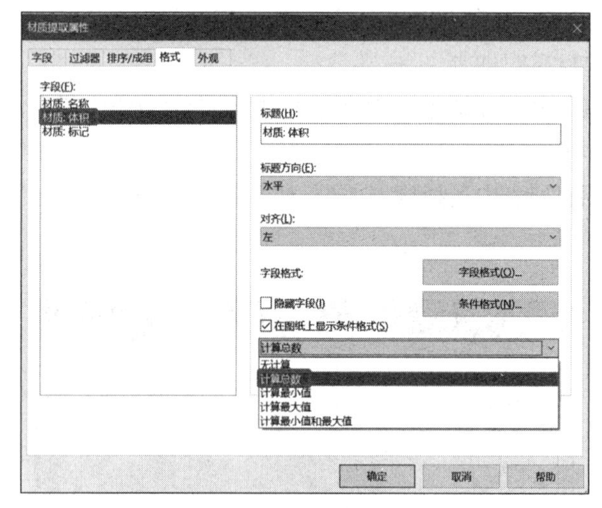

图5.3-18 “格式”选项卡

图5.3-19 创建墙材质提取明细表

技能训练

创建三层别墅门窗明细表

项目模型创建完成后,可以对模型进行简单的图元明细表统计。下面创建三层别墅的门明细表和窗明细表。

1)设置门窗明细表属性

(1)选择“视图”→“创建”→“明细表”→“明细表/数量”,在“类别”列表中选择“门”对象类型,修改明细表名称为“三层别墅-门明细表”,确认明细表类型为“建筑构件明细表”,其他参数默认,单击“确定”按钮。

(2)在“可用字段”列表中依次选择类型、宽度、高度、注释、合计和框架类型参数,添加到右侧的“明细表字段”列表中。

(3)切换至“排序/成组”选项卡,设置“排列方式”为“类型”,排列顺序为“升序”,勾选“总计”复选按钮,取消勾选“逐项列举每个实例”复选按钮。

(4)切换至“外观”选项卡,确认勾选“网格线”复选按钮,设置网格线样式为“细线”;勾选“轮廓”复选按钮,设置轮廓线样式为“中粗线”;取消勾选“数据前的空行”复选按钮;确认勾选“显示标题”和“显示页眉”选项;设置“标题文本”“标题”和“正文”样式为“仿宋-3.5 mm”。单击“确定”按钮,完成门明细表属性设置。

(5)同理进行窗明细表属性的设置。

2)创建门窗明细表

完成门窗明细表属性设置之后,Revit软件自动按照指定字段建立名称为“三层别墅-门明细表”和“三层别墅-窗明细表”的新明细表视图，并自动激活“修改明细表/数量”选项卡。如图 5.3-20 和图 5.3-21 所示。

<三层别墅-门明细表>					
A	B	C	D	E	F
类型	宽度	高度	注释	合计	框架类型
M0721-700 x 2100m	700	2100		6	
M0921-900 x 2100m	900	2100		11	
M1621 1600 x 2100	1600	2100		1	
M1821 1800 x 2100	1800	2100		1	
m1825 1800 x 2500	1800	2500		1	
M1828 1800 x 280	1800	2800		2	
M3028 3000 x 280	1500	2800		2	
车库卷帘门-2600 x	2600	3100		1	
门洞--1000 x 2100	900	2100		1	
总计：26					

图 5.3-20　三层别墅-门明细表

<三层别墅-窗明细表>			
A	B	C	D
类型	宽度	高度	合计
C0619 600 x 1900	600	1900	7
C0622 600 x 2200	600	2200	4
C1519 1500 x 190	1500	1900	6
C1522 1500 x 220	1500	2200	3
C1819 1800 x 190	1800	1900	2
C1822 1800 x 220	1800	2200	2
C3013 3000 x 130	1500	1300	2
C3019 3000 x 1900	3000	1900	1
幕墙窗	703	917	2
幕墙窗_上悬无框铝	703	917	2
老虎窗1-700*600	700	600	2
老虎窗2-600 x 600	600	600	1
总计：34			

图 5.3-21　三层别墅-窗明细表

3)导出建筑构件明细表

选择“文件”→“导出”→“报告”→“明细表”，导出建筑构件门明细表和窗明细表。

任务 5.4　创建图纸与输出 CAD 图纸

任务导入

图纸是用标明尺寸的图形和文字来说明工程建筑、机械、设备等的结构、形状、尺寸及其他要求的一种技术文件，是建设项目的重要组成文件。本任务是在 Revit 中创建、编辑和导出 CAD 图纸。

学习目标

1. 了解图纸的组成、布局等基本知识。
2. 会使用“项目”→“图纸”或“项目”→“视图”来创建图纸。
3. 会使用“修订”“云线批注”等工具编辑图纸。
4. 会使用“文件”→“导出”来导出 CAD 图纸文件。

任务情境

Revit 软件除了强大的模型搭建能力外还有强大的模型后期处理能力，比如在 Revit 中可以将项目中多个视图或明细表布置在同一个图纸视图中，形成用于打印和发布的施工图纸，还可以将项目中的视图、图纸打印或导出为 CAD 的文件格式与其他用户进行数据交换。

相关知识

5.4.1 创建图纸

1)新建图纸

(1)选择“视图”→“图纸组合”→“图纸”，弹出“新建图纸”对话框，如图 5.4-1 所示。

(2)在“新建图纸”对话框中，“选择标题栏”选择“A0 公制”，单击“确定”按钮，以 A0 公制标题栏创建新图纸视图，并自动切换至该视图，如图 5.4-2 所示。

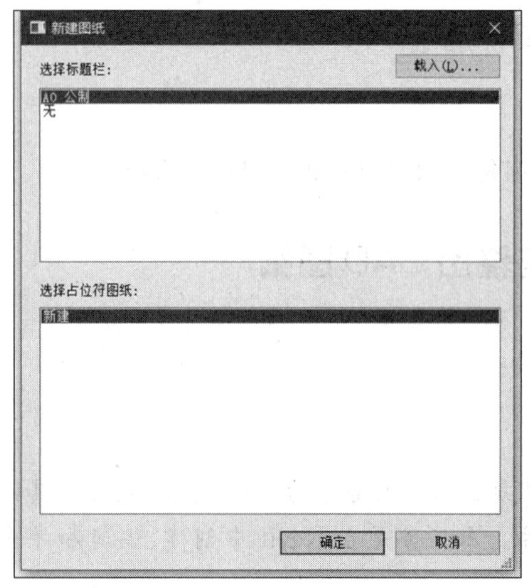

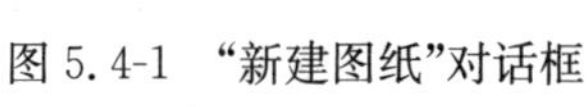
图 5.4-1 “新建图纸”对话框

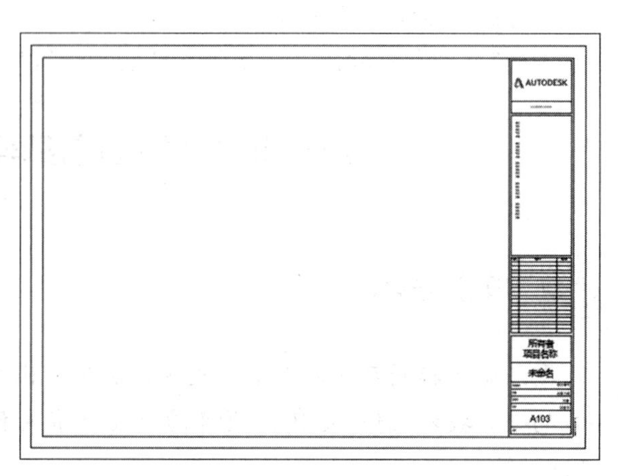

图 5.4-2 A0 公制视图

(3)该视图在“项目浏览器”的“图纸(全部)”视图类别中,并自动命名为“A103-未命名”,如图 5.4-3 所示。

2)放置视图

(1)选择“视图”→“图纸组合”→“视图”,弹出“视图”对话框,视图列表列出当前项目中所有可用视图,如图 5.4-4 所示。

图 5.4-3 新图纸命名

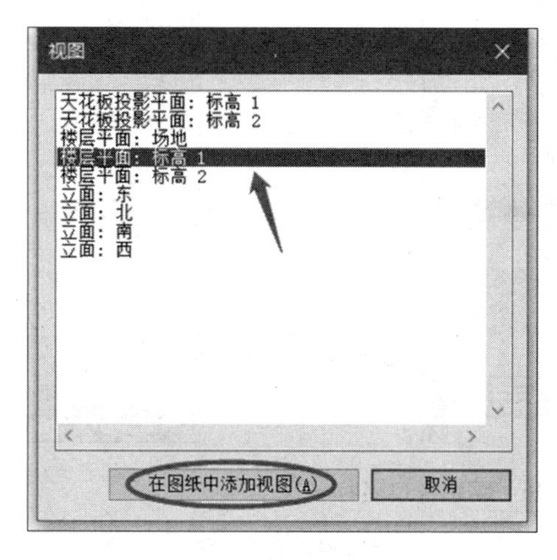

图 5.4-4 “视图”对话框

(2)选择其中一个视图,如选择“楼层平面:标高 1”,单击“在图纸中添加视图”按钮,如图 5.4-4 所示。

(3)Revit 默认给出“楼层平面:标高 1”视图范围预览,找到合适的位置单击放置该视图。

(4)在图纸中放置的视图称为“视口”,Revit 自动在视图底部添加视口标题,默认以该视图的视图名称命名该视口,如图 5.4-5 所示。

注意:除了上述放置视图的方法外,还可以通过拖动的方式将项目浏览器中的视图拖动到绘图区域的图纸上,完成放置图纸。

标高 1
1 : 100

图 5.4-5 视口名称

3)视图编辑

(1)编辑视口名称和标题样式。

①选择放置的“标高 1”视口,激活“视口属性”选项板,找到“图纸上的标题”,输入名称,如“一层平面图”,单击“应用”按钮,则图纸视图中视口标题由原来的“标高 1”自动修改为“一层平面图”,如图 5.4-6 所示。

②在“视口属性”选项板中,单击“编辑类型”按钮,弹出“类型属性”对话框,修改类型参数中的“标题”为所使用族即可,如图 5.4-7 所示。也可以在类型参数中修改线宽、颜色、线型图案等参数。

(2)隐藏立面符号。

①选择立面符号,右击后执行“删除”命令;弹出“警告-可以忽略”对话框,单击“确定”按钮,所选立面符号删除完成。

②在“视口”属性选项板中,选择“图形”→“可见性/图形替换”,单击“编辑”按钮,弹出“可见性/图形替换”对话框,选择“注释类别”中的“立面”,取消勾选“立面”复选按钮,单击“确定”按钮,完成立面符号隐藏,如图 5.4-8 所示。

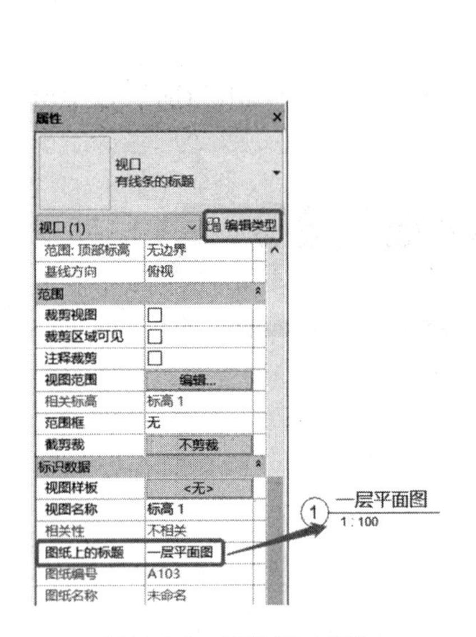

图 5.4-6　编辑视口名称

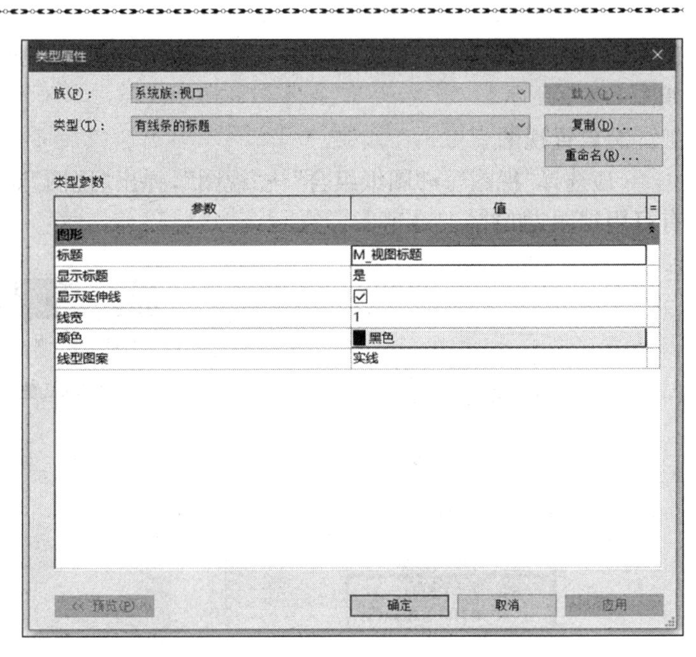

图 5.4-7　修改类型参数

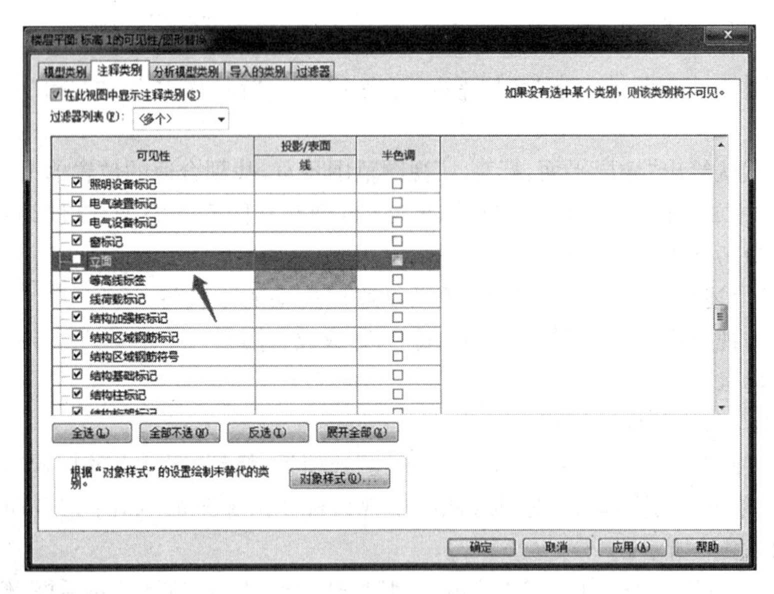

图 5.4-8　隐藏立面符号

(3)放置指北针。

①选择“注释”→“符号”→“符号”，如图 5.4-9 所示，激活“修改|放置符号”选项卡。

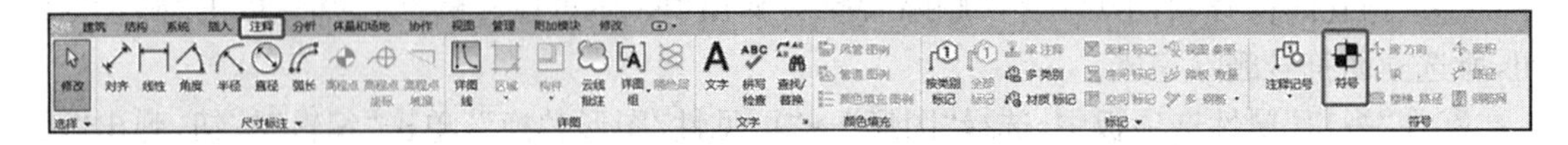

图 5.4-9　注释-符号

②在“属性”选项板的“类型选择器”中选择“指北针 2”，在图纸视图右上角空白位置单击

放置指北针符号，如图 5.4-10 所示。

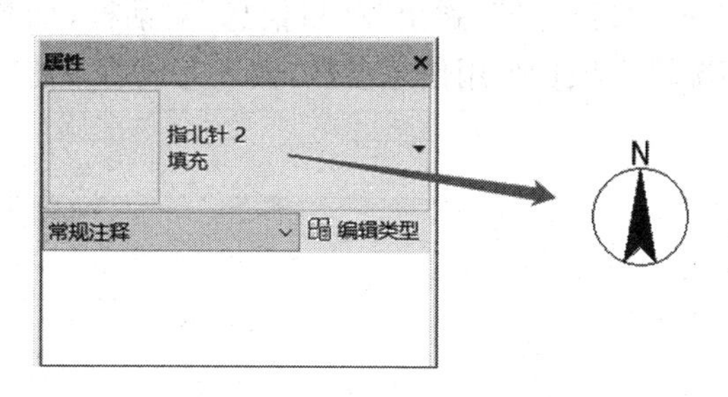

图 5.4-10　放置指北针

注意：“属性”选项板的“类型选择器”中族文件类型较少，可以选择“插入”→“从库中载入”→“载入族”，在“载入族”对话框选择“注释”→“符号”→“建筑文件夹”，载入族文件以便应用。

(4)图纸的命名。

在“图纸属性”选项板中，找到“图纸名称”，进行图纸命名；如输入“一层平面图”，确认勾选“显示在图纸列表中”复选按钮，其他参数根据实际情况修改，完成后单击“应用”按钮，此时项目浏览器中图纸视图名称修改为“一层平面图”，如图 5.4-11 所示。

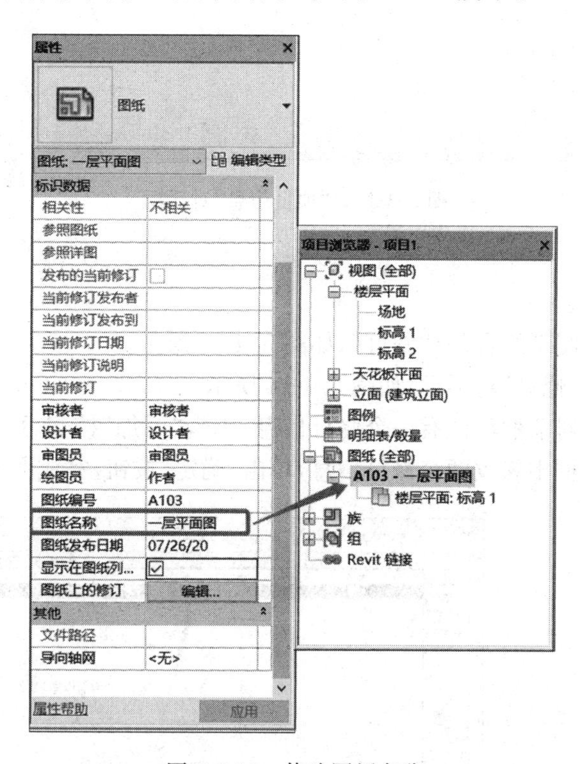

图 5.4-11　修改图纸名称

5.4.2　编辑图纸

1)项目信息设置

在标题栏中除了显示当前图纸名称、图纸编号外，还将显示项目的相关信息，如项目名称、项目地址等内容。可以使用“项目信息”工具设置项目的公用信息参数。

选择“管理”→“设置”→“项目信息”，弹出“项目信息”对话框，如图 5.4-12 所示。可以在对话框中根据项目实际情况输入项目公用信息参数，输入完成后单击“确定”按钮，完成项目信息设置。

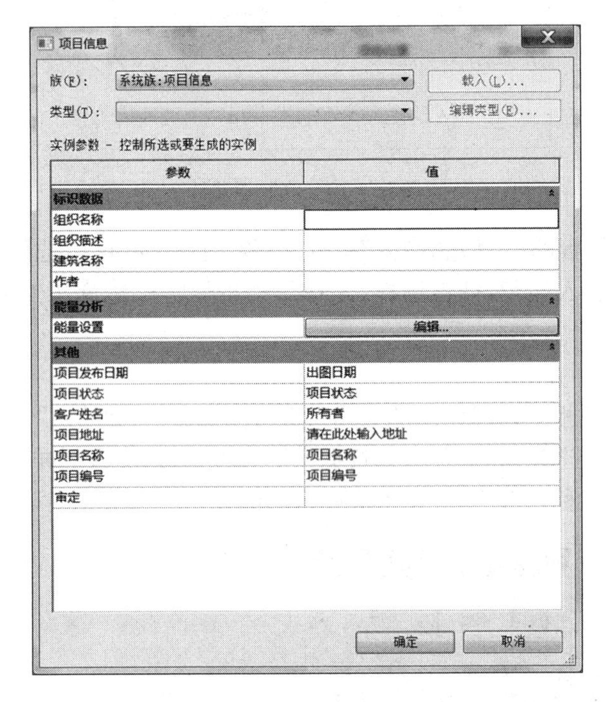

图 5.4-12　“项目信息”对话框

2)图纸修订

(1)设置图纸修订。

①选择“视图”→“图纸组合”→“修订”，如图 5.4-13 所示。

②弹出“图纸发布/修订”对话框，如图 5.4-14 所示。

“图纸发布/修订”对话框默认有一个修订信息，单击“添加”按钮，可以添加一个新的修订信息，然后可以在对话框中修改两个修订信息，单击“确定”按钮，完成图纸修订。

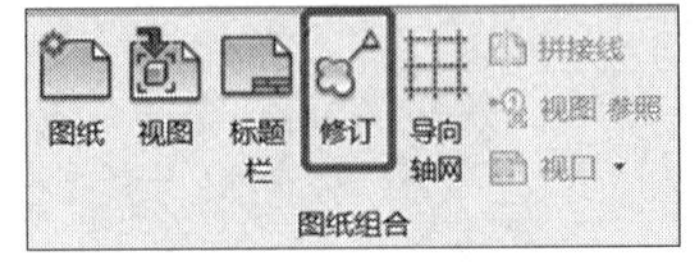

图 5.4-13　修订

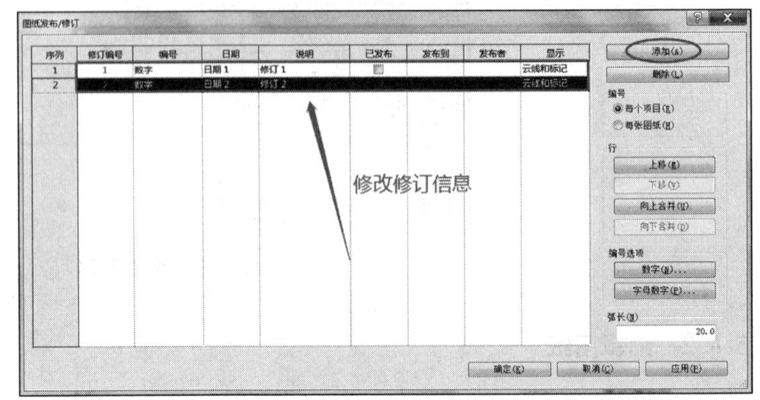

图 5.4-14　“图纸发布/修订”对话框

(2)云线批注。

①选择“注释”→“详图”→“云线批注”，如图5.4-15所示，激活“修改|创建云线批注草图”选项卡。

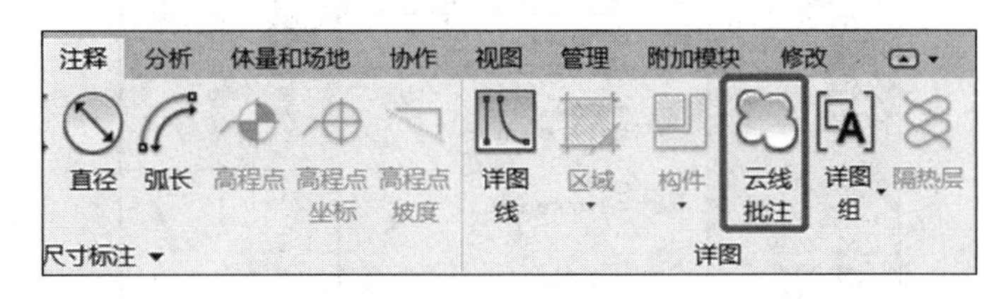

图5.4-15　云线批注

②使用“绘图”面板中的工具按图5.4-16所示沿所产生问题的图形周围绘制云线批注，完成后单击✔，完成云线批注。

③选择创建的云线批注，在“属性”选项板中，选择“修订”为“序列2—修订2”，单击“应用”按钮，完成编辑云线，如图5.4-17所示。

按照上述操作，可以为项目中存在的问题进行添加云线批注并指定修订信息。

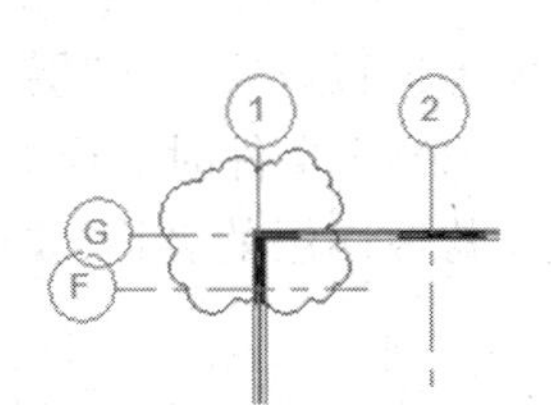

图5.4-16　创建云线批注

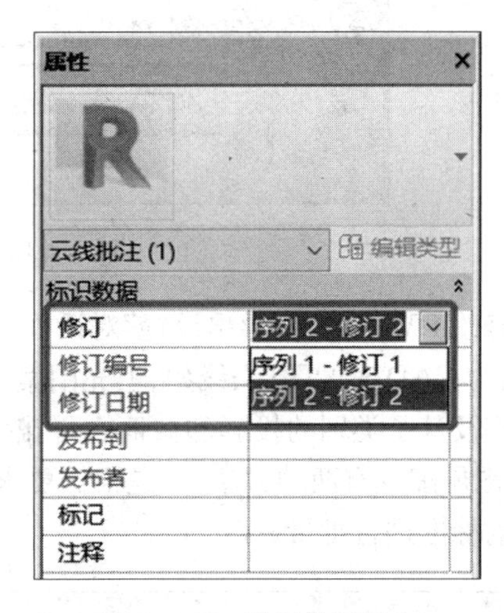

图5.4-17　选择修订版本

(3)发布修订。

完成云线批注后，就可以发布本次修订了。

选择“视图”→“图纸组合”→“修订”，弹出“图纸发布/修订”对话框。勾选“已发布”复选按钮，单击“确定”按钮，退出“图纸发布/修订”对话框。再次选择上述创建的云线批注，显示“云线批注:2—修订2(已发布)”。修订发布后，用户将不能再对已发布的修订进行添加或删除云线批注。

5.4.3　导出CAD图纸

一个完整的建筑项目设计是由各专业设计人员共同合作完成的，Revit可以将项目的图纸或视图导出为DWG、DXF、DGN及SAT等格式的CAD数据文件，为各专业设计人员使用不同的工具提供数据。下面以常见的DWG格式为例介绍如何将Revit数据转换为DWG数据。

1)导出设置

(1)选择“文件”→“导出”→“选项”→“导出设置 DWG/DXF”,如图 5.4-18 所示。

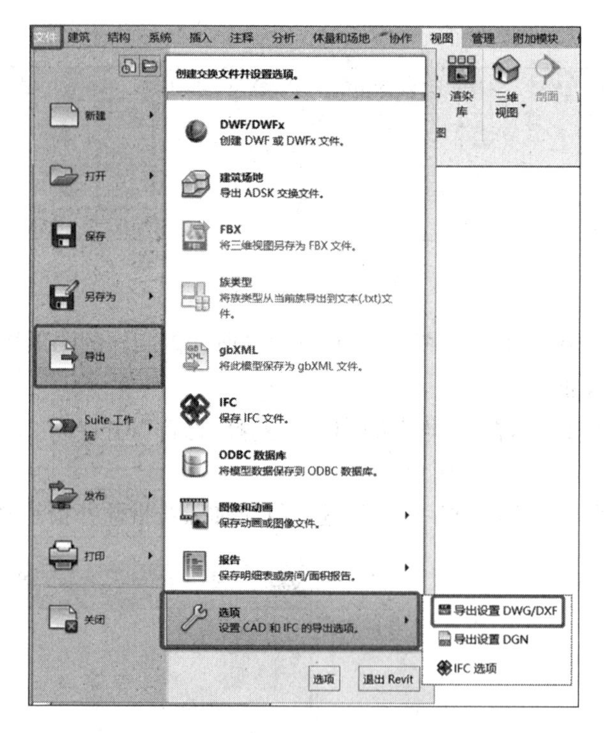

图 5.4-18　选择导出设置

(2)弹出“修改 DWG/DXF 导出设置”对话框,如图 5.4-19 所示。该对话框中可以分别对 Revit 模型导出为 CAD 时的图层、线型、填充图案、字体等进行设置。在“层”选项卡列表中指定各类对象类别及其子类别的投影和截面在导出 DWG/DXF 文件时对应的图层名称及线型颜色 ID。进行图层配置有两种方法,一是根据要求逐个修改图层的名称、线型颜色等,二是通过加载图层映射标准进行批量修改。

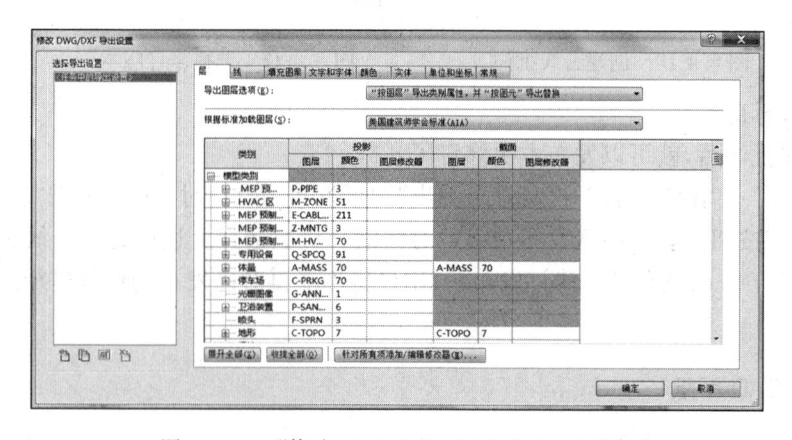

图 5.4-19　“修改 DWG/DXF 导出设置”对话框

(3)在“根据标准加载图层”下拉列表框中,Revit 提供了 4 种国际图层映射标准,以及从外部加载图层映射标准文件的方式。在实际应用中根据专业不同选择相应的标准。

选择图层映射标准后，根据项目需要还可以继续在“修改 DWG/DXF 导出设置”对话框对导出的线型、颜色、字体等进行映射配置。

2）导出 CAD 图纸

（1）选择“文件”→“导出”→“CAD 格式”→“DWG”，如图 5.4-20 所示。

注意：Revit 除了可以导出 CAD 格式的文件外，还可以导出 DWF 格式的文件。

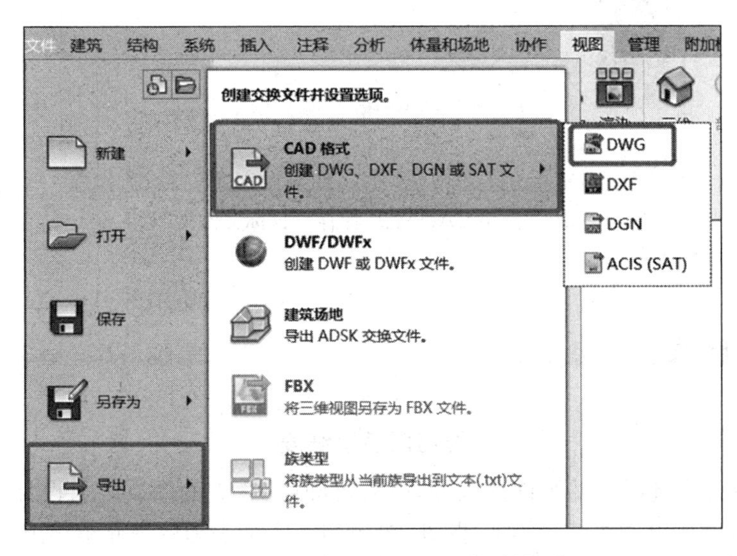

图 5.4-20　选择导出 CAD 图纸的格式

（2）弹出“DWG 导出”对话框，如图 5.4-21 所示，在左侧可以预览图纸内容；在对话框右侧“导出”的下拉列表框中选择“〈任务中的视图/图纸集〉”，在“按列表显示”中选择“集中的所有视图和图纸”，即显示当前项目中的所有图纸，在列表中勾选要导出的图纸即可。

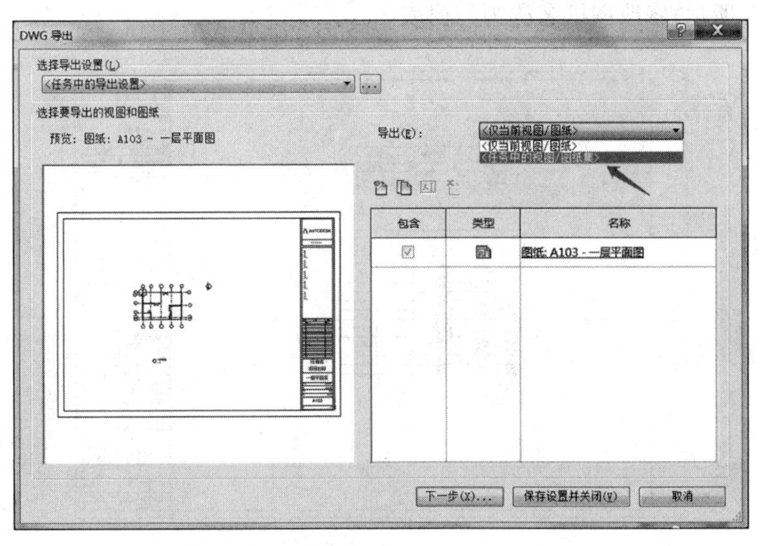

图 5.4-21　“DWG 导出”对话框

（3）单击“DWG 导出”对话框中的“下一步”按钮，弹出“导出 CAD 格式-保存到目标文件夹”对话框，如图 5.4-22 所示。指定文件保存路径，输入文件名，选择文件类型和命名规则，单击“确定”按钮，完成 CAD 图纸导出。

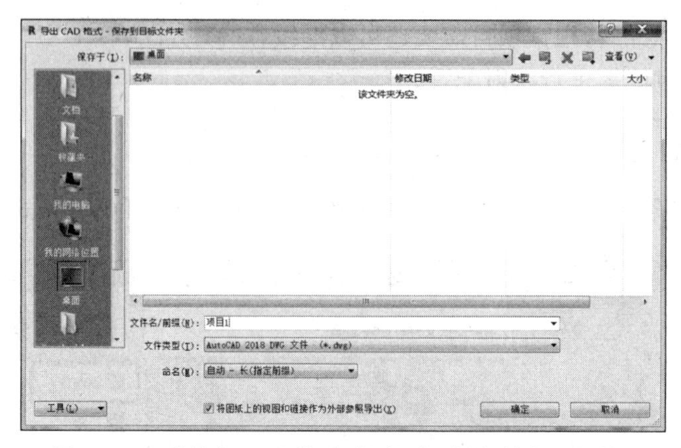

图 5.4-22　“导出 CAD 格式-保存到目标文件夹”对话框

导出门窗明细表

建筑图纸中除上述导出的平面图以外，还需要剖面图、立面图、详图、设计说明、门窗表等信息。这些图纸的导出方法基本类似，此处，导出门窗明细表为例来介绍导出方法。

(1)选择“视图”→“图纸组合”→图纸，弹出“新建图纸”对话框。

(2)在“新建图纸”对话框中，“选择标题栏”选择“A3 公制”，单击“确定”按钮，以 A3 公制标题栏创建新图纸视图，并自动切换至该视图。

(3)放置门窗表，将项目浏览器中的门明细表、窗明细表拖动到绘图区域的图纸上，完成放置，如图 5.4-23 所示；修改图纸名称为门窗表。

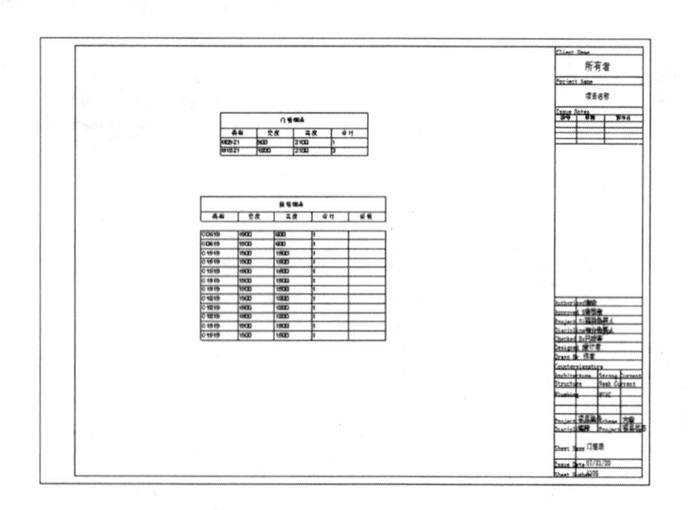

图 5.4-23　放置门窗表

(4)导出设置。

(5)导出 CAD 格式的门窗表图纸。

注意：导出门窗表需要先创建门窗表，详见任务 5.3 中相关知识。

技能训练

创建与输出三层别墅 CAD 图纸

1)创建三层别墅图纸

(1)打开三层别墅模型。

(2)创建三层别墅图纸视图。

选择“视图”→“图纸组合”→“图纸”,在“新建图纸”对话框中选择“A1 公制”,单击“确定”按钮,以 A1 公制标题栏创建新图纸视图。

(3)布置视图。

选择“视图”→“图纸组合”→“视图”,在“视图”对话框中选择“楼层平面:F1”,单击“在图纸中添加视图”按钮,完成视图布置。

(4)修改图纸名称为“建筑施工图”,视口名称为“首层平面图”。

(5)同理可以将立面图、剖面图、门窗表等视图添加到视图中。

(6)放置指北针。

选择“注释”→“符号”→“符号”,在图纸视图右上角空白位置单击放置指北针符号。

(7)完成三层别墅图纸创建,如图 5.4-24 所示。

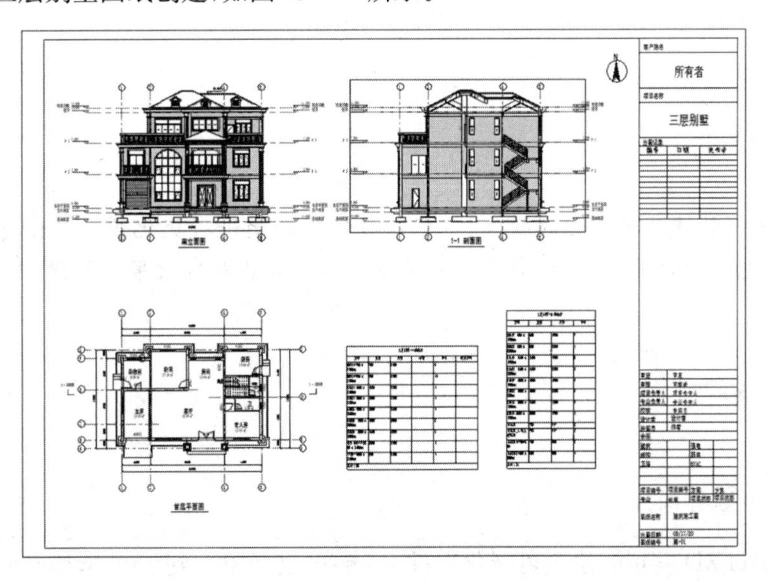

图 5.4-24　创建三层别墅 A1 图纸

2)导出三层别墅图纸

(1)选择“文件”→“导出”→“CAD 格式”→“DWG”。

(2)在“DWG 导出”对话框中,“导出”选择“〈任务中的视图/图纸集〉”,“按列表显示”选择“集中的所有视图和图纸”,在列表中勾选要导出的图纸。

(3)单击“下一步”按钮,弹出“导出 CAD 格式-保存到目标文件夹”对话框,指定文件保存的位置为“桌面”→“三层别墅图纸”文件夹,文件名输入“三层别墅建施图”,单击“确定”按钮,完成 CAD 图纸导出。

任务 5.5 Revit 与 Lumion 软件对接

任务导入

在建筑工程项目的前期,用 Revit 进行结构建模、建筑建模和合并模型完成后,还需要对模型进行场景化的设计,以便导出一些虚拟动画和效果图。Revit 可以实现虚拟动画和效果图功能,但要达到更高级别的效果,还得借助其他软件更好地实现这些功能,如 Lumion 软件。本任务是介绍如何实现 Revit 与 Lumion 软件的对接。

学习目标

1. 掌握 Revit 与 Lumion 软件的对接。
2. 掌握 Lumion 软件的简单应用。
3. 能将 Revit 模型导入到 Lumion 中。
4. 会在 Lumion 中简单编辑 Revit 模型。

任务情境

Lumion 是一款建筑可视化的软件,它可以对建筑模型进行优化设计。Lumion 软件能对建筑模型进行进一步的场景设计、高质量的动画制作和导出外观效果图等操作。

相关知识

5.5.1 Lumion 软件简介

近年来, Act-3D 发布的建筑可视化软件 Lumion 已经更新到了 9.0,Lumion 的主要功能是制作电影特效和高质量的效果图,在建筑领域也有广泛的应用,特别是在规划和设计阶段,可以在很短的时间内提供质量很高的视频,并对场景进行模拟布置。

1)Lumion 的系统配置

安装 Lumion 要确保计算机满足最低系统要求。如果系统不能满足要求,在 Lumion 运行中或操作系统上可能会出现问题。请参照以下配置。

操作系统:64 位 win8sp1 或更高版本;

CPU 类型:i5、主频 3.6GHZ 或更高;

内存:16 GB 或更高;

显示分辨率:1 600×1 080 真彩色;

显卡:6 GB 现存或更高;

硬盘:安装 256 GB 或更高。

2)Lumion 支持的文件格式和素材库

Lumion 软件支持的导入文件格式包括 SKP、DAE、FBX、MAX、3DS、OBJ、DXF;支持的导出文件格式包括 TGA、DDS、PSD、JPG、BMP、HDR 和 PNG 图像等。在 Lumion 中有强大的素材库,这些素材库包括:6 种水形态、20 种 3D 人物、28 种地表、54 种建筑模型、71 种交通工具、84 种 2D 人物、94 种植物和树木、147 种 2D 动物、182 种家具以及一些 3D 植物和 3D 动物等。

3)Lumion 操作界面

启动 Lumion 后,系统会弹出"场景"对话框,如图 5.5-1 所示,在这个对话框中可以根据自己的需要进行选择,包括新建场景、输入范例、输入场景和读取场景及模型。

选择"新建场景"→"草地",系统会进入 Lumion 工作界面,如图 5.5-2 所示。在这个工作界面中,可以放置建筑模型、植物和家具等素材。

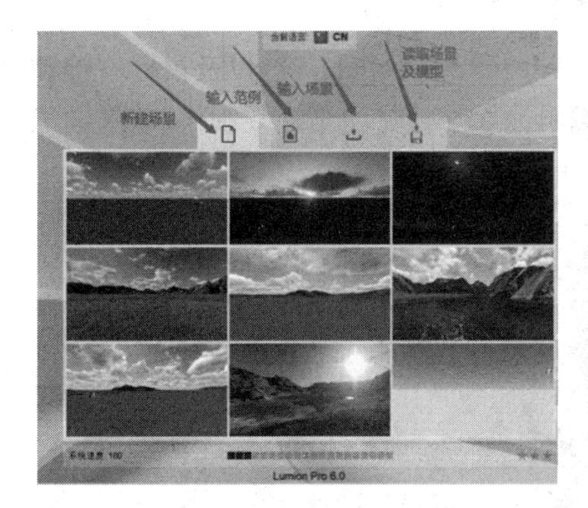

图 5.5-1　场景选择

图 5.5-2　工作界面

5.5.2　Revit 与 Lumion 数据对接

用 Revit 把建筑模型建模完成后,可以将这个模型导入到 Lumion 中,下面讲解导入的方法。

(1)打开 Revit 软件,切换至"Lumion"选项卡,如图 5.5-3 所示,然后单击![导出图标],系统会弹出"ver. 2.03"对话框,如图 5.5-4 所示。

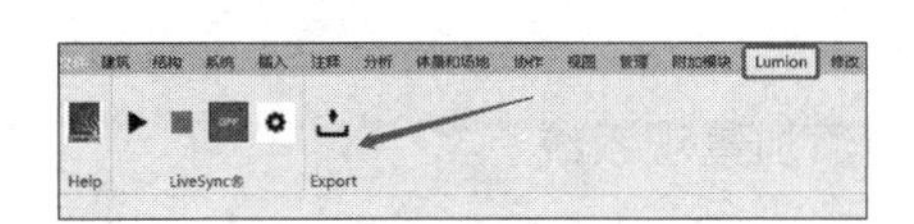

图 5.5-3　"Lumion"选项卡

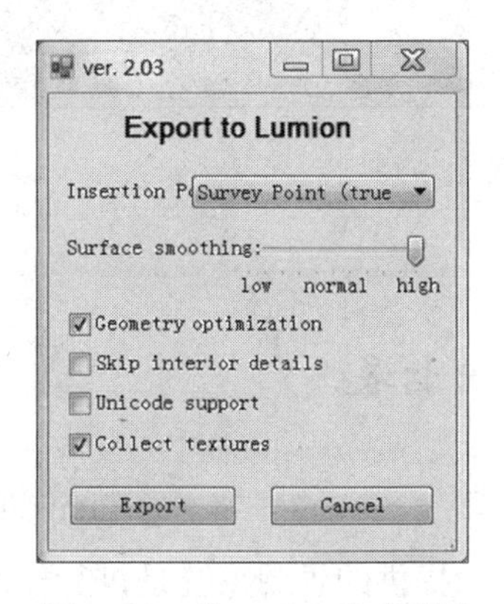

图 5.5-4　"ver. 2.03"对话框

在这个对话框中,可以选择插入的基准点、精度、优化和统一编码等,然后单击“Export”按钮,系统会弹出保存模型的对话框,将模型进行保存输出。

(2)打开 Lumion 软件,新建一个场景,选择“物体”→“导入”→“导入新模型”,如图 5.5-5 所示,将模型导入到 Lumion 中。

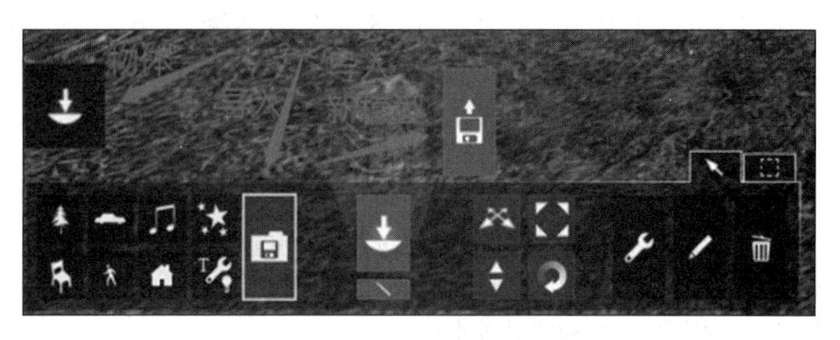

图 5.5-5　导入新模型步骤

(3)在 Lumion 的操作界面,可以配合键盘上的〈W〉、〈S〉、〈A〉、〈D〉键,以及鼠标右键和鼠标滚轮对模型进行查看,还可以对 Revit 模型进行编辑、赋予材质、动画视频制作、效果图渲染等操作。图 5.5-6 为导入的新模型。

图 5.5-6　新模型

知识拓展

Lumion 中添加景观系统

Lumion 中提供的景观系统是进行建筑物室外设计的重要工具,它包括高度、水、海洋、描绘、地形和草丛等系统。下面我们简单地介绍其中的高度和水系统。

(1)高度:高度中有五种功能分别是提升高度、降低高度、平整、起伏和平滑,笔刷是黄色圈,可以调整大小和笔刷速度,可以单击地面,来创建山坡、山谷、平整场地等,如图 5.5-7 所示。

图 5.5-7　"高度"系统

(2)水:在 Lumion 的景观系统中水有三种功能,分别是放置物体、删除物体和移动物体,可以先选择水的类型,总共有六种,通过按住鼠标左键并拖动来放置水的位置,也可以通过执行"删除物体"和"移动物体"命令来对水进行编辑,如图 5.5-8 所示。

图 5.5-8　"水"系统

技能训练

将三层别墅导入到 Lumion 中并进行简单的编辑

三层别墅模型建好后,利用 Lumion 这个 3D 可视化工具,可以进行室外场景设置和添加模型材质。下面介绍将三层别墅模型导入到 Lumion 中并添加材质。

1)导出三层别墅模型

利用 5.5.2 节知识,在 Revit 中,将三层别墅模型进行保存输出。保存文件名为“三层别墅”,如图 5.5-9 所示。

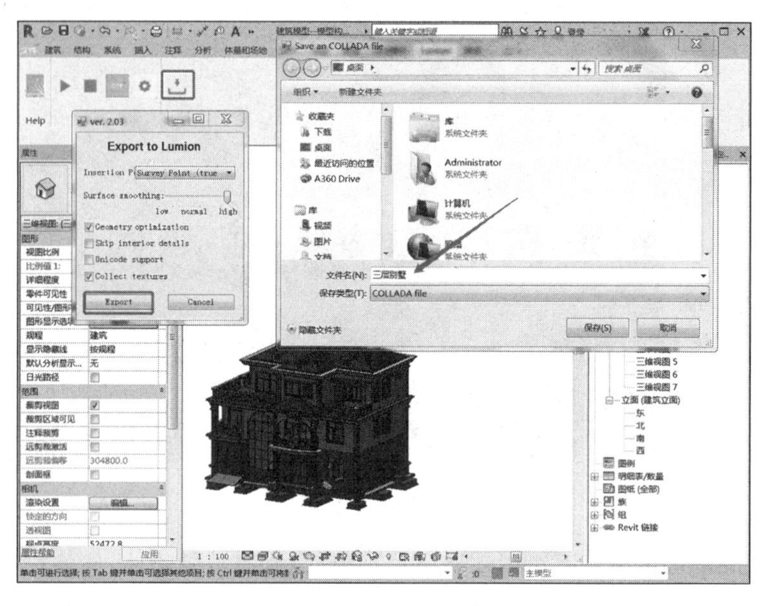

图 5.5-9　导出三层别墅

2)导入三层别墅模型

启动 Lumion 软件,新建一个草地场景,选择“物体”→“导入”→“导入新模型”,将三层别墅模型导入到 Lumion 中,如图 5.5-10 所示。

图 5.5-10　导入三层别墅

3)给三层别墅添加外部材质

(1)在 Lumion 中,选择 “材质”系统,然后将鼠标移至三层别墅上需要添加材质的位置单击,系统会弹出“材质库”对话框,如图 5.5-11 所示。在这个对话框中选择需要的材质。

图 5.5-11　“材质库”对话框

(2)利用上述方法对三层别墅的外部进行材质添加,添加完成后如图 5.5-12 所示。

图 5.5-12　对三层别墅添加材质

项目 6 创建族与体量

任务 6.1 创建族

任务导入

在结构建模和建筑建模时，都使用到了族。族是 Revit 中基本的元素，通过族可以更轻松地对项目模型进行修改和数据的管理。族是用 Revit 进行项目建模的灵魂。项目模型中的族有的是系统提供的，有的是通过创建得到的。本次任务讲解族的制作。

学习目标

1. 掌握族的基本概念。
2. 掌握族的相关术语。
3. 能够创建一般的注释族。
4. 能够创建常用的模型族。

任务情境

创建建筑模型时，墙体、楼板、结构柱、基础等基本图元都是系统提供的，无须自己绘制，这是因为 Revit 在系统里提供了这些图元的族文件，在创建模型时直接载入就可以应用。而有一些图元，系统没有为我们提供，如一些特殊门窗、变截面柱和建筑构件等，这就需要我们根据这些图元的形状、属性等性质，来进行族文件的制作。

相关知识

6.1.1 族

族是组成基本建筑图元的构件，同时也是带有参数信息的载体。

族大致可以分为三类：系统族、内建族和可载入族。

注释族和模型族作为可载入族，被载入到项目中，从一个项目传递到另一个项目，而且如果需要还可以保存到自己创建的族库中。

6.1.2　创建注释族

注释族是用来表示建筑图元的注释文件，它可以自动创建建筑图元的注释标记，被载入到项目中后，标签文字的字体高度会随项目视图比例变化而变化。这里以窗标记为例，来说明创建注释族的一般过程。

1)选择族样板

选择“文件”→“新建”→“族”，弹出“新族-选择样板文件”对话框，在该对话框中，打开“注释”文件夹中的 “公制窗标记”，如图 6.1-1 所示。

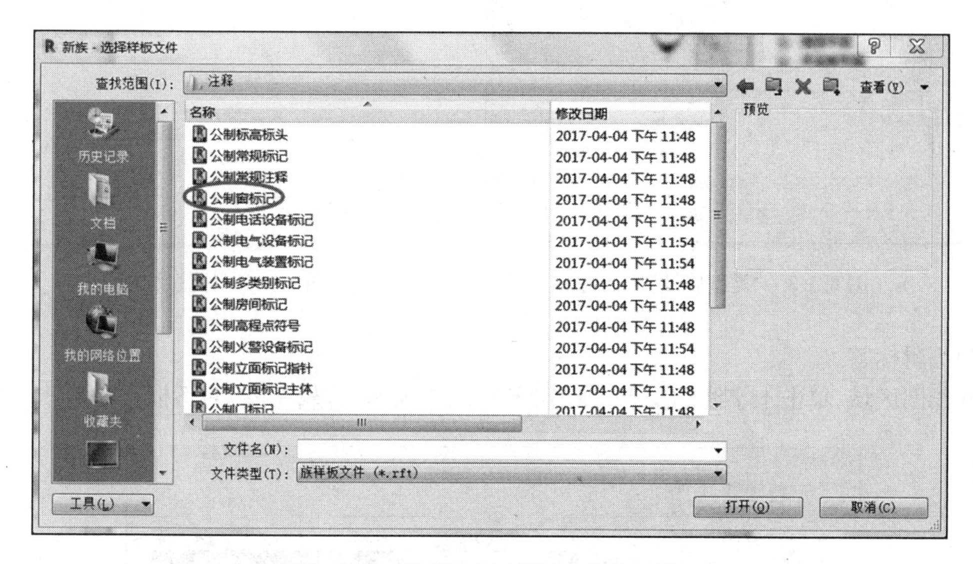

图 6.1-1　“新族-选择样板文件”对话框

2)设置标签格式

(1)在“公制窗标记”界面，选择“创建”→“文字”→“标签”，激活“修改|放置 标签”选项卡，如图 6.1-2 所示。

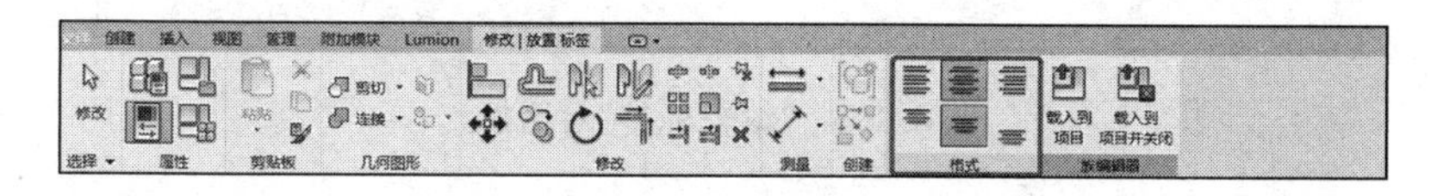

图 6.1-2　“修改|放置 标签”选项卡

(2)在“格式”面板中，调整文字的对齐方式，这里选择水平对齐和垂直对齐均为居中。

3)设置标签类型属性

在“修改|放置 标签”选项卡中，单击“属性”选项板中 编辑类型 ，打开“类型属性”对话框，如图 6.1-3 所示。

(1)单击“复制”按钮，创建一个新注释族类别。

(2)颜色：选择标签的颜色。

(3)文字字体：选择标签文字的字体样式。

(4)文字大小：选择标签文字的字体大小。

(5)标签尺寸：如图 6.1-4 所示，为标签矩形框的大小。

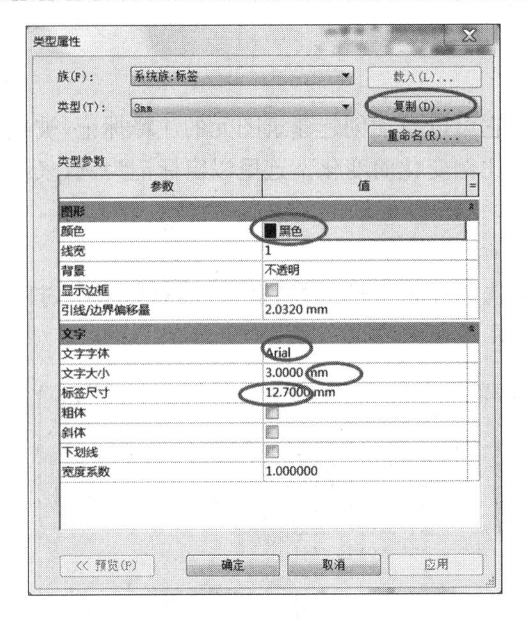

图 6.1-3　“类型属性”对话框

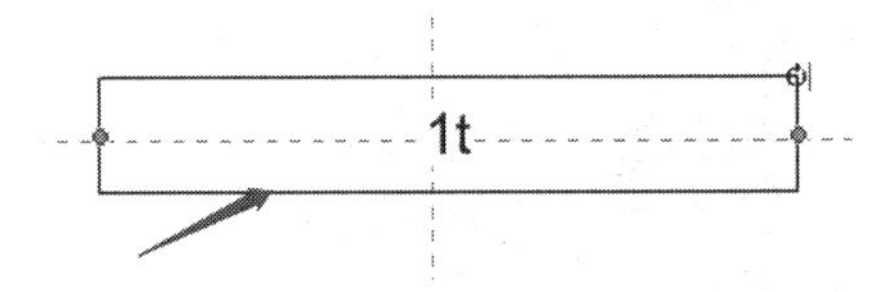

图 6.1-4　标签尺寸

4)编辑标签

在绘图区域,单击十字线的交点,弹出如图 6.1-5 所示“编辑标签”对话框。

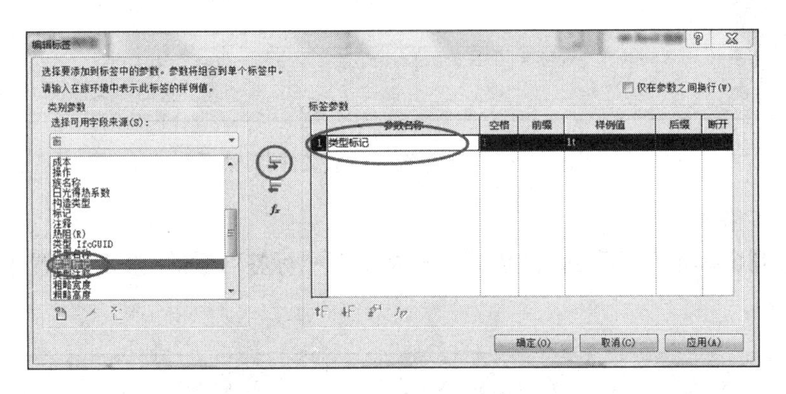

图 6.1-5　“编辑标签”对话框

在左侧类别参数列表中,显示系统中默认的所有参数信息,选择“类型标记”参数,然后单击“将参数添加到标签”按钮,将参数添加到右侧的“标签参数”列表中。

5) 载入到项目

在创建族界面,选择“修改”→“族编辑器”→“载入到项目”,标签族自动载入到当前项目中,系统回到项目模型状态。

如果选择“修改”→“族编辑器”→“载入到项目并关闭”,则打开“载入到项目中”对话框,在对话框中选择要载入的项目,单击“确定”按钮,系统提示你是否保存当前标签族,无论保存还是不保存,标签族都自动载入到你选择的项目中,系统回到项目模型状态。

6)保存为可载入族

在创建族界面,选择“文件”→“另存为”→“族”,在打开的“另存为”对话框中选择文件路径、文件名,单击“确定”按钮,则将当前标签族保存为可载入族。

6.1.3　创建模型族

创建模型时，有许多很独特的构件，系统提供的族文件有限，需要结合项目实际情况建立相应的族文件。下面讲解创建模型族。

1)选择族样板文件

选择“文件”→“新建”→“族”，弹出“新族-选择样板文件”对话框，在其中选择样板文件，如图 6.1-6 所示。

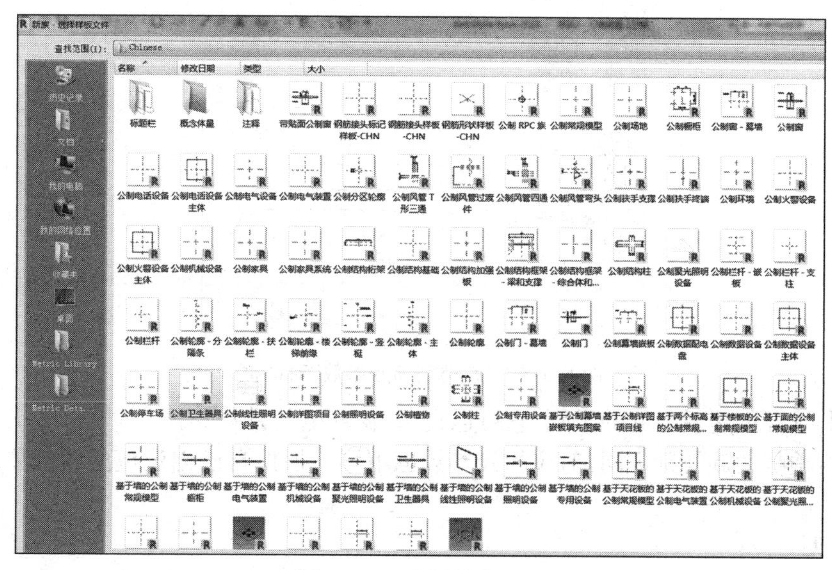

图 6.1-6　选择样板文件

在该对话框中，样板文件可以分为以下四种类型。

(1)基于主体的族样板文件，包括基于公制专用设备常规模型、基于墙的公制常规模型和基于天花板的公制常规模型等，用这种样板文件创建的族，必须依附于某一个建筑主体之上。当放置这种族时，在项目中要有这种主体的存在，如打开一个基于墙的公制卫生器具样板文件，如图 6.1-7 所示。在这个样板文件中，已经提供了一个主体墙和一些必要的族参数信息。

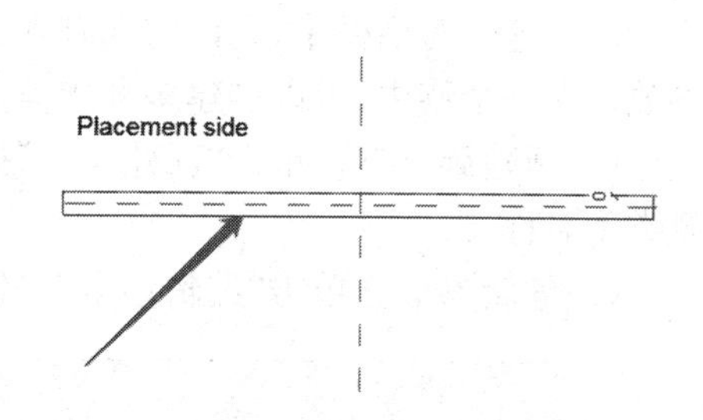

图 6.1-7　基于墙的公制卫生器具样板文件

(2)基于线的族样板文件，包括基于线的公制常规模型、基于公制详图项目线和基于线的公制结构加强板，这些样板文件可以用于创建一些三维实体的构件族。

(3)基于面的族样板文件，运用这种样板文件创建的族必须依附于某一个面上，不能单独放置，它的这些面可以是天花板、楼板、室外地面和墙面，它主要包括基于面的公制常规模型。

(4)单独样板文件，单独样板文件主要用来创建不依赖于主体、面和线的族，它可以单独放置在需要的项目中，主要包括一些三维实体族和公制常规模型等。

2)族类别和族参数

在创建族文件状态下，选择“创建”→“属性”→“族类别、族参数”，弹出“族类别和族参数”对话框，如图 6.1-8 所示。

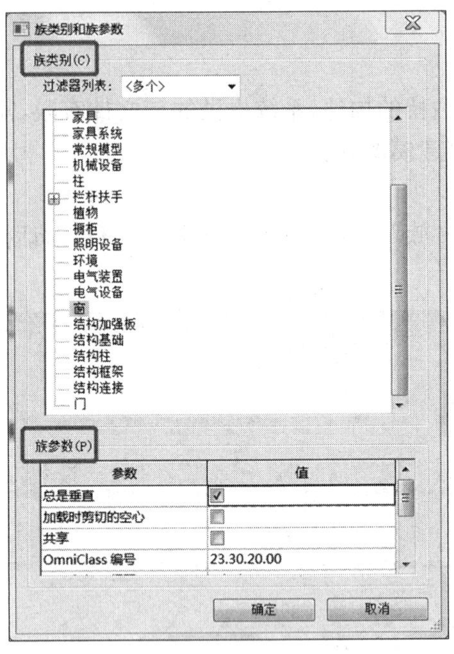

图 6.1-8　“族类别和族参数”对话框

族类别:选择创建模型族的类别,它可以是门、窗和电气设备等。

族参数:选择的族类别不同,对应的族参数也不同。根据自己创建模型族的要求,来选择族参数。

3)族类型

在创建族文件状态下,选择“创建”→“属性”→“族类型”,会弹出“族类型”对话框,如图 6.1-9 所示。在这个对话框中,允许为现有族类型输入参数值,将参数添加到族中,或者创建新的族参数。在一个族中,可以创建多种族类型,其中每种类型均表示族中不同的大小和变化。

(1)新建族类型。单击“新建类型”按钮,可以创建一个新的族类型,也可以修改现有的族类型名称。

(2)编辑参数。单击“编辑参数”按钮,弹出图 6.1-10 所示“参数属性”对话框。

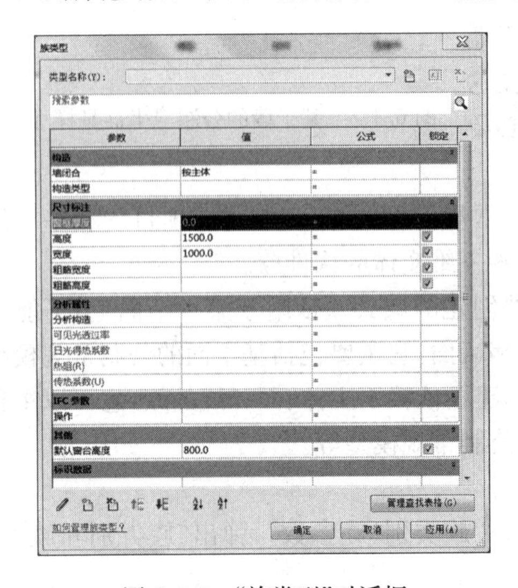

图 6.1-9　“族类型”对话框

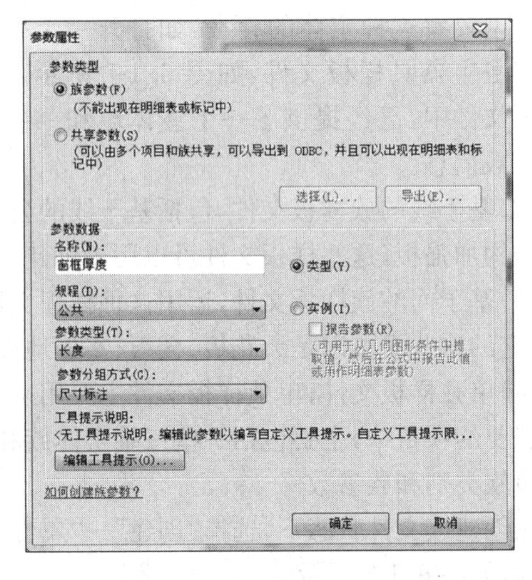

图 6.1-10　“参数属性”对话框

在该对话框中，参数类型包括族参数和共享参数；参数数据包括名称、规程、参数类型和参数分组方式。在编辑这些参数属性时要根据所创建的族类型进行编辑。

4)参照平面

参照平面是绘制族模型的重要工具，在参照平面上可以锁定实体，并且由参照平面驱动实体，参照平面的使用贯穿绘制族模型的始终。

(1)绘制参照平面。选择“创建”→“基准”→“参照平面”，激活选“修改|放置 参照平面”选项卡，如图 6.1-11 所示。

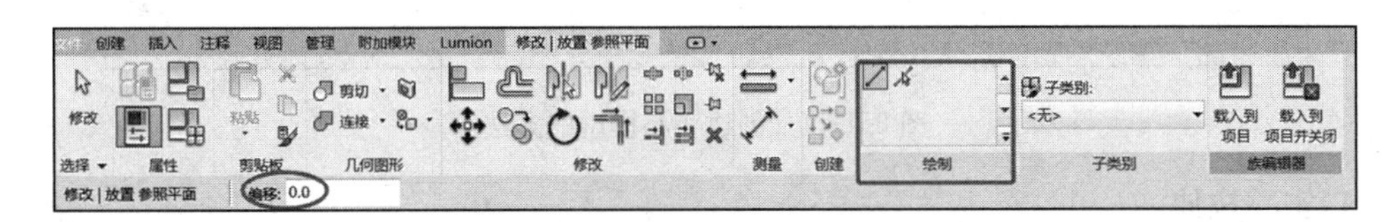

图 6.1-11　“修改|放置 参照平面”选项卡

绘制参照平面有两种方法，一种是通过直线的命令进行绘制；另一种是通过拾取线的方法进行绘制。

(2)“参照平面属性”选项板。系统在激活选“修改|放置 参照平面”选项卡的同时，也激活了“参照平面属性”选项板。

在该选项板中，最重要的是“参照”，它由非参照、强参照和弱参照等选项组成，主要用来表达参照平面参照的优先级别以及参照平面如何在项目中起作用。

5)工作平面

在 Revit 制作族工程中有一个很重要的概念就是工作平面。工作平面是一个用作视图或绘制图元起始位置的虚拟二维表面。当执行某些绘图操作以及在某些视图中启用命令时都会用到工作平面。

(1)设置工作平面。在创建族文件状态下，选择“创建”→“工作平面”→“设置”，弹出如图 6.1-12 所示的“工作平面”对话框。

在该对话框中指定新的工作平面的方法有三种：一是“名称”，“名称”中包括被命名过的参照平面和曾经设置过的工作平面等；二是“拾取一个平面”，可以拾取的对象包括标高线和参照平面等；三是“拾取线并使用绘制该线的工作平面”。

(2)显示工作平面。选择“创建”→“工作平面”→“显示”，可以将隐藏的工作平面打开，如图 6.1-13 所示。

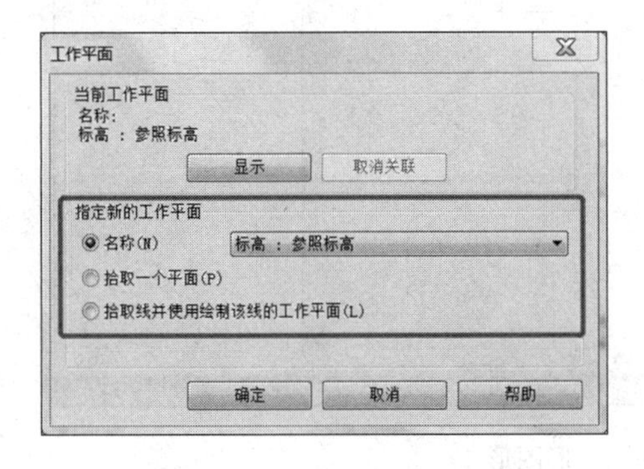

图 6.1-12　“工作平面”对话框

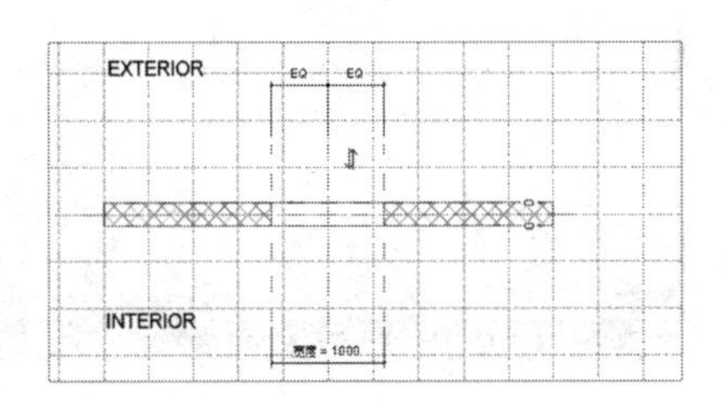

图 6.1-13　显示工作平面

6)创建实心模型族

选择“文件”→“新建”→“族”，在弹出的“新族-选择样板文件”对话框中，选择“公制常规模型”，进入创建族文件界面。

在创建族文件界面，选择“创建”→“形状”，有五种创建实心模型的方法，分别是拉伸、融合、旋转、放样和放样融合，如图 6.1-14 所示。

图 6.1-14　创建实心模型的方法

(1)实心拉伸。

通过拉伸封闭二维形状(轮廓)来创建三维实心形状，绘制的二维形状可以由直线组成，也可以由圆弧或曲线组成。

①选择“创建”→“形状”→“拉伸”，激活“修改|创建拉伸”选项卡，如图 6.1-15 所示。

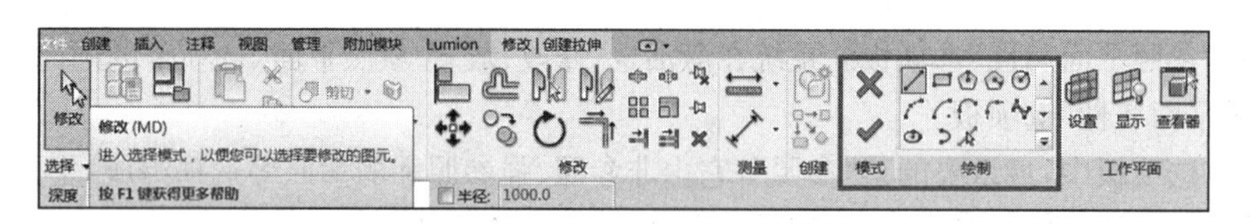

图 6.1-15　创建拉伸

②在“修改|创建拉伸”选项卡中，用“线”工具绘制一个 T 形二维图形，如图 6.1-16 所示。

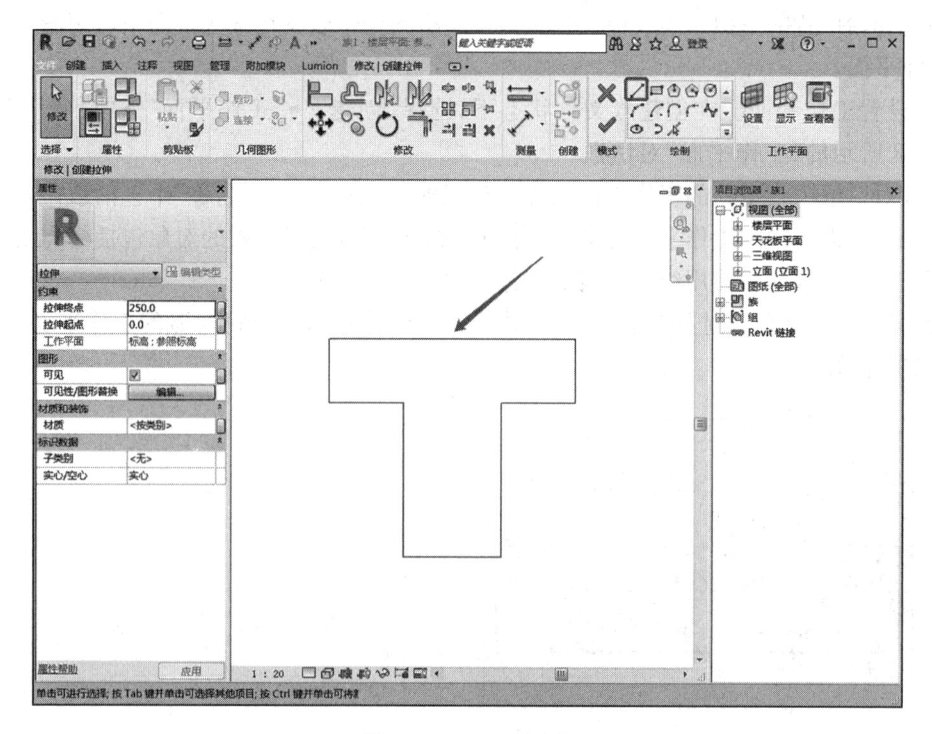

图 6.1-16　T 形图形

③通过调整图 6.1-16 中的“属性”选项板中的“拉伸终点”和“拉伸起点”来确定这个形体的高度。

④单击模式下的“完成编辑模式”按钮✔，完成 T 形实体的创建，如图 6.1-17 所示。

图 6.1-17　T 形拉伸实体

(2)实心融合。

融合分别在两个平行平面上的两个闭合的二维图形“轮廓”，三维实体的形状将沿某一个方向进行变化，从起始形状融合到最终形状。

①选择“创建”→“形状”→“融合”，激活选“修改|创建融合底部边界”选项卡，如图 6.1-18 所示。

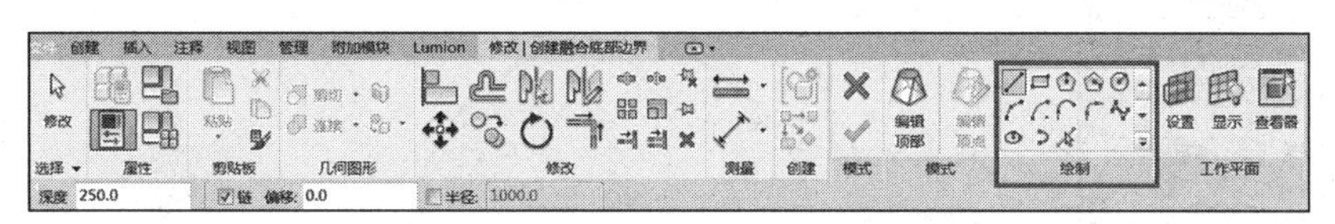

图 6.1-18　创建融合-编辑底部边界

②在“修改|创建融合底部边界”选项卡中，用“内接多边形”工具绘制一个正六边形作为底面，可以在“属性”选项板中调节“第一端点”和“第二端点”来确定融合体的高度，如图 6.1-19 所示。

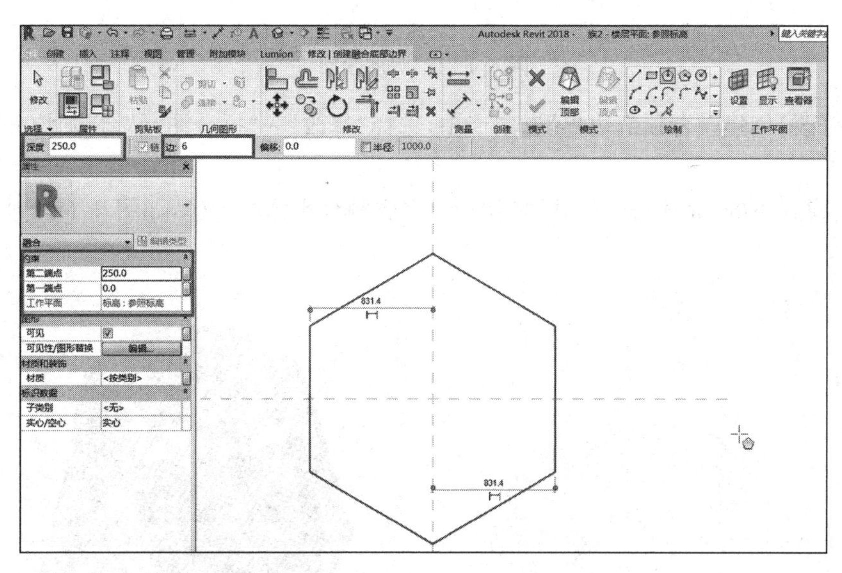

图 6.1-19　正六边形底面

③在“修改|创建融合底部边界”选项卡中，选择“模式”→“编辑顶部”，激活选“修改|创建融合顶部边界”选项卡，如图 6.1-20 所示。

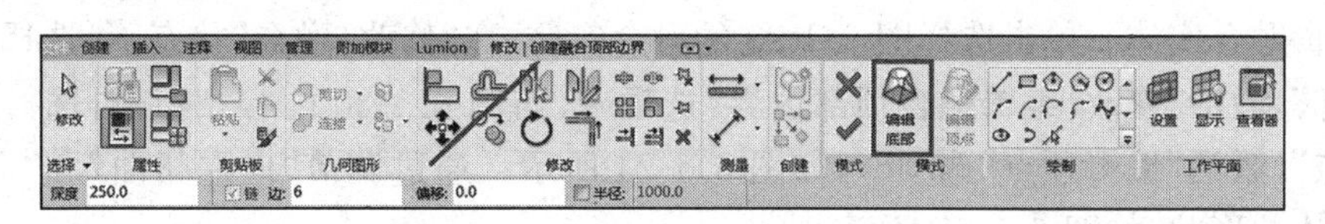

图 6.1-20　创建融合-编辑顶部边界

④在“修改|创建融合顶部边界”选项卡中,用“圆形”工具绘制一个圆作为顶面,如图 6.1-21 所示。

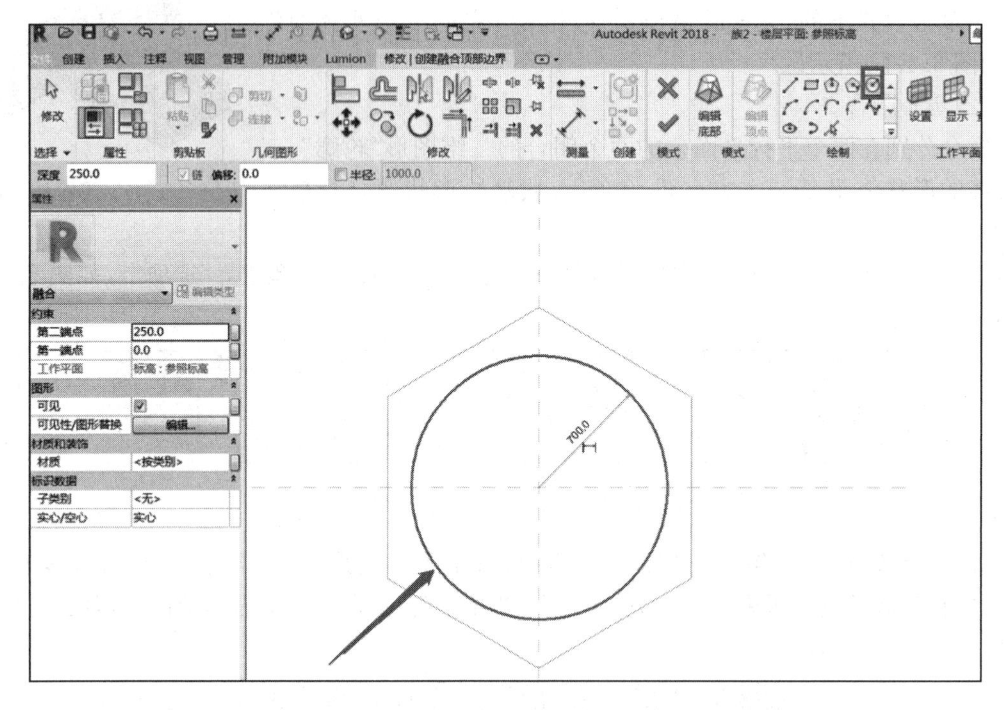

图 6.1-21　圆形顶面

⑤在“修改|创建融合顶部边界”选项卡中,选择“修改”→“拆分图元”,将圆均分为六段,如图 6.1-22 所示。

⑥单击模式下的“完成编辑模式”按钮✔,完成融合实体的创建,如图 6.1-23 所示。

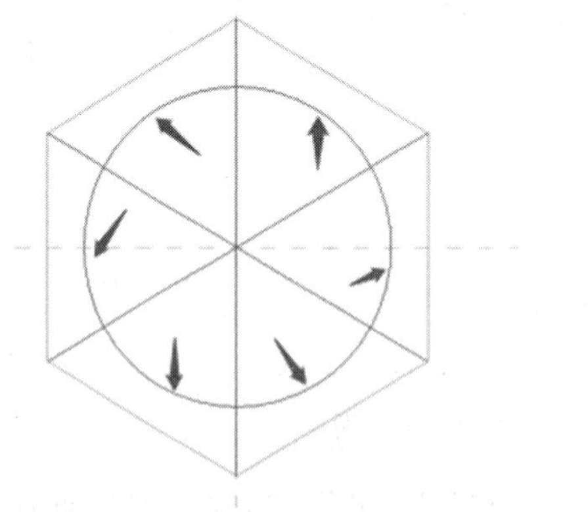

图 6.1-22　将圆均分为六段

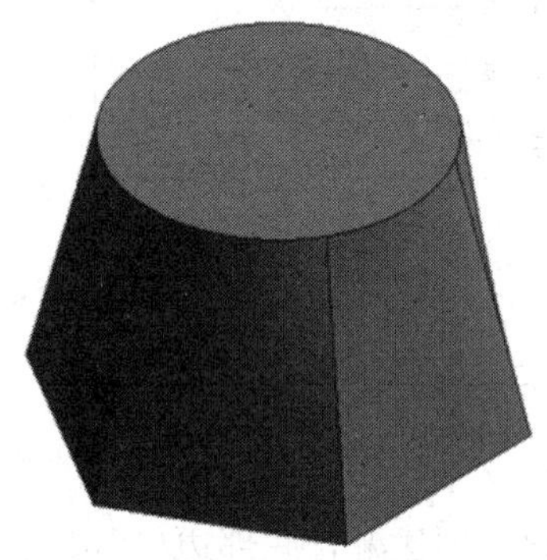

图 6.1-23　融合实体

⑦编辑融合实体。单击选择图 6.1-23 的融合实体,在“修改|融合”状态下,选择“模式”→“编辑顶部”,激活“修改|编辑融合顶部边界”选项卡,与图 6.1-20 内容相似,再选择“模式”→“编辑顶点”,激活“编辑顶点”选项卡,如图 6.1-24 所示。通过调节“向左扭曲”和“向右扭曲”来改变实体的形状,如图 6.1-25 所示。

图 6.1-24　“编辑顶点”选项卡

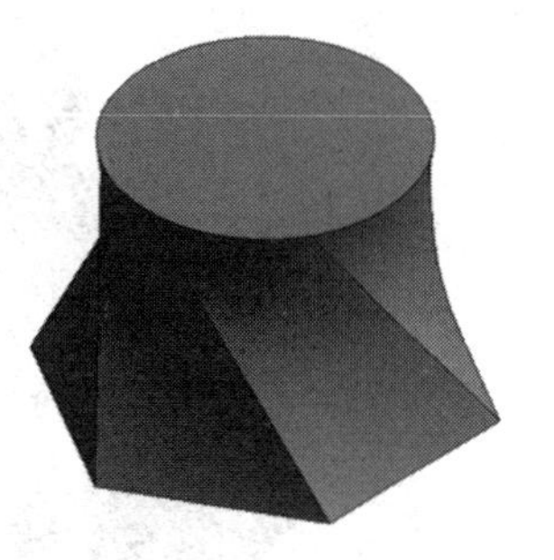

图 6.1-25　编辑融合实体

(3)实心旋转。

通过绘制轴和二维轮廓来创建三维形体。这个轮廓必须是一个封闭的轮廓,绕轴旋转时可以指定旋转的角度。

①选择“创建”→“形状”→“旋转”,激活“修改|创建旋转”选项卡,如图 6.1-26 所示。

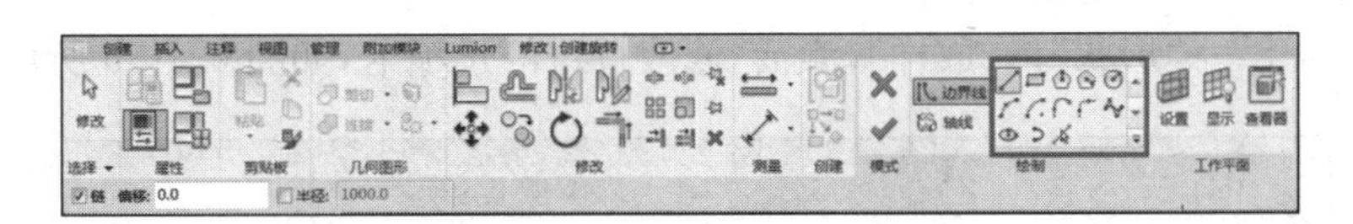

图 6.1-26　创建旋转

②在“修改|创建旋转”选项卡中,用“线”工具绘制一个封闭的折线作为边界线,然后再绘制一条轴线,如图 6.1-27 所示。

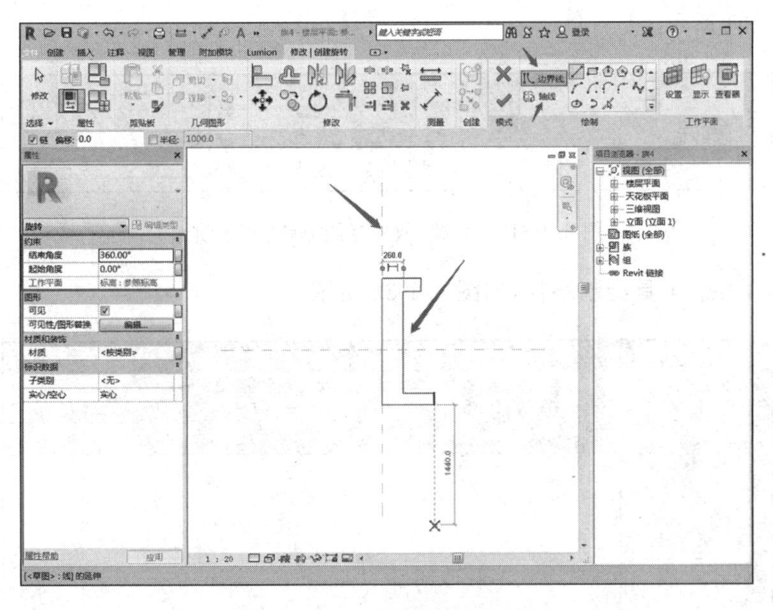

图 6.1-27　绘制轮廓和轴线

③单击模式下的“完成编辑模式”按钮✔,完成这个旋转实体的创建,如图 6.1-28 所示。

④编辑旋转实体。单击选择图 6.1-28 的旋转实体,在“修改|旋转”状态下,选择“模式”→“编辑旋转”,激活“修改|旋转>编辑旋转”选项卡,与图 6.1-26 内容相似。在“属性”选项板中将“结束角度”改为 270,可以来改变实体的形状,结果如图 6.1-29 所示。

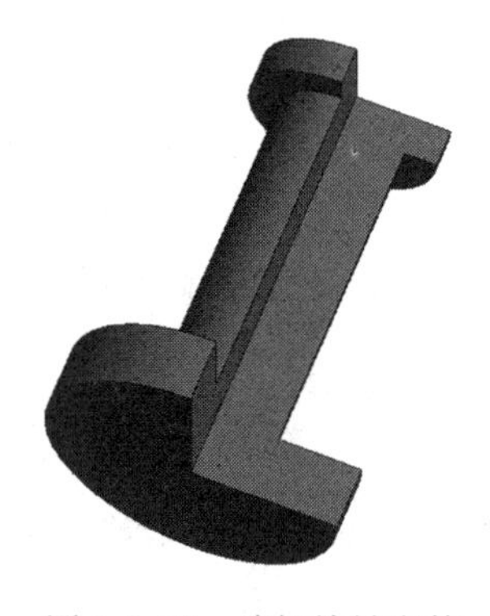

图 6.1-28　旋转实体　　　　图 6.1-29　编辑旋转实体

(4)实心放样。

在垂直路径的平面上绘制封闭的轮廓图形,轮廓图形沿着路径移动就形成了放样实体。路径可以是直线,也可以是曲线。

①选择“创建”→“形状”→“放样”,激活“修改|放样”选项卡,如图 6.1-30 所示。

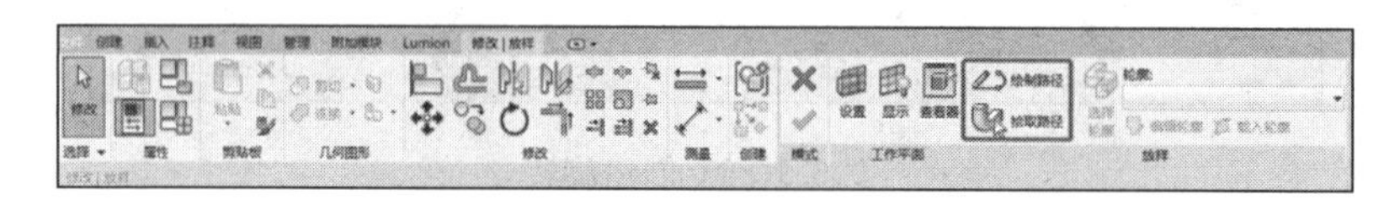

图 6.1-30　创建放样

②在“修改|放样”选项卡中,选择“放样”→“绘制路径”,激活 “修改|放样>绘制路径”选项卡,如图 6.1-31 所示。

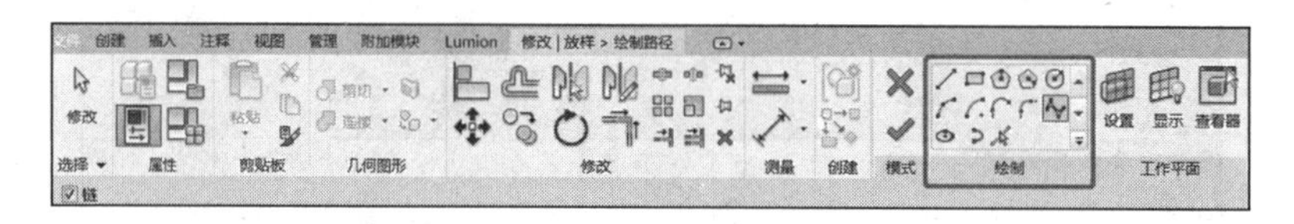

图 6.1-31　“修改|放样>绘制路径”选项卡

③用“样条曲线”工具绘制路径,如图 6.1-32 所示。

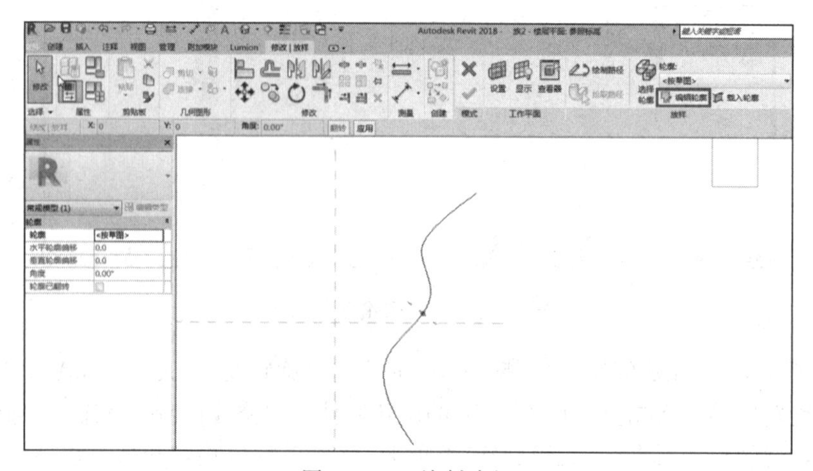

图 6.1-32　绘制路径

④单击模式下的“完成编辑模式”按钮✔，系统回到“修改|放样”选项卡，选择“放样”→“编辑轮廓”，弹出“转到视图”对话框，如图 6.1-33 所示。

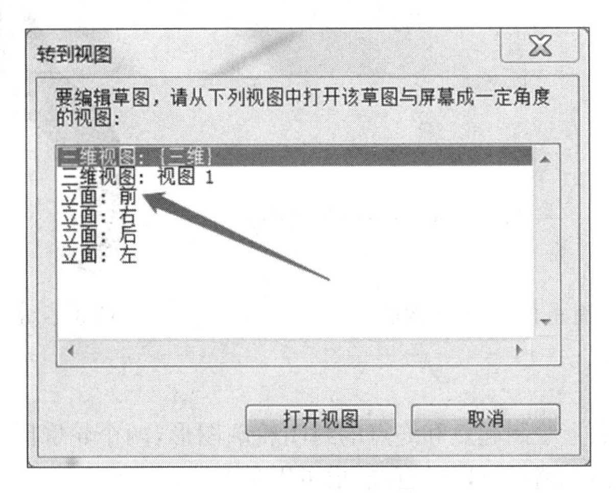

图 6.1-33　“转到视图”对话框

⑤在“转到视图”对话框中选择“立面:前”选项，然后单击“打开视图”按钮，系统会切换到图 6.1-34 所示的视图。

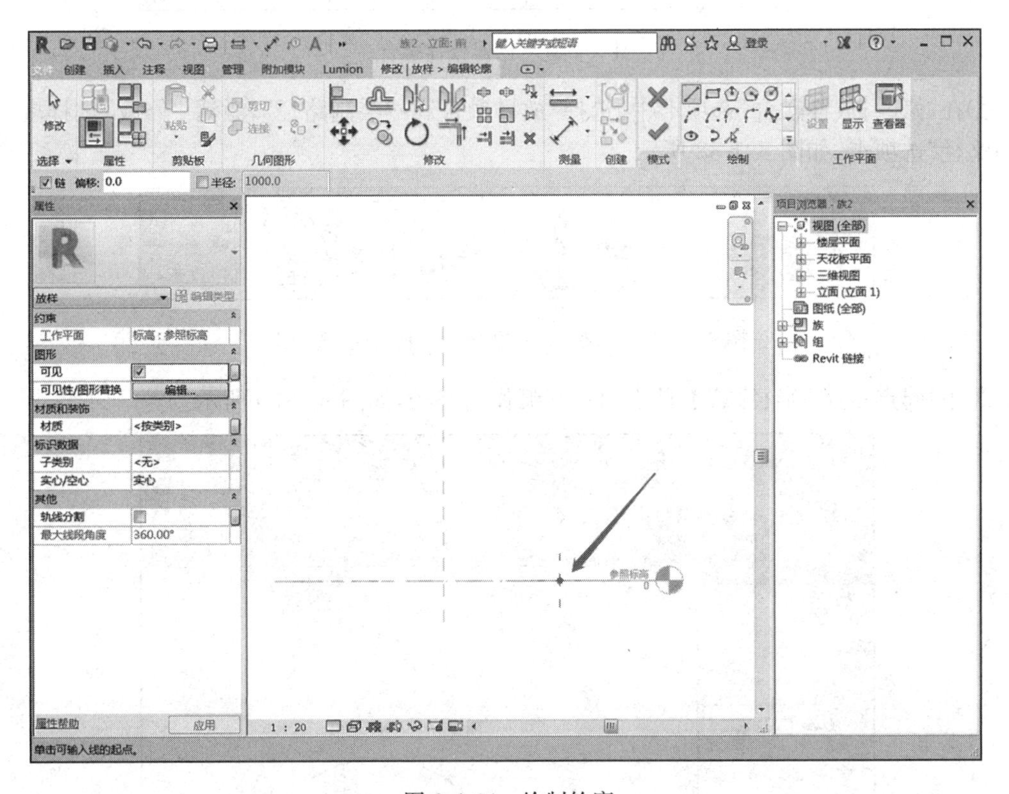

图 6.1-34　绘制轮廓

⑥在图 6.1-34 中绘制轮廓为一个圆，如图 6.1-35 所示，单击模式下的“完成编辑模式”按钮✔，结果如图 6.1-36 所示。

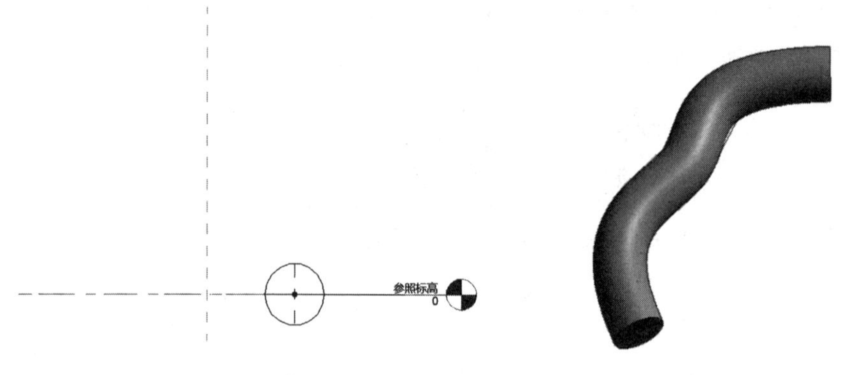

图 6.1-35　轮廓图形　　　　图 6.1-36　放样实体

(5)实心放样融合。

在垂直路径的平面上绘制起点和终点的封闭轮廓图形,两个轮廓图形沿着路径自动融合就形成了放样融合实体。路径可以是直线,也可以是曲线。

①选择"创建"→"形状"→"放样融合",激活"修改|放样融合"选项卡,如图 6.1-37 所示。

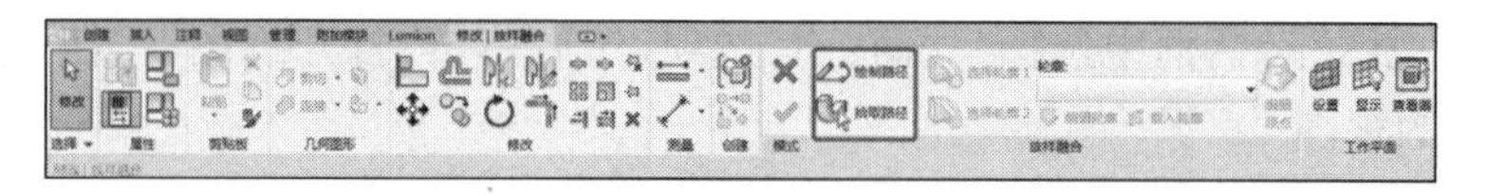

图 6.1-37　创建放样融合

②在"修改|放样融合"选项卡中,选择"放样融合"→"绘制路径",激活 "修改|放样融合>绘制路径"选项卡,如图 6.1-38 所示。

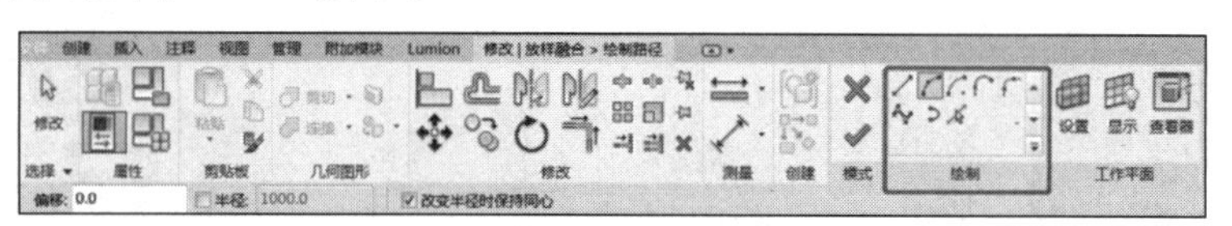

图 6.1-38　"修改|放样融合>绘制路径"选项卡

③用"起点-终点-半径弧"工具绘制一圆弧作为路径,如图 6.1-39 所示。

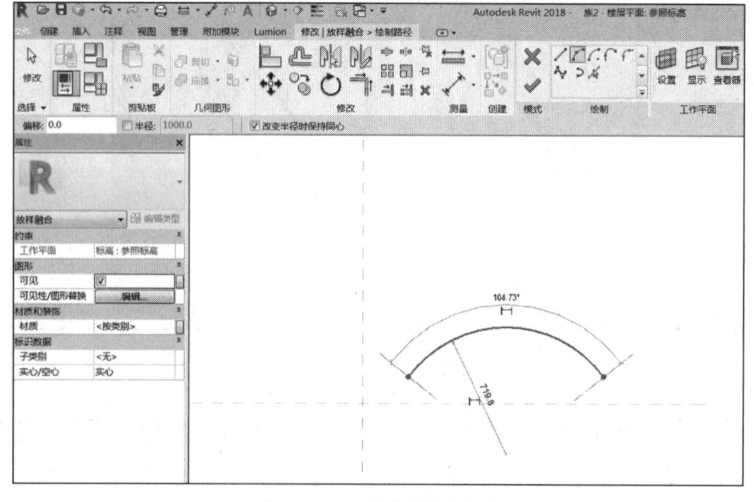

图 6.1-39　绘制圆弧路径

④单击模式下的“完成编辑模式”按钮✔,系统回到“修改|放样融合”选项卡。

⑤切换到前立面视图,选择“放样融合”→“选择轮廓 1”,接着再选择“放样融合”→“编辑轮廓”,激活“修改|放样融合＞编辑轮廓”选项卡,如图 6.1-40 所示,用“矩形”工具绘制轮廓 1。

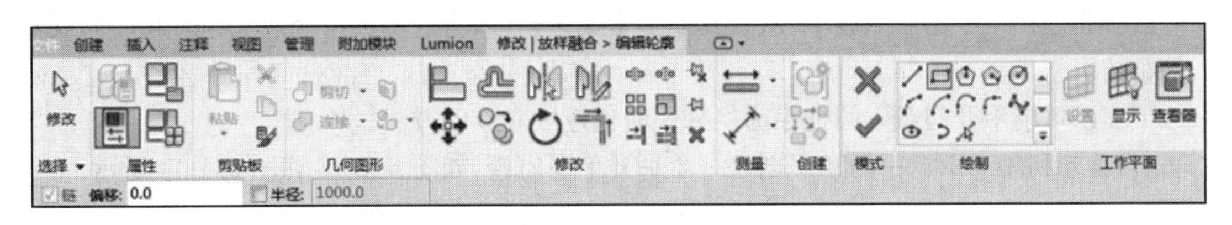

图 6.1-40　“修改|放样融合＞编辑轮廓”选项卡

⑥单击模式下的“完成编辑模式”按钮✔,系统回到“修改|放样融合”选项卡,接着再选择“放样融合”→“选择轮廓 2”,最后再选择“放样融合”→“编辑轮廓”,系统回到“修改|放样融合＞编辑轮廓”选项卡,用“矩形”工具绘制轮廓 2,如图 6.1-41 所示。

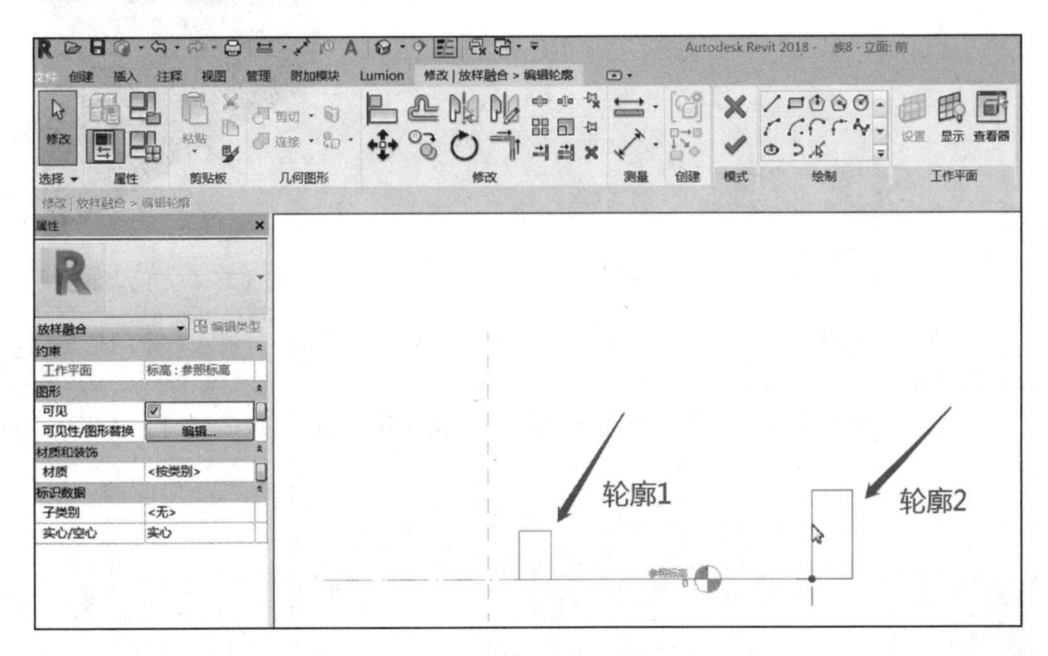

图 6.1-41　绘制轮廓 1 和轮廓 2

⑦单击模式下的“完成编辑模式”按钮✔,结果如图 6.1-42 所示。

7)创建空心形状模型族

在创建族文件状态下,创建空心形状模型有五种方式,分别是空心拉伸、空心融合、空心旋转、空心放样和空心放样融合。由于空心形状模型的命令使用方法与实心形状模型的命令使用方法相同,这里就不一一介绍了。

图 6.1-42　放样融合实体

知识拓展

创建嵌套族

嵌套族是在一个已有的族中，载入其他一个或多个族，将这些族组合嵌套到一起而形成一个复杂的族。

下面以单扇平开门载入门把手为例来说明创建嵌套族的方法。

(1)首先利用 6.1.3 中的知识创建一个平开单扇门族，如图 6.1-43 和图 6.1-44 所示。

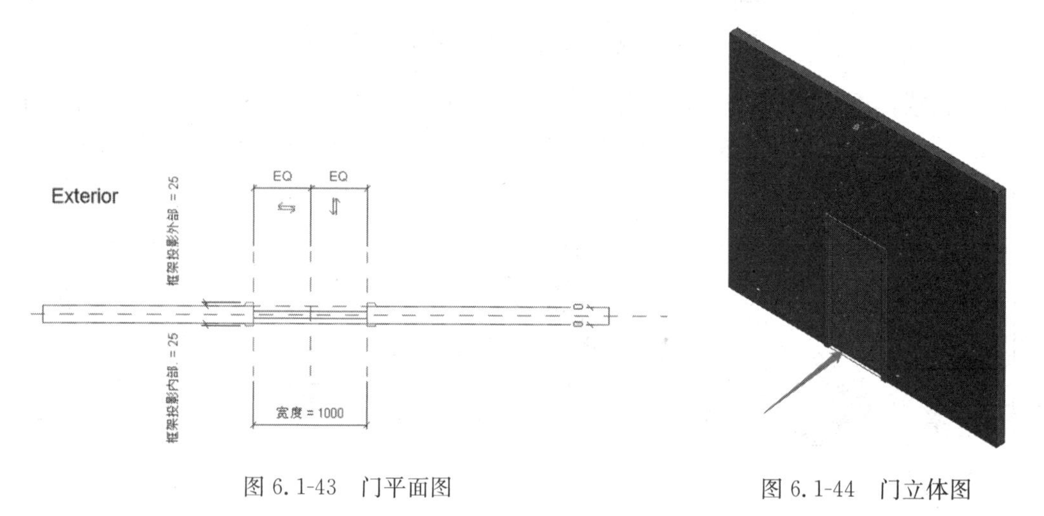

图 6.1-43　门平面图　　图 6.1-44　门立体图

(2)在创建族文件状态下，选择“插入”→“从库中载入”→“载入族”，载入一个门把手族，如图 6.1-45 所示。

(3)在创建族文件状态下，选择“创建”→“模型”→“构件”，将门把手族放到门上，如图 6.1-46 所示。

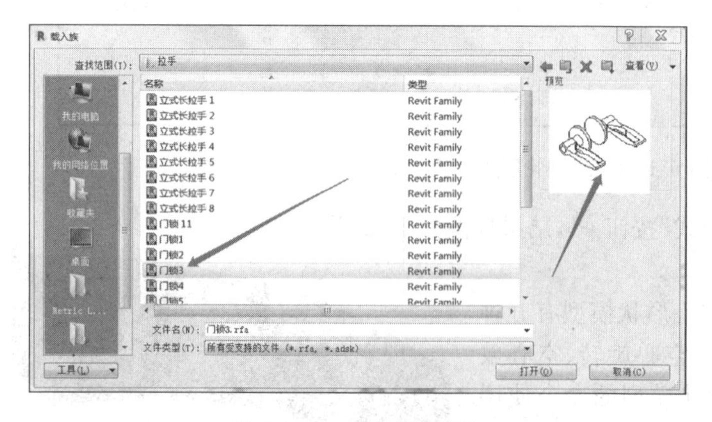

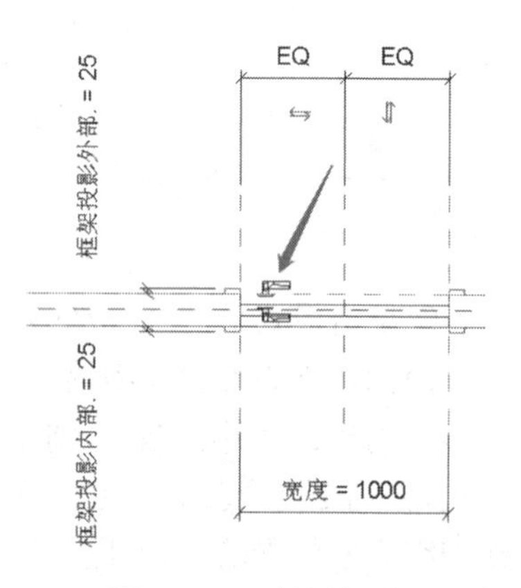

图 6.1-45　载入门把手族　　图 6.1-46　放置把手

(4)关联尺寸。

①选择门把手，在“属性”选项板单击“编辑类型”按钮，打开“类型属性”对话框，如图 6.1-47 所示。

②在“类型属性”对话框中，选择“嵌板厚度”→“关联族参数”，在弹出的“关联族参数”对话框中，选择门板厚度，如图 6.1-48 所示。

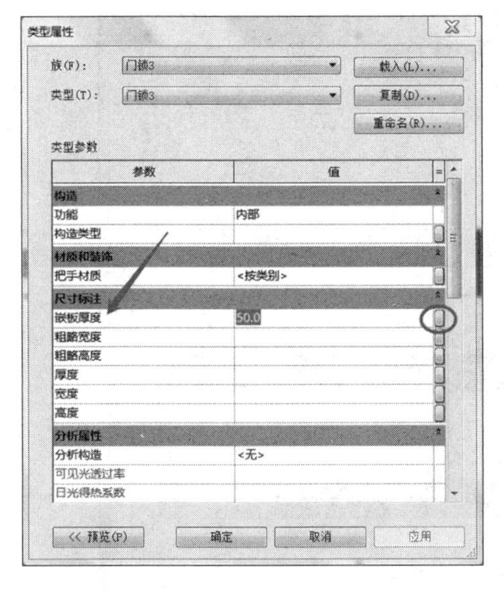

图 6.1-47　“类型属性”对话框

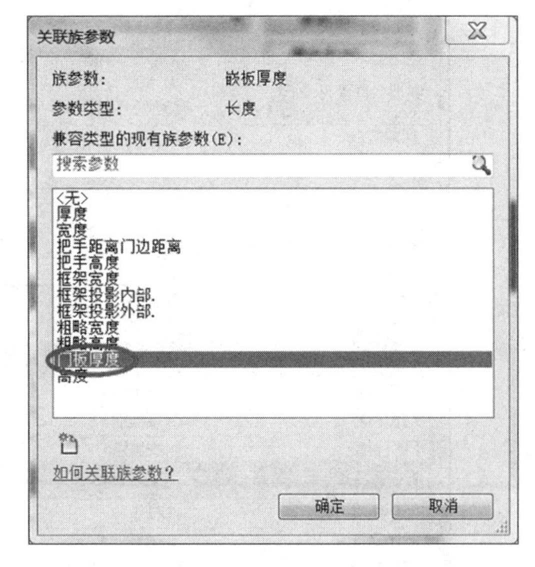

图 6.1-48　“关联族参数”对话框

(5)选择“修改”→“修改”→“对齐”，将门把手与门板对齐。

(6)切换至内部立面视图，调整门把手位置，并将位置参数与门参数关联，如图 6.1-49 所示。

(7)关联把手材质。

①选择门把手，在“属性”选项板单击“编辑类型”按钮，打开“类型属性”对话框，如图 6.1-47 所示。

②在“类型属性”对话框中，选择“把手材质”→“关联族参数”，在弹出的“关联族参数”对话框中，选择把手材质，如图 6.1-50 所示。

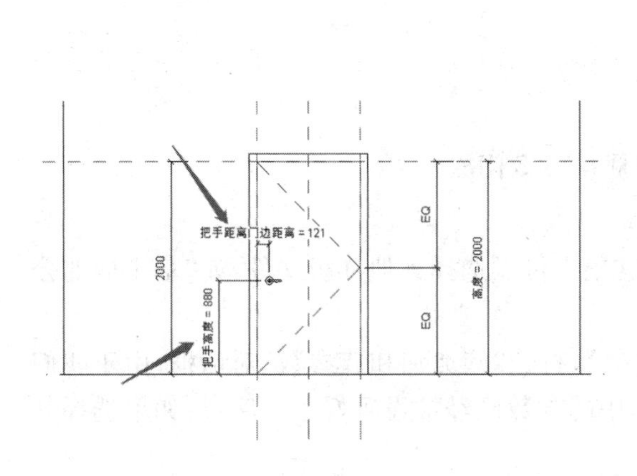

图 6.1-49　关联把手位置参数

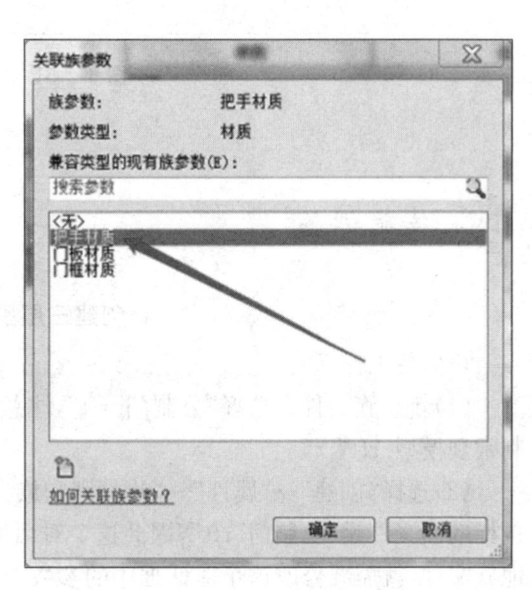

图 6.1-50　关联把手材质参数

(8)选择“创建”→“属性”→“族类型”，在“族类型”对话框中，如图 6.1-51 所示，可以修改关联的参数，以检验把手参数是否关联到了单扇门上。

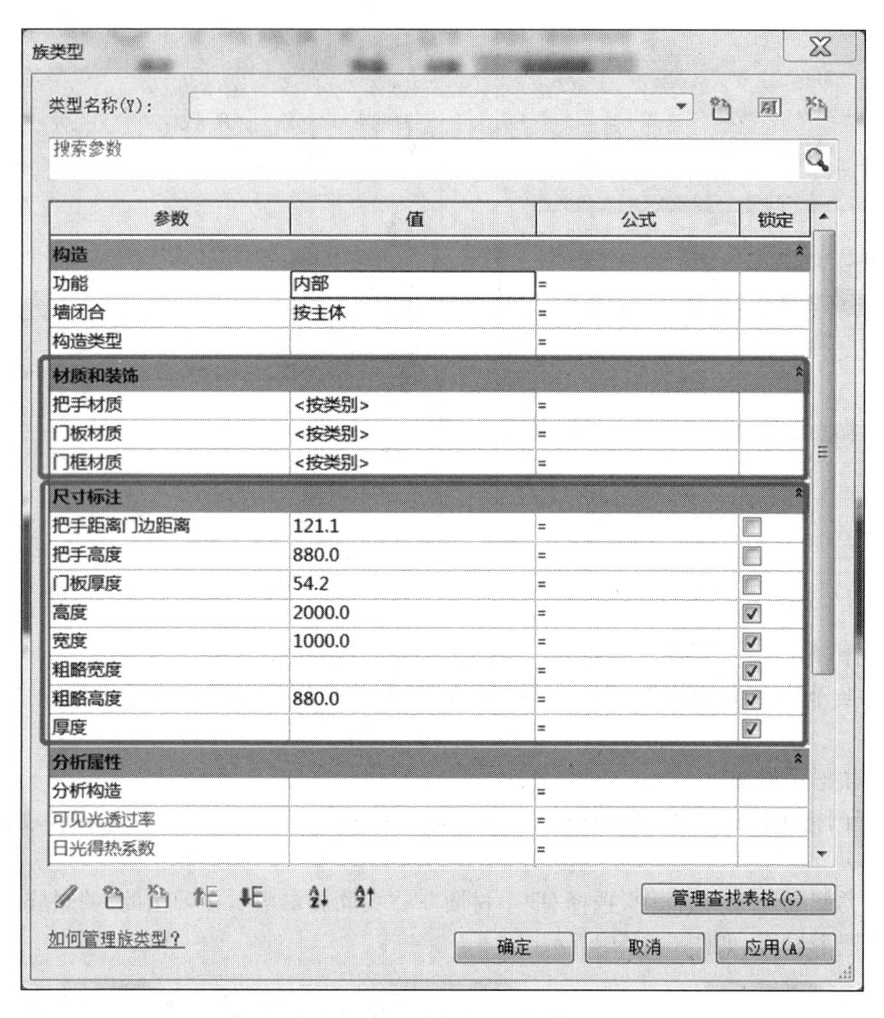

图 6.1-51　“族类型”对话框

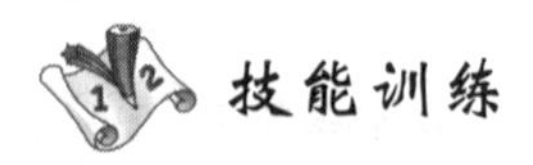

1. 创建三层别墅 M1825 门族

1)准备工作

(1)新建族文件。选择“公制门. rft”，注意这里也可以选择其他样板文件，如“基于墙的公制常规模型. rft”。

(2)选择“创建”→“属性”→“族类别和族参数”，打开“族类别和族参数”对话框，由于我们选择的族文件是“公制门. rft”，因此这个对话框中的参数已经被设置好了。注意：如果选择其他族文件，就需要修改这个对话框中的参数。

(3)选择“创建”→“属性”→“族类型”，打开“族类型”对话框，在这个对话框中，要根据所建别墅门的形状和尺寸，进行参数添加，如图 6.1-52 所示。

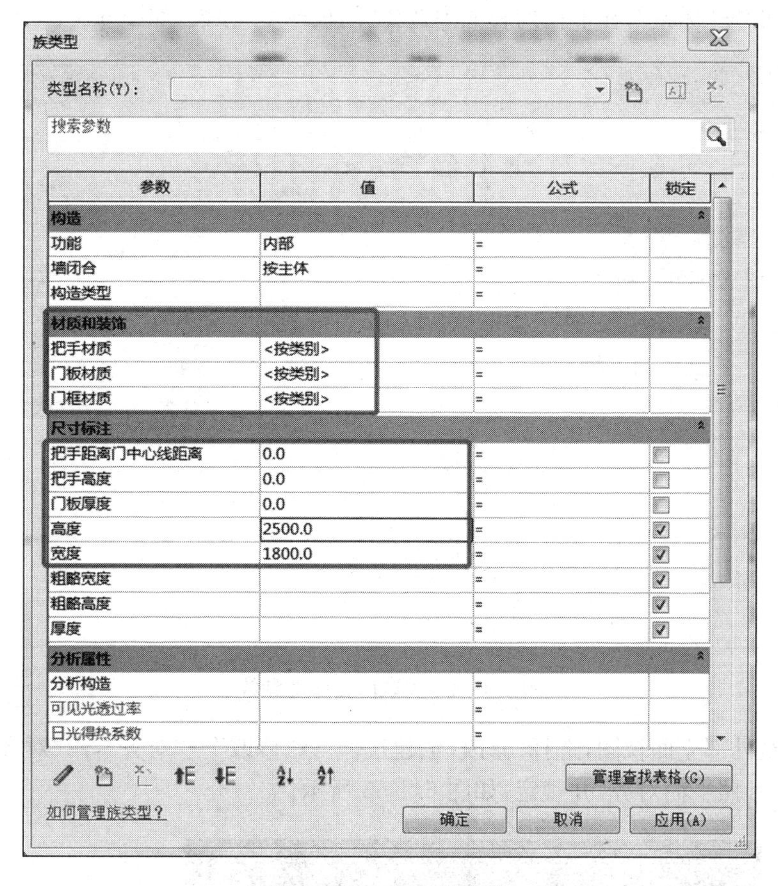

图 6.1-52　添加族参数

2)用“拉伸”建模

(1)选择“创建”→“形状”→“拉伸”，用“矩形”工具绘制一扇门板，并将矩形左右两条边锁到两边的参照平面上。再选择“测量”→“对齐尺寸标注”，对门板进行标注，并单击“EQ”将尺寸均分，如图 6.1-53 所示。

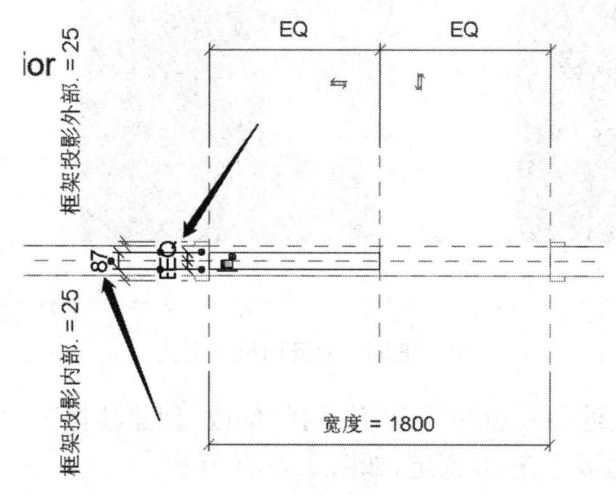

图 6.1-53　标注门板尺寸

(2)关联门板厚度参数。单击尺寸是“87”的标注,在上面的选项板上选择“尺寸标注”→“标签尺寸标注”→“标签”,在下拉列表框中选择“门板厚度”参数,如图 6.1-54 所示。

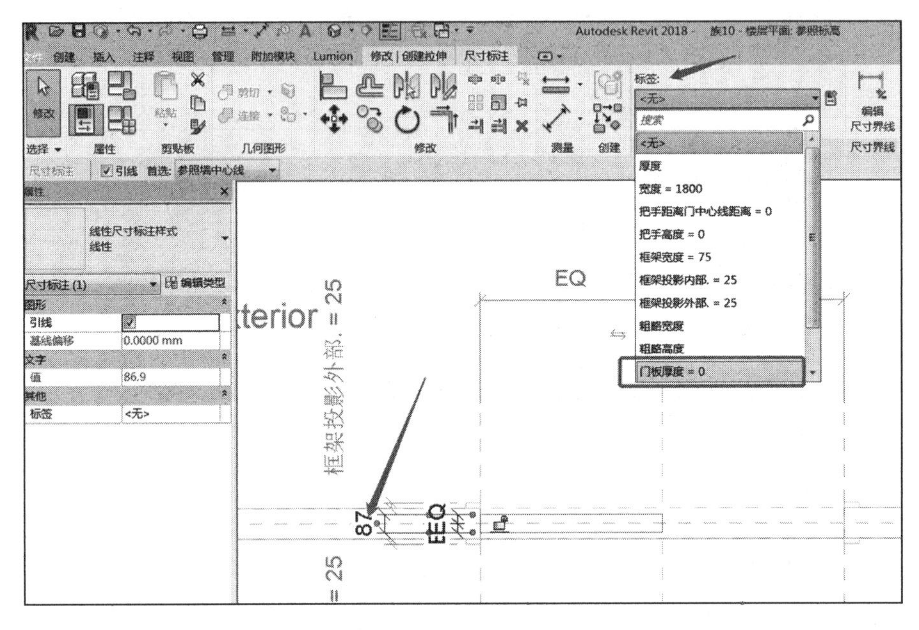

图 6.1-54 关联门板厚度参数

(3)切换至外部立面视图,选择“修改|创建拉伸”→“修改”→“对齐”,用“对齐”工具将门板的上下两边与参照平面对齐,并锁定,如图 6.1-55 所示。

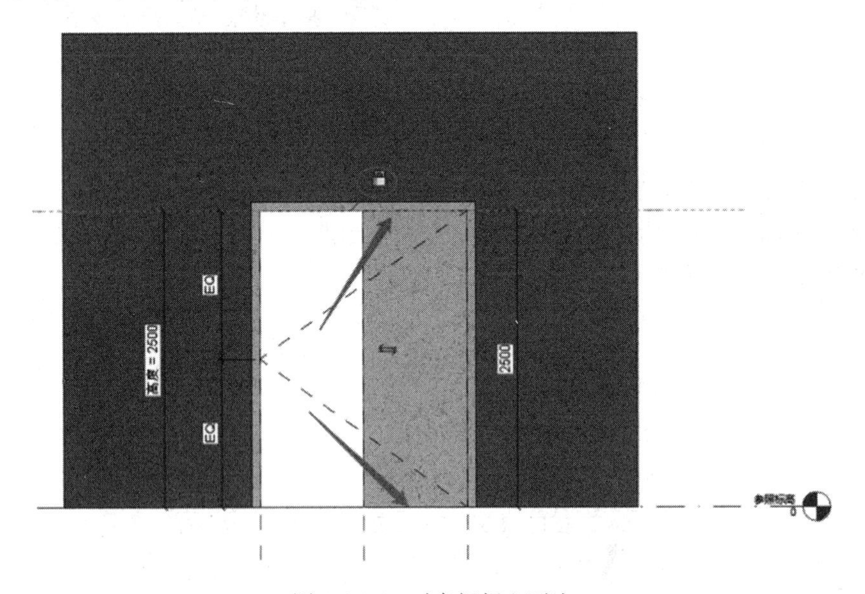

图 6.1-55 对齐门板上下边

(4)用相同的方法再绘制右边的门板,并选择“修改|创建拉伸”→“修改”→“对齐”,用“对齐”工具将左右两边的门板对齐,并锁定,如图 6.1-56 所示。

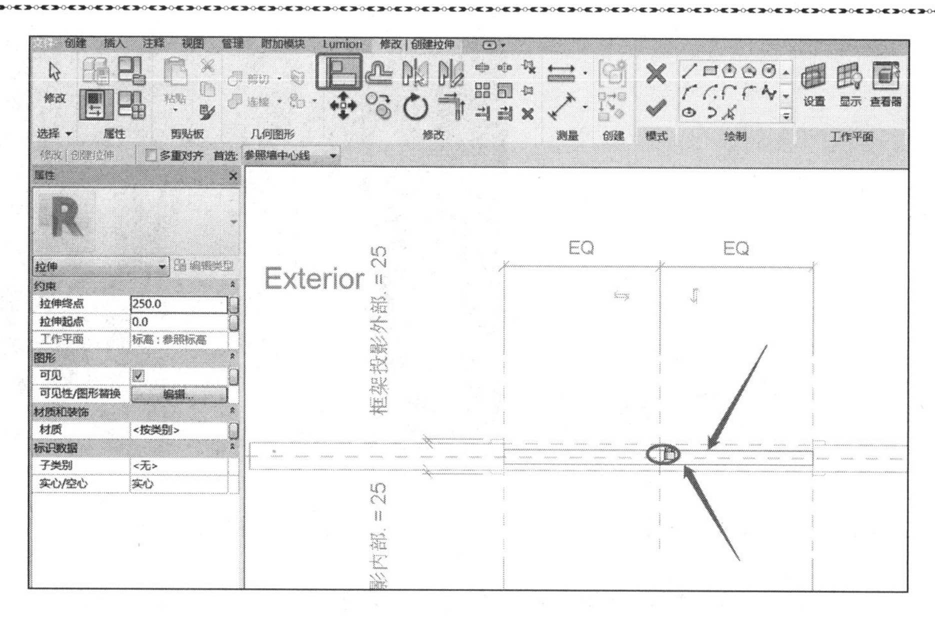

图 6.1-56 对齐门板左右边

(5)重复(3)的步骤，将右边的门板的上下两边与参照平面对齐，并锁定，结果如图 6.1-57 所示。

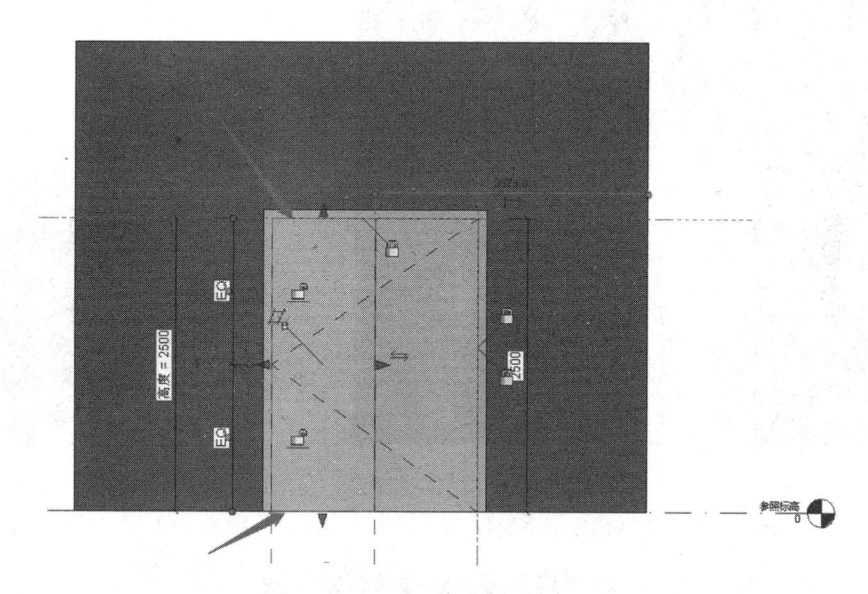

图 6.1-57 再一次对齐门板上下边

3)添加门把手

(1)选择“插入”→“从库中载入”→“载入族”，选择“立式长拉手 1”族，载入到系统中。

(2)选择“创建”→“模型”→“构件”，将“立式长拉手 1”放到左边的门板上。

(3)将把手族类型中的“签板厚度”参数关联到“门板厚度”参数，用“对齐”工具将把手与门板对齐，并锁定，如图 6.1-58 所示。

(4)切换至外部立面视图，调整把手位置，并关联把手位置参数，如图 6.1-59 所示。

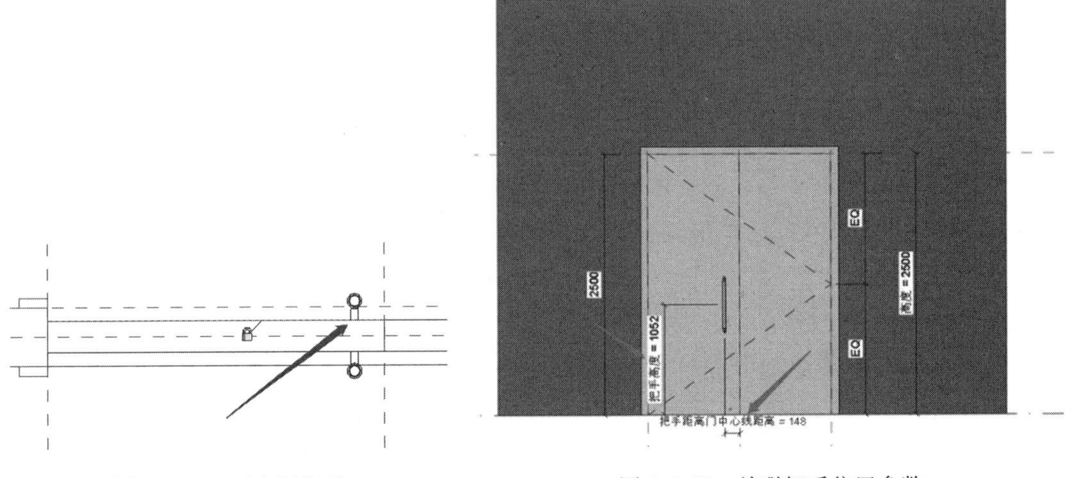

图 6.1-58　对齐门把手　　　　图 6.1-59　关联把手位置参数

(5)选择“修改”→“修改”→“镜像”→“拾取轴”,将把手镜像,调整镜像后把手的位置,并关联把手位置参数,如图 6.1-60 所示。

(6)将门框、门板和把手材质进行族参数关联,保存这个族,结果如图 6.1-61 所示。

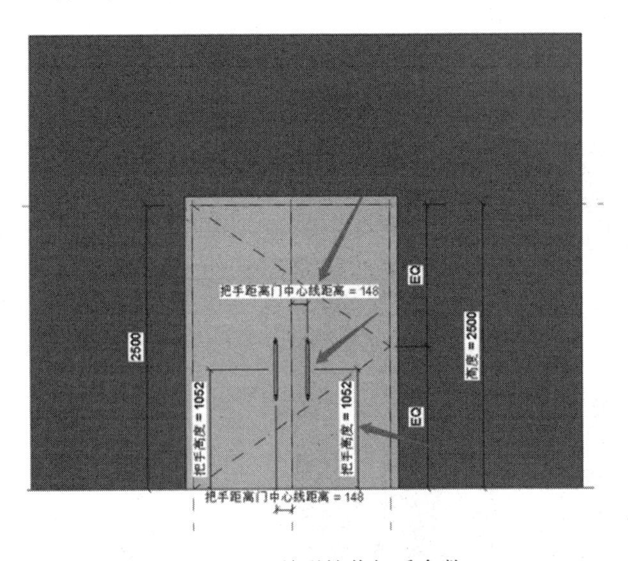

图 6.1-60　关联镜像把手参数

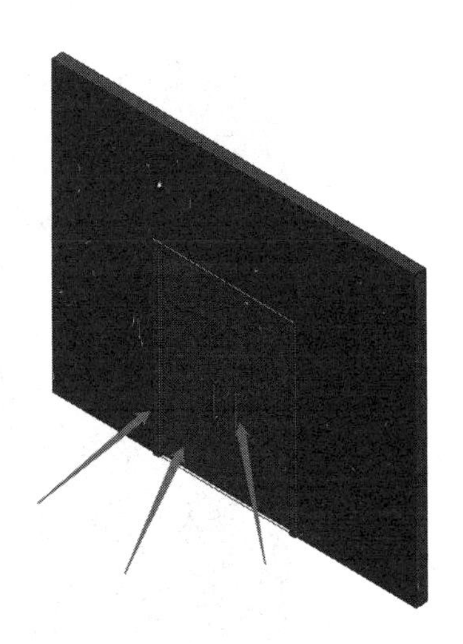

图 6.1-61　M1825 大门族

2.创建三层别墅露台转角柱族

1)准备工作

(1)新建族文件。选择“公制柱.rft”,注意这里也可以选择其他样板文件,如“基于楼板的公制常规模型.rft”。

(2)选择“创建”→“属性”→“族类别和族参数”,打开“族类别和族参数”对话框,由于我们选择的族文件是“公制柱.rft”,因此这个对话框中的参数已经被设置好了。注意:如果选择其他族文件,就需要修改这个对话框中的参数。

(3)选择“创建”→“属性”→“族类型”,打开“族类型”对话框,在这个对话框中,要根据露台转角柱的形状和尺寸,进行参数添加,如图 6.1-62 所示。

图 6.1-62　添加族参数

2)用“实心放样”建模

(1)根据所提供的 CAD 图形，如图 6.1-63 所示，选择“创建”→“形状”→“放样”，然后选择“修改|放样”→“放样”→“绘制路径”，在“修改|放样＞绘制路径”状态下，用 “矩形”工具绘制路径，并将路径锁定到参照平面上，如图 6.1-64 所示。

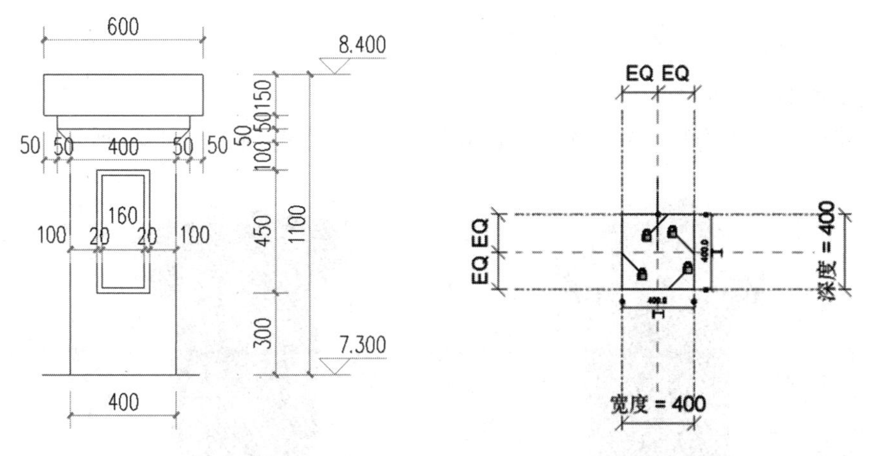

图 6.1-63　转角柱 CAD 图　　　　图 6.1-64　绘制路径

(2)选择“修改|放样”→“放样”→“编辑轮廓”，在弹出的“转到视图”对话框中，选择“立面：左”，在激活的“修改|放样＞编辑轮廓”状态下，用“直线”工具，结合图 6.1-63 绘制柱子轮廓，并锁定直线和进行尺寸标注，如图 6.1-65 所示。

(3)最后结果如图 6.1-66 所示。

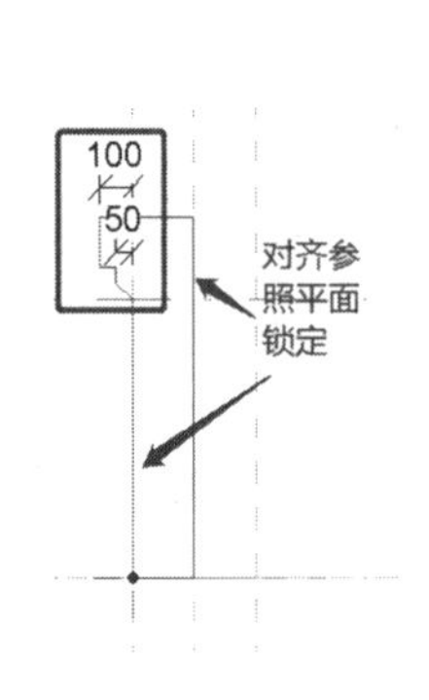

图 6.1-65　绘制轮廓

图 6.1-66　放样实体

3)用“实心放样”创建柱子表面花纹

(1)在前立面视图状态下,选择“创建”→“形状”→“放样”,然后选择“修改|放样”→“放样”→“绘制路径”,并标注尺寸,如图 6.1-67 所示。

(2)选择“修改|放样”→“放样”→“编辑轮廓”,在弹出的“转到视图”对话框中,选择“立面:前”,在激活的“修改|放样>编辑轮廓”状态下,用“直线”工具绘制柱子的花纹轮廓,结果如图 6.1-68 所示。

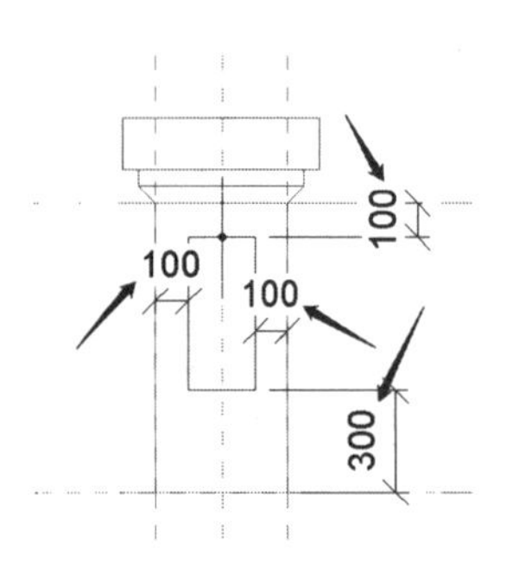

图 6.1-67　绘制花纹路径

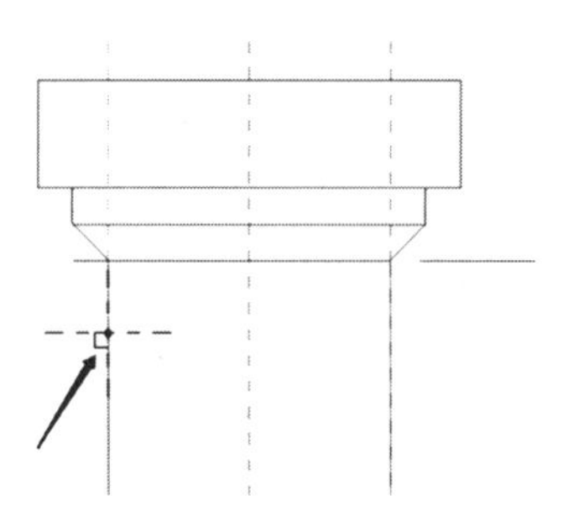

图 6.1-68　绘制花纹轮廓

(3)结果如图 6.1-69 所示。

(4)用相同的方法绘制其他三个面上的花纹,保存这个族,如图 6.1-70 所示。

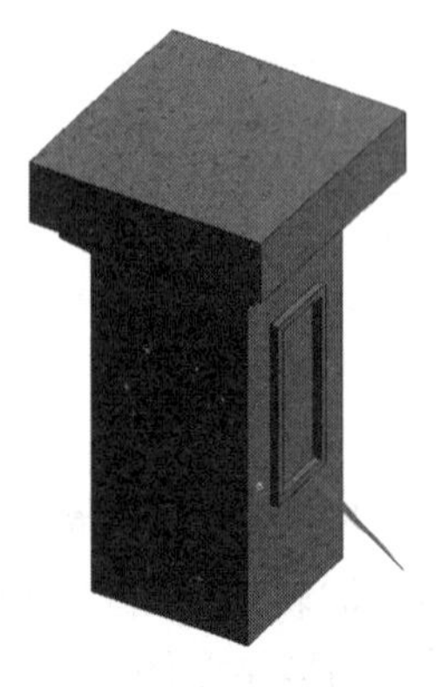

图6.1-69　转角柱花纹

图 6.1-70　露台转角柱族

任务 6.2　创建体量

任务导入

在创建建筑模型时，经常用到族文件创建建筑实例，而有时候还用到设计复杂的单个实体构件，这些实体构件会用在当前项目中，因此在建模过程中需要创建这些实体。Revit 提供了体量的设计工具，可以实现上述要求。本任务就是讲解体量的创建。

学习目标

1. 掌握创建概念体量的方法。
2. 掌握创建内建体量的方法。
3. 能够创建一般的概念体量。
4. 能够创建常用的构件模型。

任务情境

在前面创建别墅模型时，有一些建筑细部构造，比如门楼前的花台和花盆以及楼梯间的踢脚线等，这些细部构造在 Revit 系统中没有为我们直接提供，这就需要我们根据这些细部构造的形状、大小尺寸、材料组成等一系列的属性来进行制作。

相关知识

6.2.1　体量

体量也是一种族，它可以快速地为我们创建一些建筑模型和建筑细部构造，是建筑设计人员进行建筑概念设计的重要工具。

体量分两种，一种是内建体量，一种是概念体量。

内建体量只能在当前项目中使用，它是项目中特有的体量，一般可用于项目中比较复杂的建筑构件，如图 6.2-1 所示。

如果要将同一个体量的多个实例放置在项目中或在多个项目中使用同一个体量，可以用概念体量创建一个体量族，如图 6.2-2 所示。

图 6.2-1　内建体量

图 6.2-2　概念体量

6.2.2　创建概念体量

1)选择概念体量族样板文件

选择“文件”→“新建”→“概念体量”,在“样板文件”对话框中,选择“公制体量”。进入创建概念体量族界面。

2)创建三维标高

选择“创建”→“基准”→“标高”,激活“修改|放置 标高”选项卡,如图 6.2-3 所示。

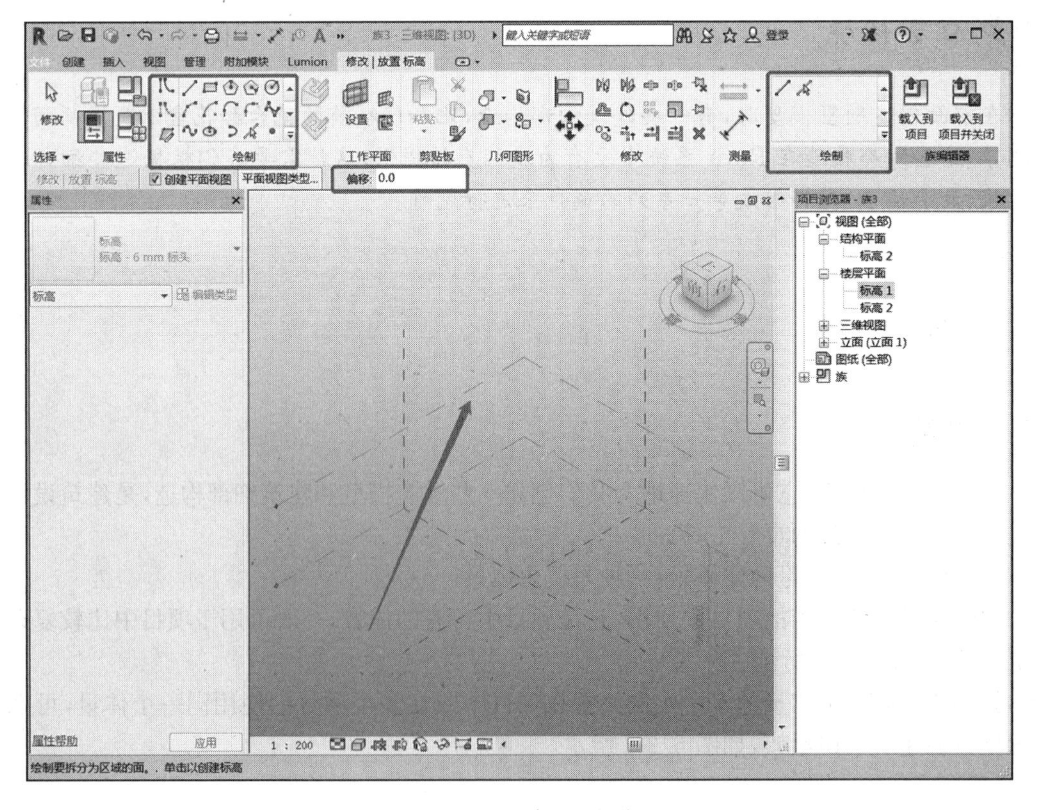

图 6.2-3　创建三维标高

在这个界面，可以通过输入距离来完成对三维标高的操作。

3)创建实心形体

(1)拉伸。

在楼层平面标高 1 状态下，选择“创建”→“绘制”→“模型”，单击“矩形”，激活“修改|放置线”选项卡，在操作界面绘制一个矩形，如图 6.2-4 所示。

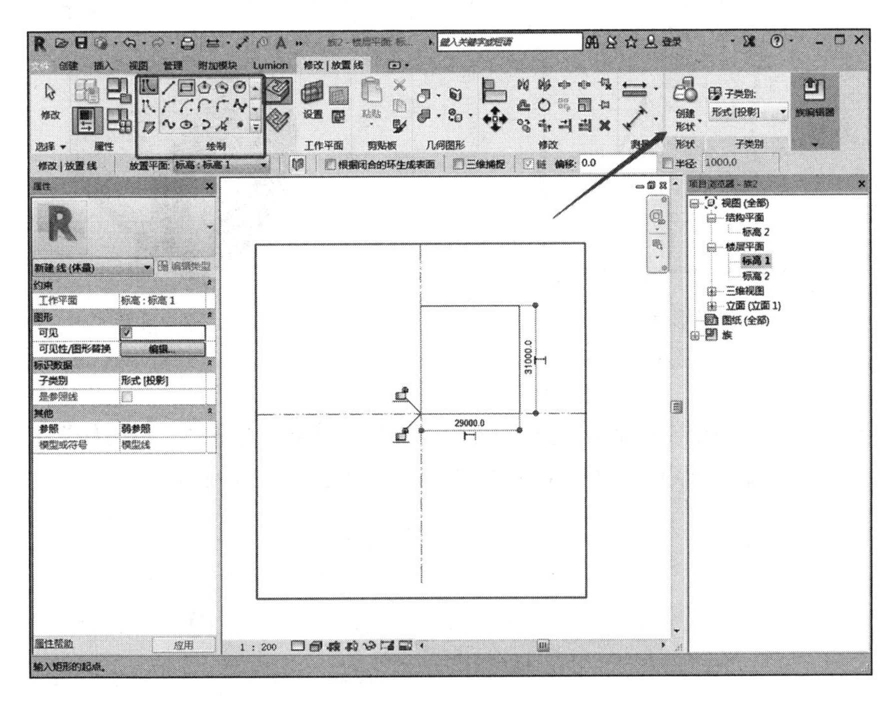

图 6.2-4　绘制矩形

在“修改|放置 线”选项卡中，选择“形状”→“创建形状”→“实心形体”，结果如图 6.2-5 所示。

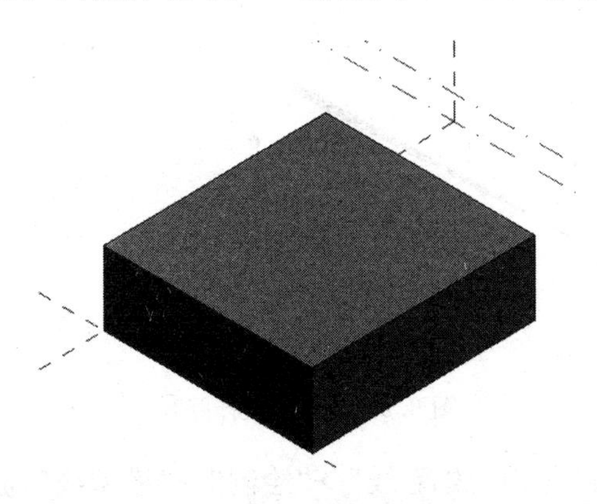

图 6.2-5　拉伸实体

(2)旋转。

在楼层平面标高 1 状态下，选择“创建”→“绘制”→“模型”，单击“直线”，激活“修改|放置线”选项卡。在操作界面绘制一个梯形和一条轴线，如图 6.2-6 所示。

切换到三维视图，同时按住〈Ctrl〉键，选中“梯形和轴线”，选择“修改|放置 线”→“形状”→“创建形状”→“实心形体”，结果如图 6.2-7 所示。

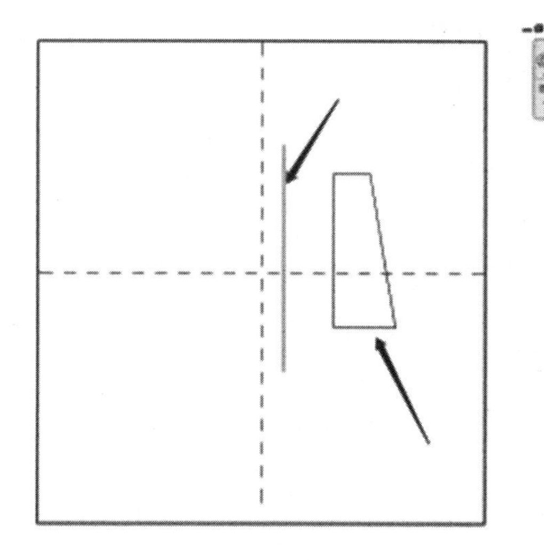

图 6.2-6 绘制梯形和轴线

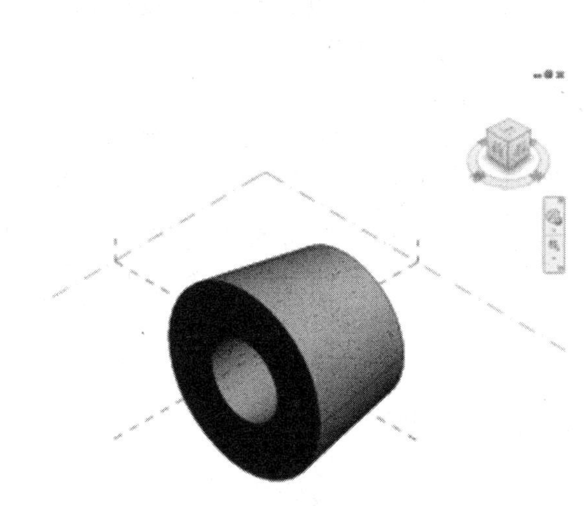

图 6.2-7 旋转实体

(3)放样。

在楼层平面标高 1 状态下,选择“创建”→“绘制”→“模型”,单击“样条曲线”,激活“修改|放置 线”选项卡。在操作界面绘制样条曲线作为路径,如图 6.2-8 所示。

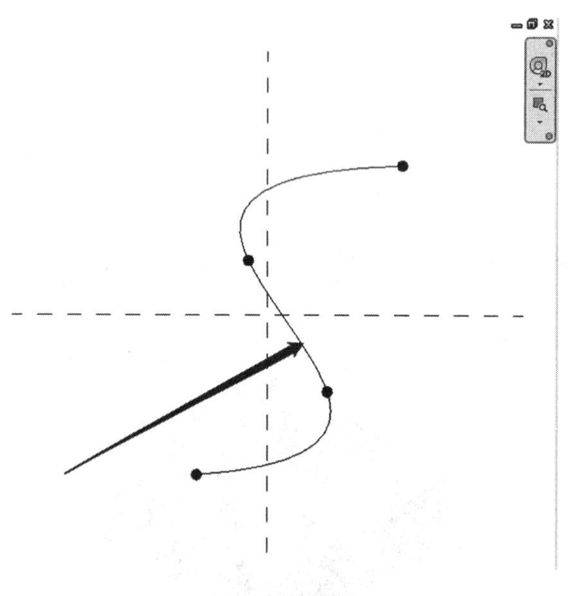

图 6.2-8 绘制放样路径

切换到三维视图,选择“修改|放置 线”→“绘制”→“模型线”,激活“修改|放置 线”选项卡。选择“工作平面”→“设置”,在样条曲线上找一个点,单击选择,然后再选择“工作平面”→“查看器”,弹出“工作平面查看器”对话框,在这个对话框中绘制一个多边形,如图 6.2-9 所示。

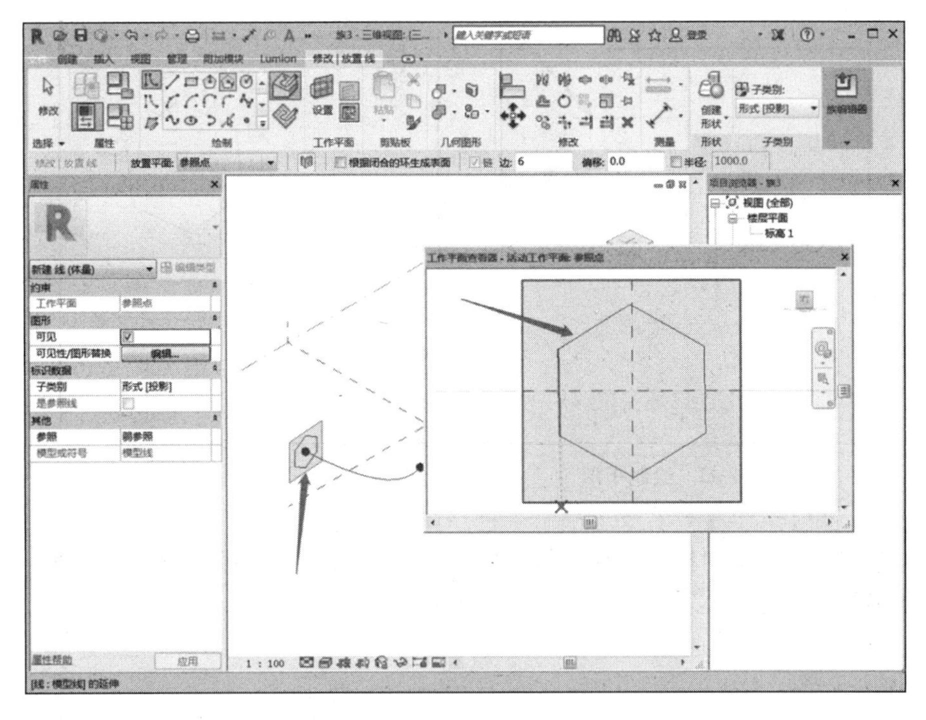

图 6.2-9　绘制放样轮廓

同时按住〈Ctrl〉键，选中 “多边形和样条曲线”，选择“修改|放置 线”→“形状”→“创建形状”→“实心形体”，结果如图 6.2-10 所示。

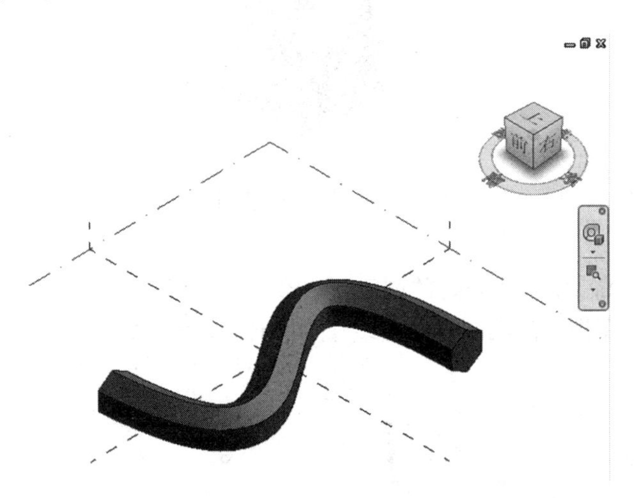

图 6.2-10　放样实体

(4)融合。

选择“创建”→“基准”→“标高”，任意创建一个标高。

在楼层平面标高 1 状态下，选择“创建”→“绘制”→“模型”，单击“矩形”，激活“修改|放置线”选项卡。在操作界面绘制一个矩形，如图 6.2-11 所示。

切换到标高 2 状态，用同样的方法绘制一个多边形，如图 6.2-12 所示。

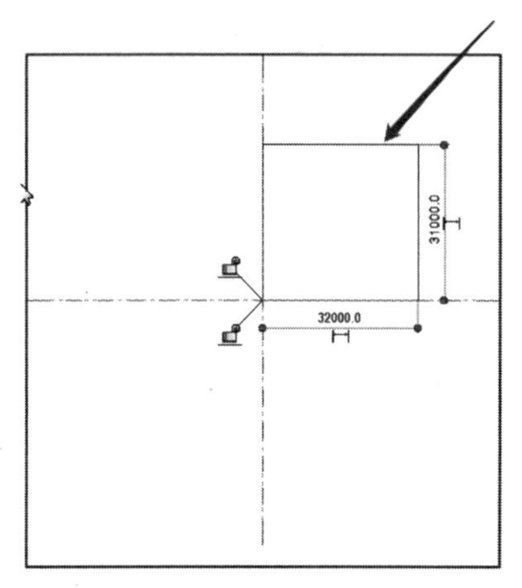

图 6.2-11　绘制矩形

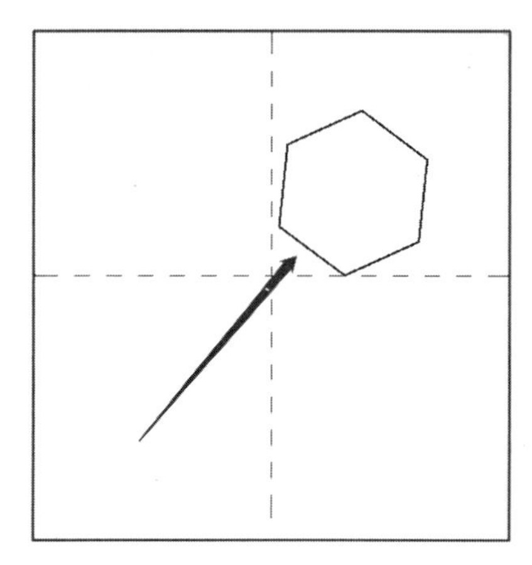
图 6.2-12　绘制多边形

切换到三维视图,同时按住〈Ctrl〉键,选中“矩形和多边形”,选择“修改|放置 线”→“形状”→“创建形状”→“实心形体”,结果如图 6.2-13 所示。

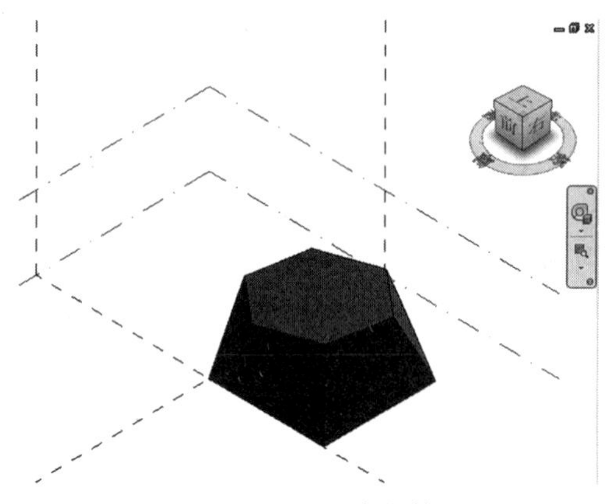
图 6.2-13　融合实体

(5)放样融合。

①在楼层平面标高 1 状态下,选择“创建”→“绘制”→“模型”,单击“样条曲线”,激活“修改|放置 线”选项卡。在操作界面绘制样条曲线作为路径,如图 6.2-14 所示。

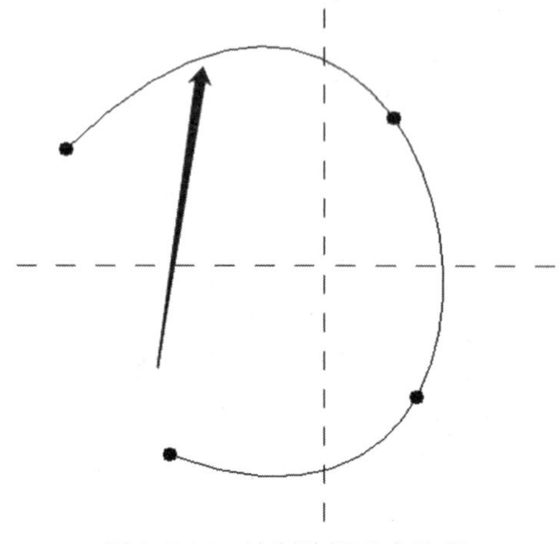
图 6.2-14　绘制放样融合路径

②切换到三维视图，选择"修改|放置 线"→"绘制"→"模型线"，激活"修改|放置 线"选项卡。选择"工作平面"→"设置"，在样条曲线上找到开始的点，单击选择，然后再选择"工作平面"→"查看器"，弹出"工作平面查看器"对话框，在对话框中绘制一个圆，如图 6.2-15 所示。

③用相同的方法在样条曲线上找到结束的点，单击选择，然后再选择"工作平面"→"查看器"，弹出"工作平面查看器"对话框，在对话框中绘制一个矩形。

④同时按住〈Ctrl〉键，选中"矩形、圆和样条曲线"，选择"形状"→"创建形状"→"实心形体"，创建完成后如图 6.2-16 所示。

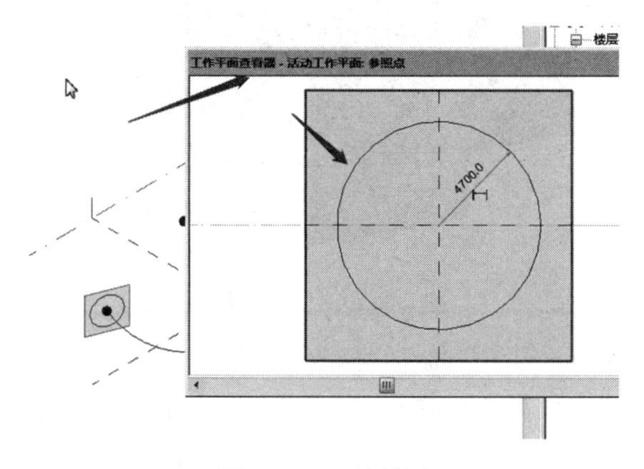

图 6.2-15　绘制圆

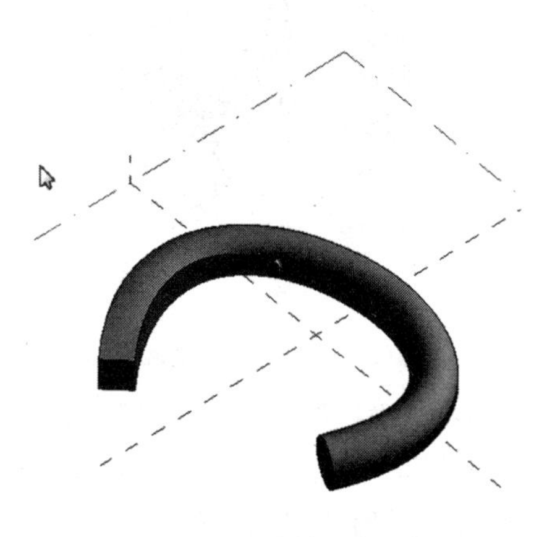

图 6.2-16　放样融合实体

4)创建空心形体

在体量族编辑器中，创建空心形状模型常用的也有四种方式，分别是空心拉伸、空心融合、空心旋转和空心放样。由于空心形状模型的命令使用方法与实心形状模型的命令使用方法相同，这里就不一一介绍了。

6.2.3　创建内建体量

创建项目特有的体量，此体量不能在其他项目中重复使用，即内建体量。由于内建体量与概念体量族创建形体的方法相同，这里不再介绍。

知识拓展

体量模型转换为建筑实体模型

(1)载入体量模型

①选择"插入"→"从库中插入"→"载入族"。

②选择"体量和场地"→"概念体量"→"放置体量"，将体量模型放置在视图中，如图 6.2-17 所示。

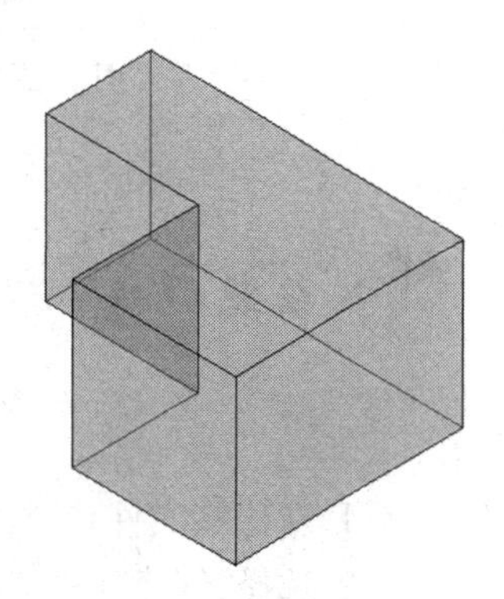

图 6.2-17　体量模型

(2)在项目浏览器中，选择"立面"→"南"，创建两个标高。

(3)单击体量模型，在激活的"修改|体量"选项卡中，选择"模型"→"体量楼层"，在弹出的"体量楼层"对话框中，勾选"标高 1"到"标高 4"复选按钮，单击"确定"按钮，创建完成后如图 6.2-18 所示。

(4)在三维视图状态下,选择“体量和场地”→“楼板”,激活“修改|放置 面楼板”选项卡,在“楼板属性”选项板中选择 300 mm 的楼板,选中标高 1、标高 2 和标高 3 的楼层,再选择“多重选择”→“创建楼板”,创建完成后如图 6.2-19 所示。

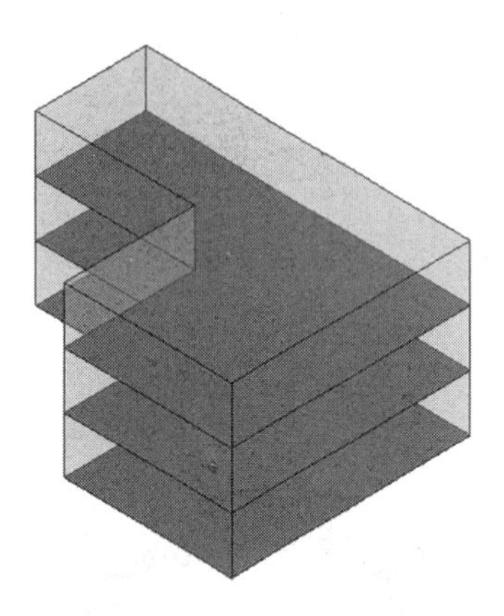

图 6.2-18　创建体量楼层

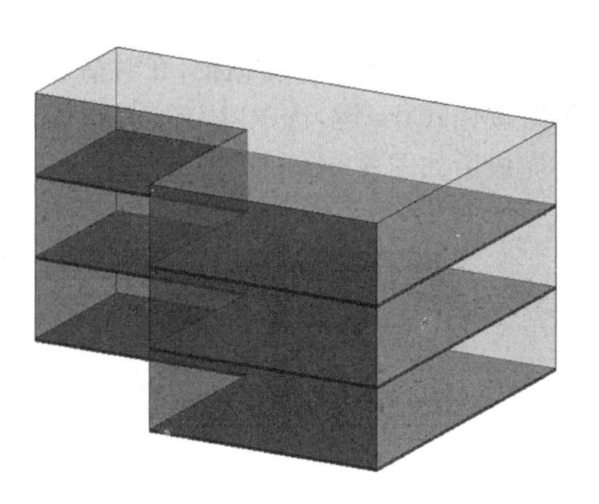

图 6.2-19　创建楼板

(5)在三维视图状态下,选择“体量和场地”→“屋顶”,激活“修改|放置 面屋顶”选项卡,在“屋顶属性”选项板中选择 400 mm 的楼板,选中标高 4 的楼层,再选择“多重选择”→“创建屋顶”,创建完成后如图 6.2-20 所示。

(6)在三维视图状态下,选择“体量和场地”→“幕墙系统”,激活“修改|放置 面幕墙系统”选项卡,在“幕墙系统属性”选项板中根据前面章节学过的内容,调整幕墙相关参数。选中体量模型的四周平面,再选择“多重选择”→“创建系统”,创建完成后如图 6.2-21 所示。

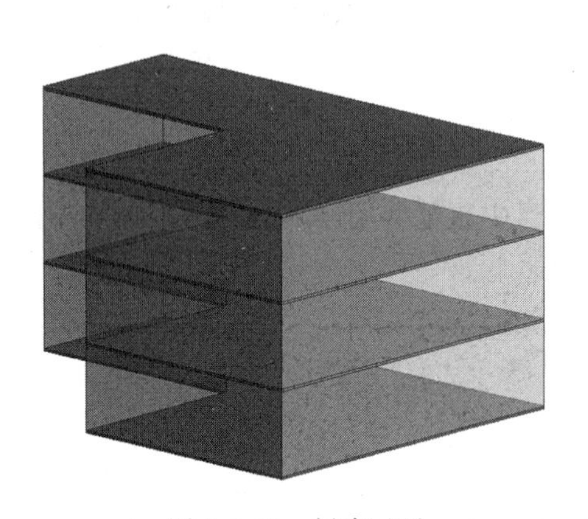

图 6.2-20　创建屋顶

图 6.2-21　创建幕墙

技能训练

创建三层别墅门前花台

(1)新建族文件,选择“公制体量.rft”。

(2)选择“创建”→“基准”→“标高”,激活“修改|放置 标高”选项卡,创建一个间距为 500 mm 的标高。

(3)在南立面视图状态下,根据提供的三层别墅 CAD 图纸中的花台尺寸,绘制花台轮廓和旋转轴线,如图 6.2-22 所示。

(4)切换到三维视图,按住〈Ctrl〉键,选中"花台轮廓和旋转轴线",选择"修改|放置 线"→"形状"→"创建形状"→"实心形体",创建完成后如图 6.2-23 所示。

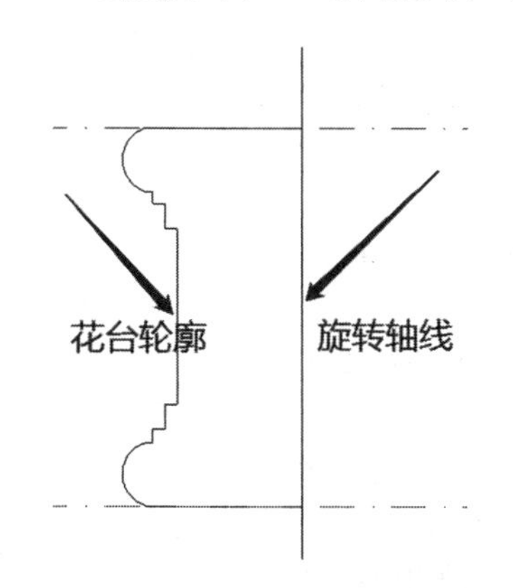

图 6.2-22　绘制花台轮廓和旋转轴线

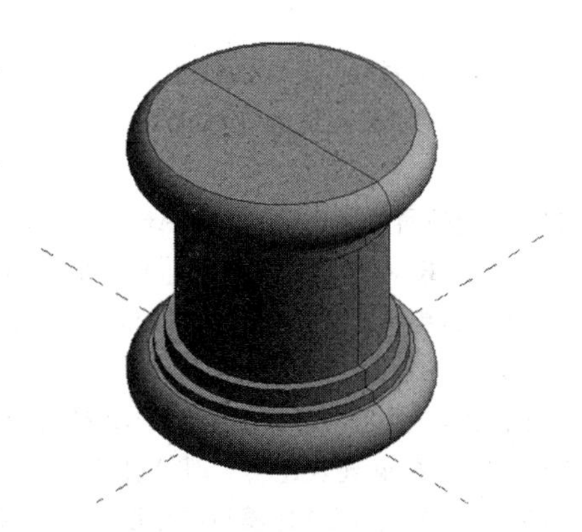

图 6.2-23　创建花台

参考文献

[1]廖小烽，王君峰. Revit 2013/2014 建筑设计火星课堂[M]. 北京：人民邮电出版社，2013.

[2]BIM工程技术人员专业技能培训用书编委会. BIM 建模应用技术[M]. 北京：中国建筑工业出版社，2016.

[3]华筑建筑科学研究院. Revit Architecture 建模基础及应用[M]. 北京：中国建筑工业出版社，2016.

[4]齐会娟. Revit 2016 案例教程[M]. 北京：中国铁道出版社，2018.

[5]朱溢镕，焦明明. BIM 建模基础与应用[M]. 北京：化学工业出版社，2017.

[6]范旺辉. Revit 2017 建筑建模[M]. 南昌：江西美术出版社，2017.

[7]朱溢镕，焦明明. BIM 概论及 Revit 精讲[M]. 北京：化学工业出版社，2018.

[8]张建荣. Revit 建筑建模实训[M]. 北京：中国建筑工业出版社，2018.

[9]李军，潘俊武. BIM 建模与深化设计[M]. 北京：中国建筑工业出版社，2019.